Nr. 13 1953
S. 1913—2064 1. April

Chemisches Zentralblatt

Vollständiges Repertorium für alle Zweige der reinen und angewandten Chemie

Im Auftrage der Deutschen Akademie der Wissenschaften zu Berlin, der Akademie der Wissenschaften zu Göttingen und der Gesellschaft Deutscher Chemiker
herausgegeben von
Prof. Dr. **Maximilian Pflücke**

Chefredakteure: Dr. Eugen Klever und Prof. Dr. Maximilian Pflücke

124. Jahrgang

1953

Akademie-Verlag GmbH., Berlin — Verlag Chemie, GmbH., Weinheim/Bergstr.

Inhalt

Namenregister

Chemisches Zentralblatt

1953 Nr. 13 1. April

Geschichte. Unterricht.

Ralph E. Oesper, *Robert Strebinger.* (Geboren 1886 in Wien.) Lebenslauf, Arbeiten, Lehrtätigkeit u. Veröffentlichungen des verdienten Mikrochemikers u. Direktors des Inst. für analyt. u. anorgan. Chemie der TH Wien. (J. chem. Educat. **29.** 297. Juni 1952. Cincinnati, O., Univ.) BLUMRICH. 1

Helmut Niemer, *Amandus Hahn.* Anläßlich des Todes von A. HAHN gibt Vf. einen Überblick über dessen Beitrag für die Fortschritte in der Entw. der physiol. Chemie. Hervorgehoben werden u. a. Arbeiten über *Fermente,* seine Methodik der *Kreatin-* u. *Kreatinin*-Best., den Einfl. der Hefe auf die Desaminierung von *Cytosin* zu *Uracil,* die Dehydrierung der *Bernsteinsäure* u. den Kohlenhydratstoffwechsel. Verzeichnis seiner Veröffentlichungen. (Z. Biol. **105.** 1—6. 1952.) DOSSMANN. 1

Heinrich Tramm, *Zur Entwicklung der Fischer-Tropsch-Synthese in Deutschland. F. Martin zum Gedächtnis.* Würdigung von PROF. DR. F. MARTIN (23/2. 1885—30/1. 1951), Vorsitzender des Vorstandes der RUHRCHEMIE ACT.-GES., Oberhausen-Holten, der sich bes. um die Entw. der FISCHER-TROPSCH-Synth. verdient gemacht hat. (Chemie-Ing.-Techn. **24.** 181—83. April 1952.) ROTTER. 1

H. S. van Klooster, *Van't Hoff (1852—1911) im Rückblick.* Es wird ein Überblick über das Leben u. die Arbeiten VAN'T HOFFs gegeben. (J. chem. Educat. **29.** 376—79. Aug. 1952. Troy, N. Y., Rensselaer Polytechnic Inst.) MOSLÉ. 1

A. F. Holleman, *Meine Erinnerungen an Van't Hoff.* Vf., der 1887—1889 als Assistent für organ. Chemie bei VAN'T HOFF arbeitete, beschreibt das Leben VAN'T HOFFs u. bes. sein Werk „Ansichten über die organ. Chemie". (J. chem. Educat. **29.** 379—82. Aug. 1952. Bloemendaal, Holland.) MOSLÉ. 1

Theodore L. Sourkes, *Historische Notiz über das Warburg-Respirometer mit konstantem Volumen.* Vf. beschreibt die Entw. des Respirometers u. bes. die Arbeiten von THOMAS GREGOR BRODIE (1866—1920). (J. chem. Educat. **29.** 383—84. Aug. 1952. Rahway, N. J., Merck Inst. for Therapeutic Res.) MOSLÉ. 2

W. A. Schalimow, *Die Bedeutung der Arbeiten von I. P. Pawlow für die sowjetische Biochemie.* Durch die Arbeiten des Nobelpreisträgers (1904) PAWLOW, vorwiegend auf dem Gebiet der Fermente, die PAWLOW den Eiweißstoffen zuzählte, wurde die biol. Chemie zur „funktionellen Biochemie" weiter entwickelt. (Природа [Natur] **41.** Nr. 6. 54—59. Juni 1952.) v. WILPERT. 2

Ss. W. Anitschkow, *Pharmakologie der bedingten Reflexe.* Geschichtliches über die Arbeiten PAWLOWs u. seiner Schule, bes. über die Pharmakologie von Coffein, Br-Salzen, A. u. Chloralhydrat. (Физиологический Журнал СССР имени И. М. Сеченова [Ssetschenow J. Physiol. UdSSR] **38.** 3—12. Jan./Febr. 1952.) BURGHARDT. 2

Earle R. Caley, *Chemische Prüfung eines in Griechenland gefundenen antiken Bleches von einzigartiger Zusammensetzung.* Bericht über ein von beiden Seiten silberweiß plattiertes Cu-Blech. Die Analyse der Plattierung ergibt die Zus. 52,0% Cu, 32,5% Sn, 13,6% Pb, 0,4% Fe, 1,5% O_2. Vgl. mit einem auf der Krim gefundenen Blech ähnlicher Zusammensetzung. Diskussion der hohen Korrosionsfestigkeit u. der wahrscheinlichen Herstellungsmethode. (Ohio J. Sci. **52.** 161—64. Mai 1952. Columbus, Ohio State Univ., Dep. of Chem.) WEITBRECHT. 2

Joh. Hoekstra, *Das Spektrum des chemischen Unterrichtes.* (Vortrag.) Übersicht über den chem. Unterricht an den holländ. Mittel- u. Hochschulen. (Chem. Weekbl. **48.** 374—78. 24/5. 1952. Weesp, Niederlande.) WESLY. 6

Edward Orban, *Strahlungen radioaktiver Stoffe.* Angaben über Beschaffungsmöglichkeiten von Geräten, Strahlungsquellen u. Hilfsstoffen für Verss. über radioakt. Strahlungen bei Vorträgen. (J. chem. Educat. **29.** 289—90. Juni 1952. Miamisburg, O., Monsanto Chem. Co., Mound Labor.) BLUMRICH. 6

Nicholas Allan Wheeler, *Bau einer Wilsonschen Nebelkammer.* Anleitung zum Bau einer einfachen WILSON-Kammer. (Chemistry [Washington] **24.** Nr. 7. 16—22. März 1951. Dalles, Oreg., High School.) WEIGEL. 6

George Calingaert, *Eine einfache Demonstration des Carnotschen Kreisprozesses.* Mit Hilfe eines Gummibandes, dessen Temperaturänderungen beim Dehnen u. Zusammenziehen mit den Lippen verfolgt wird, kann das Prinzip der Wärmepumpe erklärt werden. (J. chem. Educat. **29.** 405. Aug. 1952. Geneva, N. Y., Hobart and William Smith Coll.) Moslé. 6

David P. Spalding, *Vorlesungsversuche mit Siliconen.* Die durch Hydrolyse von Alkylsiliciumchloriden als Polymerisationsprodd. erhältlichen fl., harz- u. gummiartigen Silicone zeichnen sich durch Unempfindlichkeit gegen hohe u. tiefe Tempp., Schmier- u. Isolierfähigkeit, ungewöhnliche Oberflächeneigg. u. chem. Indifferenz aus, die durch Verss. aufgezeigt werden. (J. chem. Educat. **29.** 288—89. Juni 1952. Waterford, N. Y., Gen. Electric Co.) Blumrich. 6

Charlotte I. Damerel, *Verschiedene Versuche.* Gleichzeitiges Zusammensetzen von asymm. C_1-Molekülmodellen von möglichst vielen Studenten zum Beweise des Entstehens gleicher Mengen von geometr. Isomeren. — Die Leitfähigkeit einer NaCl-Schmelze in einem Tiegel, der über einer heißen Flamme erhitzt wurde, wird nach Eintauchen von Elektroden durch Aufleuchten einer Glühlampe mit angelegter elektr. Spannung demonstriert. — Einfache U-Rohrzellen mit Agargeldiaphragmen u. angeschlossenen Galvanometern zum Demonstrieren elektrochem. Vorgänge. (J. chem. Educat. **29.** 296—97. Juni 1952. Chambersburg, Pa., Wilson Coll.) Blumrich. 6

Helmut Otto und **Wilhelm Witter,** Handbuch der ältesten vorgeschichtlichen Metallurgie in Mitteleuropa. Leipzig: J. A. Barth. 1952. (IV + 222 S. m. 33 Taf., 5 Kart. u. zahlr. Abb. in 31 Analysentab.) DM 65,40.

A. Allgemeine und physikalische Chemie.

Hypolite Copaux et **H. Perpérot,** Chimie minérale, description des éléments chimiques et de leurs propriétés Tome II. 6e éd. Paris: A. Colin. 1952. (191 S. m. Abb.) fr. 260,—.

Raymond Quelet, Précis de chimie. T. I: Chimie générale. Paris: Presses universitaires de France. (VIII + 292 S.)

A_1. Kernphysik und Kernchemie.

P. N. Daykin, *Eine Analyse des Eigenenergieproblems für das Elektron in der Quantenelektrodynamik.* Unter Benutzung der Feynmanschen Quantenelektrodynamik wird das Eigenenergieproblem des frei ruhenden, sowie das des gebundenen Elektrons ohne die einschränkende Best., daß das Photonfeld nur positive Frequenzen enthält, untersucht, wobei die Einelektrontheorie u. die Löchertheorie berücksichtigt werden. Durch Einführung von Photonen negativer Energie ist ohne Modifikationen keine Lösung des Eigenenergieproblems möglich. (Canad. J. Physics **30.** 70—78. Jan. 1952. Vancouver, Brit. Columbia, Univ., Dep. of Phys.) Conrad. 80

Robert J. Buehler und **Joseph O. Hirschfelder,** *Bipolare Expansion der Coulomb-Potentiale.* Die klass. oder quantenmechan. Berechnung der Coulomb-Wechselwrkg. zweier Ladungsverteilungen wird durch Verwendung des Ausdruckes der bipolaren Expansion stark vereinfacht. Die in diesem Ausdruck auftretenden Expansionskoeffizienten werden u. a. angegeben. (Physic. Rev. [2] **83.** 628—33. 1/8. 1951; **85.** 149. 1/1. 1952. Madison, Wis., Univ., Naval Res. Labor.) Gerhard Schmidt. 80

Rudolf Haag, *Zur korrespondenzmäßigen Theorie der Spinwellengleichungen.* Vf. bringt das Problem der Modellfähigkeit einer quantenphysikal. Theorie in Zusammenhang mit dem Begriff der „Verwirklichung" von Gruppen. Es wird gezeigt, daß in der abstrakten Theorie Möglichkeiten mitumfaßt werden, die in der Natur nicht verwirklicht sind, während die Angabe eines Modells eine Auswahl unter diesen Möglichkeiten trifft. Die Anwendung dieser Begriffsbildungen wird am Beispiel der Spinoperatoren der Elementarteilchen diskutiert. Die Korrespondenz zu den von Bhabha u. anderen Autoren diskutierten Spinwellengleichungen bleibt auch in höheren Näherungen bestehen. (Z. Naturforsch. **7a.** 449—58. Juli 1952. München, Univ., Inst. für theoret. Phys.) Gerhard Schmidt. 80

S. Hayakawa, *Zusammensetzung der Höhenstrahlen.* Übersicht über Fragen u. Ergebnisse der Höhenstrahlforschung. — 27 Literaturhinweise. (Kagaku [Science] **22.** 278—85. Juni 1952. Osaka. [Orig.: japan.]) Schuler. 85

H. Yukawa, *Neuester Stand der Mesonforschung.* Über die Entdeckung der π- u. μ-Mesonen sowie der V-Teilchen. — 10 Literaturhinweise (1950—51). (Kagaku [Science] **21.** 410—11. Aug. 1951. New York. [Orig.: japan.]) Schuler. 85

S. Hayakawa, *V-Teilchen.* Übersicht über die V-, V^0- u. $V^{\pm}$-Teilchen, Sekundärteilchen u. die bisherigen Theorien ihrer Entstehung (π- u. μ-Mesonzerfall). — 16 Literaturhinweise. (Kagaku [Science] **22.** 102—03. Febr. 1952. Osaka. [Orig.: japan.]) Schuler. 85

H. Enatsu, *Eigenenergien von Nucleonen und die Massenspektren schwerer Teilchen.* In früheren Arbeiten (Progr. theoret. Physics 6. [1951.] 434. 642) wurden schwere Mesonen (C'-Mesonen) eingeführt, um die Divergenzen der Eigenenergien von Nucleonen zu beseitigen, die durch π-Mesonen verursacht waren, für welche ein symm. pseudoskalares Feld mit pseudovektorieller Kopplung angenommen wurde. Die M. dieser C'-Mesonen sollte ca. 1470 m_e betragen. Neuere Höhenstrahlverss. scheinen die Existenz schwerer Teilchen mit einer von der der C'-Mesonen verschied. M. anzuzeigen. Vf. zeigt, daß die aufgestellten Modelle dahin modifiziert werden können, daß die beobachteten V_1-Teilchen elementare Teilchen sind, die der DIRACschen Gleichung genügen u. die mit den Nucleonen u. C'-Mesonen in Wechselwrkg. treten. Die so entwickelten Modelle können zum Teil zur Deutung der Massenspektren der elementaren Teilchen beitragen. (Physic. Rev. [2] **85.** 483—84. 1/2. 1952. Kyoto, Univ., Dep. of Phys.) CONRAD. 90

Keith A. Brueckner, *Meson-Nucleon-Streuung und Nucleon-Isobare.* Der Querschnitt für die Streuung von π^--Mesonen in H beträgt bei 60 MeV 18 mbarn u. steigt dann zu einem breiten Plateau von 60 mbarn bei 200 MeV an. Das Verhältnis der π^-/π^+-Streuung bei 60 MeV ist 0,63 $\pm$ 0,09. Diese Tatsachen lassen sich durch die pseudoskalare Theorie mit pseudovektorieller Kopplung nur erklären, wenn Resonanz-Meson-Nucleon-Wechselwrkg. angenommen wird. Dies entspricht einem Isobar des Nucleons mit einem Spin 3/2, einem Isotopenspin 3/2 u. einer Anregung von 277 MeV. (Physic. Rev. [2] **86.** 106—09. 1/4. 1952. Bloomington, Ind., Univ., Dep. of Phys.) WIEDEMANN. 90

B. Ferretti, *Über die isobaren Zustände der Nucleonen und die Streuung der π-Mesonen an Protonen.* Das Auftreten isobarer Zustände im Nucleon durch direkte Wechselwrkg. mit π-Mesonen (I) müßte zu einer Resonanzstreuung der I führen, also auch zu einer Abhängigkeit des Streuquerschnitts von der Energie der I. Zugleich müßten aber die positiven I einen anderen Streuquerschnitt gegenüber Protonen aufweisen als die negativen. (Nuovo Cimento [9] **9.** 312—13. 1/3. 1952. Roma, Univ., Ist. di Fis., Centr. di stud. per la Fis. Nucl. del C. N. R.) R. K. MÜLLER. 90

H. Byfield, J. Kessler und **L. M. Lederman**, *Streuung und Absorption von π-Mesonen in Kohlenstoff.* Eine 40 cm-Nebelkammer wurde im 5000 Gauß-Magnetfeld dem 70 MeV-Mesonenstrahl des Cyclotrons ausgesetzt u. die Wechselwrkg. mit C-Kernen untersucht. Es wurden ca. 500 Ereignisse mit π^+ u. π^- im Gebiet von 62 $\pm$ 10 MeV festgestellt, davon 148 Sterne mit π^-, 153 mit π^+; Wirkungsquerschnitte (in mbarn) für elast. Streuung 20—180° $\pi^- = 165$, $\pi^+ = 89$; 65—180° $\pi^- = 63$, $\pi^+ = 38$; für unelast. Streuung $>$ 15 MeV $\pi^- = 46$, $\pi^+ = 15$. Aus der Winkelabhängigkeit wird auf eine COULOMB-Interferenz bei der elast. Streuung geschlossen. Es wird ein Kern mit einer komplexen Potentialmulde mit dem reellen Teil von 18 MeV u. dem imaginären von 9 MeV angenommen, um den gesamten elast. Streuquerschnitt von 148 $\pm$ 30 mbarn u. den Absorptionsquerschnitt ($\pi^+ + \pi^-$) von 181 $\pm$ 22 mbarn zu erklären. Das Kernpotential ist anziehend für die Mesonen. Aus Winkelbeziehungen wird festgestellt, daß 12 $\pm$ 4% der Sterne auf die Rk. $\pi^+ + d \rightarrow p + p$ zurückgehen, der Wirkungsquerschnitt beträgt 19 mbarn. Danach kann das Zwei-Nucleonen-Modell die meisten π^+-Absorptionen erklären. (Physic. Rev. [2] **86.** 17—21. 1/4. 1952. New York, Columbia Univ.) WIEDEMANN. 90

Marian Whitehead und **Chaim Richman**, *Die Winkelverteilung von bei (p—p)-Zusammenstößen erzeugten π^+-Mesonen.* (Sitzungsbericht.) Zur genaueren Best. der Winkelverteilung der Mesonen werden Messungen über die Erzeugung von π^+-Mesonen durch Protonen unter 35° ausgeführt. Die Mesonen wurden von dem Protonenbündel durch ein magnet. Feld getrennt u. am Ende ihrer Reichweite durch Kernemulsionen nachgewiesen, die in einen Al-Absorber eingebettet waren. Die charakterist. Spitze, die wahrscheinlich durch die Rk. $p + p \rightarrow \pi^+ + d$ hervorgerufen worden ist, wird bei einer Mesonenergie von 48 MeV mit einer Breite von 4 MeV beim halben Maximum beobachtet. (Physic. Rev. [2] **85.** 772. 15/2. 1952; Bull. Amer. physic. Soc. **26.** Nr. 8. 24. 27/12. 1951: Berkeley, Calif., Univ.) GERHARD SCHMIDT. 90

G. Breit, *Über eine versuchsweise Hypothese von Protonenisomeren.* (Sitzungsbericht.) Erweiterungen der Hypothese, wonach sich die (p—p)-Streuung hoher Energie besser erklären läßt, wenn die Protonen Isomere besitzen. (Physic. Rev. [2] **87.** 208. 1/7. 1952. Yale Univ.) GERHARD SCHMIDT. 90

Don R. Swanson, *Darstellung energiereicher (p—p)-Streuung.* (Sitzungsbericht.) Bei der Darst. der energiereichen (p—p)-Streuung in Ausdrücken stark singulärer, nichtzentraler Wechselwirkungen werden die Wellengleichungen numer. integriert, um eine exakte Lösung bei 350 MeV zu erhalten, wobei die Tensorwechselwrkg. von CHRISTIAN u. NOYES (C. **1951.** II. 927) benutzt wird. Im Falle der „abstoßenden" Wechselwrkg. stimmt der Triplett-Wirkungsquerschnitt mit der BORNschen Approximation für Streuwinkel $>$ 25° überein, er ist jedoch größer bei kleinen Winkeln. Der „anziehende" Triplett-

Wirkungsquerschnitt ist ca. 30% größer bei 30° als bei 90° u. ist daher mit den experimentellen Werten sogar bei großen Winkeln nicht in Einklang. (Physic. Rev. [2] **87.** 208. 1/7. 1952. Berkeley, Univ. of California.) GERHARD SCHMIDT. 90

L. J. B. Goldfarb und **D. Feldman,** *Polarisationseffekte in der (p—p)-Streuung bei hohen Energien.* (Sitzungsbericht.) Die Berechnungen über die Polarisation der bei der (p—p)-Streuung emittierten Teilchen für verschied. Potentiale mittels der BORNschen Approximation führen zu einer sich aufhebenden Polarisation. Für die Tensorkraft werden die Phasenverschiebungen, die $J = 0$ oder 1 entsprechen, exakt berechnet. Andere Verschiebungen, die $J \leq 5$ entsprechen, werden nach der SCHWINGERschen Variationsmeth. behandelt, während bei den übrigen die BORNsche Approximation berücksichtigt wird. (Physic. Rev. [2] **87.** 208. 1/7. 1952. Univ. of Rochester.) GERHARD SCHMIDT. 90

N. Bloembergen und **P. J. van Heerden,** *Die experimentelle Reichweite-Energie-Beziehung für Protonen von 50—110 MeV.* (Sitzungsbericht.) Der von einem Synchrocyclotron erzeugte Protonenstrahl von 50—110 MeV wurde magnet. analysiert. Der Nachw. der Protonen wurde durch die Schwärzung photograph. Platten geführt, vor die Absorptionsfolien aus Al, Cu u. Pb geschwenkt werden konnten. Die Energiestreuung betrug ca. 12 MeV. Die Reichweite–Energie-Kurve kann mit der Anordnung mit einem Meßfehler von 0,5% gemessen werden. (Physic. Rev. [2] **82.** **316.** 15/4.; Bull. Amer. physic. Soc. **26.** Nr. 1. 29. 1/2. 1951. Harvard Univ.) REUSSE. 90

J. Mayo Greenberg, *Streuung durch Schwellen hohen Potentials und durch Potentiale mit Schalenstruktur.* (Sitzungsbericht.) Die von HART u. MONTROLL (J. appl. Physics **22.** [1951.] 376) entwickelte Meth. für die Streuung ebener skalarer Wellen durch relativ flache, sphär. Potentialmulden wird auf die Fälle sehr tiefer Mulden u. sehr hoher Schwellenwerte ausgedehnt. Der Gesamtwirkungsquerschnitt eines undurchdringlichen Bereiches beträgt für hohe einfallende Energien das Doppelte des geometr. Wirkungsquerschnittes. (Physic. Rev. [2] **87.** 209. 1/7. 1952. Univ. of Maryland.) GERHARD SCHMIDT. 95

Robert Jastrow, *Energiearme Eigenschaften pseudoskalarer Wechselwirkung mit hartem Innenkern.* (Sitzungsbericht.) Die Eigg. der Nucleon–Nucleon-Wechselwrkg. werden unter der Annahme einer Nucleonenstruktur mit approximativem Radius $r_0 = 0{,}5 \cdot 10^{-13}$ cm untersucht. Es wird versucht, sich phänomenolog. auf den inneren Bereich $r < r_0$ zu beschränken, indem die Wechselwrkg. für $r > r_0$ durch die symm. pseudoskalare Theorie mit pseudoskalarer Kopplung bestimmt wird. (Physic. Rev. [2] **87.** 209. 1/7. 1952. Berkeley, Univ. of California.) GERHARD SCHMIDT. 95

P. J. Grant, *Einige Gesetzmäßigkeiten bei Kernenergieniveaus.* Auf Grund genauester Kernenergie-Niveaubestimmungen prüft Vf. an 45 verschied. Kernen die Beobachtung, daß die entsprechenden Anregungsenergien in ganzzahligen Verhältnissen zueinander stehen. Diese Annahme bestätigt sich in 80% der untersuchten Kernenergieniveaus. Trägt man den größten gemeinsamen Faktor der Anregungsenergien (bei ^{11}B z. B. 0,1784 MeV) gegen die Kernladungszahl auf, so erhält man im allg. zwei stetige Kurven, eine für Z gerade, N gerade u. die andere für Z oder N ungerade. Hierbei zeigt sich ein Zusammenhang mit der Kernschalenstruktur insofern, als für gerade–gerade-Kerne bei $N = 50$ u. $N = 82$ Maxima auftreten. Man kann daher vermuten, daß der größte gemeinsame Faktor der Kernanregungsenergien als Kernkonstante eine physikal. Bedeutung besitzt. (Proc. physic. Soc., Sect. A **65.** 150—51. 1/2. 1952. Glasgow, Univ., Dep. of Nat. Philos.) SPEER. 95

M. Sasaki, *Moderne Kernmodelle in Hinblick auf Kernumwandlungen durch Röntgenstrahlen hoher Energie.* Erörterung über die Kernumwandlungen durch Röntgenstrahlen von unter 25 MeV u. über 100 MeV. — 18 Literaturhinweise. (Kagaku [Science] **22.** 110—15. März 1952. Tokyo. [Orig.: japan.]) SCHULER. 103

V. E. Krohn jr. und **E. F. Shrader,** *Zertrümmerung des Deuterons durch Photonen.* In mit D_2O beladenen Photoplatten wird bei Bestrahlung mit 5—13 MeV-γ-Strahlen eines Betatrons die Winkelverteilung der Protonen gemäß der Rk. d (γ, n) p bestimmt. Die Ergebnisse werden mit dem differentiellen Wirkungsquerschnitt der auf den Massenschwerpunkt bezogenen Form $d\,\sigma = \{a + (b + c \cdot \cos \Theta) \sin^2 \Theta\}\, d\,\Omega$ verglichen; für den Isotropiekoeff. werden die Mittelwerte $a/b = 0{,}04 \pm 0{,}03$ u. $0{,}24 \pm 0{,}07$ für 5—11 bzw. 11—13 MeV gefunden, während der Asymmetriekoeff. für γ-Energien über 8 MeV sich zu $c/b = 0{,}24 \pm 0{,}09$ ergibt. Mit Ausnahme des experimentellen Wertes für den Isotropiekoeff. (theoret. Wert ca. 0,01) ergab sich Übereinstimmung mit den theoret. Berechnungen von MARSHALL u. GUTH (C. **1951.** I. 153). (Physic. Rev. [2] **86.** 391—95. 1/5. 1952. Cleveland, O., Case Inst. of Technol.) WERNER SCHULZ. 103

H. V. Argo, R. K. Adair, H. M. Agnew, A. Hemmendinger, W. T. Leland und **R. F. Taschek,** *Wirkungsquerschnitte der D (T, n) ^{4}He-Reaktion für 80—1200 keV-*

Tritonen. (Sitzungsbericht.) Ein Tritonenbündel aus dem stat. 2,5 MeV-Beschleuniger tritt durch ein Al-Fenster von 1,5 mg/cm^2 in ein 1 cm langes D-Gastarget. Mit einem BF_3-Zähler wird die Winkelverteilung der Neutronen aus der Rk. d + t = ^{4}He + n + 17,6 MeV vermessen. Die Wirkungsquerschnitte betragen 1,76, 4,93, 1,50 u. 0,30 (sämtlich ± 10%) barn bei Tritonenenergien von 80, 165, 400 bzw. 1200 keV. (Physic. Rev. [2] **87.** 205. 1/7. 1952. Los Alamos Sci. Labor.) Gerhard Schmidt. 103

F. L. Ribe, *Zertrümmerung von ^6Li durch schnelle Neutronen.* (Sitzungsbericht.) Der Wirkungsquerschnitt der ^{6}Li(n, α)^3*H*-Rk. wird für Neutronen von 2,49 (auf ^{6}LiF) u. 14,2 MeV (auf ^{6}Li-Metall) bestimmt. Die Proben wurden innerhalb eines mit Kr gefüllten Proportionalzählers beschossen, die emittierten Teilchen wurden mit einem Impulshöhenanalysator gemessen. Für 2,49 MeV ergab sich ein Wirkungsquerschnitt von 188 mbarn, für 14,2 MeV ein solcher von 26 mbarn mit einem Fehler von ± 14%. Für (n, d)- u. (n, p)-Rkk. bei 14,2 MeV Neutronenenergie ist der Wirkungsquerschnitt ca. 140 mbarn, entsprechend der Grundzustands-Rk. ^{6}Li(n, d)^{5}He. (Physic. Rev. [2] **87.** 205. 1/7. 1952. Los Alamos Sci. Labor.) Gerhard Schmidt. 103

W. Franzen und **J. G. Likely,** *Angeregte Zustände der Lithiumisotope.* (Sitzungsbericht.) Eine dünne Li-Folie wird mit Protonen beschossen, die Energieverteilung der emittierten Teilchen wird mit einem Spektrometer mit Scintillationszähler untersucht. Bei einer Beschußenergie von 18,3 MeV u. mit einer Energieauflösung von ± 3% wurde unelast. Streuung der Protonen aus ^{7}Li-Niveaus bei 4,5 u. 6,5 MeV beobachtet. Das 6,5 MeV-Niveau hat eine beträchtliche natürliche Breite. Ein Li-Niveau bei 2,1 MeV lieferte sowohl eine unelast. Protonengruppe als auch eine Deuteronengruppe der Rk. ^{7}Li(p, d)^{6}Li. Außerdem wurden Deuteronen aus Übergängen in den Grundzustand u. in einen angeregten ^{6}Li-Zustand bei 3,6 MeV beobachtet. (Physic. Rev. [2] **87.** 205. 1/7. 1952. Princeton Univ.) Gerhard Schmidt. 103

Fay Ajzenberg, *Energieniveaus von ^7Be und ^{10}B.* (Sitzungsbericht.) Beim Beschuß dünner Targets aus $^6Li_2O$ u. metall. Be mit 3,5 MeV-Deuteronen wurde die Winkelabhängigkeit der Neutronen mittels Kernemulsionen (100—200 μ), 10 cm vom Target entfernt, für Winkel von 0—80° zum einfallenden Strahl bestimmt. Grundzustand u. das erste angeregte Niveau in ^{7}Be haben ungleiche Parität. Ein Niveau, das dem 4,62 MeV-Niveau im ^{7}Li-Spiegelkern entspricht, wurde nicht beobachtet. Das Kontinuum des Dreierzerfalls von ^{8}Be würde jede Neutronengruppe niedriger Intensität verdecken. Für die Rk. ^{9}Be (d, n)^{10}B wurden 1400 Bahnen vermessen, sie deuten auf gleiche Parität der ersten vier Niveaus von ^{10}B hin. (Physic. Rev. [2] **87.** 205. 1/7. 1952. Univ. of Wisconsin.) Gerhard Schmidt. 103

H. B. Willard, J. K. Bair und **J. D. Kington,** *Die $^{11}B(p, n)$ ^{11}C-Winkelverteilung.* (Sitzungsbericht.) Ein dünnes B-Target wurde mit Protonen aus dem 5,5 MeV-van de Graaff beschossen. Die nach der Rk. ^{11}B(p, n)^{11}C ausgelösten Neutronen wurden in einem Langzähler im Bereich von 3,015—5 MeV untersucht. Neben den bei allen Winkeln beobachteten Resonanzen bei 3,17, 3,75 u. 4,67 MeV wurde ein Niveau bei 4,14 MeV in zwei engbenachbarte aufgelöst. Der Wirkungsquerschnitt für die 3,75 MeV-Resonanz ist 5,44 ± 0,50 mbarn/Raumwinkel. (Physic. Rev. [2] **87.** 206. 1/7. 1952. Oak Ridge Nat. Labor.) Gerhard Schmidt. 103

J. E. Brolley jr., J. L. Fowler und **L. K. Schlacks,** *(n, 2 n)-Reaktionen in ^{12}C, ^{63}Cu und ^{92}Mo.* (Sitzungsbericht.) Im Cyclotron auf 11 MeV beschleunigte Deuteronen wurden auf ein Tritium-Gastarget gerichtet, wobei Neutronen bis 27 MeV erzeugt wurden. Die zu untersuchenden Elemente wurden als dünne Folien in den Neutronenstrahl gebracht. Cu- u. Mo-Folien befanden sich in dünnen Cd-Mänteln. (n, 2 n)-Rkk. wurden durch die Positronenaktivität nachgewiesen. Für C ist der (n, 2 n)-Wirkungsquerschnitt nahe dem Schwellenwert u. bei 27 MeV ca. 10^{-26} cm^2. Für Cu liegt bis zu 16 MeV volle Übereinstimmung mit der Theorie von Weisskopf vor. (Physic. Rev. [2] **87.** 206—07. 1/7. 1952. Los Alamos Sci. Labor.) Gerhard Schmidt. 103

S. J. Lindenbaum, *Wechselwirkungen von 150 MeV-Protonen mit dem Kern A = 100.* (Vgl. C. **1952.** 3602.) (Sitzungsbericht.) Zur Prüfung des Goldberger-Modells für 150 MeV-Protonen wird das Monte Carlo-Kaskaden-Verf. angewandt, um 200 Wechselwirkungen mit dem Kern vom At.-Gew. 100 zu bestimmen. Die Berechnungen berücksichtigen u. a. den stufenweisen Unterschied von Neutronen u. Protonen durch die Kaskade. Die Ergebnisse werden mit Berechnungen für 400 MeV-Protonen u. mit experimentellen Angaben über die Wechselwrkg. von 150 MeV-Protonen mit G 5-Emulsionen verglichen. (Physic. Rev. [2] **87.** 207. 1/7. 1952. Brookhaven Nat. Labor.; Columbia Univ.) Gerhard Schmidt. 103

Ugo Croatto, Giordano Giacomello und **A. G. Maddock,** *Unterschiede in der Ausbeute an ^{192}Ir und ^{194}Ir im Prozeß des Neutronenbeschusses von Natriumchloroiridat nach Szilard-Chalmers.* (Vgl. C. **1953.** 1774.) Beim Beschuß von $Na_2IrCl_6 \cdot H_2O$ (I) in Lsg. mit langsamen

Neutronen während einer Woche entsteht 4mal mehr ^{194}Ir als ^{192}Ir, obwohl auch durch Zerfall von ^{192*}Ir ^{192}Ir gebildet wird (ca. 25% des gesamten ^{192}Ir). Offenbar ist der Rückstoß von ^{194}Ir geeigneter, I-Moll. zu zertrümmern oder weniger geeignet, die Wiedervereinigung zu bewirken. (Ricerca sci. **22.** 265—69. Febr. 1952.) R. K. Müller. 103

H. F. Hunter und **N. E. Ballou**, *Spaltprodukt-Zerfallsgrößen.* Die Berechnungen erstrecken sich auf einen Prozeß, bei dem eine Anzahl von ^{235}U-Atomen gleichzeitig der Spaltung unterliegen. Die Zerfallsgrößen $A_x(t)$ für jedes Spaltprod. x zur Zeit t nach der Spaltung von 10000 ^{235}U-Atomen durch langsame Neutronen werden in Ausdrücken der experimentell bestimmten Werte der Halbwertszeiten u. Spaltungsausbeuten berechnet. Die Zerfallskurve für den Hauptteil der Spaltprodukte u. die relativen Beiträge der einzelnen Kerne u. Elemente zu verschied. Zeiten zur Gesamtaktivität werden aus den $A_x(t)$-Werten berechnet. (Nucleonics **9.** Nr. 5. C2—C7. Nov. 1951. San Francisco, Calif., U. S. Naval Radiolog. Defence Labor.) Gerhard Schmidt. 103

C. E. Mandeville, *Durch langsame Neutronen induzierte Aktivitäten.* Die Berechnungen über die durch langsame Neutronen induzierte Aktivität werden für Atomexplosionen unter W. u. unter Erdschichten mit einer D. von 2,67 g/cm³ durchgeführt. Für die durch Atomexplosionen induzierten Aktivitäten werden u. a. die erzeugten Isotope, die Anzahl der Atome /cm³, die Halbwertszeit, die Wirkungsquerschnitte für die Isotopenerzeugung u. den Einfang sowie die Aktivität zur Zeit 0, 1 u. 24 Std. nach der Explosion angegeben. (Nucleonics **9.** Nr. 5. C8—C9. Nov. 1951. Swarthmore, Pa., Bartol Res. Found. of the Franklin Inst.) Gerhard Schmidt. 105

S. Gallone und **L. Orsoni**, *Über das transitorische Verhalten von Kernreaktoren mit Reflektor.* Unter Beschränkung auf schnelle Neutronen wird das transitor. Verh. von Kernreaktoren unter dem Einfl. eines Reflektors untersucht. Für einen „flachen" Reaktor wird die krit. Größe u. der Zahlenwert der Zeitkonstanten ermittelt. (Nuovo Cimento [9] **9.** 269—73. 1/3. 1952. Milano, Univ., Ist. di Fis., Labor. CISE.) R. K. Müller. 105

Clifford K. Beck, *Verwendungsmöglichkeiten und Grenzen eines Kernreaktors niedriger Energie.* Kernreaktoren unterhalb 100 kW mit einem Neutronenfluß von 10^{11}—10^{12} pro Sek. erweisen sich als bes. geeignet auch bzgl. der Kosten u. der techn. Anordnung als Quelle von Spaltprodd., von Neutronen u. anderen Strahlungen für die chem., physikal. u. biol. Forschung sowie als Erzeugungsstätte aktivierter Isotope. (Nucleonics **9.** Nr. 5. 18—27. Nov. 1951. Raleigh, N. C., State Coll., Dep. of Phys.) Gerhard Schmidt. 105

Odd Dahl und **Gunnar Randers**, *Schwerer Wasser-Reaktor in Kjeller, Norwegen.* Ausführliche Beschreibung des 100 kW-Reaktors mit zahlreichen Abbildungen. (Nucleonics **9.** Nr. 5. 5—17. Nov. 1951. Bergen, Chr. Michelsen Inst., Dep. of Appl. Phys.; Kjeller, Nucl. Energy Res.) Gerhard Schmidt. 105

J. W. J. Fay, *Die sichere Bestimmung von verseuchter Abluft aus radioaktiven Laboratorien.* Zusammenfassende Darst. des Abluftproblems in Laboratorien für radioakt. Isotope. (Atomics **3.** 143—48. Juni 1952. Harwell, A. E. R. E.) Frost. 112

J. B. Hursh, **S. Zizzo** und **A. H. Dahl**, *Meßgeräte für die Wasserprüfung.* Vff. übernehmen die Meßgeräte, die im gewöhnlichen Gebrauch für β- u. γ-Flächenprüfung verwendet werden, zur Wasserprüfung während der ersten 30 Tage nach einer Atomexplosion. Die durch solche Explosionen für Trinkwasser angenommenen Gefahrenniveaus werden für Beobachtungszeitstrecken über 10 u. 30 Tage zahlenmäßig wiedergegeben. (Nucleonics **9.** Nr. 5. C16—C20. Nov. 1951. Rochester, N. Y., Univ., School of Med. and Dent., AEP.) Gerhard Schmidt. 112

G. V. Taplin, **C. H. Douglas** und **B. Sanchez**, *Colorimetrische Methode für die Dosimetrie von 10—100 r.* (Vgl. C. **1951.** I. 425.) Vff. verbessern das l. c. beschriebene Dosimeter auf eine Empfindlichkeit von 10—100 r dadurch, daß der dem Chlf. als Stabilisator zugegebene A. durch 10maliges Ausschütteln mit W. in einem großen Scheidetrichter extrahiert wird. Die Empfindlichkeit wird hierdurch reversibel etwa um den Faktor 25—50 erhöht; sie differiert für Chlf. verschied. Lieferungen. Die Herst. der Farbstoffstammlsg. wird im einzelnen beschrieben, wobei von 80 mg *aci-Bromkresolpurpur* u. 90 cm³ dest. W. ausgegangen wird. Die Farbstofflsg. zeigt folgende Farben: Purpur ($p_H > 6{,}5$), Violett (6,4—6,2), Rot (6,1—5,9), Gelbrot bis Bernsteingelb (5,8—5,4), Gelb ($< 5{,}2$). Wird der gelbe Endpunkt als Bezugspunkt gewählt, so gibt sich die Annäherung an die entsprechende Strahlendosis durch Auftreten der Zwischenfarben erkennbar, so daß die Dosis auf 10—15% genau abschätzbar ist. (Nucleonics **9.** Nr. 2. 73—77. Aug. 1951. Los Angeles, Calif., Univ., School of Med.) Weigel. 112

E. C. Gregg, *Ein Betatron mit flußgebundener Feldvorspannung.* Es werden Entwurf u. Konstruktion eines Betatrons mit flußgebundener Feldvorspannung (flux-forced field-biased) beschrieben. Dieses Betatron unterscheidet sich von den bisher üblichen dadurch, daß ein starrer, aber lamellierter Eisenkern durch das Zentrum der Elektronenröhre führt. Die durch die Bindung des Flusses bedingten Begrenzungen u. ihr Einfl. auf die Zeitveränderlichkeit des Gleichgewichtskreises werden beschrieben. (Rev. sci. Instruments **22.** 176—82. März 1951. Cleveland, O., Case Inst. of Technol.) v. HARLEM. 112

E. Tajima, *Ein 170 inch-Synchrocyclotron.* Grundsätzliches über das Synchrocyclotron u. eingehende Beschreibung der Anlage der Univ. Chicago. — 16 Abbildungen. (Kagaku [Science] **21.** 449—55. Sept. 1951. [Orig.: japan.]) SCHULER. 112

Max Hoyaux, *Die Fokussierungsprinzipien bei Beschleunigern für Teilchen hoher Energie.* 3. Mitt. *Hochfrequenz-Linearbeschleuniger.* (2. vgl. C. **1952.** 7768.) Vf. gibt einen Überblick über die Möglichkeiten zur Realisierung lateraler Kräfte, die das Teilchenbündel konzentrieren u. in der mathemat. Bahn halten. Die MAXWELLschen Gleichungen werden u. a. für das axialsymm. Feld, die Beschleunigung durch eine Wanderzelle mit konstanter Geschwindigkeit u. für die Beschleunigung durch elektrostat. Linsen integriert. (Atomics **3.** 33—40. Febr. 1952. Charleroi, Ateliers de Constr. Electr., Nucl. Res. Labor.) H. HAUSWALD. 112

L. Carlbom und **C. Taylor,** *Einige Störeffekte in Geiger-Müller-Zählern aus Glas.* Ein in dünnwandigen, gläsernen β-Zählrohren schon unterhalb der Einsatzspannung auftretender Nulleffekt von 10 Impulsen pro Min. wurde auf Entladungen zwischen dem Zähldraht u. den gläsernen Abschirmröhren zurückgeführt. Ein Absinken der Empfindlichkeit um 5% wird durch die Aufladung dieser Röhren erklärt. (J. sci. Instruments **29.** 296. Sept. 1952. Stockholm, Res. Inst. of Nat. Defence, AB Atomenergi, Dep. of Phys.) H. HAUSWALD. 112

P. Holton, *Ein Kontrollventil für Gasfluß-Proportionalzähler mit der Möglichkeit kurzzeitiger kräftiger Durchspülung.* Das Ventil gestattet bei Proportionalzählern mit durchströmendem Füllgas die Einstellung einer konstanten Strömungsgeschwindigkeit u. bei Einführung einer neuen Probe die Auslösung einer kurzzeitigen starken Durchflutung mittels Hebeldruck. (J. sci. Instruments **29.** 300. Sept. 1952. Harwell, Berks., A. E. Res. Establ.) H. HAUSWALD. 112

V. O. Eriksen, G. Jenssen und **A. Sunde,** *Scintillationszähler als γ-Strahlenspektrometer.* Mit einem Scintillationszähler, bestehend aus einem 20 × 30 mm großen NaJ(Tl)-Kristall, einem EMI 5311-Photomultiplier, einem 10 Kanal-Diskriminator u. einem Oscillographen wurde die Linearität zwischen der Zahl der erzeugten Photonen u. der in NaJ(Tl) absorbierten γ-Energie in dem Bereich von 0,05—0,5 MeV nachgewiesen. Für ^{131}J, ^{51}Cr, ^{198}Au, ^{75}Se, ^{124}Sb, ^{103}Ru u. ^{139}Ce werden Spektrogramme Impulshäufigkeit gegen Diskriminatorvorspannung angegeben. Die γ-Energie von ^{103}Ru wurde zu 0,52 MeV gemessen. (Physica **18.** 91—100. Febr. 1952. Kjeller, Joint Establ .for Nucl. Energy Res.) H. HAUSWALD. 112

F. N. Hayes, R. D. Hiebert und **R. L. Schuch,** *Zählungen bei niedriger Energie mit einer neuen Scintillationsflüssigkeit.* Zum Nachw. von ^{14}C u. ^{3}H mit dem Flüssigkeits-Scintillationszähler wird 2.5-Diphenyloxazol in Toluol mit der Konz. von 3 g/Liter gelöst. Die Löslichkeit dieses Stoffes erlaubt die Kühlung der beiden RCA 5819-Photomultiplier in Koinzidenz auf 0°. Mit 30 ml dieser Lsg. konnten 35% der Zerfälle von in ihr gelöster ^{14}C-Benzoesäure gezählt werden. (Science [Washington] **116.** 140. 8/8. 1952. Los Alamos, N. Mex., Univ. of California, Scient. Labor.) H. HAUSWALD. 112

P. A. Redhead, *Ein Linear-Radiofrequenz-Massenspektrometer.* Es wird Prinzip u. Konstruktion eines Radiofrequenz-Massenspektrometers beschrieben, bei dem der Ionenstrahl nacheinander eine Reihe von axialen, mit Radiofrequenz schwingenden Beschleunigungsfeldern mit abwechselnder Polarität passiert. Ionen mit einer Geschwindigkeit (proportional $M^{-1/2}$), durch die die einzelnen Feldstufen gerade in etwa einer halben Schwingungsperiode durchlaufen werden, erreichen die Höchstgeschwindigkeit. Ein verzögerndes Gegenfeld läßt nur Ionen dieser Maximalgeschwindigkeit auf den Auffänger gelangen. Mit 20 solcher Radiofrequenzstufen wird eine Auflösung von 1% erzielt. Der Vorteil der Meth. liegt in der Anwendung großer Ionenströme, der Einfachheit der Konstruktion u. dem Fortfall jedes Magneten. (Canad. J. Physics **30.** 1—9. Jan. 1952. Ottawa, Can., Nat. Res. Counc., Radio and Electr. Engng. Div.) CONRAD. 112

Ruth Valentin und **Georges Philbert,** *Eine Registriervorrichtung beim Massenspektrometer mit kurzer Ansprechzeit.* Vff. haben zu dem Massenspektrometer von PHILBERT (C. **1952.** 6647) eine Vorr. zur Schnellregistrierung, z. B. bei der Undichtigkeitssuche, konstruiert, die zur Durchmessung des Spektr. nicht die Beschleunigungsspannung, sondern das magnet. Feld ändert. Schaltskizzen der elektr. Einrichtung werden angegeben. Das Spektr. erscheint auf dem Leuchtschirm einer Kathodenstrahlröhre. Die Maximalfrequenz der Durchmessung des Massenspektr. ist ca. 10 pro Sekunde. (J. Physique Radium **13.** 247—48. April 1952. Nancy, Fac. des Sci., Labor. de Chim.; Coll. de France, Labor. de Chim. nucl.) CONRAD. 112

L. W. Groschewi und I. Ss. Schapiro, Spektroskopie der Atomkerne. Moskau: Gosstechisdat. 1952. (440 S.) 17 Rbl. 40 Kop. [russ.]

A$_2$. Optisches Verhalten der Materie.

W. H. Ramsey, *Über die Konstitution der großen Planeten.* Auf der Basis der Atomtheorie fester Körper wurde die innere Konst. der großen Planeten untersucht. Ausgegangen wurde bei den Unterss. von der theoret. Druck–Dichte-Beziehung für festen Wasserstoff beim absol. Nullpunkt; hierbei wird gezeigt, daß die inneren Tempp. der Planeten zu niedrig sind, um die Dichten merklich zu beeinflussen. Aus den empir. mittleren Dichten ergibt sich, daß die beiden Planeten, Jupiter u. Saturn, hauptsächlich aus Wasserstoff bestehen. Der Wasserstoffgeh. des Jupiters beträgt ca. 80 Massen-%, der des Saturns ca. 60 Massen-%. Unter Annahme chem. Homogenität wurden die inneren Dichteverteilungen abgeschätzt. Der Anteil schwerer Elemente wurde für jeden Planeten so gewählt, daß Übereinstimmung mit der empir. mittleren D. bestand. Die hiernach abgeschätzten Trägheitsmomente der Planeten sind deutlich größer als die empir. Werte. Dies besagt, daß die schwereren Elemente nicht gleichmäßig in den Planeten verteilt, sondern bis zu einem gewissen Ausmaß zentral kondensiert sind. — Uranus u. Neptun sind ca. 10mal so dicht wie die Wasserstoffplaneten, ihre mittleren At.-Geww. sind ca. 4. Die Planeten sind wahrscheinlich aus W., Methan u. Ammoniak zusammengesetzt. (Monthly Notices Roy. astronom. Soc. **111.** 427—47. 1951. Manchester, Univ., Phys. Labor.) Gottfried. 113

K. Wurm und **O. Singer,** *Optische Dicke und He II-H-Linienintensitäten in planetarischen Nebeln.* Die Ansicht, daß bei den planetar. Nebeln von Objekt zu Objekt eine schwankende opt. Dicke für die absorbierbare Strahlung $\lambda < 912$ besteht, die aus der Variation des Stärkeverhältnisses der beiden Linien He II λ 4686 u. Hβ λ 4861 in Verbindung mit der Variation der Helligkeitsdifferenzen zwischen Nebel- u. Sternlicht erschlossen wurde, konnte an einem umfangreichen Material von Linienintensitäten bestätigt werden. (Z. Astrophysik **30.** 153—63. 1952. Hamburg-Bergedorf, Sternw., u. Potsdam-Babelsberg, Sternw.) Klever. 113

Ida W. Busbridge, *Über Emissionslinien in Sternspektren.* Vf. untersucht die Bedingungen für die Bldg. von Absorptions- u. Emissionslinien unter Berücksichtigung von kontinuierlicher Absorption u. kontinuierlicher, isotroper Streuung. Die Theorie wird auf den sichtbaren Bereich u. die Sterntempp. 5000, 30000 u. 40000^0 angewandt. (Monthly Notices Roy. astronom. Soc. **112.** 45—54. 1952. Oxford, St. Hugh's Coll.) F. W. Krüger. 113

A. B. Meinel und **C. Y. Fan,** *Reproduktion von Nordlicht-Emissionen im Laboratorium durch Protonenbeschuß.* Protonen aus dem Kevatron drangen durch ein Nylon-Fenster in ein Absorptionsrohr von 26 cm Länge ein. Die Druckdifferenz zwischen Beschleuniger u. Untersuchungsraum betrug 1 mm Hg. Mittels eines Spektrographen mit einer Dispersion von 400 Å/mm wurde das Spektr. oberhalb 3700 Å aufgenommen. Es ähnelt sehr stark dem Aurora-Spektr., das zum Vgl. wiedergegeben ist. Die Rotationstemp. der Aurora scheint niedriger zu sein als die in der Laboratoriumsemission. Die relativen Intensitäten von N_2^+ u. N_2 sind sehr ähnlich. Vff. weisen darauf hin, daß aus den Verss. nicht geschlossen werden kann, daß in der Aurora Anregung durch Protonen vorliegt. (Astrophysic. J. **115.** 330—31. März 1952. Chicago, Univ., Yerkes Obs.) Wiedemann. 113

K. Das Gupta, *Ein neuer Typ von Röntgenstrahlstreuung.* Der bei seinen früheren spektrograph. Unterss. (vgl. C. **1952.** 329) an einigen Isolatoren auftretende niedrigenerget. Satellit in den Valenzbandspektren war als Modifikation des Hauptstrahls infolge partieller Absorption im Gitter erklärt worden. Zur Festigung dieser Anschauung wurden mit weicher Röntgenstrahlung weitere Unterss. angestellt, u. zwar an reinen Isolatoren sowie an Isolatoren, in deren Gitter Spuren eines geeigneten fremden Elements eingeführt worden waren. An reinen Isolatoren wurden untersucht: *Diamant, Schwefel, BeO,* B_2O_3, SiO_2 u. Al_2O_3. Tabellar. sind die Energiedifferenzen zwischen dem Maximum der Hauptvalenzbanden u. ihren langwelligen Satelliten angegeben. Ferner wurde ein BeO untersucht, das 2% ZnO enthielt. Die Probe wurde nach Mischen drei Tage hohem Druck ausgesetzt. Aufnahmen in einem Siegbahn-Vakuumgitterspektrographen mit gebogenem Glimmerkristall ließen eine schwache breite Bande mit einer Energielücke von 14,63 eV von Zn–L_α auf der niedrig energet. Seite erkennen. Die Breite der modifizierten Zn–L_α-Strahlung beträgt ca. 40 eV. (Nature [London] **167.** 313—14. 24/2. 1951. Calcutta, Univ. Coll. of Sci., Khaira Labor. of Phys.) Gottfried. 116

Lewis M. Branscomb, *Emission der atmosphärischen Sauerstoffbanden in Entladungen und im Nachleuchten.* Unter geeigneten Bedingungen zeigt reiner O_2 (1 Torr) nach einer elektrodenlosen Hochfrequenzentladung ein starkes Nachleuchten im Infrarot. Das Nachleuchtspektr. (von 3000—9100 Å) enthält nur die atmosphär. (0,0)- u. (0,1)-Banden (mit den Kanten bei 7593,7 bzw. 7685 Å) sowie ein schwaches Kontinuum. Während der Entladung selbst sind diese verbotenen Banden viel intensiver. Es treten u. a. die

Linie OI 8446,8 Å u. das OI-Triplett bei 7772 Å auf, die auf einen hohen Dissoziationsgrad des O_2 hinweisen. Darauf ist vermutlich die Speicherung der Nachleuchtenergie, die durch Dreierstoß-Rekombination frei gemacht wird, zurückzuführen. Die Rotations- u. Schwingungs-„Tempp." T_n u. T_s werden für das Nachleuchtspektr. u. die direkte Entladung gemessen. Es zeigt sich Übereinstimmung von T_n u. T_s in beiden Fällen (ca. 310 bzw. ca. 700° K). Aus den nahe bei Raumtemp. liegenden Tempp. des Nachleuchtspektr. ist zu schließen, daß therm. Gleichgewicht vor der Strahlung erreicht ist. (Physic. Rev. [2] **86.** 258. 15/4. 1952. Cambridge, Mass., Harvard Univ.) RUDOLPH. 118

Giulio Racah, *L (L + 1)-Korrektur in den Spektren der Eisengruppe.* Die durch eine L (L + 1)-Korrektur für viele Spektren der Fe-Gruppe erzielte gute Übereinstimmung zwischen Theorie u. Experiment erklärt Vf. aus der Annahme, daß sich die Abweichungen von den theoret. Formeln einer n-Elektronenkonfiguration linear aus denjenigen der Elektronenpaare zusammensetzen. Die Korrektur erklärt die Konstanz von $(^1S - {}^1P)/(^1D - {}^3P)$ in den $2p^2$- u. $2p^4$-Konfigurationen der 1. Periode u. ergibt für $(^2P - {}^2D)/(^2D - {}^4S)$ der $2p^3$-Konfiguration $^4/_9$ des 1. Verhältnisses in guter Übereinstimmung mit dem Experiment. (Physic. Rev. [2] **85.** 381—82. 15/1. 1952. Jerusalem, Hebrew Univ.) F. W. KRÜGER. 118

R. E. Trees, *Die L (L + 1)-Korrektur an den Slaterschen Formeln für die Energieniveaus.* Die Theorie von RACAH (vgl. vorst. Ref.) reicht für die Best. der Energieniveaus der $3d^6$-Konfiguration von Fe III mit einer Genauigkeit von 200 cm^{-1} nicht aus, da sie im wesentlichen nur eine Korrektur der Form L (L + 1) verwendet. Vf. postuliert, daß Korrekturen der Form αL (L + 1) nur dann anwendbar sind, wenn die Energieterme rationale Funktionen der SLATERschen Parameter sind. Er zeigt die Gültigkeit für die $3d^6$-Konfiguration von FeIII. (Physic. Rev. [2] **85.** 382. 15/1. 1952. Philadelphia, Pa., Univ. of Pennsylvania.) F. W. KRÜGER. 118

Giovanni Venturello und **Aurelio Burdese,** *Untersuchungen über die Absorptionsspektren von auf reiner aktivierter Tonerde adsorbierten Ionen.* An aktivierter Al_2O_3 (aus Al-Amalgam) adsorbiertes Cu^{2+} zeigt in seinem Absorptionsspektr. im Sichtbaren keine nennenswerten Unterschiede gegenüber Cu^{2+} in Lösungen. Die geringen Unterschiede genügen nicht anzunehmen, daß hier eine Bindung vom Cu-O-Typ zwischen Ion u. Adsorptionsmittel oder hydrolyt. Bldg. bas. Verbb. vorliegt. Noch geringer sind die Verschiedenheiten des Absorptionsspektr. in adsorbiertem Zustand u. in Lsg. bei Co^{2+}. (Ann. Chimica **41.** 148—54. März 1951. Bologna, Ist. chim. G. Ciamician, u. Turin, Politecn., Ist. di Chim. gen.) R. K. MÜLLER. 118

D. Welti und **R. F. Barrow,** *Die Absorptionsspektren von Gallium- und Indiummonofluorid.* Ausführliche Arbeit zu dem C. 1952. 1124 referierten Kurzbericht. Die Übergänge im fernen UV sind $^1\Pi \leftarrow {}^1\Sigma^+$, im längeren Wellenbereich $^3\Pi_0{}^+, {}^3\Pi_1 \leftarrow {}^1\Sigma^+$. Die $^1\Sigma$-Zustände konvergieren schnell u. liefern scharfe Dissoziationsgrenzen: 50870 cm^{-1} (GaF), 46240 cm^{-1} (InF). Die Dissoziationsprodd. sind Ga $(^2P_{1/2})$ bzw. In $(^2P_{1/2})$ u. $F(^2P_{1/2})$. Die Bedeutung der Ergebnisse für die Elektronenniveaus von *TlF* u. für die Dissoziationsenergie von *AlF* werden besprochen. (Proc. physic. Soc., Sect. A **65.** 629—39. 1/8. 1952. Oxford, Univ., Phys. Chem. Labor.) F. W. KRÜGER. 118

A. Gatterer und **S. G. Krishnamurty,** *Bandenspektrum von Praseodymoxyd.* Das Spektr. von Pr-Oxyd im Kohlebogen, das im Sichtbaren u. Infrarot aufgenommen wurde, zeigt drei von Linien freie Bandensysteme. Die Schwingungsanalyse des orangen Syst. (Nullinien bei 17614 u. 17863 cm^{-1}) zeigt die beiden Komponenten des $c^2\pi - X^2\Sigma$-Übergangs im PrO. Der Wert von ω_e'' (873) ist vergleichbar mit den niedrigen Schwingungsfrequenzen der anderen Seltenen Erden (CeO, GdO, CpO). (J. opt. Soc. America **42.** 143. Febr. 1952. Rom, Vaticana, Specola, Labor. Astrofis.) RUDOLPH. 118

P. K. Sur und **K. Majumdar,** *Das Absorptionsspektrum des PbBr-Moleküls im ultravioletten Bereich.* Ein neues Bandensyst., das ca. ein Dutzend nach Violett abschattierter Banden umfaßt, wurde in Absorption zwischen 2927 u. 2701 Å mit mittlerer Dispersion aufgenommen. Eine Aufspaltung der Bandenkanten konnte nicht festgestellt werden. Es gilt folgende Kantenformel: $\nu = 34760{,}21 + 259\,(v' + {}^1/_2) - 0{,}50\,(v' + {}^1/_2)^2 - 207{,}4\,(v'' + {}^1/_2) + 0{,}45\,(v'' + {}^1/_2)^2$. Die Konstanten des Grundzustandes stimmen gut mit den von FRANK u. MORGAN (Physic. Rev. [2] **49.** [1936.] 47) zwischen 4400 u. 5400 Å gefundenen überein. (Indian J. Physics Proc. Indian Assoc. Cultivat. Sci. **26.** 111—14. März 1952. Allahabad, Univ., Dep. of Physics.) F. W. KRÜGER. 118

Leonard I. Katzin, *Veränderungen der Absorptionsspektren von Anionen durch Komplexbildung.* Vff. unternahmen spektrophotometr. Unterss. an Lsgg. von *Co-* bzw. *Ni-Perchlorat* in Isopropylalkohol, die mit *Li-Halogeniden* oder *Thiocyanaten* oder *Tetrabutylammoniumjodid* versetzt wurden. Deutliche Maxima wurden im Syst. Co^{2+}/SCN^- für den

1:1-Typ bei 295 mμ (ε = 330), 1:2-Typ 305 mμ (ε = 380) u. 1:3-Typ 315 mμ (ε = 1270) gefunden. Der 1:4-Typ war in Alkohol kaum, in Aceton gut zu erhalten. Das Syst. Ni^{2+}/SCN^- hat weniger ausgeprägte Maxima, für den 1:1-Typ 260 mμ (ε = 320), für den 1:2-Typ 260 mμ (ε = 350—370). Das Maximum im Syst. Co^{2+}/Cl^- liegt für 1:1 bei 228 mμ (ε = 1000), u. verschiebt sich mit steigender Cl^--Konz. nach 232 mμ (ε = 1100). Das Vorhandensein des 1:2-Typs ist angedeutet. Im Syst. Co^{2+}/Br^- liegen Maxima für 1:2 bei 260 mμ (ε = 7007), 242 mμ (ε = 800), beim Ni^{2+}/Br^- für 1:1 bei 227—228 mμ (ε = 1000—1300). Die Absorptionsspektren der Komplexe von Ni^{2+}, Co^{2+} u. J_2 („Trijodidkomplex") mit J^- sind prakt. nur durch ε zu unterscheiden u. haben im Gegensatz zu denen des J^- Absorptionsspitzen im Bereich kürzerer Wellenlängen. Dies gilt auch für die Br^-- u. Cl^--Komplexe mit in Richtung auf Cl abnehmender Intensität. Das Auftreten von Br_3^-- u. Cl_3^--Anionenkomplexen wurde nachgewiesen. Bei kleineren J^--Konzz. waren im Syst. Co^{2+}/J^- breite Maxima bei 290 mμ u. 350 mμ, bei großen J^--Konzz. bei 295 mμ u. 355 bis 360 mμ. Dagegen verschieben sich beim Ni^{2+} die Maxima für größer werdende J^--Konzz. zu niedrigeren Wellenlängen. (J. chem. Physics **20**. 1165—69. Juli 1952. Chicago, Ill., Argonne Nat. Labor., Chem. Div.) PLUST. 118

Ellis R. Lippincott, James A. Psellos und **Marvin C. Tobin,** *Das Raman-Spektrum und die Struktur des Aluminat- und Zinkat-Ions.* Aus den RAMAN-Spektren von sorgfältig, gereinigten Na-Aluminat u. -Zinkatlsgg. wird auf eine tetraedr. Struktur der Ionen $[Al(OH)_4]^-$ u. $[Zn(OH)_4]^{2-}$ geschlossen. Die Spektren erlauben eine Berechnung der Kraftkonstanten: $k_{AlOH} = 3,79$, $k_{ZnOH} = 2,21 \cdot 10^5$ dyn/cm. (J. chem. Physics **20**. 536. März 1952. Storrs, Conn., Univ., Dep. of Chem.) GOUBEAU. 120

C. P. Tingwaldt, *Über die Messung von Reflexion, Durchlässigkeit und Absorption an Prüfkörpern beliebiger Form in der Ulbrichtschen Kugel.* Mit einem Glühfadenpyrometer werden Reflexions-, Absorptions- u. Durchlässigkeitsmessungen an MgO, einem Photoobjektiv, einer aufgerauhten Glasplatte u. einem glühenden Pt-Draht, die in der Mitte einer ULBRICHTschen Kugel angeordnet sind, ausgeführt. Grundlage des von der Oberflächenform der Proben unabhängigen Verf. ist der HELMHOLTZsche Satz von der Umkehrbarkeit der Lichtwege. An glühenden Proben kann deren wahre Temp. gemessen werden. (Optik **9**. 323—32. Juli 1952. Braunschweig, Physikal.-Techn. Bundesanstalt.) EICHHOFF. 122

Antonin Vašíček, *Reflexion des Lichtes an homogenen dünnen und dicken Vielfachschichten.* Bei der Berechnung der Lichtreflexion an Glas, das mit homogenen dünnen Schichten bedeckt ist, erhält man verschied. Formeln, je nachdem, ob man die Schichten von oben nach unten oder von unten nach oben betrachtet. Die Formeln sind dieselben, wenn man die Reflexion an Glas mit homogenen dicken Schichten untersucht, vorausgesetzt, daß man die dicken Schichten als einen Grenzfall der dünnen Vielfachschichten ansieht. (J. Physique Radium **12**. 590—92. Mai 1951. Brno, Univ. Techn. Benes.) GOTTFRIED. 122

Isadore Nimeroff, *Analyse von goniophotometrischen Reflexionskurven.* Vf. bespricht zunächst theoret. die Auswertung von goniophotometr. Kurven u. vergleicht die auf theoret. Wege erhaltenen Ergebnisse mit eigenen experimentellen Untersuchungen. Zur Unters. gelangte schwarzes *Glas*, das entweder poliert oder mit Sandstrahlgebläse behandelt oder mit Säure geätzt war, poliertes u. entpoliertes *Vitrolit* sowie ein weißer Keramikziegel. (J. Res. nat. Bur. Standards **48**. 441—48. Juni 1952. Washington) GOTTFRIED. 122

François Gaume, *Thermische Änderung des magnetischen Rotationsvermögens der Mischungen von flüssigem Stickstoff und Sauerstoff.* Vf. bestimmte die VERDET-Konstante u. das spezif. magnet. Rotationsvermögen von reinem fl. O_2 u. Mischungen von fl. O_2 in N_2 (57,4—7,9% O_2) bei 64 u. 82° K. Das daraus berechnete spezif. Rotationsvermögen des gelösten O_2 ist sehr bedeutend u. ändert sich viel stärker mit der Temp. als das des reinen O_2. Das Additionsgesetz ist nicht gültig. Das spezif. Rotationsvermögen des gelösten O_2 nimmt mit abnehmendem O_2-Geh. zu, u. es ist möglich, durch Extrapolation einen Grenzwert für unendliche Verdünnung abzuleiten. Die Änderung mit der Temp. wird um so schneller, je kleiner der O_2-Geh. wird. Diese Ergebnisse sind in Übereinstimmung mit denen der Unterss. der magnet. Susceptibilität u. des COTTON-MOUTON-Effektes an O_2. (C. R. hebd. Séances Acad. Sci. **234**. 1547—48. 5/4. 1952.) v. HARLEM. 122

M. Ageno und **R. Querzoli,** *Über die von α-Teilchen in Lösungen angeregte Fluorescenz.* 1. Mitt. (Vgl. C. **1952**. 7608.) Verss. mit auf ein Ni-Plättchen aufgebrachtem Po (10 mC) in einer Lsg. von 5‰ Terphenyl in Xylol zeigen, daß die angeregte Fluorescenz mindestens zum großen Teil nicht aus direkter Einw. der α-Teilchen auf die Moll. der Lsg. stammt. Ein Teil der von den α-Teilchen an die Lsg. abgegebenen Energie geht durch einige mm Lösungsschicht hindurch, bevor sie in Fluorescenzstrahlung umgewandelt wird.

(Rend. Ist. super. Sanità **15.** 28—31. 1 Tafel. 1952. Roma, Ist. sup. di Sanità, Labor. di Fis.) R. K. MÜLLER. 125

M. Ageno und **R. Querzoli,** *Über die von α-Teilchen in Lösungen angeregte Fluorescenz.* 2. Mitt. (1. vgl. vorst. Ref.) Vff. weisen nach, daß durch einen Objektträger aus Glas Energie hindurchgeht, die durch Po in einer Fl. abgegeben wird, nicht aber, wenn unter dem Glas ein Al-Plättchen von 0,01 mm angeordnet ist, da dieses für β- u. γ-Strahlen durchlässig ist. Die durch die Po-α-Teilchen angeregte Fluorescenzstrahlung muß also mindestens zum größeren Teil eine Wellenlänge über 3000 Å haben. (Rend. Ist. super. Sanità **15.** 32—35. 2 Tafeln. 1952.) R. K. MÜLLER. 125

J. A. Ghormley und **H. A. Levy,** *Einige Beobachtungen über die Luminescenz von Alkalihalogenidkristallen nach Einwirkung ionisierender Strahlung.* Verschied. Alkalihalogenide werden nach Bestrahlung mit Co-γ-Strahlen auf Fluorescenz u. Phosphorescenz in Abhängigkeit von der Temp. untersucht. Ergebnisse: *LiF* zeigt nach der γ-Bestrahlung bei Erregung mit Licht von 4500 Å (M-Bande) bei 196° zwei Emissionsbanden bei 7000 u. 10000 Å. Bei langsamer Erwärmung des Kristalls unter Lichtanregung steigt die Fluorescenzhelligkeit der Bande bei 7000 Å zwischen 50 u. 130° um den Faktor 10 an u. fällt bei Tempp. $>200°$ schnell ab. Nach Abkühlung des auf 225° erhitzten Kristalls auf —196° besteht die Fluorescenz nur noch aus der 10000 Å-Bande. Verfärbte *KCl*-Kristalle zeigen bei Erregung mit Licht in der F-Bande eine langwellige Fluorescenz etwas über 10000 Å. Dabei ist die Intensität bei strahlungsverfäbtren Kristallen viel größer als bei additiv verfärbten Proben. Die Emission der farbzentrenhaltigen Kristalle wird durch Übergänge von den angeregten Niveaus der F-Zentren zum Grundzustand erklärt. Additiv verfärbte KCl-Kristalle werden nach Bestrahlung mit Licht der F-Bande (F'-Zentrenbldg.) langsam erwärmt (20°/Min.). Die Infrarotemission zeigt 5 Glow-Maxima, von denen eines (bei 0°) Elektronenübergängen aus F'-Zentren zugeschrieben wird. Eine Fluorescenz im Gebiet 6000—2300 Å wurde dabei nicht beobachtet. Bei —196° bestrahlte *KBr*-Kristalle zeigen Thermoluminescenzbanden außer im Sichtbaren auch bei 2900 u. 3200 Å, wobei die Glow-Kurven-Maxima der UV-Bande bei anderen Tempp. als die der sichtbaren Emission liegen. Aus den Glow-Kurven des KBr, das prim. bei 25° stark γ-bestrahlt u. anschließend bei —196° a) schwach γ-bestrahlt, b) mit Licht in der F-Bande (6000 Å) u. c) in der V_3-Bande (2400 Å) bestrahlt wurde, ergibt sich, daß die UV-Emission durch therm. Befreiung von Elektronen aus Haftstellen, die sichtbare Emission aber vermutlich durch Befreiung von Löchern hervorgerufen wird. Die Thermoluminescenz von γ-bestrahltem LiF zeigt sowohl für die 2700 Å- als auch für die 4400 Å-Emission die gleichen Glow-Kurvenmaxima (8 im Bereich —196 bis 250°), jedoch von unterschiedlicher Höhe. Das bes. hohe Glow-Maximum (bei ca. —135°) wird einer bei tiefen Tempp. stabilen Lokalisierung von Elektronen unter Polarisierung der Umgebung (self-trapping nach LANDAU) zugeschrieben. Schließlich wird in einigen Verss. an LiF gezeigt, daß Thermoluminescenz u. temperaturunabhängiges Nachleuchten, das einer Rekombination von Elektronen u. Löchern durch quantenmechan. Tunneleffekt zuzuschreiben ist, getrennt beobachtbar sind. (J. physic. Chem. **56.** 548—54. Mai 1952. Oak Ridge, Tenn., Nat. Labor., Chem. Div., u. Knoxville, Tenn., Univ., Dep. of Chem.) RUDOLPH. 125

A₃. Elektrizität. Magnetismus. Elektrochemie.

Oleg Yadoff, *Erzeugung von elektrischer Turbulenz in einem fluiden Medium.* (Sitzungsbericht.) Mittels einer nicht näher beschriebenen App. kann in einem stromdurchflossenen Medium durch die Wechselwrkg. zwischen dem Strom u. dem elektromagnet. Feld eine elektr. Turbulenz auftreten. Nebel u. Aerosole werden hierbei sofort vernichtet. Vgl. hierzu auch die C. **1951.** I. 2693 referierten Versuche. (Physic. Rev. [2] **86.** 585—86. 15/5.; Bull. Amer. physic. Soc. **27.** Nr. 1. 10—11. 31/1. 1952. Columbia Univ.) FUCHS. 130

Frank L. McCrackin, *Gesamtwirkungsquerschnitte von negativen atomaren Jodionen in Stickstoff und Argon.* Mit dem BENNETTschen Radiofrequenz-Massenspektrometer lassen sich die Gesamtwirkungsquerschnitte von positiven u. negativen Ionen in Gasen (Ar u. N_2) messen. Berichte über Messungen von negativen Ionen liegen bisher noch nicht vor. Die negativen atomaren Jodionen werden von einer jodvergifteten Oxydkathode emittiert u. gelangen dann in das Massenspektrometer. Der dort herrschende Druck beträgt 10^{-5} bis $6 \cdot 10^{-4}$ mm Hg. Während der Messung wurden beträchtliche Streuungen beobachtet, die zum Teil durch Variation in der Emission der Kathode verursacht sind. Vf. diskutiert die drei Arten von Zusammenstößen, die elast. Zusammenstöße, die Entionisation von Jodionen durch ein neutrales Mol. u. die unelast. Zusammenstöße. Der mittlere Wert des gemessenen Querschnittes in N_2 beträgt $9 \cdot 10^{-16}$ cm², er war innerhalb 100—400 V konstant. In Ar beträgt er $14 \cdot 10^{-16}$ cm², hier scheint er von 10 zu 400 V leicht abzunehmen. Die Meßgenauigkeit betrug $\pm 3 \cdot 10^{-16}$ cm². (Physic. Rev. [2] **86.** 135—36. 1/4. 1952. Washington, D. C., National Bureau of Standards.) D. HAHN. 131

M. S. Malkin, *Elektronenbeweglichkeit in flüssigem und festem Argon und in flüssigem Helium.* (Sitzungsbericht.) Best. der Elektronenbeweglichkeit v in fl. u. festem Ar u. in fl. He mit einem Synchroskop. v in fl. u. festem Ar ist proportional $1/\sqrt{E}$ (E = elektr. Feldstärke). Der Vgl. mit den v-Werten von gasförmigem Ar (Literaturdaten) zeigt, daß fl. Ar als ein unter hohem Druck stehendes Gas aufgefaßt werden kann. Fl. He zeigt eine andere Abhängigkeit der Größe v von E, außerdem wurde hier ein neuer (nicht genannter) Effekt gefunden. Verss. an fl. He unterhalb des λ-Punktes u. an festem He schlugen fehl. (Physic. Rev. [2] **86.** 585. 15/5.; Bull. Amer. physic. Soc. **27.** Nr. **1.** 10. 31/1. 1952. Yale Univ.) FUCHS. 131

Marius Cohn, *Theorie der dielektrischen Dispersion.* (Sitzungsbericht.) Erweiterung der DEBYEschen Theorie der dielektr. Dispersion durch Einführung eines zweiten Dämpfungsgliedes; dadurch wird bessere Übereinstimmung mit den experimentellen Daten erzielt. (Physic. Rev. [2] **85.** 708. 15/2. 1952; Bull. Amer. physic. Soc. **26.** Nr. **6.** 12. 24/10. 1951. Univ. of Illinois.) FUCHS. 132

Walter Niesel, *Die Dielektrizitätskonstanten heterogener Mischkörper aus isotropen und anisotropen Substanzen.* Die DK. wird theoret. unter der Annahme berechnet, daß die Einzelteile (Elemente) der Mischung Ellipsoide sind. Damit wird eine gute Annäherung an experimentelle Ergebnisse in Fällen (z. B. beim Sinterprod. Luft–$BaTiO_3$) erzielt, in denen die Kugel- oder Lamellenform voraussetzenden Formeln von BRUGGEMANN kein befriedigendes Ergebnis liefern. Die DK. wird zunächst für den Fall der Einsprengung kleiner, einander ähnlicher Ellipsoide u. danach allg. für endliche Einsprengungen u. Mischungen abgeleitet. Dabei werden die Einsprengung in ein homogenes Medium, die Mischung zweier inhomogener Substanzen u. der anisotropen Vielkristalle (Mischung des Kristalls mit sich selbst) behandelt. Die Formeln werden an Hand von Beispielen diskutiert. Es wird weiter gezeigt, wie die Berechnung erfolgt, wenn die gemachten Voraussetzungen, regellose Verteilung der Ellipsoide, Übereinstimmung der DK.-Hauptachsen mit den Hauptachsen der Ellipsoide, nicht erfüllt sind. Die aufgestellten Formeln lassen sich bei Erfüllung entsprechender Voraussetzungen auf stationäre Vorgänge, wie elektr. Strömung, therm. u. magnet. Fluß, übertragen. (Ann. Physik [6] **10.** 336—48. 1952. Karlsruhe, TH, Inst. für theoret. Physik.) WERNER SCHULZ. 132

Harold Jacobs und **John Freely,** *Feldabhängige Sekundäremission.* (Sitzungsbericht.) Kurze Mitt. zu der C. **1952.** 7933 referierten Arbeit. (Physic. Rev. [2] **86.** 585. 15/5.; Bull. Amer. physic. Soc. **27.** Nr. 1. 10. 31/1. 1952. Signal Corps Engng. Labor.) FUCHS. 135

T. S. Moss, *Eigenschaften von Filmen aus nichtmetallischem Antimon.* Unters. der Leitfähigkeitsänderung von nichtmetall. Sb-Aufdampfschichten. Die Aufdampfung erfolgte im Vakuum auf Unterlagen mit einer Temp. von 195 u. 90° K. Die Schichten durften nicht über 0° C hinaus erwärmt werden, da sie dann in den metall. Zustand übergehen. Die Aktivierungsenergie beträgt nach dem Kurvenverlauf für niedrige Tempp. 0,07 eV u. für hohe Tempp. 0,11 eV. Die spektrale Empfindlichkeit hat im Gebiet 4—9 μ ein breites Maximum. Das Absinken der Empfindlichkeit oberhalb 10 μ konnte nicht mehr beobachtet werden, so daß es noch offen ist, ob es sich um wahre Photoleitfähigkeit oder um einen Bolometereffekt handelt. (Proc. physic. Soc., Sect. A **65.** 147—48. 1/2. 1952. Gt. Malvern, Worcs., Telecommunicat. Res. Establ.) SPEER. 135

T. Sato, *Elektronenstruktur metallischer Elemente.* Als Kernstück zum Verständnis der Zusammenhänge zwischen den besonderen Eigg. (Ferrimagnetismus, Wärmekoeff. des elektr. Widerstandes usw.) der sogenannten *Übergangselemente* werden die Energieverhältnisse auf dem d-Niveau herangezogen u. in Abschnitten über die Wertigkeit, die Stabilität der Kristallstruktur u. Elektronenwärme erörtert. — 12 Literaturzitate. (Kagaku [Science] **22.** 69—74. Febr. 1952. [Orig.: japan.]) SCHULER. 136

H. Preston-Thomas, *Elektrischer Widerstand von Tantal.* (Sitzungsbericht.) Der elektr. Widerstand von Ta wurde von Zimmertemp. bis zum Einsetzen der Supraleitung gemessen. Der aus der Neigung der Widerstands–Temp.-Kurve abgeleitete Wert für die DEBYE-Temp. Θ beträgt 210° K in einem großen Teil des untersuchten Temperaturgebietes (245° C aus Messungen der spezif. Wärme). Der ungewöhnlich niedrige Wert des Restwiderstandes ($R/R_0 = 0{,}008$) deutet auf hohe physikal. u. chem. Reinheit der Probe hin (vgl. auch das folgende Ref.). (Physic. Rev. [2] **87.** 210. 1/7. 1952. Canada, Nat. Res. Council.) v. HARLEM. 136

F. M. Kelly und **D. K. C. MacDonald,** *Über Θ-Werte in Metallen.* (Sitzungsbericht.) Obgleich die Arbeiten von BORN, BLACKMAN u. a. gezeigt haben, daß die von DEBYE angenommene Frequenzverteilung der Kristallgitterschwingungen eine zu große

Vereinfachung ist, hat die übliche Behandlung nach DEBYE eine weite Anwendung für die Darst. experimenteller Daten gefunden. Die DEBYE-Werte Θ_D werden gewöhnlich in der Literatur aus $C_v = (\delta E/\delta T)_v$ in Abhängigkeit von der Temp. abgeleitet. Da C_v u. der Widerstand R angenähert proportional zur Energie E sind, sollte Θ_D verglichen werden mit Werten Θ_R, die aus der Neigung der Widerstands–Temp.-Kurve abgeleitet werden; auch ist es möglich, Θ_R aus Widerstandsverhältnissen abzuleiten. Diese Methoden nehmen an, daß Θ unabhängig von der Temp. ist. Aus Θ_R läßt sich jedoch eine genauere Beschreibung des Gitterverh. ableiten, wenn Θ als temperaturabhängiger Parameter eingeführt wird, u. es kann bewiesen werden, daß ein auf der gesamten inneren Energie, d. h. auf der integrierten spezif. Wärme basierender Vgl. wirklichkeitsnäher ist. (Physic. Rev. [2] **87**. 210. 1/7. 1952. Canada, Nat. Res. Council.) v. HARLEM. 136

Emerson M. Pugh und **Simon Foner**, *Gewöhnlicher Hall-Effekt in Co-Ni-Legierungen.* (Sitzungsbericht.) Vff. berichten über ihre Messungen des HALL-Effektes bei Zimmertemp. an verschieden zusammengesetzten Co–Ni-Legierungen. Wie bei den Ni–Cu-Legierungen (vgl. C. **1952**. 1953) ist die gewöhnliche HALL-Konstante über den untersuchten Legierungsbereich negativ. Die Werte sind bis auf den Faktor 2 in Übereinstimmung mit den Werten, die auf Grund der Annahme, daß 0,6—0,7 s-Elektronen/Atom zur Leitung beitragen, berechnet wurden. Mit Ausnahme der unmittelbaren Nachbarschaft des reinen Ni sind die gewöhnlichen Koeffizienten bei diesen ferromagnet. Legierungen größer als die berechneten, so daß die Diskrepanz nicht durch Annahme von Leitungselektronen aus dem d-Band erklärt werden kann. (Physic. Rev. [2] **87**. 210. 1/7. 1952.) v. HARLEM. 137

Simon Foner und **Emerson M. Pugh**, *Der Hall-Effekt in Kobalt oberhalb der magnetischen Sättigung.* (Sitzungsbericht.) Präzisionsmessungen des HALL-Effektes bei reinem Co wurden bis zu 30 Kilogauß durchgeführt. Für die gewöhnliche HALL-Konstante ergab sich der Wert $-1{,}33 \cdot 10^{-12}$ V-cm/A-Gauß bei 14°, woraus sich eine Zahl von 0,52 effektiven Leitungselektronen/Atom ergibt gegenüber 0,7 s-Elektronen/Atom aus magnet. Daten. Ein Einfl. der Orientierung wurde nicht festgetsllt. Wie früher gezeigt, ist die Änderung der HALL-EMK. mit der magnet. Induktion für ferromagnet. Stoffe aus zwei Gliedern zusammengesetzt, das eine Glied ist eine Funktion der Magnetisierung (vorherrschend bei kleinen Feldern), das andere eine Funktion des magnet. Feldes (vorherrschend oberhalb der Sättigung). Die Anfangsneigung der HALL-EMK. — Induktionskurve für Co ist, wie früher beobachtet, positiv, woraus sich die in der Literatur angegebene positive HALL-Konstante erklärt. Die Beschränkung der Verss. auf das Gebiet oberhalb der Sättigung führt zu dem unbezweifelbaren negativen Vorzeichen u. zu dem beträchtlichen Wert der gewöhnlichen HALL-Konstante. (Physic. Rev. [2] **87**. 210. 1/7. 1952.) v. HARLEM. 137

B. Martin und **D. Ter Haar**, *Die Statistik des dreidimensionalen ferromagnetischen Stoffes.* 1. Mitt. *Die Variationsmethode.* (Vgl. auch C. **1953**. **812**.) Die Variationsmeth. von KRAMERS u. WANNIER (Physic. Rev. [2] **60**. [1941.] 252) wird auf das ISINGsche Modell eines einfach kub. ferromagnet. Stoffes angewandt. Auf diesem Wege werden Gleichungen erhalten, aus denen Näherungswerte für die Verteilungsfunktion u. damit für die Energie u. die spezif. Wärme herleitbar sind. Diese Gleichungen werden durch Potenzreihenentwicklungen u. durch numer. Methoden bei Tempp. oberhalb des CURIE-Punktes gelöst. (Physica **18**. 569—81. Aug./Sept. 1952. Lafayette, Ind., Purdue Univ., Dep. of Phys.) FAHLENBRACH. 137

J. J. Went, G. W. Rathenau, E. W. Gorter und **G. W. van Oosterhout**, *Ferroxdure, eine Gruppe neuer Werkstoffe für Dauermagnete.* Ferroxdure ist die PHILIPSsche Werkstoffbezeichnung für den oxyd. Dauermagnetstoff der ungefähren Zus. $BaFe_{12}O_{19}$ (in Deutschland unter dem Kruppnamen *Koerox* bekannt). Dieser Stoff besitzt eine außerordentlich hohe Koerzitivkraft von 1450 Oe, bei einer Remanenz von nur 2000 Gauß, einer Sättigungsmagnetisierung von nur ca. 4000 Gauß, einem $(B \cdot H)_{max}$-Wert von 0,85 Gauß·Oe u. einem CURIE-Punkt von 450°. Vff. zeigen, daß ähnlich wie bei den weichmagnet. Ferriten der Ferromagnetismus, besser Ferrimagnetismus genannt, durch unkompensierten Antiferromagnetismus zustande kommt. Mit einer Faustregel für den hier bestimmenden Superaustausch gelingt es, aus der schon früher bekannten Kristallstruktur die Sättigungsmagnetisierung einigermaßen richtig zu berechnen. Der Dauermagnetismus hat seine Gründe in der sehr starken Kristallanisotropie u. der Feinkörnigkeit des Sinterwerkstoffes. Neben $BaFe_{12}O_{19}$ werden auch noch $BaFe_{18}O_{27}$ u. $KFe_{11}O_{17}$ untersucht, deren magnet. Eigg. die theoret. Anschauungen bestätigen. Die besonderen magnet. Eigg. von $BaFe_{12}O_{19}$ schließen neue Anwendungsgebiete permanenter Magnetwerkstoffe auf. (Philips' techn. Rdsch. **13**. 361—76. Juni 1952. Eindhoven, Philips Gloeilampenfabrieken, Forschungsinst.) FAHLENBRACH. 137

Louis Weil, *Die Magnetostriktion verschiedener in der Wärme orientierter Ferrite.* Vf. mißt die Magnetostriktion von 2 Mischferritreihen ($CoOMgO \cdot Fe_2O_3$ u. $CoONiO \cdot Fe_2O_3$) nach der Abkühlung im Magnetfeld von 850°, u. zwar parallel u. senkrecht zur Richtung des Magnetfeldes bei der Abkühlung. Parallel zu dieser Richtung ist, wie theoret. vorherzusehen, die Magnetostriktion bei Mischferriten mit hohen Co–Ferrit-Gehh. infolge der guten Orientierung nahezu null. In Senkrechtrichtung findet Vf. nennenswerte negative Magnetostriktionsbeträge. Die Differenzbeträge der Magnetostriktion in den beiden Richtungen werden mit abnehmenden $CoO \cdot Fe_2O_3$-Gehh. in beiden Reihen zwar kleiner, verschwinden aber erst bei verschwindenden Gehalten. Mischferrite mit kleinen Gehh. an $CoO \cdot Fe_2O_3$ sind also noch durch Magnetfeldabkühlung orientierbar. (C. R. hebd. Séances Acad. Sci. **234.** 1351—52. 24/3. 1952. Grenoble, Univ., Inst. de Phys.) FAHLENBRACH. 137

Hubert Forestier und **Georges Guiot-Guillain**, *Ferrite der Seltenen Erden mit doppeltem ferromagnetischem Curie-Punkt.* Bei der Unters. von Ferriten der Seltenen Erden zeigte die Temperaturabhängigkeit der Sättigungsmagnetisierung bei einigen dieser Ferrite nach Sinterung bei 1050° zwei CURIE-Punkte, u. zwar $Y_2O_3 \cdot Fe_2O_3$: 275 u. 370°, $Sm_2O_3 \cdot Fe_2O_3$: 295 u. 405°, $Gd_2O_3 \cdot Fe_2O_3$: 285 u. 395°, $Tm_2O_3 \cdot Fe_2O_3$: 265 u. 360°, $Yb_2O_3 \cdot Fe_2O_3$: 255 u. 355°. Bei höheren Sintertempp. verschwindet in allen Fällen einer der beiden CURIE-Punkte, u. zwar bei den Ferriten von Sm, Gd u. Y der höhere, bei den Ferriten von Tm u. Yb der niedrigere. Der doppelte CURIE-Punkt scheint einem bestimmten kristallograph. bedingten magnet. Ordnungszustand zu entsprechen. (C. R. hebd. Séances Acad. Sci. **235.** 48—50. 7/7. 1952.) FAHLENBRACH. 137

E. R. Andrew und **R. Bersohn**, *Erratum: Linienform der magnetischen Kernresonanz für eine dreieckige Kernkonfiguration.* Druckfehlerberichtigung zur C. **1950.** II. 376 referierten Arbeit. (J. chem. Physics **20.** 924. Mai 952. Cambridge, Mass., Harvard Univ., Dep. of Phys.) v. HARLEM. 137

M. H. Cohen, *Theorie der Kern-Quadrupolwechselwirkung von ^{93}Nb in $KNbO_3$.* (Sitzungsbericht.) Opt. Hyperfeinstrukturunterss. haben ergeben, daß der Spin des ^{93}Nb 9/2 beträgt, zeigen jedoch keine Anzeichen für eine Quadrupolkopplung. $KNbO_3$, ein Ferroelektrikum, hat bei Raumtemp. verzwillingte orthorhomb. Struktur u. wandelt sich bei 220° in eine tetragonale Form um. Der Tensor des elektr. Feldgradienten ist bei der tetragonalen, aber nicht bei der orthorhomb. Symmetrie axialsymmetrisch. Der Gradient des lokalen Feldes wird aus den gemessenen Werten der Sättigungspolarisation u. der Gitterstörung berechnet, der Wert für das Quadrupolmoment näherungsweise aus dem Diagramm von TOWNES entnommen. Unter Benutzung dieser Werte ergibt sich eine STARK-Effektaufspaltung im Kristallfeld von der Größe 1 MHz. Ferner werden Störungsrechnungen 2. Art für die Energieniveaus mit dem Spin 9/2 in einem starken Magnetfeld unter Annahme eines axial- bzw. asymm. Feldgradienten durchgeführt. (Physic. Rev. [2] **85.** 762—63. 15/2. 1952; Bull. Amer. physic. Soc. **26.** Nr. 8. 14—25. 27/12. 1951. Berkeley, Calif., Univ. of California.) v. HARLEM. 137

F. Stockinger, *Bewegungen von Materieteilchen im Feld eines Elektromagneten.* Bei Verss. über die Bewegung kleiner Teilchen der Größenordnung 10^{-4} bis 10^{-2} cm im Luftspalt eines Magneten bei Feldstärken bis zu 30000 Oe treten Schraubenbahnen (vgl. EHRENHAFT, C. **1952.** 3614) u. Springbewegungen (EHRENHAFT u. BANET, C. **1943.** I. 1452) auf, die durch die in Frage kommenden Erklärungsmöglichkeiten (LORENTZ-Kraft, Induktion von Wirbelströmen, gyromagnet. Effekt, Magnetophotophorese, örtliche Feldinhomogenität usw.) nicht gedeutet werden können. (Acta physica austriaca **5.** 440—48. 1952. Wien, Univ., I. Physikal. Inst.) KÖHN. 137

M. Dutta, *Über starke Elektrolyte in Lösungen.* Vf. zeigt in einer kurzen Mitt., daß die kürzlich von EIGEN u. WICKE (C. **1952.** 7612) abgeleitete Formel für die Verteilung der Ionen in Lsgg. starker Elektrolyte sich aus den früher von ihm u. BAGCHI (Indian J. Physics Proc. Indian Assoc. Cultivat. Sci. **24.** [1950.] 61) entwickelten Gleichungen leicht ableiten läßt u. prakt. das gleiche aussagt. (Naturwissenschaften **39.** 108. März 1952. Calcutta, Univ., Coll. of Sci. and Techn., Khaira Labor. of Phys.) NIEMITZ. 138

E. Wicke und **M. Eigen**, *Bemerkung zu der voranstehenden Mitteilung: „Über starke Elektrolyte in Lösungen“.* In Beantwortung der vorst. Mitt. weisen Vff. auf den grundlegenden quantitativen Unterschied zwischen den beiden zur Diskussion stehenden Formeln hin, der darin besteht, daß BAGCHI u. DUTTA unter der Größe $1/b_{\pm}$ früher unmißverständlich die Ionenzahl pro Volumeneinheit verstanden, während in der Formel der Vff. darunter die Zahl der pro Volumeneinheit verfügbaren Ionenplätze zu verstehen ist, also eine konzentrationsunabhängige Größe, eine Auffassung, der sich DUTTA in der genannten Mitt. nunmehr anschließt. Vff. weisen ferner auf den Unterschied der Vorstellungen bei der Ableitung der Verteilungsfunktionen hin, bei ihnen ist der Ausgangspunkt die LANGMUIRsche Adsorptionsisotherme u. die EUCKENsche Behandlung der Ionenhydratation, während er bei BAGCHI u. DUTTA die FERMI-DIRAC-Statistik ist. (Naturwissenschaften **39.** 108—09. März 1952. Göttingen, Univ., Inst. für physikal. Chem.) NIEMITZ. 138

Georg-Maria Schwab, Dimitrios Zentelis und **Georg Kassapoglou,** *Leitfähigkeitsstudien in konzentrierter Schwefelsäure.* Die Leitfähigkeit von minimal leitender H_2SO_4 ohne Zusätze u. nach Zusatz von $NaHSO_4$ (bis zur Konz. 0,15n) u. H_2O (bis zur Konz. 0,62n) wird gemessen. Der Zusatz von $NaHSO_4$ erniedrigt die Leitfähigkeit der H_2SO_4 bis zu einem Minimum bei der Konz. 0,02n. Die Auswertung erfolgt unter der Annahme eines Dissoziationsgleichgewichtes der H_2SO_4 nach der Gleichung $2\ H_2SO_4 \rightleftharpoons H_3SO_4^+ + HSO_4^-$. Folgende Ergebnisse werden erhalten: Ionenprod. der konz. H_2SO_4 0,00015; Dissoziationskonstante von H_2O in H_2SO_4 0,13; Dissoziationsgrad von reiner H_2SO_4 0,065%, H_2SO_4 mit 0,0484nH_2O 0,02%, H_2SO_4 mit 0,05n$NaHSO_4$ 0,015%, H_2O 0,084n in H_2SO_4 76%; Grenzleitfähigkeit von H_2SO_4 in H_2SO_4 900, H_2O in H_2SO_4 230, $NaHSO_4$ in H_2SO_4 213. (Chem. Ber. **85.** 508—14. 1952. München, Univ., Physikal.-Chem. Inst., u. Athen, TH.)
GABRIELE GÜNTHER. 138

R. C. Spooner und **F. E. W. Wetmore,** *Geschmolzene Salze. Elektrische Leitfähigkeit im System Silberchlorid–Silbernitrat.* Die ARRHENIUSsche Aktivierungsenergie für die elektr. Wanderung in geschmolzenem AgCl beträgt von 460—530° konstant 1280 cal·Mol^{-1}, in $AgNO_3$ variiert sie zwischen 3300 cal·Mol^{-1} bei 220° u. 2700 bei 320°. Die Aktivierungsenergie in bin. Schmelzen der beiden Salze bei 320° beträgt von 0—20 Mol-% AgCl konstant 2700 cal·Mol^{-1}. Die Ergebnisse werden diskutiert. Die Temperaturabhängigkeit der Aktivierungsenergie für $AgNO_3$ wird durch eine Abnahme der Strukturkräfte mit steigender Temp. erklärt. Im übrigen kann die einfache FRENKELsche Gleichung für die Abhängigkeit der Aktivierungsenergie von der Zus. der Schmelze durch die vorliegende Arbeit nicht bestätigt werden. (Canad. J. Chem. **29.** 777—84. Sept. **1951.** Toronto, Ontario, Can., Univ., Electrochem. Labor.) R. LEVI. 138

Gerald Oster, *Weitreichende Kräfte in Biologie und Kolloidphysik.* Ausgehend von der Theorie der diffusen elektrolyt. Doppelschicht nach GOUY wird darauf hingewiesen, daß die Existenz weitreichender Kräfte (> 100 Å) am ehesten bei der kristallinen Ordnung von Tabakmosaikviruslsgg. sowie bei der Paarung von Chromatinfäden zu beobachten ist. (Z. Elektrochem. angew. physik. Chem. **55.** 529—31. Aug. **1951.** Paris, Inst. de biol. phys.-chim.) HENTSCHEL. 139

L. Bíú, A. Zoido und **C. Gómez Herrera,** *Elektrochemie der Kernleiter.* 5. Mitt. *Kernpotential.* (4. vgl. An. Real Soc. españ. Física Quím., Ser. B **45.** [1949.] 5.) Wenn durch einen Kernleiter Strom hindurchgeht, nimmt das Kernpotential gegenüber der Lsg. nach der Anode hin negativere, nach der Kathode hin positivere Werte an u. erreicht in beiden Fällen im allg. einen stabilen Maximalwert. Wo keine elektroton. Erscheinungen auftreten, wird das Kernpotential durch den Stromdurchgang nicht beeinflußt. Die bei Stromunterbrechung eintretende Erholung des Kernpotentials erfolgt in 2 Phasen, ähnlich den Q- u. L-Phasen, die oscillograph. beim Nervenreiz beobachtet werden. Wenn in einem Kernleiter zugleich an- u. katelektroton. Erscheinungen bestehen, liegt in dem Bereich zwischen den polarisierenden Elektroden ein „indifferenter Punkt" vor, an dem das Kernpotential unverändert bleibt, wiederum analog den Verhältnissen bei der Nervenreizung; bei zunehmender Stromstärke verschiebt sich dieser Punkt nach der Anode hin. Als Elektrolyte werden in den Verss. *KCl, HCl, NaOH* u. Na_2CO_3 verwendet. (An. Real Soc. españ. Física Quím., Ser. B **47.** 595—600. Sept./Okt. **1951.** Sevilla, Univ., Labor. de Física.) R. K. MÜLLER. 142

L. Bíú, A. Zoido und **C. Gómez Herrera,** *Elektrochemie der Kernleiter.* 6. Mitt. *Quecksilberkern.* (5. vgl. vorst. Ref.) Bei der Elektrolyse von HCl mit einer Hg-Kernelektrode tritt an der Anode nur beim Einschalten des Stroms eine Spannung auf. An der Kathode nimmt die Spannung mit der Stromstärke zu; es bildet sich auf dem Hg eine weiße, im Elektrolyten unlösl. Schicht. In HNO_3 tritt anod. Abscheidung von H_2-Gasbläschen auf, mit ihrem Verschwinden verschwindet auch das anelektroton. Potential, um bei fortgesetztem Stromfluß in nicht zu konz. HNO_3 wieder aufzutreten, wobei ebenfalls ein unlösl. Film auf dem Hg auftritt. Ein elektroton. Potential erscheint in diesem Falle nicht, die entsprechende Hg-Schicht bleibt rein. (An. Real Soc. españ. Física Quím. Ser. B **47.** 761—66. Dez. **1951.**) R. K. MÜLLER. 142

Hung-Chi Chang und **George Jaffé,** *Polarisation in elektrolytischen Lösungen.* 1. Mitt. *Theorie.* Die von einem der Vff. entwickelte Theorie der Leitfähigkeit in polarisierbaren Medien wird so modifiziert, daß sie auf elektrolyt. Lsgg. anwendbar ist. Das wird durch Einführung einer Reihe neuer Grenzbedingungen erreicht. Während die ursprüngliche Theorie die Tatsache ausdrückt, daß die polarisierenden Ionen keinen Strom durch die Grenzfläche transportieren können, wird nun angenommen, daß die Entladung an den Elektroden in ihrer Geschwindigkeit einem Prozeß 1. Ordnung entspricht, charakterisiert durch die Geschwindigkeitskonstante ξ. Sodann wird der Fall eines angelegten Wechselstromes behandelt. Dabei werden nach der gleichen Meth. u. im gleichen Ausmaß wie in der älteren Theorie Ausdrücke für die Äquivalentleitfähigkeit u. den kapazitativen Widerstand der Polarisationsschicht ($1/R_p$ u. C_p) abgeleitet. Wenn ξ sich Null nähert, werden die vorhergesagten Resultate erhalten, d. h. vollständig „blockierte" Elektrode. Wenn ξ ansteigt, verringern sich sowohl der kapazitative Polarisationswiderstand als auch der Überschußwiderstand u. verschwinden ganz für $\xi = \infty$, d. h. die Elektrode ist „offen". Die Abhängigkeit von der Frequenz bleibt für alle endlichen Werte von ξ ähnlich u. wird graph. wiedergegeben. Ferner wird die ältere Theorie für eine Best. der Dicke der Polarisationsschicht benutzt. Dabei ergeben sich red. Werte für $1/R_p$ u. C_p, die als Universalfunktionen einer der Frequenz proportionalen variablen Größe wiedergegeben werden. Schließlich wird die Theorie auf den Fall ausgedehnt, daß mehrere Gruppen von Ionen verschied. Beweglichkeiten in dem Elektrolyt vorhanden sind. (J. chem. Physics **20.** 1071—77. Juli 1952. Baton Rouge, La., Louisiana State Univ.) NIEMITZ. 142

George Jaffé und **John A. Rider,** *Polarisation in elektrolytischen Lösungen.* 2. Mitt. *Messungen.* (1. vgl. vorst. Ref.) Die l. c. abgeleitete Theorie wird an umfangreichem Versuchsmaterial geprüft, d. h. es wird über Messungen des kapazitativen Polarisationswiderstands u. des „Überschußwiderstands" von elektrolyt. Lsgg. über einen großen Frequenz- u. Konzentrationsbereich bei verschied. Plattenabstand, verschied. Elektrodenmaterial u. verschied. Tempp. berichtet. Nach einer allg. Einführung wird die Methodik beschrieben, im wesentlichen die JONES-Brückenmeth. mit einigen Änderungen, sowie die benutzte Zellenanordnung. Der Frequenzbereich erstreckte sich in der Regel von 18—18000 Hz, die mol. Konzz. von 10^{-4}—10^{-2} g-Äquivalent pro Liter. Außer Lsgg. von *KCl* u. *$MgSO_4$* wurde auch Leitfähigkeitswasser untersucht. Al-, Ni-, Au- u. Pt-Elektroden gelangten zur Verwendung. Beim Vgl. mit der Theorie zeigt eine eingehende Analyse mehrerer Versuchsserien mit W. u. KCl-Lsgg., daß quantitative Übereinstimmung realisiert werden kann, wenn 1. der Lösungsmitteleinfl. in Rechnung gezogen wird u. 2. angenommen wird, daß in Leitfähigkeitswasser Ionen von beträchtlich kleinerer Beweglichkeit (ca. 100mal kleiner) als in gewöhnlichen elektrolyt. Lsgg. vorhanden sind. Unter diesen Voraussetzungen können die Konzz. u. die Beweglichkeiten der Ionen bestimmt werden. Schließlich können die für die vorgelegte Theorie charakterist. Geschwindigkeitskonstanten abgeleitet werden. (J. chem. Physics **20.** 1077—87. Juli 1952.) NIEMITZ. 142

A_4. Thermodynamik. Thermochemie.

Herbert B. Callen und **Richard F. Greene,** *Über ein Theorem in der irreversiblen Thermodynamik.* Vff. stellten mathemat. Unterss. zur Aufstellung einer Theorie über die irreversiblen Prozesse an. Sie erhielten eine explicite Gleichung, welche die in einem im Gleichgewicht befindlichen Syst. auftretenden spontanen Schwankungen in Beziehung setzt zur irreversiblen Wrkg., die das Syst. durch äußere Kräfte erfährt. (Physic. Rev. [2] **86.** 702—10. 1/6. 1952. Philadelphia, Pa., Univ. of Pennsylvania, Dep. of Phys.) ROEDER. 146

Kyrille Popoff, *Über die Thermodynamik der irreversiblen Prozesse.* Mathemat. Beweis für die Behauptung von CASIMIR (Rev. mod. Physics **17.** [1945.] 343), daß in den Beziehungen zwischen den „Strömen" J_i u. den „Kräften" X_i, $J_i = \sum_{(k)} L_{ik} X_k$ die Koeffizienten $L_{ik} = L_{ki}$ seien, aus der NEWTONschen Mechanik ableitbar. (Z. angew. Math. Physik [Basel] **3.** 42—51. 15/1. 1952. Sofia, Univ.) KIRSCHSTEIN. 146

J. E. Verschaffelt, *Über die Thermomechanik der irreversiblen Erscheinungen.* 2. Mitt. (1. vgl. C. **1952.** 183.) Die l. c. enthaltene Annahme, daß in einer Mischung die partiellen Ableitungen des thermodynam. Potentials nach dem Druck bei konstanter Temp. u. Konz. für alle Bestandteile gleich groß sind, wird als irrtümlich zurückgenommen. Als Folge davon ergibt sich, daß eine fl. Mischung, ohne daß der Druckgradient verschwindet, im Gleichgewicht des gesamten Syst. (aber nicht im Diffusionsgleichgewicht) einen calor. Effekt zeigt. (Bull. Cl. Sci., Acad. roy. Belgique [5] **37.** 691—95. 1951.) KIRSCHSTEIN. 146

George Antonoff, *Über die thermische Ausdehnung des Wassers.* (Sitzungsbericht.) In den Kurven für die therm. Ausdehnung des W. fand KRETSCHMER nach 3 oder 4 voneinander unabhängigen Methoden einen Knick bei 50°. Dies wurde durch MAGAT auf anderem Wege bestätigt. (Physic. Rev. [2] **86.** 660. 15/5. 1952.) MIETHING. 148

R. W. Douglas und **J. O. Isard,** *Ein Apparat zur Messung von geringen Differentialausdehnungen und seine Anwendung zur Erforschung von geschmolzener Kieselsäure.* Die Empfindlichkeit der üblichen App., die mit opt. Vergrößerung arbeitet, wird dadurch erhöht, daß bei der ausführlich beschriebenen App. 2 Teilungen verwendet werden, von denen das Bild der einen als Noniusskala der anderen dient. Längenänderungen von weniger als 10^{-5} cm können so erfaßt werden. Die App. wird benutzt, um Unterschiede bei der Wärmeausdehnung von therm. verschied. vorbehandeltem SiO_2 zu messen. Aus den Messungen an einem SiO_2-Stab von 10 cm Länge, der 3 Std. auf 1250°, u. Vergleichsstäben, die 500 Std. auf 995° erhitzt wurden, zeigt sich, daß eine Kontraktion bis zu Tempp. von 150° eintritt, der eine Ausdehnung folgt. Oberhalb 800° treten Kriecheffekte auf, die eine genaue Messung unmöglich machen. Aus den Messungen ist zu ersehen, daß eine therm. Vorbehandlung die Ausdehnung in dem Bereich von 20—750° um $0{,}8 \cdot 10^{-4}$, d. h. über 20% der Gesamtausdehnung, ändern kann. (J. sci. Instruments **29.** 13—15. Jan. 1952. Wembley, Gen. Electric Co. Ltd., Res. Labors.) DICKHAUT. 148

J. R. Pellam, *Erscheinungen im Temperaturbereich flüssigen Heliums.* Durch weitere Verss. ergänzter Vortragsbericht über He I u. He II, den thermomechan. Effekt, den 2. Schall u. deren theoret. Behandlung. (Kagaku [Science] **22.** 243—47. Mai 1952. Tokyo, u. Nat. Bur. of Standards, Cryogenic Labor. [Orig.: japan.]) SCHULER. 149

A. R. Ubbelohde, *Geometrische Darstellung von Wärmeübergängen höherer Ordnung.* Es werden die theoret. Voraussetzungen erörtert, um den Wärmedurchgang durch den Schnittpunkt der Kurven für die freie Energie zweier Körper als Funktion des Druckes, des Vol. u. der Temp. graph. darzustellen. Dies ist durch Hinzufügen eines Parameters für die variable örtliche Beanspruchung möglich. Die Betrachtungen werden auf das oft untersuchte Λ-Phänomen des Wärmedurchganges von *He I* auf He II bezogen. (Nature [London] **169.** 832. 17/5. 1952. Belfast, Queens' Univ., Dep. of Chem.) MIETHING. 149

W. Brenig und **M. Schröder,** *Zur Darstellung der spezifischen Wärme fester Körper durch Debye- und Einstein-Terme.* Theoret. Arbeit, in der ein Verf. angegeben wird zur Berechnung des Gitteranteils der spezif. Wärme des festen Körpers durch eine Kombination von DEBYE- u. EINSTEIN-Termen. Die Meth. wird für elast. isotrope flächenzentrierte u. raumzentrierte Gitter beschrieben. Für *W* liefert die Kombination beider Terme eine wesentlich bessere Annäherung an die richtigen Werte als die DEBYEsche Näherung allein. Die Meth. läßt sich auch auf mehratomige Gitter anwenden. (Z. Physik **132.** 312—17. 1952. Göttingen, Inst. für Theoret. Physik.) FUCHS. 151

James A. Fay, *Eine mechanische Theorie der wirbelnden Detonation.* Bei Unterss. der Detonation von CO–O_2-Mischungen wurde durch Filmaufnahmen festgestellt, daß die Wellenfront der Stoßwellen selbst Schwingungen ausführt, so daß die Bilder der Detonationen Streifen zeigen, die sonst allg. bei Detonationswellen nicht beobachtet werden. Für diese Wirbeldetonation (spinning detonation) leitet Vf. die mathemat. begründeten Bedingungen ab, die ihr Auftreten bewirken. (J. chem. Physics **20.** 942—50. Juni 1952. Ithaca, N. Y., Cornell Univ.) ROEDER. 157

A₅. Grenzschichtforschung. Kolloidchemie.

M. Joly, *Die Benutzung von Daten der Strömungsdoppelbrechung zur Bestimmung der Größe und der Größenverteilung rutenförmiger, in Wechselwirkung stehender Teilchen.* Es wird gezeigt, daß für monodisperse Systeme ohne Wechselwrkg., aus dem Extinktionswinkel X u. dem Geschwindigkeitsgradienten g die Rotationsdiffusionskonstante D u. die Teilchenlänge l bestimmt werden können. Für polydisperse Systeme ohne Wechselwrkg. ergibt sich eine scheinbare Teilchenlänge l_e. Die Berechnung einer größeren Zahl von l_e(g)-Kurven für sehr verschied. Verteilungen führt zu einer Beziehung zwischen der Länge des am häufigsten vorkommenden Teilchens l_f u. den l_e für zwei verschied. g. Bei Wechselwrkg. müssen diese Beziehungen auf X-Werte, die auf die Konz. Null extrapoliert sind, angewendet werden. Für die ebene Teilchenbewegung mit nicht zu vernachlässigender Wechselwirkungsenergie werden Ausdrücke für die Orientierungsverteilung, das scheinbare D u. die Zunahme von l_e angegeben. Aus dl_e/d Konz. werden Werte für die bei der Rotationsbewegung von den Teilchen zu überwindenden Potentialschwellen ermittelt. Die l_f u. die Polydispersität verschied. behandelter Lsgg. von Tabakmosaikvirus, aus Strömungsdoppelbrechung u. elektronenmkr. bestimmt, werden angegeben. (Trans. Faraday Soc. **48.** 279—86. März 1952. Paris, Service de Chim.-Phys., Inst. Pasteur.) LINDBERG. 162

A. F. H. Ward und **L. Tordai,** *Die zeitliche Abhängigkeit der Grenzflächenspannung von Lösungen.* 2. Mitt. *Experimentelle Untersuchung der Kinetik und des Adsorptionsgleichgewichtes an der Grenzfläche flüssig–flüssig.* (1. vgl. C. **1948.** I. 1282.) Unter Benutzung der Meth. des „hängenden Tropfens" wird die Grenzflächenspannung von *W.* gegenüber Lsgg. von *Laurin-*, *Palmitin-* u. *Stearinsäure* in *Hexan* in Abhängigkeit von der Konz. (u. zum Teil von der Temp.) untersucht. In sehr verd. Lsgg. (bis ca. $5 \cdot 10^{-5}$ mol.) ist die Grenzflächenspannung vom Alter der Oberfläche unabhängig, u. es gilt für alle drei Säuren $\gamma = (47{,}71 - 2{,}56 \cdot 10^{-4}\,\mathrm{m})$ dyn/cm, so daß also die Grenzflächenspannung linear mit der Konz. abnimmt. Oberhalb von $5 \cdot 10^{-5}$ mol. besteht für jede Säure eine „krit. Konz.", von der ab die Grenzflächenspannung mit der Zeit (bis zu 60 Min.) bis zu einem Endwert des

Gleichgewichts abnimmt. In dem Konzentrationsbereich, in dem diese Alterung beobachtet wird, nimmt der Abfall in der Grenzflächenspannung sowie auch der Zeitspanne, während der dieser Abfall erfolgt, mit steigender Konz. an Säure zu. Dieser Alterseffekt tritt auch bei veränderter Temp. (gemessen zwischen 20 u. 40°) u. bei Palmitinsäureäthylester auf. Eine geringe NaCl-Konz. in der wss. Phase übt auf die Ergebnisse keinen merklichen Einfl. aus. (Recueil Trav. chim. Pays-Bas **71**. 396—408. März 1952. Manchester, Univ., u. Durham, Univ.) HENTSCHEL. 166

Je. Ss. Golowina, *Zum Problem der Diffusion eines Gases in Kohle.* Im Temperaturgebiet von 20—600° wird die Temperaturabhängigkeit des Koeff. D der Diffusion von CO_2 durch ein 1,5 mm starkes Kohleplättchen von der Art einer Telefonmembran (Pech- oder Ölkoks) durch Differentialdruckmessung untersucht. Für den inneren Diffusionskoeff. D_i ergibt sich die Beziehung $D_i = 2{,}2 \cdot 10^{-3}(T/T_0)^{1,3}$, die näherungsweise auch für andere Gase verwendbar erscheint. Der Grundwert $D_i^0 = 2{,}2 \cdot 10^{-3}$ cm²/Sek. stimmt mit dem in der Literatur (REITER, KORNEITSCHUK, LEPERSSON, STUKANOWSKAJA u. TOLTSCHINA, Arbeiten des Allunions-Kongresses für Katalyse, Kiew 1950) angegebenen Wert für die Diffusion durch den red. Fe-Katalysator der techn. NH_3-Katalyse ($2-5 \cdot 10^{-3}$ cm²/Sek.) gut überein. (Доклады Академии Наук СССР [Ber. Akad. Wiss. UdSSR] [N. S.] **85**. 141—44. 1/7. 1952. Krshishanowski-Inst. für Energetik der Akad. der Wiss. der UdSSR.) R. K. MÜLLER. 171

L. H. Tung und **H. G. Drickamer**, *Diffusion durch eine Grenzfläche. Binäres System.* Vff. beschreiben Meßanordnung u. Meßmeth. zur Verfolgung der Diffusion im Syst. *SO_2-n-Heptan* zwischen gesätt. KW-stoffschichten, zwischen gesätt. SO_2-Schichten u. von der gesätt. SO_2- zur gesätt. KW-stoffschicht unter Benutzung von durch ^{35}S markiertem SO_2. Die zur Berechnung des Übergangskoeff. an der Grenzfläche α aus den experimentell erhaltenen Daten erforderlichen Beziehungen werden abgeleitet. Für 15° ergibt sich ein größerer α-Wert als für 0,5°, der Widerstand, den die Grenzfläche der Diffusion entgegensetzt, nimmt also mit steigender Temp. ab. Da die Meßtempp. 4 bzw. 18,5° unterhalb der krit. Temp. lagen, vermuten Vff., daß der relative Diffusionswiderstand der Grenzfläche nur in geringem Maße durch die Oberflächentension beeinflußt wird. (J. chem. Physics **20**. 6—9. Jan. 1952. Urbana, Ill., Univ., Dep. of Chem.) WOELK. 171

L. H. Tung und **H. G. Drickamer**, *Diffusion durch eine Grenzfläche. Ternäre Systeme.* (Vgl. vorst. Ref.). Vff. untersuchten das Syst. *Phenol-H_2SO_4-W.* unter Verwendung von durch ^{35}S markierter H_2SO_4 bei 22 u. 44°. Aus den erhaltenen Konzentrations-Zeit-Kurven geht deutlich der Widerstand hervor, den die Grenzfläche der Diffusion entgegensetzt. Für den letzteren Teil des Diffusionsprozesses stimmt die berechnete Kurve mit der experimentell erhaltenen überein. Die Abnahme des Diffusionskoeff. in Phase 1 u. des Übergangskoeff. an der Grenzfläche mit steigender Temp. führen Vff. auf eine Assoziation zwischen dem Phenol u. der H_2SO_4 in der wasserreichen Schicht zurück, die jedoch mehr durch die Zus. der Phase als durch die Temp. beeinflußt wird. Vff. vermuten, daß das beobachtete abnorme Verh. des Syst. bis zu Tempp., die nahe der krit. Lösungstemp. des Syst. liegen, erhalten bleibt u. dann starke Änderungen eintreten. Durch diese Ergebnisse wird die Annahme bestätigt, daß der Widerstand der Grenzfläche keine einfache Funktion der Oberflächentension ist. Durch polare Moll. wird eine weitgehende Orientierung in der Grenzfläche bedingt, so daß Moll. mit geeigneter Orientierung sie passieren können, als wäre kein Widerstand vorhanden, während andere zurückgehalten werden, wenn sie nicht die zur Überwindung dieses Widerstandes notwendige Energie besitzen. (J. chem. Physics **20**. 10—12. Jan. 1952.) WOELK. 171

André Chrétien und **Denis Papée**, *Über die Porosität einiger Adsorptionsmittel.* Bei Adsorptionsmitteln, wie *Böhmit, Bayerit, Silicagel,* ist das Vol. der Makroporen u. der Mikroporen zu berücksichtigen; durch die Herstellungsbedingungen wird nur letzteres wesentlich verändert. Durch Benutzung organ. Fll. (*C_2HCl_3, CCl_4* u. *$CHCl_3$*) mit günstigem Dampfdruck läßt sich aus der Sättigung der Proben in einfacher Weise das Vol. der Mikroporen bestimmen. (C. R. hebd. Séances Acad. Sci. **234**. 214—16. 7/1. 1952.) HENTSCHEL. 176

O. Theimer, *Über Mehrschichten-Adsorptionsisothermen.* (Vgl. C. **1952**. 5213.) Es wird das der Formel von BRUNAUER, EMETT u. TELLER zugrunde liegende Modell besprochen u. darauf hingewiesen, daß unter Annahme der Gültigkeit dieser Theorie die Verteilung der adsorbierenden Stellen an der Oberfläche auf Anordnungen beschränkt ist, die eine zweidimensionale Kondensation ausschließen. Unter dieser Bedingung ergibt sich als wahrscheinlichste Oberflächenstruktur für einen Vorgang nach B. E. T. eine lockere Anordnung von Zentren, die prakt. außerhalb des Bereichs einer wechselseitigen Anziehung liegen. Die adsorbierten Moll. bilden Haufwerke rund um diese Zentren. Ferner wird die vereinfachende Annahme in der B. E. T.-Theorie, daß das chem. Potential der in weiteren

Lagen adsorbierten Moll. μ_h gleich dem chem. Potential der Moll. in der fl. Adsorptionsschicht μ_L sei, fallen gelassen. Es werden zwei verschied. Möglichkeiten zur Verallgemeinerung der Bedingung $\mu_h = \mu_L$ untersucht, die zu guter Übereinstimmung mit den experimentellen Ergebnissen führen. (Trans. Faraday Soc. **48.** 326—31. April 1952. Edinburgh, Univ.) HENTSCHEL. 176

Giovanni Venturello und **Aurelio Burdese**, *Über die Umkehrbarkeit der Ionenadsorption durch aktive Tonerde.* Adsorptions- u. Desorptionskurven für Cu^{2+} auf reinem akt. Al_2O_3 ergeben teilweise Umkehrbarkeit, u. zwar nimmt der nichtumkehrbar adsorbierte Anteil mit der Aktivität des Al_2O_3 u. der Berührungsdauer zwischen Al_2O_3 u. Lsg. zu. Als Ursache dieses Verh. nehmen Vff. vor allem teilweise Dehydratation des adsorbierten Cu^{2+} mit anschließender Wechselwrkg. zwischen dem dehydratisierten Ion u. den O-Atomen bzw. OH-Gruppen der Adsorbensoberfläche an, wobei jedoch keine eigentliche Bindung vom Cu–O-Typ entsteht. (Ann. Chimica **41.** 155—62. März 1951. Bologna, Ist. G. Ciamician, u. Turin, Politecn., Ist. di Chim. gen.) R. K. MÜLLER. 176

Martin A. Garstens, *Innere Bewegung von an Tantal adsorbiertem Wasserstoff.* Die Fortführung der C. **1951.** I. 156 beschriebenen Verss. über die Breite der kernmagnet. Absorptionslinien von an *Ta* adsorbiertem *H* (53,5 At.-% H, Verwendung von gepulvertem Ta) ergibt, daß die H-Atome bei 215° K ihre Beweglichkeit verloren haben. Dieser Befund steht im Einklang mit der Temperaturabhängigkeit der spezif. Wärme des Syst. Ta–H. (Physic. Rev. [2] **81.** 288. 15/1. 1951. Washington, D. C., Naval. Res. Labor., Electr. Div.) FUCHS. 176

A_6. Strukturforschung.

L. Marton, *Grundlegende Prinzipien eines Elektroneninterferometers.* (Sitzungsbericht.) Kurze Beschreibung eines Elektroneninterferometers unter Verwendung eines breiten Elektronenstrahls. Zur Auflösung des Elektronenstrahls dient die Reflexion an drei dünnen, parallel zueinander stehenden Kristallen. Anwendbarkeit: Best. von sehr schwachen Feldgradienten, Unters. der Kohärenzgrenze der DE BROGLIE-Welle, Interferenzspektroskopie, Bandenstruktur von Festkörpern u. Messung von inneren Potentialen. (Physic. Rev. [2] **86.** 585. 15/5.; Bull. Amer. physic. Soc. **27.** Nr. 1. 10. 31/1. 1952. Nat. Bur. of Standards.) FUCHS. 181

J. Arol Simpson, *Leistungsgrenze des Elektroneninterferometers.* (Sitzungsbericht.) Berechnung der Leistungsfähigkeit des im vorst. Ref. beschriebenen Elektroneninterferometers. Die erforderliche Genauigkeit der Justierung der Kristalle (Parallelstellung, Einstellung zur opt. Achse) läßt sich mit den heute vorhandenen techn. Mitteln durchführen. (Physic. Rev. [2] **86.** 585. 15/5.; Bull. Amer. physic. Soc. **27.** Nr. 1. **10.** 31/1. 1952. Nat. Bur. of Standards.) FUCHS. 181

G. Möllenstedt und **O. Rang**, *Die elektrostatische Linse als hochauflösendes Geschwindigkeitsfilter.* Zur Ausfilterung der mit diskreten Energieverlusten im elektronenmkr. Objekt unelast. gestreuten Elektronen wird eine elektrostat. Projektivlinse im zweiten Brechkraftmaximum verwandt. Die Kontraststeigerung durch solche Filterung wird an zwei bei 40 kV Strahlspannung gewonnenen elektronenmkr. Bildpaaren demonstriert. Abbildungsgüte u. Gesichtsfeld entsprechen den in der Übermikroskopie zu stellenden Anforderungen. (Vgl. SCHIEKEL, C. **1953.** 1135.) (Z. angew. Physik **3.** 187—89. Mai 1951. Mosbach, Süddeutsche Labors.) LENZ. 181

W. Walcher, *Graphische Methode zur näherungsweisen Bestimmung von Trägerbahnen in elektrostatischen Linsen unter Berücksichtigung des Raumladungseinflusses.* Das Verf. für die Berechnung eines Linsensyst. für einen lichtstarken Massenspektrographen besteht darin, daß das Linsenfeld näherungsweise durch eine diskrete Folge von Potentialsprungflächen ersetzt wird. Die Einw. des Linsenfeldes auf das Trägerbündel wird durch die „Brechung" an diesen diskreten Sprungflächen des Potentials, die der Raumladung durch die Berechnung der Bündelverbreiterung im feldfreien Zwischenbereich zwischen je zwei Sprungflächen abgeschätzt. (Z. angew. Physik **3.** 189—90. Mai 1951. Marburg/Lahn, Univ., Phys. Inst.) LENZ. 181

Walter Glaser und **Hermann Robl**, *Strenge Berechnung typischer elektrostatischer Elektronenlinsen.* Die Differentialgleichung der achsennahen Elektronenbahnen wird für die beiden typ. elektrostat. Beschleunigungslinsen der Feldformen $\varnothing(z) = U_A + U_L \cdot \pi^{-1} \operatorname{arccotg}(-z/a)$ u. $\varnothing(z) = U_A + \frac{1}{2} U_L \cdot [1 + z \cdot (1 + |z|)^{-1}]$ streng gelöst. Die behandelten Potentialverteilungen enthalten die Beschleunigungsspannung U_A des einfallenden Elektronenstrahls als frei wählbares additives Glied, so daß die Linsenkenngrößen in Abhängigkeit von der Beschleunigungsspannung streng berechnet werden können. Formeln zur Berechnung der wichtigsten elektronenopt. Kenngrößen u. einige mit Hilfe dieser Formeln berechnete Zahlenwerte für den Farbfehlerkoeff. u. Öffnungsfehlerkoeff.

werden angegeben. (Z. angew. Math. Physik [Basel] **2.** 444—69. 15/11. 1951. Wien, TH, Inst. für angew. Physik, u. Berlin, Siemens & Halske AG., Abt. für Elektronenoptik.) LENZ. 181

René Bernard, Emile Pernoux und **Stanislas Teichner,** *Anwendung des Elektronenmikroskops zur Messung der spezifischen Oberfläche. Bestimmung des Wirkungsgrades beim Zermahlen.* (Vgl. C. **1952.** 6980.) Diskussion der bei der quantitativen Auswertung der Größenverteilung im Elektronenmikroskop ausgemessenen Teilchen. Die spezif. Oberfläche eines *Wolframerz*-Pulvers wird unter der Annahme einer log-normalen Verteilung für die Teilchendurchmesser aus Mittelwert u. Streubreite dieser Verteilung bestimmt. Die Verteilungskurven u. die daraus berechneten spezif. Oberflächen werden für verschied. Mahlverff. u. -zeiten wiedergegeben u. diskutiert. (J. Chim. physique Physico-Chim. biol. **49.** 147—56. März 1952. Lyon, Univ., Labor. d'Optique Électronique et de Phys. du Métal, Labor de Chim. Industrielle.) LENZ. 181

L. A. Woodward, *Objekterhitzung im Elektronenmikroskop.* (Sitzungsbericht.) Aus der Beobachtung, daß ein *Kaolinitton*-Teilchen von 20 μ Durchmesser bei intensiver Bestrahlung im Elektronenmikroskop geschmolzen ist, wird auf Tempp. bis über 1700° in elektronenmkr. Objekten geschlossen. (Physic. Rev. [2] **87.** 178. 1/7. 1952. Georgia Inst. of Technol.) LENZ. 181

George L. Montet, Seymour P. Keller und **Joseph E. Mayer,** *Wechselwirkungen von Ionen mit abgeschlossener Schale.* Vff. stellen Gleichungen für die Bindungsenergie einer endlichen Zahl von Ionen an festen, gleichgeordneten Plätzen auf, wobei angenommen wird, daß jedes Ion eine Konfiguration mit abgeschlossener Schale haben soll. Nach der Näherungsrechnung von HEITLER-LONDON wird a) der Zustand der Ionenanhäufung als Summe der Prodd. der Einelektronenfunktionen angesehen u. b) wird vorausgesetzt, daß die zusammensetzenden Einelektronenfunktionen lineare Kombinationen lediglich der Einelektronenfunktionen sind, die den Grundzuständen der isolierten Ionen entsprechen. Durch Aufstellung einer geeigneten Dichtematrix für jedes Ion gelingt es den Vff., die Bindungsenergie so abzuleiten, daß sie den oben genannten Voraussetzungen entspricht u. in vernünftig geschlossener u. exakter Form ausgedrückt werden kann unter Verwendung dieser Dichtematrix. Durch Anwendung eines Näherungsausdruckes für die Dichtematrix werden die Integrationen in dem Energieausdruck lösbar. (J. chem. Physics **20.** 1057—63. Juli 1952. Chicago, Ill., Univ., Dep. of Chem. and Inst. for Nuclear Studies.) NIEMITZ. 182

D. H. Curtiss, F. K. C. Lyle und **E. C. Lingafelter,** *Die Tetraederkonfiguration paramagnetischer Nickelkomplexe mit der Koordinationszahl 4.* Entgegen der Annahme von CALVIN u. MELCHIOR (J. Amer. chem. Soc. **70.** [1948.] 3270) einer quadrat. ebenen Konfiguration für paramagnet. Ni-Komplexe zeigen Vff. durch Vgl. mit dem entsprechenden Zn-Salz, daß der isomorphe *Ni-Disalicylaldehyd* Tetraedergestalt hat. (Acta crystallogr. [Kopenhagen] **5.** 388. Mai 1952. Seattle, Wash., Univ. of Washington, Dep. of Chem. and Chem. Engng.) KÖHN. 182

O. Chalvet, R. Daudel, M. Roux, C. Sandorfy und **C. Vroelant,** *Eine neue Berechnungsmethode der molekularen Wellenfunktionen; die Konfigurationswechselwirkung.* 1. Mitt. *Zweckmäßige Regeln zur Berechnung der Matrizenelemente.* Nach einer kurzen Beschreibung der LCAO-Meth. zur Berechnung von Elektronenverteilungen u. ihrer Mängel (in dem Schlußausdruck bleibt für jedes Elektron eine e i g e n e Wellenfunktion stehen, außerdem ist die Wellenfunktion nicht antisymm. u. gehorcht daher nicht dem PAULI-Prinzip) beschreiben Vff. Wesen u. Vorzüge der Meth. der Konfigurationswechselwirkungen. Diese Meth. besteht darin, daß die in üblicher Weise gewonnenen Ausdrücke für die „Konfigurationen“ Φ eines Syst. (mit bestimmter Eigenfunktion u. bestimmtem Spin jedes Elektrons bei Berücksichtigung des möglichen Austausches) noch einmal zu Ψ-Funktionen kombiniert werden u. so ein Teil des willkürlichen Charakters der Formen der Φ-Funktionen zum Verschwinden gebracht wird. Der zu Ψ gehörige HAMILTON-Operator H setzt sich dabei aus einer Summe von mehreren Gliedern zusammen: 1. solchen, die die kinet. Energien der betrachteten Elektronen, 2. solchen, die die Wechselwirkungen zwischen dem jeweils betrachteten Elektron u. dem inneren Syst. (Kern + Innenelektronen) repräsentieren, u. 3. Termen, die die Wechselwirkungen zwischen den Außenelektronen angeben. Das ganze Problem läßt sich damit auf die Berechnung der so aufgeteilten Matrixelemente H_{pq} zurückführen. An Hand einer bestimmten Elektronenkonfiguration berechnen Vff. die Gleichungen für die Diagonalglieder H_{pp}. Bei der Berechnung der nicht diagonalen Glieder H_{pq} ergibt sich, daß bei zwei Konfigurationen, deren Elektronenanordnungen in nicht mehr als zwei Spinbahnen übereinstimmen, die H_{pq} verschwinden. Die Gleichung ür nicht verschwindende H_{pq} wird angegeben. Es werden an Hand eines bestimmten Beispiels (*Äthylen*) einige Vereinfachungsmöglichkeiten gezeigt u. Hinweise für die numer.

Auswertung der Integrale gegeben. (J. Chim. physique Physico-Chim. biol. **49.** 262—68. Mai 1952. Paris, Centre de Chim. Théorique de France.) E. HEINRICH. 182

H. K. Weickmann, *Eine Theorie der Bildung von Eiskristallen.* Es werden zuerst die besonderen Eigg. der „Gefrierkerne" besprochen, die zur Einleitung des Kristallisationsprozesses notwendig sind, u. zwar durch Anwendung der Gesetze über das orientierte Aufwachsen eines Kristalls auf einen anderen. Besteht zwischen einer Gitternetzebene eines Kristalls u. der Basisebene des Eiskristalls eine gewisse Ähnlichkeit in bezug auf die geometr. Anordnung der Kristallbausteine in beiden Flächen, dann orientiert sich die erste auf der Kristallfläche adsorbierte Molekülllage des Gastkristalls in der für sie typ. Gitteranordnung. Ferner ist gute Benetzbarkeit des Wirtkristalls durch die Bausteine des Gastkristalls eine weitere Bedingung. Diese erste orientierte Molekülschicht des Gastkristalls wirkt orientierend auf die Wassermoll. der Umgebung oder die durch den Kondensationsprozeß angelagerten Moll.; dadurch entsteht ein kleiner Eiskristall, der bei einer bestimmten krit. Temp. als Kristallisationskeim für das gesamte W. wirkt. Die Beziehung zwischen seiner Größe u. seiner Wirkungstemp. läßt sich nach einer Formel von THOMSON berechnen. Durch Analyse der geometr. Ähnlichkeit zwischen der Basisfläche eines Eiskristalls einerseits u. der Spaltfläche von Glimmer sowie der Basisflächen von AgJ u. Quarz andererseits wurde die Größe der Fläche berechnet, über die die adsorbierten Wassermoll. in der Basisflächenstruktur von Eis orientiert werden können. Hiermit ist die Größe des Eiskeimes gegeben, dessen krit. Wirkungstemp. sich nach der Formel von THOMSON berechnen ließ. Die so berechneten Werte stimmten gut mit den experimentell festgestellten Gefriertempp. von W. auf Glimmer, AgJ u. Quarz überein. Die Theorie gestattete eine Erklärung der verschiedentlich beobachteten Temperaturschwellen der Eisbldg. in den Intervallen —19 bis —24°, —30 bis —35°, —39 bis —42° u. —60 bis —65°. (Arch. Meteorol., Geophysik, Bioklimatol., Ser. A **4.** 309—23. **1951.** Fort Monmouth, N. Y., Signal Corps Engng. Labor.) GOTTFRIED. 190

F. H. Horn, E. F. Fullam und **J. S. Kasper,** *Löcher in Kristallen.* Dünne, hexagonale Tafeln (einige Zehntel mm groß) von AlB_2 werden durch Entfernen des umhüllenden Al mittels Essigsäure, $HgCl_2$ oder verd. HCl erhalten. Nach leichtem Ätzen zeigen die Kristalle mkr. spiralige Terrassen (Stufenhöhe 200 Å) auf ihrer Oberfläche, die von wachstumsbedingten Schraubenversetzungen herrühren. Stärkeres Ätzen mit HCl führt zu Löchern von 1—20 μ Durchmesser, die meist genau in der Mitte der Tafeln liegen u. sich auch elektronenmkr. (11000fach) als vollkommen kreisrund erweisen. Sie sollen prim. durch vorzugsweisen Angriff des Ätzmittels auf das Zentrum der zur Oberfläche senkrechten Schraubenversetzung entstehen. (Nature [London] **169.** 927—28. 31/5. 1952. Schenectady, N. Y., General Electric Res. Labor.) TELTOW. 190

G. W. Brindley, *Die Deutung von verbreiteten Röntgenstrahlenbeugungsringen unter besonderer Berücksichtigung von Tonmineralien.* Bei der Best. der Abmessungen koll. Teilchen aus der Verbreiterung der Röntgenbeugungsringe ist zu berücksichtigen, daß diese Verbreiterung sowohl durch die App. (Spaltbreite u. a.) als auch durch das zu untersuchende Objekt bedingt sein kann. Im zweiten Fall kann die Verbreiterung durch Gitterspannungen, Gitterbaufehler oder sehr kleine Kristalle oder gemeinsame Einflüsse zustande kommen; es wird auf einige Möglichkeiten zur Unterscheidung dieser Fehlerquellen hingewiesen. Auch bei Tonmineralien treten neben der Kleinheit der Kristalle meist gleichzeitig Gitterbaufehler auf, was zusammen mit dem Umstand, daß der Beugungsvorgang öfter eher zwei- als dreidimensional ist, die Teilchengrößenbest. erschwert. Eine wertvolle Ergänzung bilden elektronenmkr. Unterss., u. unter günstigen Bedingungen erhält man nach beiden Verff. übereinstimmende Ergebnisse; so findet man für die Kristallgröße von *Halloysit* u. *Montmorillonit* größenordnungsmäßig Werte von 0,01—0,02 μ. Für eine Dickenmessung der Plättchen bestehen nur bei *Dickit* u. *Kaolinit*-Kristallen günstige Aussichten, während bei den anderen Tonsorten durch Auftreten beliebig orientierter Hydratationsschichten bes. komplizierte Verhältnisse vorliegen. (Discuss. Faraday Soc. **1951.** Nr. 11. 75—82. Leeds, Univ., Phys. Labor.) HENTSCHEL. 195

R. J. Traill, *Synthese und röntgenographische Untersuchung von Uransulfat-Mineralien.* Bei Verss., Uransulfatminerale synthet. herzustellen, wurde *Zippeit* erhalten: $(UO_2)_2(SO_4)_2(OH)_2 \cdot 8H_2O$, monoklin, Raumgruppe C2/m; a = 8,81, b = 14,13, c = 8,85 Å, β = 104° 15′, Z = 2, $D_{ber.}$ 3,68, $D_{gem.}$ 3,66. Optik; negativ, n_α = 1,655, n_β = 1,717, n_γ = 1,765, X = b farblos, Y schwach gelb, Z gelb, Winkel Z/a = 3°. Ferner wurden von Nichtmineralien erhalten: $UO_2SO_4 \cdot (NH_4)_2SO_4 \cdot 2H_2O$, Raumgruppe $P2_1/n$, a = 20,53, b = 7,30, c = 7,74 Å, β = 99° 25′, Z = 4, $D_{ber.}$ 3,10, $D_{gem.}$ 3,07, n_β = 1,535, n_γ = 1,600. — $UO_2SO_4 \cdot 3H_2O$, Raumgruppe Pbnm, a = 12,58, b = 17,00, c = 6,73 Å, Z = 8, $D_{ber.}$ 3,88, $D_{gem.}$ 3,84, n_α = 1,574, n_β = 1,589, n_γ = 1,593, Z = c. — $2UO_2SO_4 \cdot H_2SO_4 \cdot 5H_2O$, Raumgruppe Pmnn, a = 12,86, b = 12,99, c = 11,57 Å, Z = 4, $D_{ber.}$ 3,16, n_α = 1,555, n_β = 1,586, n_γ = 1,586, Z = c. — $UO_2SO_4 \cdot K_2SO_4 \cdot 2H_2O$, Raumgruppe Pmnb, a = 11,55, b = 13.78, c = 7,28, Z = 4, $D_{ber.}$ 3,31, $D_{gem.}$ 3,33. n_β = 1,529, n_γ = 1,575. Die d-Werte der DEBYE-SCHERRER-Diagramme werden für alle Substanzen angegeben. Im Anhang sind Angaben über einen untersuchten *Uranopilit* von Goldfields, Saskatchewan. (Amer. Mineralogist **37.** 394—406. Mai/Juni 1952. Kingston, Can., Queen's Univ.) HILLER. 195

M. M. Qurashi und **W. H. Barnes**, *Eine vorläufige Struktur von Pucherit, $BiVO_4$.* Pucherit ist rhomb., Raumgruppe Pnca, a = 5,332, b = 5,060, c = 12,02 Å, Z = 4. Bi u. V in $^1/_4$, 0, z; $^3/_4$, 0, z; $^1/_4$, $^1/_2$ + z, $^3/_4$; $^3/_4$, $^1/_2$, $^1/_2$ — z; mit z für Bi ca. 0,108, für V ca. 0,392. 8 O in 000, $^1/_2$00, 0$^1/_2$$^1/_2$, $^1/_2$$^1/_2$$^1/_2$ u. 00$^1/_2$, $^1/_2$0$^1/_2$, 0$^1/_2$0, $^1/_2$$^1/_2$0. Die anderen 8 O in allg. Punktlage mit x ca. —$^1/_{30}$, y ca. $^1/_4$ + $^1/_{30}$, z ca. $^1/_4$ — $^1/_{30}$. Es liegen gewisse Ähnlichkeiten zum $BiAsO_4$ vor. (Amer. Mineralogist **37.** 423—26. Mai/Juni 1952. Ottawa, Can. Nat. Res. Counc., Div. of Phys.) HILLER. 195

R. E. Henderson und **N. S. Gingrich**, *Die Beugung von Röntgenstrahlen durch flüssige Natrium-Kalium-Legierungen.* (Sitzungsbericht.) Photograph. Aufnahme der mit Röntgenstrahlen der Wellenlänge 0,710 Å an Na-K-Legierungen verschied. Zus. bei 105° auftretenden Beugungen. Bei der Auswertung der Aufnahmen wurden die Absorption, die Polarisation u. die Inkohärenz berücksichtigt. Daraus Berechnung der Verteilung der Elektronendichte, die durch ein Maximum geht, dessen Lage von der Zus. der Legierungen abhängt. Aus den Verss. folgt, daß in den untersuchten Legierungen keine permanenten Moll. vorliegen. (Physic. Rev. [2] **86.** 585. 15/5.; Bull. Amer. physic. Soc. **27.** Nr. 1. 10. 31/1. 1952. Univ. of Missouri.) FUCHS. 197

M. Ju. Balschin, *Über den Mechanismus des Sinterns.* Theoret. Betrachtungen über die Vorgänge beim Sintern von Metallpulvern; gleichzeitig polem. Auseinandersetzung mit den Ansichten von IWENSSEN (C. **1952.** 6023) zu diesem Fragenkomplex. (Журнал Технической Физики [J. techn. Physik] **22.** 686—95. April 1952.) EHMCKE. 197

M. A. Meyer und **K. J. Blok van Laer**, *Plastische Verformung und die Meyer-Konstanten von Metallen.* Vff. fanden, daß auch bei nichtkub. Metallen, wie Sn, Zn u. Cd, die Konstante n der MEYER-Härte $H_m = H_u \cdot (a/r)^{n-2}$ bei stärker werdender Verformung sinkt u. die Konstante H_u ansteigt u. nicht, wie FINNISTON, JONES u. MADSEN (Nature [London] **164.** [1949.] 1128) feststellten, daß beide Konstanten anwachsen. Die Vff. nehmen an, daß die Messungen von FINNISTON u. Mitarbeitern an bereits erholten, nichtkub. Metallen vorgenommen wurden. (Nature [London] **169.** 237—38. 9/2. 1952. Delft, Labor. voor Techn. Physica.) BLUTH. 200

I. A. Lesskowitsch, *Untersuchung der Plastizität der polymorphen Modifikationen von Ammoniumnitrat.* Durch Messung des Fließdruckes beim Auspressen von NH_4NO_3 durch eine Düse bei Tempp. zwischen 15 u. 50° wird die metastabile Existenz der β- u. γ-Modifikation über die Umwandlungstemp. von 32,1° hinaus bestätigt. Die Plastizität der oberhalb 32,1° beständigen γ-Modifikation ist ca. 3,6 mal größer als die der β-Modifikation. Die Kinetik der Umwandlung wird offenbar von der therm. u. mechan. Vorgeschichte der Proben sehr stark beeinflußt, wie die unterschiedlichen Ergebnisse an verschied. behandelten Proben zeigen. (Доклады Академии Наук СССР [Ber. Akad. Wiss. UdSSR] [N. S.] **79.** 257—60. 11/7. 1951.) REINBACH. 200

A. I. Kitaigorodski, Röntgenstrukturanalyse feinkristalliner und amorpher Stoffe. Moskau-Leningrad: Gosstechisdat. 1952. (588 S.) 24 Rbl. 15 Kop. [russ.]

A₇. Gleichgewichte. Kinetik.

Merwyn B. Brodsky und **Daniel Cubicciotti**, *Die Oxydation des Siliciums bei hohen Temperaturen.* Die Messung der Oxydationsgeschwindigkeit (O.-G.) des Si zwischen 950 u. 1160° bei 20 cm O_2-Druck erfolgte an einer Probe von techn. Si durch Verfolgen der Abnahme des O_2-Druckes während 100 Min. in einer App., ähnlich wie bei der Oxydation des Zirkoniums (vgl. C. **1951.** I. 3468). — Im Vgl. zu anderen Metallen, auch denen derselben Gruppe, oxydiert sich Si sehr langsam. 1 cm² nimmt bei 950° in 100 Min. 0,04 mg O_2 auf. Bei 950 u. bei 1160° sowie von 500—950° (vgl. MCADAM u. GEIL (Research Nat. Bur. Standards **28.** [1942.] 593) folgt die O.-G. einer quadrat. Gleichung. Zwischen 950 u. 1160° gilt die Gleichung: Aufgenommener $O_2 = k \log_{10}(1 + 0{,}4\,t)$, worin t = Zeit u. k = Konstante. Es wird eine Ableitung der logarithm. Gleichung unter Betrachtung der (auch durch Röntgenaufnahme nachgewiesenen) glasigen Natur der gebildeten Oxydschicht gegeben. (J. Amer. chem. Soc. **73.** 3497—99. Juli 1951. Chicago, Ill., Illinois Inst. of Technol., Chem. Dep.) GROSSE-RUYKEN. 225

Dwain Bowen, R. R. Eggleston und **R. H. Kropschot,** *Untersuchung der Kinetik des Weichglühens von kaltverfestigtem Kupfer.* (Sitzungsbericht.) Es wird die Kinetik des Wiedererweichens von kaltverfestigtem Cu untersucht, wobei der Restwiderstand als Maß für den Grad der Erholung gilt. Die Proben werden schnell auf die Glühtemp. erhitzt, eine bestimmte Zeit auf dieser Temp. gehalten u. für die Messung abgekühlt. Es wird die Annahme gemacht, daß die Kaltverfestigung durch eine Anzahl von Gitterfehlstellen charakterisiert werden kann u. daß die Fehlstellen dem MATTHIESSEN-Gesetz gehorchen. Die Wiedererweichungs-Rk. hat eine Aktivierungsenergie von 24 kcal/Mol. Die Schwierigkeiten anderer Autoren, die Ergebnisse kinet. zu erklären, werden durch Reaktionsgleichungen höherer Ordnung, z. B. 3. Grades: $dn/dt = -vn^3e^{-E/RT}$, überwunden. Es werden einige Ergebnisse bei Anwendung dieser Reaktionsgleichungen 3. Grades auf den Mechanismus des Wiedererweichens u. der plast. Verformung diskutiert. (Physic. Rev. [2] **83.** 885. 15/8.; Bull. Amer. physic. Soc. **26.** Nr. 5. 5. 25/6. **1951.** Atomic Energy Res. Dep., North Amer. Aviation, Inc.) KLEFFNER. 225

J. T. Waber, *Über das kubische Gesetz der Oxydation.* Vf. gibt eine Übersicht über die Arbeiten, die bestätigen, daß nach MOTT (Trans. Faraday Soc. **36.** [1940.] 472) in vielen Fällen die Oxydation bei tiefen Tempp. einem kub. Gesetz gehorcht. Es wurde seitdem experimentell bestätigt, daß es häufig in dem Temperaturintervall zwischen der Gültigkeit des logarithm. u. des parabol. Oxydationsgesetzes zutrifft. Vf. hat früher (C. **1953. 1614**) festgestellt, daß sich *Ti* u. *Ta* bei Tempp. in der Nähe von 325° nach dem logarithm. Gesetz oxydieren u. daß man für Ta oberhalb von 350° ein parabol. Gesetz erhält. In zwei Diagrammen zeigt Vf., daß bei Ta u. Ti jedoch auch kub. Gesetzmäßigkeiten in dem Temperaturgebiet der logarithm. Oxydation auftreten können. Die Bedingungen, unter denen die Rk. nach dem einen oder anderen Gesetz verläuft, sind nicht bekannt. (J. chem. Physics **20.** 734—35. April 1952. Los Alamos, N. Mex., Univ. of California, Los Alamos Sci. Labor.) E. HEINRICH. 225

T. Suga, *Neueste Fortschritte in der Theorie der Katalyse.* Überblick über die theoret. Vorstellungen bei der heterogenen Katalyse mit besonderer Erörterung der „akt. Zentren" bei Metallen, der Wrkg. von aktivierenden Zusätzen, der Oxydationskatalyse, der geometr. u. elektronentheoret. Faktoren u. näherer Diskussion der C_2H_4-Hydrierung. — 71 Literaturzitate. (Kagaku [Science] **21.** 393—400. Aug. 1951. Hokkaido Univ. [Orig.: japan.]) SCHULER. 227

I. R. Kritschewski, Phasengleichgewichte in Lösungen bei hohen Drucken. 2. Aufl. Moskau-Leningrad: Gosschimisdat. 1952. (168 S.) 6 Rbl. 60 Kop. [russ.]

B. Anorganische Chemie.

Anton B. Burg und **George W. Campbell jr.,** *Eine neue Bor-Base,* $Na_2HB(CH_3)_2$. $(CH_3)_4B_2H_2$ (Tetramethyldiboran) reagiert in fl. NH_3 bei —78° zu $Na_2HB(CH_3)_2$ (I) u. $(CH_3)_2 \cdot BH \cdot NH_3$. Die mitgeteilten Reaktions- u. Aufarbeitungsvorschriften müssen genauestens eingehalten werden. Kryoskop. u. konduktometr. Messungen von I in fl. NH_3 zeigen, daß I monomer u. ionisiert u. in fl. *Dimethyläther* (II) hoch aggregiert bzw. koll. vorliegt. I ist fest, weiß u. stabil bei 90° im Vakuum. Es hydrolysiert zu $(CH_3)_2BOH + 2H_2 + 2NaOH$. In fl. NH_3 gelöst ist es gelb u. diamagnetisch. Das $HB(CH_3)_2^{2-}$-Ion ist stark bas., durch das freie Elektronenpaar am B bedingt, u. muß als sehr starker Elektronendonator reagieren. In fl. NH_3 reagiert I mit $B(CH_3)_3$ (III) zu $Na_2HB(CH_3)_2 \cdot B(CH_3)_3$ (IV), einer in fl. NH_3 gelben Lösung. IV ist stabil bei 100° im Vakuum. Es löst sich in II u. entsteht höchstwahrscheinlich durch die Addition von III an das $HB(CH_3)_2^{2-}$, um $Na_2HB_2(CH_3)_5$ (*Dinatriumpentamethyldiborhydrid*) zu bilden. In II reagiert I mit III bei —78° auch zu einer Verb. der Zus. von IV, die aber im Vakuum bei 0—20° III abgibt u. nach dieser Zers. weder in II lösl. ist, noch sich in fl. NH_3 gefärbt löst. In diesem Falle bildet sich $NaHB(CH_3)_3$ u. $NaB(CH_3)_2$. Der Reaktionsmechanismus wird diskutiert. (J. Amer. chem. Soc. **74.** 3744—48. 5/8. 1952. Los Angeles, Calif., Univ. of Southern California, Dep. of Chem.) MOSLÉ. 258

J. Zernike, *Zusammensetzung und Eigenschaften von Bromhydrat und Kaliumpolybromid.* Das Syst. KBr–Br_2–H_2O wurde bei 0° untersucht. Der KBr-Geh. wurde gravimetr., der Br_2-Geh. jodometr. bestimmt. Für das Bromhydrat ergibt sich eindeutig die Zus. von $Br_2 \cdot 7H_2O$ (F. 5,85°), dessen Löslichkeiten bei 0° gut mit den von HARRIS (J. chem. Soc. [London] **1932.** 2711) bestimmten übereinstimmen. Für das Polybromid ergab sich $KBr_6 \cdot 1\frac{1}{2}H_2O$ (I). I weist einen inkongruenten F. bei 25,85° auf, bei dem es im Gleichgewicht mit einer Lsg. von 21,4 Gew.-% KBr, 70,4% Br_2 u. 8,2% H_2O steht. I ist diamagnetisch. (Recueil Trav. chim. Pays-Bas **70.** 784—92. Sept./Okt. **1951.** Dacca, Pakistan, Univ., Dep. of Chem.) MOSLÉ. 275

H. Linstedt, *Anwendung der gravimetrischen Methode auf das Anhydrokainit-Problem.* Da der von Jänecke (Z. physik. Chem. **80.** [1912.] 9) hergestellte u. in dem Syst. K_2SO_4-$MgCl_2$-KCl-$MgSO_4$ (**A**) eingebaute *Anhydrokainit,* $KCl \cdot MgSO_4$ (**I**), weitgehende Ähnlichkeit mit *Langbeinit* ($K_2SO_4 \cdot 2\,MgSO_4$) (**II**) aufweist, wurde untersucht, ob bei der Herst. von **I** nach Jänecke wesentliche Mengen **II** nach $3\,KCl + 3\,MgSO_4 = K_2SO_4 \cdot 2\,MgSO_4 + KCl \cdot MgCl_2$ bzw. $KCl + MgCl_2$ entstehen. Die $D.^{20}{}_4$ von $KCl \cdot MgCl_2$ wurde nach der Schwebemeth. zu $2{,}342 \pm 0{,}005$ bestimmt. Da die Dichten von KCl u. $MgCl_2$ tiefer als die D. von **II** liegen, konnten durch eine Schwebelsg. der D. 2,679 (Acetylentetrabromid u. Toluol) **I**-Proben in eine schwerere Fraktion, die sich als reines **II** erwies, u. eine röntgenamorphe leichtere Fraktion getrennt werden, die höchstwahrscheinlich mit **II** verunreinigte Chloride enthielt. Eine Neufestlegung der Feldergrenzen im genannten Syst. wird unter Verzicht auf **I** schemat. angegeben. Die Existenz von **I** erscheint somit noch zweifelhafter als bisher. (Z. physik. Chem. **199.** 345—49. April 1952. Kiel, Univ., Mineral.-Petrograph. Inst.) Moslé. 282

L. Heller und **H. F. W. Taylor,** *Hydratisierte Calciumsilicate.* 4. Mitt. *Hydrothermische Reaktionen: Verhältnis von Kalk:SiO_2 wie 2:1 und 3:1.* (3. vgl. C. **1952.** **7462.**) Bei den Verss. wurden im Temperaturbereich von 100—200° Mischungen von Kalk u. SiO_2-Gel im mol. Verhältnis 2:1 u. β- u. γ-Ca_2SiO_4 u. Ca_3SiO_5 als Verbb. mit W. in einem geschlossenen Gefäß bei der jeweiligen Versuchstemp. behandelt. Die gewonnenen Verbb. wurden opt. u. röntgenograph. untersucht. Aus den Ausgangssubstanzen mit mol. Verhältnis von Kalk:SiO_2 = 2:1 bildete sich bei den niedrigen Tempp. zunächst *Calciumsilicathydrat* u. bei längerer Dauer des Vers. *Afwillit.* Bei höheren Tempp. (140° u. darüber) entsteht überwiegend eines oder mehrere der α-, β- u. γ-Hydrate des Dicalciumsilicates. In Verss. von kurzer Dauer bei 140° ist α-Hydrat Hauptprod. u. erscheint daher, wenn es von Ausgangssubstanzen seines eigenen mol. Verhältnisses gebildet wird, als Übergangsform. *Dicalciumsilicat-β-hydrat* gleicht sehr stark dem natürlichen Hillebrandit, die Röntgenaufnahme zeigt jedoch geringe, aber deutliche Unterschiede. Ca_3SiO_5 liefert bis 120° als Anfangsprod. *Calciumsilicathydrat,* die Endprodd. sind bei 120° *Dicalciumsilicat-α-Hydrat* u. $Ca(OH)_2$. Diese Reaktionsprodd. wurden auch bei höheren Tempp. u. nach kurzer Reaktionsdauer erhalten. (J. chem. Soc. [London] **1952.** 2535—41. Juli. London, Birkbeck Coll. Res. Labor.) Dickhaut. 283

P. M. J. Gray, *Die Herstellung von reinem Cermetall durch elektrolytische und thermische Reduktionsprozesse.* Die Elektrolyse von geschmolzenem $CeCl_3$ nach Trombe (Trans. electrochem. Soc. **66.** [1934.] 57) führte trotz optimaler Bedingungen nicht zu der gewünschten Reinheit des Metalles. Die Elektrolyse von CeO_2, gelöst in geschmolzenen Fluoriden, war zufriedenstellend. Der Reinheitsgrad von 99,8% konnte nicht erreicht werden. Die Red. von CeF_3 durch *Li* in geschlossenen Gefäßen gab eine Metallreinheit von 99,93%. Die Ausbeute der Rk. betrug über 80%. Die gleiche Rk. mit $CeCl_3$ war insofern ohne Erfolg, als die Metallkügelchen nicht zusammenschmolzen. Schwierigkeiten bereitete das Gefäßmaterial, das weder von geschmolzenem Cermetall noch von den geschmolzenen Halogeniden angegriffen werden darf. Am besten eignet sich Mo, CeO_2 oder Graphit. (Bull. Instn. Mining Metallurgy Nr. 542. Trans. **61.** 141—70. Jan. 1952. Harwell, Atomic Energy Res. Establ.) Joh. Fischer. 304

Heinrich Remy, Grundriß der anorganischen Chemie. 4. Aufl. Leipzig: Akademische Verl.-Ges. 1952. (XVI + 320 S. m. 31 Abb. u. 2 Taf.) gr. 8°. DM 8,65.

C. Mineralogische und geologische Chemie.

—, *Kalium in den Gesteinen.* Kurzer Überblick über kaliumhaltige Mineralien u. deren Vorkommen. (Ind. chimique **39.** 175. Juni 1952.) Winiker. 378

E. C. T. Chao, *Granitisation und Basifikation durch Diffusion.* An 8 Beispielen von Granitisation u. Basifikation aus der Literatur wird gezeigt, daß es möglich ist, die Daten der chem. Analysen als Veränderungen der Gesteine zu interpretieren. Diese Veränderungen müssen mittels Diffusion als Transport des Materials vor sich gegangen sein. Da nach Barth Vol. u. O-Geh. der Gesteine bei Veränderungen erhalten bleiben, enthält eine Gesteinsstandardzelle 190 O-Ionen. Unter dieser Annahme werden die Veränderungen im Chemismus als Gewinn oder Verlust der verschied. Kationen betrachtet. Es zeigt sich, daß die hier behandelte Gesteinsmetamorphose nicht isochem. ist, im Verlauf der Veränderungen gibt es Kulminationspunkte der Konz. für die verschied. Ionen oder Atome, diesen entsprechen die Bildungen der stabilsten Mineralphase. Die Migration verschied. Elemente geht nach verschied. Richtung, u. bis zu einem gewissen Grade können Überlappungen der Granitisations- bzw. Basifikationsfronten vorkommen. Die Gründe, die für Diffusion als Transportart sprechen, werden erörtert. W. als Transportmittel ist unwahrscheinlich, weil es zwischen den Mineralen durch mol. Anziehung festgehalten wird. Eine größere Rolle spielt in den oberen Gebirgsschichten der Streß. Durch die aufgerissenen Spalten kann hier auch das Fließen eines mobilen Kondensats mitwirken. (Norsk geol. Tidsskr. **26.** 84—107. 1951.) HILLER. 378

Tom. F. W. Barth, *Subsolidus-Diagramm von Pyroxenen aus gewöhnlichen mafischen Magmen.* An Hand von 2 Diagrammen erörtert Vf. die Subsolidusverhältnisse im Syst. $MgSiO_3$-$FeSiO_3$-$CaSiO_3$. (Norsk geol. Tidsskr. **26.** 218—21. 1951.) HILLER. 378

A. R. Graham und **S. Kaiman,** *Aurostibit, $AuSb_2$; ein neues Mineral in der Pyritgruppe.* In den Goldlagerstätten der Giant Yellow-knife-Mine, Northwest Territories, u. von Chesterville, Ontario, wurde ein neues Mineral, Aurostibit ($AuSb_2$) gefunden. Paragenese: 1. in *Dolomit* mit *Quarz, Gold, Freibergit, Antimonglanz, Jamesonit, Wolfsbergit, Bournonit, Arsenopyrit, Pyrit, Chalkopyrit* u. *Zinkblende*; 2. in Quarz mit Gold, Freibergit, *Bleiglanz, Fahlerz,* Bournonit, Chalkopyrit, Zinkblende, Arsenopyrit, *Gersdorffit* u. Pyrit. Im Anschliff ist es Bleiglanz ähnlich, Schleifhärte C. Struktur: Pyrittyp mit a = 6,646 kX, Sb-Parameter 0,386, Zellinhalt Au_4Sb_8, $D._{ber.}$ 9,91, D. (gemessen an synthet. Prod.) 9,98. (Amer. Mineralogist **37.** 461—69. Mai/Juni 1952; Bull. geol. Soc. America **62. 1444.** Dez. **1951.** Ottawa, Can., Mines Branch.) HILLER. 380

A. I. Ginsburg, *Griphit in den Pegmatiten des Turkestaner Gebirgsrückens.* Der zusammen mit Mn-Triplit, Apatit, Amblygonit u. Muskovit im fast völlig albitisierten Pegmatit der Turkestan-Bergkette vorkommende hell- bis kastanienbraune *Griphit* (I) besitzt die Härte 5,5, D.3,61, Brechungsexponent 1,668, keine Spaltbarkeit. Die chem. Zus. entspricht Na (Mn, Fe, Ca)$_3$ Al $(PO_4)_3$ (F, OH). Der vorliegende I ist ein kompliziertes Alumophosphat, das hauptsächlich Mn, Fe, Ca, Na u. etwas Li, H_2O u. F enthält. Er ist eine fast reine Mn-Varietät mit wenig Wasser. Beim Erwärmen auf 850° geht I in ein Aggregat aus 2 anisotropen Mineralien über, das bei 960° eine poröse dunkelbraune M. bildet. Das Thermogramm weist einen exothermen Haltepunkt bei 480° auf, entsprechend der Oxydation von Fe, sowie einen endothermen Punkt bei 850°, entsprechend der Bldg. von 2 anisotropen Phosphaten. I ist immer eng mit Albit assoziiert. Es ist anzunehmen, daß I bei der Rk. zwischen Triplit u. Na u. Al führenden Lsgg. (Albitbldg.) entstanden ist. (Доклады Академии Наук СССР [Ber. Akad. Wiss. UdSSR] [N. S.] **84.** 1045—48. 11/6. 1952. Mineral. Museum der Akad. der Wiss. der UdSSR.) LEBTAG. 380

L. C. Trumper, *Rhodolith und die Pyrop-Almandin-Reihen.* Vf. beschreibt Rhodolith, der chem. eine Kombination von 2 Moll. Pyrop u. 1 Mol. Almandin darstellt mit einer theoret. D. von 3,837 u. einem Brechungsindex von 1,76. Vf. weist darauf hin, daß in vielen Fällen die Farbe u. eine der Konstanten für Rhodolith zutreffen, während D. oder Brechungsindex einen abweichenden Wert zeigen. Es wird tabellar. eine Übersicht der Brechungsindices u. der Dichten der Pyrop-Almandin-Reihe sowie die chem. Zus. der reinen Komponenten dieser Reihe gebracht. (Gemmologist **21.** 26—30. Febr. 1952.) GOTTFRIED. 380

B. W. Anderson, *Weitere Bemerkungen über den neuen Edelstein-Taaffeit.* UV-Strahlung der Wellenlängen 2536 u. 3650 Å zeigte keinerlei Einw. auf Taaffeit; bei Röntgenbestrahlung wurde deutliche grüne Fluorescenz beobachtet, fast ident. mit der Fluorescenz von Spinell mit der gleichen Färbung. Auch das Absorptionsspektr. des Taaffeits ist dem von bläulichem Spinell sehr ähnlich; nur eine Bande bei ca. 3820 Å trat nur bei dem Taaffeit auf. Die Brechungsindices, D. u. Härte von zwei untersuchten Taaffeiten sind: 1. ε = 1,7182; ω = 1,7230; D. 3,613; Härte 8; 2. ε = 1,7167; ω = 1,7208; D. 3,60, Härte 8. (Vgl. hierzu C. **1952. 4425.**) (Gemmologist **21.** 23—24. Febr. 1952.) GOTTFRIED. 380

Jean Orcel, Les substances radioactives naturelles, leurs modes de répartition et de transformation dans l'écorce terrestre. Alençon: Impr. de Poulet-Malassis. 1952. (31 S. m. Abb.) fr. 127,—.

D. Organische Chemie.

D_1. Allgemeine und theoretische organische Chemie.

R. D. Brown, *Der Einfluß von Substituenten auf Ultraviolettabsorptionsspektren.* Zusammenfassend wird an Hand einer Reihe von Beispielen der Einfl. verschied. Substituenten in einem konjugierten Syst. auf die Verschiebung der langwelligen Absorptionsbanden sowie der Zusammenhang zwischen Verschiebungsrichtung, der Natur des Substituenten u. der π-Elektronendichte besprochen. (Nature [London] **169.** 286—87. 16/2. 1952. London, King's Coll., Wheatstone Phys. Dep.) RUDOLPH. D 118

N. W. Blake, D. S. McClure und **H. Winston,** *Elektronenniveaus von Molekülkristallen.* (Sitzungsbericht.) Aus den Kriterien für die Beurteilung der Art eines Elektronenniveaus von Mol.-Kristallen, die sich aus Unterss. der Emissions- u. Absorptionsspektren bei tiefen Tempp. bzgl. der Unterscheidung von Streu- u. Absorberniveaus (nach PEIERLS) ergeben, läßt sich zeigen, daß das 3130 Å-Niveau von *Naphthalin* ein Streuniveau, das für 3500 Å des *Phenanthrens* ebenfalls eher ein Streuniveau u. das Niveau bei 4000 Å ein Absorberniveau ist. (Physic. Rev. [2] **85.** 754—55. 15/2. 1952; Bull. Amer. physic. Soc. **26.** Nr. 8. 6. 27/12. 1951. Berkeley, Calif., Univ.) RUDOLPH. D 118

Donald D. Phillips und **James Cason,** *Ultraviolettabsorptionsspektren von 9.10-Dihydroanthracenen.* Zur Unterscheidung zwischen Anthracenderivv. u. den entsprechenden Dihydroanthracenderivv. wurden die Spektren von *9.10-Dimethyl-9.10-dihydroanthracen* u. *9-Methyl-9.10-dihydroanthracen* gemessen u. mit den Spektren der entsprechenden Anthracenderivv. verglichen. Während die Anthracenderivv. von 290—400 mμ intensive Absorption zeigen, absorbieren die Dihydroderivv. in dem Bereich nicht.

Versuche: *9-Methylanthracen* (I), gelbe Nadeln, F. 79,2—79,7° (A.) aus 9-Anthraldehyd durch Red. nach WOLFF-KISHNER, λ_{max} (log ε) 252 (5,18); 256 (5,33); 318 (3,04); 331 (3,44); 348 (3,76); 366 (3,96); 386 (3,95). — *9-Methyl-9.10-dihydroanthracen,* F. 58,8 bis 59,8°, A.; aus I durch Red. mit Na in Amylalkohol, λ_{max} (ε_{max}) 264 (3,11); 271 (3,05). — *2.9-Dimethylanthracen* (II), orange Nadeln, F. 83,0—84,0° (Methanol), nach dem Reaktionsschema: Toluol + Phthalsäureanhydrid → o-[p-Toluyl]-benzoesäure → o-[p-Methylbenzyl]-benzoesäure → 2-Methyl-9-anthron → II, λ_{max} (log ε) 251 (5,05); 258 (537); 307 (2,88); 318 (3,13); 334 (3,46); 350 (3,68); 368 (3,80); 386 (3,78). — *9.10-Dimethylanthracen* (III), gelbe Nadeln, F. 182,0—183,8° (Bzl.), aus Anthrachinon mit CH_3MgJ; λ_{max} (log ε) 250 (4,99); 260 (5,23); 308 (2,61); 326 (2,91); 340 (3,22); 356 (3,51); 376 (3,70); 396 (3,65). — *9.10-Dimethyl-9.10-dihydroanthracen,* F. 126,2—128° (Methanol), aus III mit Na u. absol. A., λ_{max} (log ε) 264 (3,06); 272 (3,00). (J. Amer. chem. Soc. **74.** 2934—35. 5/6. 1952. Univ. of California, Chem. Labor.) D. BRÜCK. D 118

P. H. Lindenmeyer und **P. M. Harris,** *Die Infrarotspektren von kristallinem Tetranitromethan.* (Sitzungsbericht.) Von $C(NO_2)_4$ existieren zwei krist. Formen, wie mit der Röntgenanalyse festgestellt werden konnte. Der Übergang zwischen beiden kristallinen Formen erfolgt bei —98°. Vff. haben bei 25° (Dampf), 18° (fl.), —40° (fest I), —88° (fest I), —104° (fest II) u. —126° (fest II) Aufnahmen des Infrarotspektr. von $C(NO_2)_4$ gemacht. Das Dampfspektr. kann durch ein Mol. mit S_4-Symmetrie erklärt werden; das RAMAN-Spektr. zeigt D_{2d}-Symmetrie. Um eine Übereinstimmung der Röntgen- u. Infrarotspektren zu erhalten, nehmen Vff. Moll. beider Symmetrieformen an. In beiden Kristallformen fehlen Auswahlregeln. (Physic. Rev. [2] **82.** 775. 1/6.; Bull. Amer. physic. Soc. **26.** Nr. 2. 19. 8/3. 1951.) D. HAHN. D 120

Roger Newman und **Richard M. Badger,** *Das Ultrarotspektrum von Cyanursäure und Deuterocyanursäure.* Es wird über die Ultrarotspektren an aufsublimierten Filmen von *Cyanursäure* (I) u. *Deuterocyanursäure* (II) sowie über Spektralaufnahmen mit polarisierter Strahlung an Einkristallen von I u. II berichtet. Die spektral akt. Valenz- u. die höheren Deformationsschwingungen werden identifiziert. Im Spektr. treten verschied. Banden doppelt auf, was durch die Aufhebung der Entartung einiger Schwingungen im anisotropen Kraftfelde des Kristalls erklärt wird. Diese Aufspaltung ist bei der Carbonylfrequenz nur sehr gering; daher sind die Carbonylgruppen des Mol. durch die zwischenmol. Kräfte nahezu gleichartig beansprucht. Die starke Aufspaltung der NH-Valenzschwingungen deutet dagegen auf zwei stark verschied. Arten von H·Brücken dieser Gruppen hin. Diese Ergebnisse zeigen, daß die Kristallstrukturanalyse von I von WIEBENGA u. MEERMAN (Z. Kristallogr. **99.** [1938.] 217) nicht ganz richtige Ergebnisse lieferte. (J. Amer. chem. Soc. **74.** 3545—48. 20/7. 1952. Pasadena, Calif., Gates and Crellin Labor. of Chem.) LÜTTKE. D 120

Shoji Kojima, Kineo Tsukada, Shigeo Hagiwara, Masataka Mizushima und **Takashi Ito,** *Mikrowellenspektren von $CHBr_3$ im Gebiet von 11—12,5 cm.* Mit Hilfe einer 9 m langen Absorptionszelle wurde das Mikrowellenspektr., u. zwar speziell das Spektr. des Rotationsübergangs I = 0 → 1 von $CHBr_3$ im Gebiet zwischen 2400 u. 2660 MHz u. bei einem Hg-Druck von 3 mm untersucht. Es wurden 32 Linien, die der Hyperfeinstruktur dieses Übergangs zugeordnet werden können, ausgemessen. Die Linienbreiten betragen bis auf einzelne Ausnahmen 2 MHz. Jede Linie scheint jedoch aus zwei oder mehr Linien zusammengesetzt zu sein, so daß die wahre Linienbreite $<$2 MHz sein dürfte. Der Absorptionskoeff. von Linien mittlerer Intensität wurde zu $1\cdot10^{-7}\,cm^{-1}$ abgeschätzt. Da nicht versucht wurde, die zwei Isotopen ^{81}Br u. ^{79}Br zu trennen, ist das erhaltene Spektr. eine Überlagerung der Linien von den vier isotopen Moll. $CH^{81}Br_3$, $CH^{81}Br_2{}^{79}Br$, $CH\cdot{}^{81}Br^{79}Br_2$ u. $CH^{79}Br_3$. Die Trägheitsmomente in dieser Reihenfolge sind 671, 666, 660 u. $655\cdot10^{-40}$. Die Quadrupolkupplungskonstante für den ^{81}Br-Kern ist 482, die für den ^{79}Br-Kern 577 MHz. (J. chem. Physics **20.** 804—08. Mai 1952. Tokyo, Univ. of Education, Phys. Dep. and Univ., Fac. of Sci., Phys. Dep.) GOTTFRIED. D 121

Michael Kasha, *Stoßstörung der Spinbahnkopplung und der Mechanismus der Fluorescenzauslöschung. Eine sichtbare Demonstration der Störung.* Die Mischung von

10 cm³ *α-Chlornaphthalin* (I) mit 20 cm³ reinem *Äthyljodid* (II) zeigt gegenüber den farblosen Komponenten eine schwache Gelbfärbung, die nicht auf eine Verbindungsbldg. zurückzuführen ist. Wie aus Absorptionsmessungen folgt, wird durch die Ggw. des II lediglich die die Gelbfärbung verursachende Singulett–Triplett-Absorption des Naphthalinmol. verstärkt. Der Effekt wird durch eine Störung der Spinbahnkopplung während des Zusammenstoßes (Überlappung von π-Elektronenbahn des Naphthalinmol. mit der p-Bahn des Halogens) erklärt. Diese Stoßstörung ohne Verbindungsbldg. beim II unterscheidet sich von der stationären Störung des β-Chlornaphthalins durch II mit Komplexbldg. auch durch die Höhe der entsprechenden mol. Extinktionskoeffizienten (0,01 bzw. 0,1). Die Bedeutung des Effektes für die Chemie allg. sowie speziell für die Deutung der Fluorescenzauslöschung durch schwere Fremdatome u. der Abweichungen vom BEERschen Gesetz werden diskutiert. (J. chem. Physics **20.** 71—74. Jan. 1952. Manchester, Univ., Dep. of Phys.) RUDOLPH. D 125

John D. Hoffman, *Dipolmomente aus dielektrischen Daten bei polaren Flüssigkeiten.* Es wird gezeigt, daß die nach der von ONSAGER angegebenen Formel aus Messungen an Fll. bestimmten Dipolmomente dann mit den am Gas gemessenen hinreichend übereinstimmen, wenn die quadrat. Werte gegen die reziproke Temp. aufgetragen werden. Die nach dem angegebenen Verf. berechneten Dipolmomente für C_2H_5Br, die *n. Bromide von* C_2—C_{16}, *iso*-C_3H_7Br, C_6H_5Cl u. C_6H_5Br sind in einer Tabelle angegeben. (J. chem. Physics **20.** 740. April 1952. Schenectady, N. Y., General Electric Res. Labor., The Knolls.) K. L. WOLF. D 132

J. H. Simons und **Keith E. Lorentzen**, *Leitfähigkeiten von fünf Substanzen in Trifluoressigsäure.* In einer ausführlich beschriebenen Spezialapp. wurden die Leitfähigkeiten von *W.*, *Kaliumtrifluoracetat*, *Tri-n-butylamin* ($Kp._{1,5-8,0}$ 82,0—85,0°, n_D^{23} 1,428), *Perfluortri-n-butylamin* (Kp. 175,0—175,7°, n_D^{23} 1,398) u. *Di-n-butyläther* (Kp. 140,5°, n_D^{23} 1,400) in reiner *Trifluoressigsäure* (I, Kp. 71,0, F. —15,25 ± 0,05°) bei 25° gemessen. W. hat im Gegensatz zu seiner hohen Leitfähigkeit in fl. HF in I eine sehr geringe Leitfähigkeit. Geringe Leitfähigkeiten in I zeigen ferner $(C_4H_9)_3N$ u. $(C_4F_9)_2O$, woraus zu schließen ist, daß diese beiden Verbb. in I als außerordentlich schwache Basen fungieren. Die Lsg. des K-Salzes von I in I zeigt eine mäßige Leitfähigkeit. Eine verhältnismäßig hohe Leitfähigkeit hat $(C_4H_9)_3N$ in I u. muß demnach in beträchtlichem Umfang als Base gemäß $(C_4H_9)_3N + CF_3COOH \rightleftharpoons (C_4H_9)_3NH^+ + CF_3COO^-$ reagieren. Das Auftreten einer vorübergehenden Abscheidung beim Auflösen von $(C_4H_9)_3N$ in I legt die Vermutung nahe, daß es sich um die Auskristallisation des Salzes $[(C_4H_9)_3NH][CF_3COO]$ handelt. (J. Amer. chem. Soc. **74.** 4746—50. 5/10. 1952. Gainesville, Fla., Pennsylvania State Coll., u. Univ. of Florida.) FORCHE. D 138

Oscar Gawron, Marjorie Duggan und **Chester J. Grelecki**, *Manometrische Bestimmung der Dissoziationskonstanten von Phenolen.* Das aus einem HCO_3^-–CO_3^{2-}-Puffer durch Zusatz geringer Mengen von Phenolen entwickelte CO_2 wird in einer WARBURG-App. gemessen u. aus dessen Menge der pK-Wert des Phenols berechnet. Die Meth. ist anwendbar für schwache Säuren u. Basen mit einem pK_A-Bereich von 6—11. Vff. geben die pK-Werte von 19 Phenolen (*Phenol, o-* u. *m-Nitro-, o-, m-* u. *p-Chlor-, o-* u. *p-Bromphenol, Brenzcatechin, Resorcin* u. *Hydrochinon, o-, m-* u. *p-Kresol, o-, m-* u. *p-Methoxyphenol, o-* u. *p-Oxybenzaldehyd*) in 8%ig. Dioxan bei 38° an. Die pK-Werte einiger dieser Phenole in W. bei 25° zeigen gute Übereinstimmung mit Literaturwerten. Der Fehler der Best. wird bei doppelter Messung auf 0,015—0,045 pK-Einheiten geschätzt. (Analytic Chem. **24.** 969—70. Juni 1952. Pittsburgh, Pa., Duquesne Univ., Dep. of Chem.) H.-J. KOCH. D 139

H. C. Freeman und **W. P. Georgans**, *Die polarographische Reduktion von Hantzsch's isomeren Diazosulfonaten.* Zur Entscheidung zwischen Stereo- u. Strukturisomerie bei den Diazosulfonaten haben Vff. die polarograph. Halbwellenpotentiale $U_{1/2}$ gemessen. Anscheinend hängen die $U_{1/2}$ nicht nur vom p_H-Wert, sondern auch von der Konz. ab. Die Antidiazosulfonate werden bei negativeren Potentialen red. als die entsprechenden syn-Verbb., beispielsweise zeigt das Isomerenpaar von *2-Chlorbenzoldiazosulfonat* eine Potentialdifferenz von 0,28 V, was einer Energiedifferenz von 12,9 kcal/Mol. entspricht. Die wss. Lsg. der stabilen Form wird durch Sonnen- oder UV-Licht teilweise zur syn-Form umgelagert, daher entsteht in der Kurve eine 2. Stufe. Das Höhenverhältnis beider Stufen wird konstant, d. h. es stellt sich ein Gleichgewicht ein. Gleichzeitig tritt eine photochem. verursachte Zers. ein, die durch Abnahme der Gesamthöhe der Stufen bewiesen wird. Sie ist direkt proportional der Belichtungsdauer. Beim Stehenlassen im Dunkeln tritt eine teilweise Umlagerung zugunsten der stabilen anti-Form ein. Diese Ergebnisse sprechen für das Vorliegen von Stereoisomeren, es ist jedoch noch nicht gelungen, das labilere Isomere rein zu isolieren. (Chem. and Ind. **1951.** 148—49. 24/2. Sydney, Univ., Dep. of Chem.) PAULIG. D 142

Joseph F. Masi, *Thermodynamische Eigenschaften des gasförmigen Difluordichlormethans (Freon-12).* Mit einem Strömungscalorimeter (vgl. Masi u. Petkof, J. Res. nat. Bur. Standards **48.** [1942.] 179) wurden die Wärmekapazitäten C_p von gasförmigem CF_2Cl_2 bei −30, 45 u. 90° u. Drucken zwischen 0,33 u. 1,50 at gemessen. Die auf den Druck Null extrapolierten Werte C_p^0 u. die Druckabhängigkeit $\Delta C_p/\Delta P$ wurden berechnet u. mit den von anderen Vff. gefundenen Werten verglichen. Die für den idealen Gaszustand im Temperaturbereich von 200—1500° K berechneten Werte der Wärmekapazität, des Wärmeinhaltes, der Entropie u. der freien Energie sind in einer Tabelle wiedergegeben. Eine neue Zustandsgleichung, die den gefundenen $\Delta C_p/\Delta P$-Werten gerecht wird, wurde entwickelt. Für die Gleichung $PV = RT + BP + CP^2$ ergaben sich die besten Virialkoeffizienten zu $B = 216 + 0{,}391 T - 152 e^{445/T}$ ccm·Mol⁻¹ u. $C = 14{,}6 - 9{,}603/T$ cm³·Mol⁻¹·at⁻¹. (J. Amer. chem. Soc. **74.** 4738—41. 5/10. 1952. Washington, D. C., Nat. Bur. of Standards, Thermodynamics Sect.) Forche. D 146

W. H. Keesom, A. Bijl und **L. A. J. Monté**, *Die W–log p-Diagramme von Methan und Äthylen.* Unter Benutzung der thermodynam. Daten der Literatur sowie mit Hilfe des Gesetzes der korrespondierenden Zustände werden die Enthalpie–log p-Diagramme gezeichnet. Die Rechenmethoden werden angegeben. (Appl. sci. Res. A **3.** 261—71. 1952. Leiden, Kamerlingh Onnes Labor.) W. Kaufmann. D 149

W. A. Pennington, *Temperatureinfluß auf die Azeotropie von 1.1-Difluoräthan und Dichlordifluormethan.* Vf. untersuchte die Änderung der Zus. des azeotrop. Gemisches aus *1.1-Difluoräthan* (*Genetron 100*) (**I**) u. *Dichlordifluormethan* (*Freon 12*) mit der Temperatur. Das Azeotrop enthält bei −30,5° 22,45 Gew.-% (34,64 Mol-%), bei 0,0° 26,20 Gew.-% (39,40 Mol-%), bei 24,90° 28,78 Gew.-% (42,53 Mol-%) u. bei 40,08° 30,69 Gew.-% (44,78 Mol-%) **I**. Die Abhängigkeit der **I**-Mol-% x von der absol. Temp. T wird am besten durch die Gleichung $T = 112{,}35 + 1{,}21566 x + 0{,}073340 x^2$ wiedergegeben. Demnach besteht kontinuierliche Azeotropie im gesamten fl. Bereich. Bei −75° würde das azeotrop. Gemisch 16,7 Gew.-% (26,9 Mol-%) **I** enthalten. — Ähnliche T-Gleichungen lassen sich auch für andere Systeme aufstellen. So werden die Verhältnisse bei dem Syst. *A.–Äthylacetat* durch die Parabel $T = 184{,}41 + 4{,}6243 x - 0{,}02456 x^2$ am besten wiedergegeben. Für das Syst. A.–W. gilt $T = 313{,}99 - 3{,}9786 x + 0{,}074916 x^2$ u. für das Syst. *Methanol–Bzl.* $T = 141{,}60 + 10{,}08 x - 0{,}038406 x^2$. (Ind. Engng. Chem. **44.** 2397—2401. Okt. 1952. Syracuse, N. Y., Carrier Corp.) Forche. D 150

M. Szwarc und **D. Williams**, *Die Bildungswärme des Phenylradikals und Dissoziationsenergien damit in Beziehung stehender Bindungen.* Die therm. Zers. des *Brombenzols* (**I**) verläuft unimol. nach $C_6H_5Br \rightarrow C_6H_5- + Br$. Die Unters. erfolgte mit Toluol als Trägergas u. Best. des entstehenden HBr bei 757—870°. Die Aktivierungsenergie E_a ergab sich zu 70,9 kcal/Mol, die Aktionskonstante zu $2 \cdot 10^{13}$ sec⁻¹. E_a wurde der Dissoziationsenergie $D(C_6H_5-Br)$ gleichgesetzt. Aus der bekannten Bildungswärme $\Delta H_f \cdot (C_6H_5-Br)_{Gas} = 25{,}4$ kcal/Mol wurde unter Anwendung von $D(C_6H_5-Br) = \Delta H_f \cdot (C_6H_5-) + \Delta H_f(Br) - \Delta H_f(C_6H_5-Br)$ für $\Delta H_f(C_6H_5-) = 69{,}6$ kcal erhalten, woraus nachst. Dissoziationsenergien bestimmt wurden: $D(C_6H_5-H) = 101{,}8$ kcal/Mol; $D(C_6H_5-Cl) = 85{,}6$ kcal/Mol; $D(C_6H_5-J) = \sim 57$ kcal/Mol; $D(C_6H_5-OH) = \sim 105$ kcal/Mol; $D(C_6H_5-CH_3) = 88{,}6$ kcal/Mol; $D(C_6H_5-CH_2 \cdot C_6H_5) = 69{,}4$ kcal/Mol; $D(C_6H_5-CO \cdot C_6H_5) = 74{,}6$ kcal/Mol; $D(C_6H_5-CO-) = 27$ kcal/Mol. (J. chem. Physics **20.** 1171—72. Juli 1952. Manchester, England, Univ., Chem. Dep.) Plust. D 155

Jan van Calker und **Richard Arnold**, *Untersuchungen über das Wärmeleitvermögen von Elektreten.* Von 3 verschied. *Triglyceriden* höherer Fettsäuren u. von *Bienenwachs* wurde nach deren Formieren im elektr. Felde der Stärke E = 0—20 kV/cm das Wärmeleitvermögen λ gemessen. Die hierbei gefundene Abhängigkeit von λ von E ist auf die Ggw. von W. zurückzuführen. Werden die Substanzen im geschmolzenen Zustand 2 Tage mit Silicagel getrocknet, so verschwindet der Effekt. Bei Ggw. von W. wurden für die Formierung mit Gleich- u. Wechselspannung verschied. λ-Werte gefunden. Theoret. Betrachtungen an Hand einer einfachen Modellvorstellung zeigen, daß letzterer Befund auf die Deformation der im Wachs unter der Einw. des elektr. Feldes „eingefrorenen" Wassertröpfchen zurückzuführen ist. (Z. Physik **132.** 318—29. 1952. Münster/Westf., Univ., Physikal. Inst.) Fuchs. D 158

Yasaku Wada, Toshi Shimpo und **Minoru Oda**, *Dispersion von Ultraschallwellen in Fettsäuren.* Mit einem Ultraschallinterferometer wurde die Änderung der Schallgeschwindigkeit mit der Frequenz (in MHz) bei Tempp. von 65—100° für *Palmitinsäure* (**I**; F. 55 bis 57°) u. *Stearinsäure* (**II**; F. 64,5—66°) gemessen. Die Schalldispersionsmaxima liegen bei 1,9 MHz für **I** bei 65—70° u. 1,1 MHz für **II** (nahe 75°). Die Dimeren im fl. Zustand sind gerade oberhalb des F. vorhanden. Bei einer bestimmten Frequenz wird das Gleichgewicht Monomer–Dimer durch Resonanz des Dimeren zum Monomeren verschoben. Bei höherer Temp. verschwindet die akust. Dispersion (weil das Dimere verschwindet).

Je niedriger die Fettsäure, desto höher die Resonanzfrequenz. (Science [Japan] **20.** 187. 21/11. 1949/April 1950. Tokyo, Univ. [Orig.: japan.]) SCHULER. D 159

M. K Phibbs, *Die Viscosität von Neopentan.* Die Viscosität η von *Neopentan* wurde im Temperaturbereich von —15 bis +30° gemessen. Die erhaltenen Ergebnisse werden mit den Werten für andere Pentane verglichen. Zwischen — 15 u. 150° ergibt die Darst. η gegen 10^3/T (°K) eine Gerade. Bei hohen Tempp. steigt η mit dem Kp. der entsprechenden Substanz, während bei niedrigen Tempp. dieser Zusammenhang zwischen η u. Kp. verschwindet, während d log η/d (1/T) in der Reihe Pentan—Isopentan—Neopentan ansteigt. In der gleichen Reihenfolge erfolgt eine Annäherung an eine sphär. Molekülform. Aus der Tatsache, daß d v/d T (v = Molvol.) in dieser Reihe in gleicher Weise wie d log η/d (1/T) steigt, schließt Vf. auf eine Abhängigkeit η von V_f, dem freien Volumen. Der absol. Wert der Viscosität ist also bei höheren Tempp. prim. durch intermol. Anziehungskräfte bestimmt, während die Differenzen zwischen den d log η/d (1/T)-Werten für Isomere einem freien Volumfaktor, der seinerseits von der Molekülgröße abhängig ist, zuzuschreiben sind. Eine Deutung von Viscositätskurven bin. Flüssigkeitsgemische, deren eine Komponente aus sphär. Moll. besteht, muß daher ebenfalls diesen Molekülgrößefaktor berücksichtigen. (J. chem. Physics **19.** 1420—21. Nov. 1951. Ottawa, Nat. Res. Council, Div. of Chem.) WOELK. D 172

A. Magnus und **F. Becker,** *Bindungsverhältnisse in höheren aromatischen Kohlenwasserstoffen auf Grund neuer Präzisionsmessungen ihrer Verbrennungswärmen.* Vorveröffentlichung nach einem Vortrag. In einem Präzisionscalorimeter besonderer Bauart (Metallblock-Calorimeter) wurden die Verbrennungswärmen einer Reihe typ. Aromaten bestimmt u. die Ergebnisse mit theoret. abgeleiteten Änderungen der Resonanzenergie mit dem Mol.-Bau (Einfl. nicht ebenen Baus, Hydrierung, Anellierung) verglichen. Es konnte eine mindestens qualitative Übereinstimmung zwischen den Forderungen der quantenmechan. Theorie u. den Ergebnissen der calorimetr. Messungen nachgewiesen werden. (Erdöl u. Kohle **4.** 115—18. März 1951. Frankfurt/M., Univ., Inst. für physikal. Chem.) FREE. D 182

A. L. Patterson und **Joan R. Clark,** *Kristallstrukturen von zwei parasubstituierten Phenylpropionsäuren.* Es wurden röntgenograph. die beiden monoklinen, isomorphen Säuren *β-[p-Chlorphenyl]-propionsäure* (**I**) u. *β-[p-Bromphenyl]-propionsäure* (**II**) untersucht. Die gefundenen Zelldimensionen sind für **I** a = 30,01 Å; b = 5,078 Å; c = 5,744 Å; β = 98° 30′ u. für **II** a = 30,15 Å; b = 5,143 Å; c = 5,827 Å; β = 98° 40′. Raumgruppe für **I** u. **II** C_{2h}^5 — P 2_1/a; z = 4. Eine vorläufige Analyse der Struktur von **I** ergab, daß das Cl-Atom, der Benzolring u. die α- u. β-C-Atome der aliphat. Säure sehr angenähert in einer Ebene liegen, nicht weit von der kristallograph. ($4\bar{1}1$)-Ebene entfernt. Die Carboxylgruppe ist um einige Grade aus dieser Ebene herausgedreht u. durch H-Bindungen an die Carboxylgruppe eines zweiten Mol. gebunden. Die Bindungslänge der α—β-Bindung liegt nahe dem Wert für Einfachbindung, während die zwei anderen C—C-Bindungen in der Kette etwas verkürzt zu sein scheinen. (Nature [London] **169.** 1008. 14/6. 1952. Philadelphia, Pa., Lankenan Hosp. Res. Inst., u. Inst. for Cancer Res.) GOTTFRIED. D 195

R. Thiers, *Die neuen Harnstoff- und Thioharnstoff-Additionsverbindungen.* Übersicht über die im Schrifttum genannten, aus Harnstoff u. Thioharnstoff einerseits u. gewissen organ. Verbb. andererseits gebildeten krist. Komplexe. Die Voraussetzungen zu ihrer Bldg. sind nicht chem. Art; sie hängen von der geometr. Struktur der organ. Moll. ab. — 21 Literaturangaben. (Ind. chim. belge **17.** 105—08. 1952. Mortsel-Antwerpen, N. V. Gevaert Photo-Producten, Diensten voor Scheikundig Onderzoek.) WESLY. D 223

J. S. McKinley-McKee und **E. A. Moelwyn-Hughes,** *Die Kinetik zweier Ionenaustauschreaktionen von Methylhalogeniden in Äthylenglykollösungen.* Untersucht wird die Rk.: $CH_3Br + J' \underset{k_4}{\overset{k_3}{\rightleftarrows}} CH_3J + Br'$ in Äthylenglykol (I) bei Tempp. zwischen 288,18 u. 318,18° K, bei denen die Rk. zwischen CH_3Br u. **I** noch zu vernachlässigen ist. Der Reaktionsverlauf wurde nach zwei Methoden verfolgt: 1. Jodbest. nach ANDREWS, Gesamthalogenbest. argentometr., 2. potentiometr. Best. von J′ u. Br′ nebeneinander. Die Gleichgewichtskonstanten (K) ergaben sich aus den Endpunkten der Meßreihen. K fällt innerhalb des obigen Temperaturintervalls von 19,02—10,6. Δ G ist —1620 cal, Δ S 17,3 cal/Mol·Grad. — Für die Einzel-Rkk. ergaben sich als ARRHENIUSsche Konstanten A = 4,56·10^{10} Liter/Mol·sec u. E_A = 17927 ± 258 cal/Mol für die Hin-Rk. u. A = 108·10^{10}, E_A = 21417 ± 220 für die Rückreaktion. Die Ergebnisse werden mit denen in anderen Lösungsmitteln (vgl. Trans. Faraday Soc. **45.** [1949.] 167) verglichen. (J. chem. Soc. [London] **1952.** 838—43. März. Cambridge, Univ., Dep. of Phys. Chem.) KLEINWÄCHTER. D 225

D. E. Koshland jr., *Kinetik der Peptidbindungsbildung.* Es wird gezeigt, daß *Acetylphosphat* (I) in wss. Lsg. bei 39° mit einigen Aminen u. Aminosäuren in Abwesenheit von Enzymen mit meßbarer Geschwindigkeit, z. B. nach $CH_3COOPO_3^{2-} + {}^+H_3NCH_2 \cdot COO^- \rightarrow CH_3CONHCH_2COO^- + H^+ + HOPO_3^{2-}$ unter Bldg. der betreffenden N-Acetylverbb. reagiert. I wird bei den Verss. in Form seines Li-Salzes angewandt; die Abnahme der I-Konz. wird während der Verss. durch laufende Probenahme u. Best. des I nach der (etwas modifizierten) Meth. von LIPMANN u. TUTTLE (J. biol. Chemistry **159.** [1945.] 21) durch Umwandlung in Acetylhydroxamsäure u. colorimetr. Best. der letzteren mit $FeCl_3$ verfolgt. Es werden I-Konzz. von 0,002—0,008 mol. u. ein größenordnungsmäßiger Überschuß an der betreffenden Aminoverb. angewandt; die Lsgg. werden durch Puffern auf das gewünschte p_H gebracht u. mit $NaClO_4$ auf eine konstante Ionenstärke von 0,6 eingestellt. Im Falle von Benzylamin u. von Glycin als Reaktionspartner werden die Reaktionsprodd. isoliert u. identifiziert. Die Rkk. sind je von 1. Ordnung in bezug auf I u. die Aminoverbb. u. verlaufen als nucleophiler Angriff des N der Aminoverb. auf das Carbonyl-C-Atom von I. Die Geschwindigkeiten müssen für die langsamere Begleit-Rk. 1. Ordnung $CH_3COOPO_3^{2-} + H_2O \rightarrow CH_3COO^- + HOPO_3^{2-} + H^+$ korr. werden. Es werden folgende Geschwindigkeitskonstanten in 10^{-3} Liter·Mol^{-1}Min.$^{-1}$ (soweit nicht anders angegeben bei p_H 7,3) gefunden: *Glycin* 10,7, p_H 10,0—11,0; *Alanin* 1,3; *Phenylalanin* 0,5; *Prolin* 0,9; *Glycylglycin* 36; *Glycinäthylester* 55; *Anilin* 2,9; *NH_3* 2,1; *Benzylamin* 17; p_H 8,6 34. Die Beziehung der beobachteten Geschwindigkeiten zum Mechanismus der enzymat. Peptidbindungsbldg. in biol. Systemen wird eingehend diskutiert. — Li-Salz von I, durch Zugabe einer Lsg. von 90%ig. H_3PO_4 in n-Butyläther (III) mit wenigen Tropfen konz. H_2SO_4 zu einer Mischung aus etwa gleichen Voll. von Isopropenylacetat (II) u. III unter Kühlung (H_3PO_4 gegenüber II im Unterschuß). Die Mischung wird in der Kälte geschüttelt u. anschließend ½ Std. auf 30—35° erwärmt (bei höheren Tempp. Polymerisation. Die Lsg. wird dann in Eiswasser gegossen, mit Li_2CO_3 neutralisiert u. mit Ae. extrahiert; der Nd. von Li_3PO_4 wird abfiltriert, das Li-Salz von I durch einen großen Überschuß von kaltem A. ausgefällt, nach ½ std. Stehen bei 0° abfiltriert, gewaschen, getrocknet u. aus wss. A. umkristallisiert. (J. Amer. chem. Soc. **73.** 4103—08. Sept. 1951. Cambridge, Mass., Harvard Univ., Converse Mem. Labor.) REITZ. D 225

C. W. Davies und **G. Garrod Thomas**, *Ionenaustauschharze als Katalysatoren bei der Esterverseifung.* Die Verseifung von *Methylacetat* (I), *Äthylacetat* (II), *Butylacetat* (III), *Amylacetat* (IV) u. *Benzylacetat* (V) in wss. Lsg. bei 15 u. 25° unter der katalyt. Wrkg. von Amberlit IR–100 (VI) bzw. Wofatit C (VII) wird untersucht. Für die in H_2O lösl. Ester I u. II werden Reaktionskonstanten 1. Ordnung (k_1) u. für III, IV u. V solche 0. Ordnung (k_0) berechnet. Es zeigt sich, daß die k_1-Werte mit zunehmender Harzmenge abnehmen, während die k_0-Werte von der Katalysatormenge unabhängig sind: eine Verdopplung der Konz. von I läßt k_1 von $7{,}38 \cdot 10^{-6}$ auf $6{,}33 \cdot 10^{-6}$ fallen; k_0 (für III u. IV) ist von der Esterkonz. unabhängig. Mit abnehmender Korngröße der Harze nimmt ihre katalyt. Wirksamkeit zu. Das Verhältnis der katalyt. Wirksamkeit von VI zu der von VII ist nahezu konstant u. beträgt ca. 11. Weiter ergibt sich, daß für I die Wirksamkeit von VI 1,8 mal, für II 2,3 mal, für III 10 mal u. für V 20 mal so groß wie die von HCl ist. — Die Ergebnisse lassen sich deuten unter der Annahme, daß eine Adsorption der Estermoll. an der Harzoberfläche stattfindet, sie stehen jedoch im Widerspruch zu einer Arbeit von HASKELL u. HAMMETT (J. Amer. chem. Soc. **71.** [1949.] 1284), die die Verseifung von I, II, Äthylbutyrat u. Äthylcapronat in 70%ig. Aceton unter der Einw. eines Amberlits IR-120 untersuchten. In diesem Lösungsm. findet jedoch eine negative Adsorption der Ester statt, so daß sich die Widersprüche zwanglos klären lassen. (J. chem. Soc. [London] **1952.** 1607—10. Mai. Aberystwyth, Wales, Edward Davies Chem. Labors.)
GABRIELE GÜNTHER. D 225

Jiro Yasumura, *Über die Hydrolysierung von Benzylchlorid.* Vf. untersuchte die Hydrolyse von *Benzylchlorid* (I) durch die 1,4fache Molmenge 10%ig. Lsgg. von NaOH, Na_2CO_3, CaO u. $CaCO_3$ bei 102° innerhalb von 7 Std. durch Best. der gebildeten Menge *Benzylalkohol* (II) (Ausbeute sank in der gegebenen Folge), die Rk. mit der 1,8fachen Molmenge an 10%ig. NH_3-Lsg. bei 70—80° innerhalb von 1 Std. durch Best. von *Tribenzylamin* sowie die Rk. mit der 1,3fachen Molmenge alkoh. NaOH beim Kp. innerhalb von 30 Min., wobei *Äthylbenzyläther* erhalten wurde. Ferner wurde I mit 0—4facher Molmenge NaOH bei konstantem, 1—8fachem H_2O-Überschuß hydrolysiert, wobei das Ausbeuteoptimum an II bei 1,4facher Menge NaOH lag, nebenher wird Benzyläther aus II u. unverändertem I gebildet. (Wiss. Blatt Ing.-Fak. Univ. Tokushima **3.** 14—17. 30/6. 1951. [Orig.: deutsch.]) GNAUCK. D 225

W. M. Schubert und **K. H. Latourette**, *Die aromatische Eliminierungsreaktion.* 2. Mitt. *Der Mechanismus der säurekatalysierten Deacylierung aromatischer Ketone.* (1. vgl. C. **1950.** II. 2175.) Ähnlich wie die elektrophile aromat. Substitution sollte auch die Deacylierung nach der Gleichung $ArX + Y^+ \rightarrow ArY + X^+$ verlaufen (X = Acylgruppe, $Y^+ = H^+$). Vff. verwendeten zur Unters., ob dieser Mechanismus zutrifft, *Acetomesitylen* (I) (Kp.$_7$ 100—102°, n_D^{20} 1,5155) u. *2.6-Dimethylacetophenon* (II) (Kp.$_{26}$ 117—118°, n_D^{28} 1,5120). Als Deacylierungsmittel diente 72,5—96%ig. H_2SO_4 bzw. Methansulfonsäure (III) (Kp.$_3$ 134,5—135°) in der Konz. von 90,4 u. 99%. Die Rk. wurde verfolgt durch Best. der gebildeten Essigsäure nach CRAIG (Bur. Standards J. Res. **6.** [1931.] 169), sie ist von 1. Ordnung. Bei Zimmertemp. (bei I) bzw. 40° (II) u. H_2SO_4-Konz. über 85% tritt als Neben-Rk. Sulfonierung ein. *2.4-Dimethyl-3-acetylbenzolsulfonsäure* (*S-Benzylthiuroniumsalz*, $C_{18}H_{22}O_4N_2S_2$, F. 151—154°) wurde aus den Reaktionsgemischen isoliert. Berücksichtigt man diese pseudomonomol. Sulfonierung (Geschwindigkeitskonstante k_s), so lassen sich die Konstanten k der Deacylierung ermitteln. Diese wachsen sehr schnell mit steigender H_2SO_4-Konzentration. Bei 40° wurden für II erhalten (bei % H_2SO_4-Konz., $k \cdot 10^5[sec^{-1}]$ u. $k_s \cdot 10^5[sec^{-1}]$): 72,5%, 0,348, —; 75%, 0,926, —; 77,5%, 2,35, —; 80,0%, 5,25, —; 82,5%, 11,32, —; 85,0%, 21,8, —; 87,5%, 36,8, 1,9; 90%, 51,0, 5,0; 93%, 62,0, 11,0; 96%, 68,9, 26,1; für I bei 30° (% H_2SO_4, u. $k \cdot 10^3[sec^{-1}]$): 80,4%, 2,78; 83,5%, 5,16; 84,8%, 6,78; 87,1%, 8,02; bei 40° 80,4%, 6,33. Für die Deacylierung von I bei 20° wird in 90,4% III k mit $5{,}46 \cdot 10^{-5}\ sec^{-1}$, in 99% III mit $46 \cdot 10^{-5}\ sec^{-1}$ angegeben. Der rasche Geschwindigkeitsanstieg in dem nicht sulfonierenden Medium weist darauf hin, daß der Anstieg bei höheren H_2SO_4-Konzz. nicht damit zusammenhängt, daß die Acetylgruppe direkt durch die Sulfonylgruppe ersetzt wird. — Vff. deuten die Ergebnisse durch folgenden Mechanismus: 1. (schnell) $B + H^+ \rightleftharpoons BH^+$; 2. (langsam) $BH^+ \rightarrow ArH + CH_3CO^+$; 3. (schnell) $CH_3CO^+ + H_2O \rightarrow CH_3COOH + H^+$. Bei dieser Annahme müßte k mit der HAMMETTschen Säurefunktion H_0 sowie den Konzz. an Keton (als Base, [B]) u. dessen konjugierter Säure, $[BH^+]$ durch die Gleichung $\log k + H_0 - \log \cdot ([B]/[B] + [BH^+]) = const$ zusammenhängen, wobei noch $\log [B]/[BH^+] = H_0 - pK_a$ durch die Basenstärke des Ketons bestimmt wird. pK_a-Werte von II wurden in verschieden konz. H_2SO_4-Lsg. spektroskop. ermittelt, in 70—75%ig. H_2SO_4 war die Änderung der Absorption durch die fortschreitende Deacylierung genügend langsam, für höhere Konz. mußten die Werte auf Nullzeit extrapoliert werden. Im Mittel wurde ein Wert von —7,8 gemessen. — Einsetzen dieses Wertes in die obige Gleichung ergab gute Konstanz. Diese Übereinstimmung spricht für die Richtigkeit des angegebenen Mechanismus. Bei I ist pK_a nicht bekannt u. wegen der eintretenden Deacylierung auch schlecht zu bestimmen. Vff. nahmen auf Grund eines Vgl. des pK_a-Werts des Acetophenons (—6,03) mit dem von II unter Berücksichtigung von ster. u. elektromeren Effekten ein pK_a von —7,6 an; mit diesem Wert wurde gleichfalls die Gleichung erfüllt. — Der Vgl. der beiden untersuchten Ketone zeigt die aktivierende Wrkg. der p-Methylgruppe. Die Geschwindigkeitskonstante des geschwindigkeitsbestimmenden Schrittes, k_2, ist für I ($398 \cdot 10^{-4}\ sec^{-1}$) 66mal so groß wie für II ($6{,}03 \cdot 10^{-4}\ sec^{-1}$). Die aktivierende Wrkg. der Methylgruppe ist bei der Deacylierung also größer als bei der Nitrierung, aber kleiner als bei der Chlorierung. (J. Amer. chem. Soc. **74.** 1829—34. 5/4. 1952. Seattle, Wash., Univ., Dep. of Chem. and Chem. Engng.) PAULIG. D 225

Milton D. Scheer und **H. Austin Taylor**, *Die durch Azomethan induzierte Oxydation von Propan.* Die Beschleunigung der *Propan* (I)-Oxydation durch photochem. (Tempp. 35—250°, Versuchszeiten bis zu 5 Std.) u. therm. (255—300°) Zerfall von zugesetztem *Azomethan* (II)werden beobachtet, es werden sowohl die Druckanstiege verfolgt als auch die Prodd. analysiert. Unterhalb von 190° ist die Geschwindigkeit nur von der Lichtintensität abhängig; das Verhältnis der umgesetzten Mol.-Zahlen I u. II ist etwas größer als 1, der O_2-Verbrauch ist um 50% größer als der I-Verbrauch. Bei höheren Tempp. nimmt das Verhältnis umgesetzte Mol I/II zu. Die Rk. gleicht hier der therm. I-Oxydation bei höheren Tempp.; kalte Flammen werden beobachtet. Die Induktionszeiten betragen zum Teil Stunden. Die Elementar-Rkk., die sich an die Spaltung des II in N_2 u. 2 Methylradikale anschließen, werden diskutiert. (J. chem. Physics **20.** 653—57. April 1952. New York, N. Y., Univ., Univ. Heights u. Dep. of Chem., Res. Div.) THEILE. D 226

R. D. Otolenzew und **Ju. N. Ussow**, *Umwandlungen von Kohlenwasserstoffen in Gegenwart von Oxydkatalysatoren.* 3. Mitt. *Die Rolle einzelner Reaktionen bei der Aromatisierung von Paraffin- und Olefinkohlenwasserstoffen an Chromkatalysatoren.* (2. vgl. Журнал Общей Химии [J. allg. Chem.] **17.** (**79.**) [1947.] 897.) Nach der früher beschriebenen Methodik wurden Verss. zur Aromatisierung von *n-Heptan* (I) u. *2-Methylhexen-(2)* (II) bei 480° über Chromoxydkatalysatoren durchgeführt. Die Hauptrichtung der Umwandlung dieser KW-stoffe besteht in der Bldg. von Aromaten, Koks u. gasförmigen Verbb., während als Nebenprodd. bei I ungesätt., bei II gesätt. KW-stoffe anfallen. Die Aromatisierungs-Rk. von I besitzt eine Induktionsperiode, während die von II ohne eine solche verläuft u. dem Typus nach einer bimol. Rk. nahesteht. Es werden Gleichungen aufgestellt, die die Abhängigkeit der Aromatenbldg. von der Kontaktdauer zum Ausdruck bringen. Ferner wurde im Bereich 450—510° die Temperaturabhängigkeit der einzelnen Rkk., denen I, *2.2.4-Trimethylheptan*, II u. *Hepten-(1)* unterliegen, untersucht. Die Aktivierungsenergien u. Temperaturkoeffizienten der Reaktionsgeschwindigkeiten werden berechnet. (Журнал Общей Химии [J. allg. Chem.] **21.** (**83.**) 1438—52. Aug. 1951. Saratow, Tschernyschewski-Univ., Lehrstuhl für chem. Bearbeitung von Erdöl u. Gas.) v. PEZOLD. D 227

D_2. Präparative organische Chemie. Naturstoffe.

Raymond Paul und **Nicole Joseph**, *Reduktion von Estern zu Alkoholen mit Hilfe der Alkaliborhydride.* An Stelle des von NYSTROM u. Mitarbeiter (C. **1950.** II. 1221) zur Red. von Estern zu Alkoholen verwendeten, schwer zugänglichen u. leicht zersetzlichen $LiBH_4$ kann ein Gemisch von KBH_4 mit LiCl verwendet werden. Ersatz von KBH_4 durch $NaBH_4$ führt zu einer beträchtlichen Verminderung der Ausbeuten, ebenso Ersatz von LiCl durch LiBr oder Li_2SO_4, mit $LiNO_3$ oder LiJ ist die Rk. verlangsamt, mit LiOH, Li_2CO_3 oder LiF tritt überhaupt keine Rk. ein. Als Lösungsmittel eignen sich Dioxan u. bes. Tetrahydrofuran; in A. sind die Ausbeuten schlecht, in Ae. oder Dibutyläther tritt keine Red. ein. Ebenso wie mit $LiAlH_4$ gelingt die selektive Hydrierung von Zimtsäureäthylester ausschließlich zu Zimtalkohol nicht, wohl aber die Red. von p-Nitrobenzoesäureäthylester zu *p-Nitrobenzylalkohol.*

Versuche: *Benzylalkohol*, $Kp._{13}$ 95—96°, durch Versetzen von Benzoesäureäthylester u. KBH_4 in Tetrahydrofuran mit gepulvertem LiCl unter mechan. Rühren, 4—5 std. Erwärmen auf dem Wasserbad, Zers. mit W. u. Ae.-Extraktion; 88% (Ausbeute). — *p-Nitrobenzylalkohol*, F. 93,4—93,6°, analog (7 Std. Rühren); 86%. — *Phenyläthanol*, $Kp._{20}$ 115—116°, aus Phenylessigsäureäthylester; 85%. — *3-Phenylpropanol-(1)*, $Kp._{19}$ 136 bis 137°, u. *Zimtalkohol*, aus Zimtsäureäthylester; 69 bzw. 10%. — *Undecen-(10)-ol-(1)*, $Kp._{14}$ 133—134°, aus Undecylensäureäthylester; 82%. — *Octadecanol-(1)*, $Kp._{0,8}$ 156 bis 158°, u. *Butanol-(1)*, Kp. 115°, aus Stearinsäurebutylester; 91 bzw. 86%. — *3-Tetrahydrofurylpropanol-(1)*, $Kp._{11}$ 114°, aus Tetrahydrofurylpropionsäureäthylester; 75%. (Bull. Soc. chim. France, Mém. [5] **19.** 550—51. Mai/Juni 1952. Paris, Soc. des Usines Chim. Rhône-Poulenc, Labors. de Rech.) SPAETH. 450

Je. N. Gurjanowa, Ja. K. Ssyrkin und **L. Ss. Kusina**, *Untersuchung der gegenseitigen Umwandlung von Diäthyldisulfid und Diäthyltrisulfid mittels eines radioaktiven Schwefelisotopen.* Aus Diäthyldisulfid (I) u. radioakt. S wurde in Ggw. von Dibutylamin radioakt. *Diäthyltrisulfid* (II) synthetisiert. Um die Frage zu entscheiden, ob S — bei Zugrundelegung der gesicherten kettenförmigen Struktur von II — unter Spaltung der S—S-Bindung oder der C—S-Bindung in I eingebaut wird, wurde S aus II durch Einw. von wss. NaOH wieder abgespalten. Von den gebildeten Reaktionsprodd. war I kaum radioakt., während sich die Radioaktivität fast quantitativ in dem abgespaltenen S wiederfand. Demnach verläßt gerade das in I eingeführte S-Atom bei der Abspaltung von S den Molekülverband wieder. Es tritt bei der Bldg. von II zwischen 2 S-Atome, u. die C—S-Bindung wird nicht gelöst. Dies folgt daraus, daß nur in diesem Fall ein nicht radioakt. I erhalten wird, während alle anderen, ausführlich diskutierten Möglichkeiten zu akt. I führen würden.

Versuche: *Diäthyldisulfid* (I), $(C_2H_5)_2S_2$, $Kp._{10}$ 47,5—48°; n_D^{20} 1,50687, $n_{Cd(rot)}^{20}$ 1,50544, $n_{Hg(grün)}^{20}$ 1,51195, $n_{Cd(grün)}^{20}$ 1,51579, $n_{Cd(hellblau)}^{20}$ 1,51915, $n_{Cd(blau)}^{20}$ 1,52083. — *Diäthyltrisulfid* (II), $(C_2H_5)_2S_3$, $Kp._9$ 83—85°; n_D^{20} 1,56480, $n_{Cd(blau)}^{20}$ 1,58160, $n_{Cd(grün)}^{20}$ 1,57441, $n_{Cd(rot)}^{20}$ 1,56057. Durch Einw. wss. NaOH wurde hieraus I, $Kp._{3,5}$ 33 bis 34°; n_D^{20} 1,50677, erhalten. — Radioakt. S wurde aus mit radioakt. S markiertem Na_2SO_4 hergestellt. Zur Best. der Radioaktivität wurden die Präpp. nach CARIUS mit HNO_3 oder im Falle der anorgan. S-Verbb. bei der Rk. von II mit NaOH die wss. Lsg. mit H_2O_2 oxydiert u. SO_4-Ion als Benzidinsulfat gefällt. Nach dem Filtrieren wurde die Aktivität von Niederschlagsschichten gleicher Dicke bestimmt. (Доклады Академии Наук СССР [Ber. Akad. Wiss. UdSSR] [N. S.] **85.** 1021—24. 11/8. 1952.) WÖRFFEL. 600

Marc Julia, *Anwendung der Allylumlagerung zur Darstellung von Carbonylverbindungen.* Grundlage der Verss. des Vf. ist die Synth. ungesätt. Aldehyde nach JONES u. WEEDON (C. 1943. I. 1387). Diese stellten z. B. aus RCH≡CH u. CH_3COCH=CHCl Alkohole RCH≡CHC(OH)(CH_3)CH≡CHCl dar u. erhielten daraus durch Allylumlagerung über RC≡C—C(CH_3)=CHCHCl(OH) nach Abspaltung von HCl die ungesätt. Aldehyde RC≡CC(CH_3)=CHCHO, aus Dimethylchlorvinylcarbinol analog den β-Methylcrotonaldehyd. Vf. studierte Carbinole vom Typ RC(CH_3)(OH)CH=CClR'. Versteht man unter R die Gruppe R_1C≡C—, so lassen sich die Carbinole durch Kondensation des betreffenden Acetylennatriums in fl. NH_3 mit Chlorbutenon oder Chlorpentenon in 50% oder über die GRIGNARDS-Verbb. in 70—80% Ausbeute erhalten. Die Ketone wurden durch FRIEDEL-CRAFTS-Rk. von Acetylchlorid u. Acetylen oder Vinylchlorid bzw. 2-Chlorpropen oder Propin erhalten. Die Allylumlagerungen gehen in 3–10%ig. Schwefelsäure in 10–48 Std. meist bei Zimmertemp. vor sich, Ausbeuten bis 80%. Erhalten wurden die folgenden Prodd., für die (wie auch deren Semicarbazone u. 2.4-Dinitrophenylhydrazone) die Extinktionen u. UV-Maxima angegeben werden. $HC{\equiv}CC\cdot(CH_3){=}CHCHO$ (I); $CH_2{=}CHC{\equiv}CC(CH_3){=}CHCHO$; $n\text{-}C_4H_9C{\equiv}CC(CH_3){=}CHCHO$; $HC{\equiv}CC(CH_3){=}CHCOCH_3$; $n\text{-}C_5H_{11}C{=}CC(CH_3){=}CHCOCH_3$; $HC{\equiv}CCH{=}CHCOCH_3$; $CH_2{=}CHC(CH_3){=}CHCHO$ – aus I über das Acetal u. partielle Hydrierung oder aus Vinylmethylketon u. Äthoxyacetylen u. partielle Hydrierung –; $CH_2{=}CHC(CH_3){=}CHCOCH_3$; $CH_3CH{=}C(CH_3)CH{=}CHCHO$. Carbinole, wie $C_6H_5C(OH)(CH_3)CH{=}CHCl$ (aus Methylchlorvinylketon u. C_6H_5MgBr oder aus CH_3MgBr u. Phenylchlorvinylketon, das aus Acetophenon, Formaldehyd u. Thionylchlorid erhältlich ist), lagern sich mit verd. Mineralsäuren in $C_6H_5C(CH_3){=}CHCHO$ mit 50% Ausbeute um. Liegt statt der Phenyl- eine Methylgruppe vor, so erhält man in 70%ig. Ausbeute *β-Methylcrotonaldehyd.* Die Allylumlagerung bei β.β-Dichlorvinylcarbinolen, wie $RC(CH_3)(OH)CH{=}CCl_2$, die aus Säurechlorid u. Vinylidenchlorid u. GRIGNARD-Rk. zugänglich sind, sollte über Verbb., wie $RC(CH_3){=}CHC(OH)Cl_2$, zu α.β-ungesätt. Säuren, $RC(CH_3){=}CHCOOH$, führen, doch sind infolge der Wrkg. der Cl-Atome die Carbinole zu stabil. β-Alkylcrotonaldehyde sind auch durch Allylumlagerung unter Wanderung einer OH-Gruppe in Äthoxyäthylenverbb. auf folgendem Weg erhältlich: $RCOCH_3 + HC{\equiv}COC_2H_5 \rightarrow RC(OH)(CH_3)C{\equiv}COC_2H_5$ red. zu $RC(OH)(CH_3)CH{=}CHOC_2H_5 \rightarrow RC(CH_3){=}CHCHO$ (ARCUS u. VAN DORP, Recueil Trav. chim. Pays-Bas **67**. [1948.] 973; HEILBRON, JONES, JULIA u. WEEDON, J. chem. Soc. [London] **1949**. 1823; C. **1950**. I. 2105). Das 2.4-Dinitrophenylhydrazinsulfat, welches zur Isolierung der Endprodd. zugegeben wurde, bewies sich des öfteren als gutes Mittel, die Umlagerung der Carbinole zu erreichen. – Einzelheiten der Darst. werden in dieser Übersicht nicht gegeben. (Bull. Soc. chim. France, Mém. [5] **18**. C13–C17. März/April 1951. Montpellier, Internat. Colloquium.) DU MONT. 650

Jésus Anatol und **Jean Coursaget**, *Darstellung von radioaktivem Natriumacetat* ($CH_3{}^{14}COONa$). Vff. beschreiben eine App. zur Darst. von $CH_3{}^{14}COONa$ aus CH_3MgJ u. $^{14}CO_2$ (aus $Ba^{14}CO_3$ mit $HClO_4$) u. Neutralisation mit NaOH; 92% (Ausbeute). – Es wird ferner die Darst. der für biol. Unterss. mit radioakt. Acetat benötigten *α-Amino-γ-phenylbuttersäure*, die als *Acetylderiv.* (F. 148°) ausgeschieden wird, aus β-Phenylpropionaldehyd über *5-Phenäthylhydantoin* (F. 165°; 65%) u. dessen alkal. Hydrolyse beschrieben; 93–95%. (C. R. hebd. Séances Acad. Sci. **233**. 488–90. 6/8. 1951.) KEMPF. 810

Bertil Sjöberg, *Über die Herstellung von Thioessigsäure.* Es wird ein Verf. zur Herst. von *Thioessigsäure* (I; CH_3COSH) im Labor. mitgeteilt, das auch techn. in einer kleineren Anlage durchgeführt wurde. Es beruht auf der Addition von H_2S an Acetanhydrid (II) in Ggw. eines bas. wirkenden Katalysators (Pyridin, 10–12 cm^3 auf 1400 g II – weniger wirksam ist Na-Acetat). Zunächst entsteht, wie aus der jodometr. Verfolgung der Rk. hervorgeht, *Diacetylsulfid* (III) [durch Einw. von $(CH_3CO)_2O$ auf zuerst gebildete I], bis ca. 50% der berechneten H_2S-Menge eingeleitet sind; dann reagiert III mit H_2S zu I. Die beste Ausbeute an I mit 80–85% wird bei 0 oder 20° erreicht, bei 50° sind die Ausbeuten schlechter; bei 20° erübrigt sich Kühlung oder Erwärmen. Zur Reindarst. von I wird die Reaktionslsg. zuerst im Vakuum dest. (bei n. Druck wird unreine I teilweise zerstört), dann wird I unter gewöhnlichem Druck mehrmals u. schließlich in CO_2-Atmosphäre destilliert. – *Thioessigsäure* (I), $Kp._{1022\,\text{millibar}}$ 87,1° (korr.), $D.^{20}_4$ 1,0681, n_D^{20} 1,4648. (Svensk kem. Tidskr. **63**. 90–94. 1951. Skoghall, Skoghallsverken, Uddehohns A/B, Forschungslabor.) v. DECHEND. 810

René Rambaud und **Roger Vessière**, *Über die 4-Chlorbuten-(3)-säure und einige ihrer Derivate. 3-Chlorpropen-(2)-ol* (I), $Kp._{17}$ 59°, durch 4std. Kochen von 1.3-Dichlorpropen mit K_2CO_3 in W.; n_D^{25} 1,4655, $D.^{15}_4$ 1,154; 42% (Ausbeute). – *Bis-[3-chlorpropen-(2)-yl]-äther*, $C_6H_8OCl_2$, $Kp._{20}$ 87°, als 1. Fraktion bei der Darst. von I; n_D^{24} 1,484, $D.^{24}_4$ 1,108; 22%. – *4-Chlorbuten-(3)-nitril*, C_4H_4NCl, $Kp._{24}$ 78–79°, aus I u. CuCN in konz. HCl bei 110° in 2 Std.; hellgelbe Fl., $n_D^{20,5}$ 1,465, $D.^{20,5}_4$ 1,135; 32%. – *4-Chlorbuten-(3)-säure*, $C_4H_5O_2Cl$, F. 41,5–42,5° (PAe.), durch Hydrolyse vorst. Verb. mit konz. HCl bei 110° in ½ Std.; $Kp._{14}$ 111–112°; 52%. *Äthylester*, $C_6H_9O_2Cl$, $Kp._{15}$ 73–74°, n_D^{28} 1,449, $D.^{28}_4$ 1,100; 51%. – Einw. von KCN auf Dichlorpropen führte nicht zum Nitril. (C. R. hebd. Séances Acad. Sci. **233**. 486–88. 6/8. 1951.) KEMPF. 810

S. Kasman und **George F. Wright**, *2.2.6-Trimethylpimelinsäure.* Es wird die Darst. von *2.2.6-Trimethylpimelinsäure* (I) nach COLONGE u. DUMONT (C. **1947**. 984) erneut untersucht, da die von diesen Autoren erhaltene Säure in ihren Eigg. nicht mit der von BELL, STRICKLAND u. WRIGHT (C. **1952**. 7967) erhaltenen Säure übereinstimmte. 2.2-Dimethylbuten-(3)-säurechlorid (II) gibt mit 2-Methylpropen (III) u. $SnCl_4$ 2 Prodd., von denen das eine von COLONGE u. DUMONT als *3.3.6-Trimethylheptadien-(1.5)-on-(4)* (**IV**; *Artemisiaketon*), das andere als *2.2.6-Trimethylcyclohepten-(3)-on-(1)* angesprochen wurde. Vff. erhalten als Hauptprod. ein in seinen Eigg. mit letzterem übereinstimmendes cycl. Keton, das aber bei der $KMnO_4$-Oxydation nicht Dimethylmalonsäure, sondern *3.3-Dimethylglutarsäure* u. bei der Ozonisierung *HCHO* lieferte, so daß die Struktur *2.5.5-Trimethyl-3-methylencyclohexanon* (**V**) wahrscheinlicher erscheint; Red. von **V** liefert *2.3.5.5-Tetramethylcyclohexanon*, das durch Oxydation *2.2.4.5-Tetramethyladipinsäure* (**VI**) geben muß. Vff. nehmen daher an, daß die von COLONGE u. DUMONT als **I** angesprochene Säure tatsächlich **VI** ist, aus der durch Pyrolyse mit $Ba(OH)_2$ kein *2.2.6-Trimethylcyclohexanon* (**VII**) entstehen kann, sondern wahrscheinlich *2.2.4.5-Tetramethylcyclopentanon*, doch wurde dessen Identität nicht bewiesen. Die Identität von **IV** wurde nicht weiter untersucht, möglicherweise handelt es sich statt dessen um das Prod. einer 1.2-Umlagerung, $H_2C{=}C(CH_3){-}CH(CH_3){-}CO{-}CH_2{-}C(CH_3){=}CH_2$.

Versuche (FF. korr.): *2.5.5-Trimethyl-3-methylencyclohexanon* (**V**), $Kp._{755}$ 204 bis 205°, durch 16std. Stehen von **II** u. **III** mit $SnCl_4$ bei −20 bis −10° u. 1std. Erwärmen auf 80° im verschlossenen Gefäß; n_D^{20} 1,4782, $D.^{20}_4$ 0,905; 21% (Ausbeute). *Semicarbazon*, F. 210—220°. Ozonolyse von **V** in CCl_4 lieferte *Formaldehyd* (9%; *Dimedonderiv.*, F. 186 bis 188°). — *3.3-Dimethylglutarsäure*, $C_7H_{12}O_4$, F. 98—100° (W.), durch Schütteln von **V** u. $KMnO_4$ in W., Erwärmen auf dem Dampfbad während eines Tages u. Ansäuern mit HCl; 20%; die Ergebnisse der röntgenograph. Unters. der Kristalle werden angegeben. — *2.3.5.5-Tetramethylcyclohexanon*, $Kp._{755}$ 190—193°, durch Hydrierung von **V** in absol. A. in Ggw. von RANEY-Ni bei 26° unter n. Druck; n_D^{20} 1,4411; 90,5%. *Semicarbazon*, F. 143 bis 145°. — *2.2.4.5-Tetramethyladipinsäure* (**VI**), $C_{10}H_{18}O_4$, F. 121° (W., Sublimation bei 92°/0,04 mm), durch Oxydation vorst. Verb. mit 53%ig. HNO_3; 27%. *Anhydrid*, $C_{10}H_{16}O_3$, F. 90° (A.-W., Sublimation), durch Erwärmen von **VI** mit $Ba(OH)_2$ auf 250° als Destillat. **VI** u. ihr Anhydrid wurden röntgenograph. untersucht. — Aus den Pyrolyseprodd. von **VI**-Ba-Salz bei 500° wurden ein *Semicarbazon*, F. 177—179° (A.-W.), u. ein *Dinitrophenylhydrazon*, F. 156—165°, isoliert, die röntgenograph. nicht mit den entsprechenden Derivv. von **VII** übereinstimmten. (J. org. Chemistry **17**. 505—09. März 1952. Toronto, Can., Univ., Dep. of Chem.) SPAETH. 820

Charles D. Hurd und **John R. Ferraro**, *Die Bromierung der Lävulinsäure.* Es wurde beobachtet, daß die nach WOLFF [1887] dargestellte *3-Bromlävulinsäure* (**I**) durch Vakuumdest. von der Dibromverb. getrennt werden konnte. Durch Bromierung von Lävulinsäure (**III**) nach HELL-VOLHARD-ZELINSKY in Ggw. von P wurde als Hauptprod. *3.5-Dibromlävulinsäure* (**II**) neben wenig **I** erhalten. Durch Haloform-Rk. mit Hypochlorit wurde **II** in *Bromdichlormethan* übergeführt. **II** konnte auch durch Bromierung von **I** dargestellt werden. Die Na-Salze von **I** u. **II** konnten aus den äther. Lsgg. der Säuren nicht mit Na-Äthylat ausgefällt werden. Bei einem großen Überschuß von Ae. u. Dioxan wurden entweder saure Salze oder ein Gemisch von Salz u. Säure erhalten.

Versuche: *3-Bromlävulinsäure* (**I**), F. 55—56° (CS_2), durch Zutropfen von Br_2 zu **III** in konz. HCl bei 0—5°, 2std. Rühren, Gießen in Eiswasser, Abtrennen des Nd. (F. 113—114° [CS_2-Bzl.; 1:1]), Ausziehen des Filtrats mit Ae. u. Dest. bei 125—130°/0,6 mm. Aus dem Destillationsrückstand wurde **II**, F. 110,5—111,5° (CS_2-Bzl.) isoliert. — Die Trennung eines Gemisches von 63% **I** u. 37% **II** erfolgte durch Dest. bei 87°/0,1 mm, wobei **I**, $C_5H_7O_3Br$, isoliert wurde. Extraktion des nichtflüchtigen Anteils mit Ae. lieferte **II**, $C_5H_6O_3Br_2$. — Durch Zutropfen von 80 g Br_2 zu 29 g **III** u. etwas rotem P, 4,5std. Rühren bei 15°, Gießen in Eiswasser wurde ein Nd. erhalten, der als **II** identifiziert wurde. Eine weitere Menge wurde durch Extraktion des Filtrates mit Ae. erhalten. Eine geringe Menge von **I** wurde aus den öligen Filtraten isoliert. — Durch Rk. von 58 g **III** mit 80 g Br_2 in Ggw. von P u. Aufarbeitung wie vorst. wurde ein braunes Öl erhalten, aus dem sich **II** abschied. Vakuumdest. des Filtrates bei 75—100°/0,08 mm lieferte ein Destillat, das zu $^1/_3$ aus **I** bestand. — *Bromdichlormethan*, Kp. 91,5°, durch Zutropfen von Chlorox-Lsg. (5% NaOCl) zu **II** u. Wasserdampfdest., n_D^{15} 1,5007, $D.^{15}_4$ 1,93; 80%. — Durch Behandlung von **II** in Ae. mit Na-Äthylat-Lsg. wurde bei 0—3° ein Nd. mit wechselndem Na-Geh. erhalten, der wasserlösl. war, mit $AgNO_3$ einen AgBr-Nd. lieferte, aus dessen Filtrat **II** extrahiert werden konnte. — Durch Rk. von **I** mit Na-Äthylat in Ae. bei 0° u. Zugabe von Dioxan wurde ein cremefarbener Nd. erhalten. (J. org. Chemistry **16**. 1639—42. Okt. 1951. Evanston, Ill., Northwestern Univ., Chem. Labor.)
HORST BAGANZ. 870

Raymond Delaby, Pierre Chabrier und **Henry Najer**, *Über Polymethylen-bis-[carbaminsäure-β-oxyäthylester] und ihre Derivate.* Bei 48std. Rk. von 1 Mol Polymethylendiamin mit 2 Mol Glykolcarbonat ohne Lösungsm. bei n. Temp. entstehen in guter Ausbeute *Polymethylen-bis-[carbaminsäure-β-oxyäthylester]* (**I**). Die beiden OH-Gruppen lassen sich verestern u. durch Cl zu *Polymethylen-bis-[carbaminsäure-β-chloräthylestern]* (II) austauschen. Hieraus entstehen durch Einw. von NaJ in Aceton die entsprechenden *Dijodverbb.* (III), die bei Behandlung mit Na-Alkoholat Ringschluß zu *N.N'-Polymethylen-bis-oxazolidonen* (IV) erleiden. Bei Einw. von Trimethylamin auf die III entstehen außerdem *Polymethylen-bis-[carbaminsäureäthylester]*, die in β.β-Stellung *Trimethylammoniumjodidgruppen* tragen. Nachst. Derivv. wurden dargestellt: I (Polymethylen =): *Äthylen-*, F. 90°. *Tetramethylen-*, F. 99°. *Hexamethylen-*, F. 93,5°. *Propylen-*, nicht kristallin. — II: *Äthylen-*, F. 136,5°. *Tetramethylen-*, F. 118,5°. *Hexamethylen-*, F. 112—112,5°. *Propylen-*, F. 94°. — III: *Äthylen-*, F. 181—183°. *Tetramethylen-*, F. 159°. *Hexamethylen-*, F. 150°. *Propylen-*, F. 141°. — IV: *Äthylen*, F. 107—108°. *Propylen-*, F. 92°. (C. R. hebd. Séances Acad. Sci. **235**. 376—77. 4/8. 1952.) LEHWALD. 880

A. W. Toptschijew, I. Ss. Nametkin und A. A. Schtscherbakowa, *Hexamethyl- und Hexaäthylderivate von Methylendisilan und Äthylendisilan. Methylenhexamethyldisilan, Methylenhexaäthyldisilan, Äthylenhexamethyldisilan* u. *Äthylenhexaäthyldisilan* lassen sich durch Umsetzung von Methylenhexachlordisilan (I) bzw. Äthylenhexachlordisilan (II) mit den entsprechenden Alkylmagnesiumhalogeniden gewinnen.

Versuche: *Methylenhexamethyldisilan*, $(CH_3)_3SiCH_2Si(CH_3)_3$, Kp. 134°; man läßt zu äther. CH_3MgJ-Lsg. (44 g Mg; 255 g CH_3J) eine äther. Lsg. von 60 g I zutropfen u. erhitzt die sich absetzende halbfeste M. 3 Std. auf 80°; D.$^{20}_4$ 0,7516; n_D^{20} 1,4140; Mol.-Refr. ($[MR]_D$) 53,26. — *Methylenhexaäthyldisilan*, $(C_2H_5)_3SiCH_2Si(C_2H_5)_3$, Kp. 243—245°; aus I u. C_2H_5MgBr-Lsg. analog Vorst. 4 Std. bei 150°; D.$^{20}_4$ 0,8218; n_D^{20} 1,4578°; $[MR]_D$ 81,35. — *Äthylenhexamethyldisilan*, $(CH_3)_3SiC_2H_4Si(CH_3)_3$, Kp. 150—151°; aus II u. CH_3MgJ-Lsg., 3 Std. bei 110—120°; D.$^{20}_4$ 0,7536; n_D^{20} 1,4204; $[MR]_D$ 58,53. — *Äthylenhexaäthyldisilan*, $(C_2H_5)_3SiC_2H_4Si(C_2H_5)_3$, Kp. 265—267°; aus II u. C_2H_5MgBr-Lsg., 4 Std. bei 160—180°; D.$^{20}_4$ 0,8222; n_D^{20} 1,4582; $[MR]_D$ 85,71. — Die Ausbeuten sind nicht angegeben. (Доклады Академии Наук СССР [Ber. Akad. Wiss. UdSSR] [N. S.] **86**. 559—60. 21/9. 1952.) WÖRFFEL. 980

Herbert H. Anderson, *Di-n-propylgermaniumester, -halogenide, -oxyde und -sulfate.* Durch Bromieren von Tri-n-propylgermaniumfluorid (III) u. anschließende Hydrolyse wird ein Gemisch von *Di-n-propylgermaniumoxyd* (I) u. *Bis-[tri-n-propylgermanium]-oxyd* erhalten, das sich erst nach Umwandlung in eine Mischung von *Di-n-propylgermaniumdifluorid* (II) u. III durch Dest. trennen läßt. Durch Hydrolyse von II wird reines I in Form des Trimeren erhalten. Daraus können mit konz. Halogenwasserstoffsäuren die *Dihalogenide*, mit Acetanhydrid das *Diacetat* erhalten werden. Umesterung des Diacetats mit Monochloressigsäure führt zu *Di-n-propylgermanium-bis-chloracetat*, daraus mit H_2SO_4 das *Sulfat*.

Versuche: *Di-n-propylgermaniumdifluorid* (II), $C_6H_{14}F_2Ge$, Kp.$_1$ 181,8—182,1°, F. 0,5°, aus Tri-n-propylgermaniumfluorid (III, Kp. 203°) durch Bromieren in Ggw. von Fe-Pulver in der Hitze (6 Std.), Hydrolyse mit Alkali, Extraktion der gebildeten Oxyde mit PAe., Umwandlung in die Fluoride u. Dest.; D.$^{20}_4$ 1,248, n^{20} 1,4128. Daneben wird III erhalten. — *Trimeres Di-n-propylgermaniumoxyd* (I), $(C_6H_{14}OGe)_3$, Kp. 320°, Kp.$_1$ 148 bis 149°, F. 5,8 u. 153°, durch Hydrolyse von II mit 20%ig. wss. NaOH; D.$^{20}_4$ 1,240, n^{20} 1,4730. Beim Stehen wandelt sich die Form F. 5,8° langsam in die Form F. 153° um. — *Di-n-propylgermaniumdichlorid*, $C_6H_{14}Cl_2Ge$, Kp. 209,5°, F. —45,0°, durch Erhitzen von I mit konz. HCl; D.$^{20}_4$ 1,275, n^{20} 1,4725. — *Di-n-propylgermaniumdibromid*, $C_6H_{14}Br_2Ge$, Kp. 240,5°, Kp.$_{12}$ 111,8—112,3°, F. —52,0°, ebenso mit HBr; D.$^{20}_4$ 1,689, n^{20} 1,5173. — *Di-n-propylgermaniumdijodid*, $C_6H_{14}J_2Ge$, Kp. 176,5°, Kp.$_9$ 128,2—128,6°, F. —53,5°, aus I mit 48%ig. HJ bei 70°; D.$^{20}_4$ 2,024; 96% (Ausbeute). — *Di-n-propylgermaniumdiacetat*, $C_{10}H_{20}O_4Ge$, Kp. 244,6°, Kp.$_1$ 89°, F. 35,6°, durch Erhitzen von I mit Acetanhydrid (3 Std.); 90%. — *Di-n-propylgermanium-bis-[monochloracetat]*, $C_{10}H_{18}O_4 \cdot Cl_2Ge$, Kp. 296° (Zers.), Kp.$_2$ 143—145°, aus vorst. Diacetat durch Erhitzen mit Monochloressigsäure bei 43 mm Vakuum; D.$^{20}_4$ 1,374, n^{20} 1,4793. — *Dimeres Di-n-propylgermaniumsulfat*, $(C_6H_{14}O_4SGe)_2$, F. 129°, durch Erhitzen vorst. Verb. mit 100%ig. H_2SO_4 bei 17 mm; aus Bzl. Nadeln. (J. Amer. chem. Soc. **74**. 2370—71. 5/5. 1952. Cambridge, Mass., Harvard Univ., Chem. Labor.) K. FABER. 980

Herbert H. Anderson, *Monoäthylgermanium- und Alkylsiliciumester. Dimethylgermaniumdiacetat.* Äthylgermaniumtrijodid reagiert auch in sd. Bzl. nicht mit Na-Formiat, wohl aber mit Pb-Formiat bei 20° zu *$C_2H_5Ge(HCOO)_3$*. Die höheren *Äthylgermaniumester* werden aus $C_2H_5GeCl_3$ u. dem Ag-Salz der betreffenden Säure in sd. Bzl. hergestellt. Diese Ge-Ester reagieren überraschend glatt, z. B. mit $(C_6H_5)_2SiCl_2$ zu $C_2H_5GeCl_3$ u. $(C_6H_5)_2Si(COOR)_2$ [R = H oder Alkyl]. *Si-Ester* der Formel *$(CH_3)_3SiCOOR$* werden ebenfalls glatt aus $(CH_3)_3SiCl$ u. den Ag-Salzen der angewandten Carbonsäuren erhalten. Auch diese Si-Ester setzen sich leicht um, z. B. mit PBr_3 zu $(CH_3)_3SiBr$ u. $P(COOR)_3$, mit C_6H_5COCl zu $(CH_3)_3SiCl$ u. C_6H_5COOR.

Versuche: *Äthylgermaniumtriformiat*, Kp.$_{760}$ 230° (Zers.), Kp.$_9$ 118°, F. 13°, aus $C_2H_5GeJ_3$ u. Pb-Formiat in Bzl. bei 20° u. dann bei 80° (½ Std.); D.$^{20}_4$ 1,617; n^{20} 1,452. — *Äthylgermaniumtriacetat*, Kp.$_{760}$ 249°, Kp.$_1$ 99—101°, F. 49°, aus $C_2H_5GeCl_3$ u. CH_3COOAg in sd. Bzl. (1 Std.); D.$^{20}_4$ 1,393, n^{20} 1,444. — *Äthylgermaniumtripropionat*, Kp.$_{760}$ 256°, Kp.$_2$ 114—116°, analog; D.$^{20}_4$ 1,271, n^{20} 1,4434. — *Äthylgermaniumtri-n-butyrat*, Kp.$_{760}$ 271° (Zers.), Kp.$_2$ 136—137°, analog; D.$^{20}_4$ 1,186, n^{20} 1,4432. — *Äthylgermaniumtri-n-valerat*, Kp.$_{760}$ 305°, Kp.$_2$ 157—159°, analog; D.$^{20}_4$ 1,136, n^{20} 1,4456. —*Dimethylgermaniumdiacetat*, Kp.$_{760}$ 188°, Kp.$_{25}$ 94—95°, F. 50°, aus $[(CH_3)_2GeO]_4$ u. Acetanhydrid durch Erhitzen (1,5 Std.). Bei Erhitzen mit H_2SO_4 entsteht $[(CH_3)_2GeSO_4]$. — *$(CH_3)_3Si(n\text{-}C_3H_7\cdot COO)$*, Kp.$_{760}$ 144°, aus $(CH_3)_3SiCl$ u. Ag-Butyrat in sd. Bzl. (1 Std.), D.$^{20}_4$ 0,874, n^{20} 1,4005. — *Trimethylbenzoxysilan*, Kp.$_{760}$ 221°, F. ca. —15°, ebenso; D.$^{20}_4$ 1,004. — *Trimethyl-[monochloracetoxy]-silan*, Kp.$_{760}$ 159°, Kp.$_{30}$ 70—71°, F. —20°, D.$^{20}_4$ 1,057, n^{20} 1,4231. — *$(C_2H_5)_2Si(CF_3COO)_2$*, Kp.$_{760}$ 155°, D.$^{20}_4$ 1,270. — *Diphenyldiacetoxysilan*, Kp.$_3$ 176—178°. — *$(C_2H_5)Ge(C_6H_5COO)_3$*, Kp.$_1$ 220°, u. *$C_2H_5Ge(CH_2ClCOO)_3$*, Kp.$_2$ 195°, konnten nur in unreinem Zustand erhalten werden, da bei Dest. Zers. eintrat. — Bei Rk. von PCl_3 mit Ag-Acetat in sd. Bzl. entstehen Acetanhydrid, AgCl u. Ag_3PO_3. — $GeCl_4$ u. CH_3COOH reagieren auch bei 10std. Kochen nicht miteinander. — *$[(CH_3)_3Si]_2SO_4$*, durch 10std. Erhitzen von $(CH_3)_3SiCl$ mit Ag_2SO_4 in Nitromethan; 30% (Ausbeute). — *$[(C_2H_5)_3Si]_2SO_4$*, Kp. 279° (Zers.), ebenso in sd. Nitrobenzol; 60%. (J. Amer. chem. Soc. **74.** 2371—72. 5/5. 1952. Cambridge, Mass., Harvard Univ., Chem. Labor.) K. FABER. 980

R. W. Martin, *Oxymethylphenole.* Bei der Rk. von 2 (Mol) Formaldehyd mit 1 Phenol entsteht in Ggw. von Alkali ein Gemisch aus *p-Oxybenzylalkohol, 2.4-Bis-[oxymethyl]-phenol* u. *2.4.6-Tris-[oxymethyl]-phenol.* Das Gemisch läßt sich in Form der einzelnen *Trimethylsilylderivv.* durch Rektifikation trennen. *Trialkylsilylderivv.*, die aus Alkohol oder Phenol u. Trialkylchlorsilanen in Ggw. von Pyridin leicht darstellbar sind, eignen sich wegen ihrer therm. u. Oxydationsbeständigkeit sehr gut zur Trennung u. Reinigung von empfindlichen Oxyverbindungen.

Versuche: *p-Oxybenzylalkohol*, $C_7H_8O_2$, F. 119—120° (Bzl.-A. 3:1), durch 48std. Rk. von 2 (Mol) Formaldehyd mit 1 Na-Phenolat bei 25—35°, Abdest. des W. im Vakuum (<50°), Aufnehmen in trockenem Pyridin, langsames Zufügen von Trimethylchlorsilan unter Rühren (etwa so lange, bis die Zugabe keine weitere Temperaturerhöhung verursacht; Temp. unter 50°), Abfiltrieren, Abdampfen bis 160° u. Rektifikation; aus der Fraktion Kp.$_{15}$ 90—140°; Erwärmen mit etwas W. + A. bis zum Entstehen einer homogenen Lsg., Zufügen von Bzl. u. azeotrope Abdest. des H_2O. — *2.4-Bis-[oxymethyl]-phenol*, $C_8H_{10}O_3$, F. 93—94° (Essigester), aus der Fraktion Kp.$_{0,05}$ 115—125° wie vorst.; identifiziert als *2.4-Bis-[oxymethyl]-anisol*, F. 100—101°. — *2.4.6-Tris-[oxymethyl]-phenol*, $C_9H_{12}O_4$, F. 84° (Essigester), aus der Fraktion Kp.$_{0,03-0,05}$ 135—145°; *2.4.6-Tris-[acetoxymethyl]-phenylacetat*, $C_{17}H_{20}O_8$, Kp.$_{0,1}$ 172—175°. (J. Amer. chem. Soc. **74.** 3024 bis 3025. 20/6. 1952. Pittsfield, Mass., General Electric Co., Chem. Div., New Prod. Developm. Labor.) LEHWALD. 1070

M. Moura Campos und **H. Hauptmann,** *Austauschreaktionen der Mercaptale und Mercaptole mit Thiolen.* Einige Thiole [Äthanthiol (**X**), Thiophenol (**II**), Benzylmercaptan (**V**) u. Propandithiol-(1.3) (**VII**)] geben mit Benzaldehydmercaptalen Austausch-Rkk. analog denen zwischen Alkoholen u. Acetalen. Die entsprechenden Mercaptale wurden isoliert. Benzaldehydtrimethylenmercaptal (**VIII**) gibt keine Austauschreaktionen. Sterinmercaptole u. Thioenoläther geben ebenfalls Austauschreaktionen. Als Katalysator wird HCl (gasförmig) verwendet. Die Rk. verläuft ohne Lösungsm. oder in einer Mischung von konz. HCl/Eisessig. Die Bldg. gemischter Mercaptale läßt auf einen schrittweisen Substitutionsmechanismus schließen.

Versuche (FF. nach KOFLER): *Rkk. von Benzaldehyddiäthylmercaptal* (**I**). Mit **II** in Eisessig u. konz. HCl 3 Std. im Kühlschrank aufbewahren, dann unter Kühlung 2 Std. HCl einleiten u. weitere 12 Std. im Kühlschrank aufbewahren, es bildet sich *Benzaldehyddiphenylmercaptal* [**III**; F. 49,5—51°; 44% (Ausbeute); *Disulfon*, F. 205—207,5° (Eisessig)], daneben *Benzaldehydphenyläthylmercaptal* (**IV**) (12,5%; *Disulfon*, $C_{15}H_{16}O_4S_2$, F. 178—181,5°). Mit **V**: *Benzaldehyddibenzylmercaptal* (**VI**), F. 58,5—60°; 56% (ohne Lösungsm. 77%); *Disulfon*, F. 215,5—217,5°. Mit **VII**: *Benzaldehydtrimethylenmercaptal* (**VIII**), F. 70,5—72°; 84% (ohne Lösungsm. 98,7%); *Disulfon*, F. 269—270°. — *Rkk. von* **III**: Mit **X** (ohne Lösungsm.) 32,6% **III** zurück u. 27% **IV**. Mit **V** 37% **VI** (ohne Lösungsm. 40,8% **VI** u. 10% *Benzaldehydbenzylphenylmercaptal* (**XI**); *Disulfon*, $C_{20}H_{18}O_4S_2$, F. 245—248°). Mit **VII** 60% **VIII**. — *Rkk. von* **VI**: Mit **X** 90% **VI** zurück. Mit **II** 35% **VI** zurück (ohne Lösungsm. 37% **VI** u. 6,5% **XI**). Mit **VII** 73% **VIII** (ohne Lösungsm. 74%). — *3.7.12-Tris-[trimethylendimercapto]-cholansäureäthylester*, F. 207—209° (Essigester), aus a) 3.3-Diäthylmercapto-7.12-diketocholansäureäthylester u. **VII**; 96%; b) Dehydrocholsäureäthylester u. **VII**, in die Mischung bei 0° HCl einleiten, überschüssiges **VII** mit PAe. extrahieren; 53%. — *3.3-Dibenzylmercaptocholesten-(4)*, F. 124,5—126°, aus 0,2 Mol 3-Äthylmercaptocholestadien-(3.5) (**IX**) u. 4,2 Mol **V**; 80%. — *3-Benzylmercaptocholestadien-(3.5)*, $C_{34}H_{50}S$, F. 118—120°, aus 0,5 Mol **IX** u. 0,5 Mol **V**. (J. Amer. chem. Soc. **74**. 2962—64. 20/6. 1952. São Paulo, Brasilien, Univ., Fac. de Filosof., Ciencias e Letras, Dep. de Quim.) ULRICH. 1120

István Sallay und **Gábor Fodor**, *Darstellung von Nitroarylketonen aus Aminoarylketonen. p-Nitroacetophenon* wird dargestellt durch Behandeln des Ca-Diazotates von p-Aminoacetophenon mit Cu-Katalysatoren, am besten mit krist. Cu_2O.

Versuche: *p-Nitroacetophenon*, F. 78—80°, aus p-Aminoacetophenon [durch Kondensation von Acetanilid u. Acetylchlorid mit $AlCl_3$ in CS_2 zu *p-Acetamidoacetophenon*, F. 162—164°; 85,3% (Ausbeute), u. anschließende Hydrolyse] durch Diazotieren, Aufgießen der Lsg. auf $CaCO_3$ u. Behandeln mit der wss. Suspension von $NaNO_2$, $CuSO_4$ u. Cu_2O bei 60—80°, bis kein N_2 mehr entwickelt wird; aus dem Nd. durch Extraktion mit Bzl.; 79,8%. Bei Anwendung von CuI-CuII-Sulfit wie oben 38%. Bei Einw. von Cu_2O wie oben auf das Diazoniumborfluorid 34%. *Thiosemicarbazon*, $C_9H_{10}O_2N_4S$, F. 222° (Zers.), aus A. gelbe Nadeln. (Acta chim. Acad. Sci. hung. **2**. 57—60. 1952. Szeged, Univ., Organ.-Chem. Inst.) MACHOLDT. 1160

Leonard M. Rice, Antoinette Popovici, Martin Rubin, Charles F. Geschickter und **E. Emmet Reid**, *Saure Dialkylaminoalkylester und Salze als hypotensive Agentien.* Auf der Suche nach klin. verwendbaren hypotensiven Verbb. stellen Vff. aus den entsprechenden Säureanhydriden u. Dialkylaminoalkanolen eine Anzahl *Halbester* der *Phthalsäure*, *3-Nitrophthalsäure*, *Tetrahydrophthalsäure* u. *cis-3.6-Endomethylen-Δ^4-tetrahydrophthalsäure* u. ihre *Mg-Salze* dar, deren pharmakol. Unters. an anderer Stelle veröffentlicht wird. Das ebenfalls synthetisierte *Bis-[β-diäthylaminoäthyl]-cis-Δ^4-tetrahydrophthalat* erwies sich als stark hypotensiv. — Die 20%ig. wss. Lsgg. der Halbester zeigen den p_H-Wert 6,6—7,0; die Halbester sind also wahrscheinlich Zwitterionen, wie auch aus der guten Löslichkeit in W. u. der schlechten in organ. Lösungsmitteln hervorgeht; mit abnehmender Basizität der Seitenkette vermindert sich die Wasserlöslichkeit. — Auch einige *cis-Δ^4-Tetrahydrophthalamidsäuren* wurden dargestellt. — Zusammenhänge zwischen Konst. u. Wrkg. werden bei den Halbestern aufgezeigt.

Versuche: Nachst. *Dialkylaminoalkylhalbester* wurden durch Zutropfen einer Lsg. des Dialkylaminoalkanols (0,1 Mol) in Aceton zur äquivalenten Lsg. des entsprechenden Säureanhydrids in Aceton, kurzes Aufkochen, Filtrieren u. 12std. Stehen in der Kälte dargestellt. *Halbester der Tetrahydrophthalsäure*: *β-Dimethylaminoäthyl*, $C_{12}H_{19}O_4N$, F. 133—134° (CH_3OH). — *β-Diäthylaminoäthyl*, $C_{14}H_{23}O_4N$, F. 83—84° (Aceton). — *β-Morpholinoäthyl*, $C_{14}H_{21}O_5N$, F. 141—143° (CH_3OH). — *β-Piperidinoäthyl*, $C_{15}H_{23}O_4N$, F. 148—149° (CH_3OH). — *β-Pyrrolidinoäthyl*, $C_{14}H_{21}O_4N$, F. 160—161° (A.). — *β-[Pyridyl-(2)]-äthyl*, $C_{15}H_{17}O_4N$, F. 119—120° (Aceton–A.). — *γ-Diäthylaminopropyl*, $C_{15}H_{25}O_4N$, glasartig. — *β-Dibutylaminoäthyl*, $C_{18}H_{31}O_4N$, glasartig. — *β-Phthalimidoäthyl*, $C_{18}H_{17}O_6N$, F. 129—130° (CH_3OH). — *2-[1-Dimethylaminopropyl]*, $C_{13}H_{21}O_4N$, kein definierter Schmelzpunkt. — *Halbester* der *cis-3.6-Endomethylen-Δ^4-tetrahydrophthalsäure*: *β-Dimethylaminoäthyl*, $C_{13}H_{19}O_4N$, F. 96—98° (Aceton). — *β-Diäthylaminoäthyl*, $C_{15}H_{23}O_4N$, F. 90—91° (CH_3OH). — *β-Morpholinoäthyl*, $C_{15}H_{21}O_5N$, F. 106—107° (CH_3OH). — *β-Piperidinoäthyl*, $C_{16}H_{23}O_4N$, F. 107—108° (CH_3OH). — *β-Pyrrolidinoäthyl*, $C_{15}H_{21}O_4N$, F. 126 bis 127° (CH_3OH). — *β-[Pyridyl-(2)]-äthyl*, $C_{16}H_{17}O_4N$, F. 106—107° (Aceton + A.). — *γ-Diäthylaminopropyl*, $C_{16}H_{25}O_4N$, glasartige Masse. — *β-Dibutylaminoäthyl*, $C_{19}H_{31}O_4N$, glasartige Masse. — *Hydrogenphthalate*: *β-Dimethylaminoäthyl*, $C_{12}H_{15}O_4N$, F. 171—172° (Aceton–CH_3OH). — *β-Diäthylaminoäthyl*, $C_{14}H_{19}O_4N$, F. 119—120° (Aceton–CH_3OH). — *β-Morpholinoäthyl*, $C_{14}H_{17}O_5N$, F. 114—116° (A.). — *β-Piperidinoäthyl*, $C_{15}H_{19}O_4N$, F. 172 bis 173° (CH_3OH-Aceton). — *β-Pyrrolidinoäthyl*, $C_{14}H_{17}O_4N$, F. 182—184° (CH_3OH-Aceton). — *β-Dibutylaminoäthyl*, $C_{18}H_{27}O_4N$, glasartige Masse. — *β-[Pyridyl-(2)]-äthyl*, $C_{15}H_{13}O_4N$, F. 134—136° (CH_3OH–Aceton). — *3-Nitrohydrogenphthalate*: *β-Dimethylaminoäthyl*, $C_{12}H_{14}O_6N_2H_2O$, F. 157—158° (85%ig. A.). — *β-Diäthylaminoäthyl*, $C_{14}H_{18}O_6N_2$, F. 167 bis 168° (85%ig. A.). — *β-Morpholinoäthyl*, $C_{14}H_{16}O_7N_2$, F. 164—166° (A.). — *β-Piperidinoäthyl*, $C_{15}H_{18}O_6N_2$, F. 162—164° (A.). — *β-[Pyridyl-(2)]-äthyl*, $C_{15}H_{12}O_6N_2$, F. 151—153°. — *β-Dibutylaminoäthyl*, $C_{18}H_{26}O_6N_2$, F. 143—144° (A. + Aceton). — *N-substituierte Tetrahydrophthalsäuremonoamide*: *Cyclohexyl*, $C_{14}H_{21}O_3N$, F. 147—148° (Aceton–CH_3OH). — *Phenyläthyl*, $C_{16}H_{19}O_3N$, F. 113—114° (Aceton). — *Morpholinopropyl*, $C_{15}H_{24}O_4N_2$, F. 104 bis 105° (Aceton). — *Thiazolyl-(2)*, $C_{11}H_{12}O_3N_2S$, F. 172—173°. — Die *Mg-Salze der Halbester* wurden durch 4std. Kochen mit $MgCO_3$ in 5%ig. A. u. Eindampfen des Filtrats im Vakuum gewonnen; sie sind leicht lösl. in H_2O. — *Bis-[β-diäthylaminoäthyl]-cis-Δ^4-tetrahydrophthalat*, $C_{20}H_{36}O_4N_2$, Kp.$_{0,5}$ 166—171°, durch Zufügen von Oxalylchlorid

in absol. Bzl. zu einer gekühlten Lsg. des Halbesters in trockenem Bzl., 1std. Erwärmen auf dem Wasserbad, Abdampfen im Vakuum, Zufügen von Bzl. u. Wiederholen des Prozesses, Aufnehmen in Bzl. u. Zufügen von Diäthylaminoäthanol, 4std. Sieden, Ausziehen mit HCl, Alkalisieren der filtrierten Lsg. mit 10%ig. Sodalsg. u. Ausäthern. (J. Amer. chem. Soc. **74.** 3025—27. 20/6. 1952. Washington, D. C., Georgetown Univ., Med. Center.)
LEHWALD. 1220

Ralph Sayre, *Die Reaktion von Arylaminen mit Diäthyl-thionothiodiformiat. Diäthylthionothiodiformiat* (I, *Äthoxyformyl-äthoxythioformylsulfid,* $C_2H_5 \cdot O \cdot CS \cdot S \cdot CO \cdot OC_2H_5$) reagiert mit Arylaminen unter Bldg. von *Arylthionocarbaminsäureäthylester.* GUHA, C. **1929.** I. 2779, formulierte diese Verbb. irrtümlich als Thiodicarbomonothiodiarylamide.

Versuche: *Phenylthionocarbaminsäureäthylester,* $C_9H_{11}ONS$, F. 68—69° (Ae.), zu 19,4 g I in A. werden unter Eis-Kochsalz-Kühlung u. Rühren 20 g Anilin zugetropft, 3 Std. gerührt, mit 3n HCl angesäuert, mit W. verd. u. filtriert; 15,8 g (Ausbeute). — Analog wurden folgende Verbb. der Zus. $RNHCSOC_2H_5$ erhalten: *R = o-Tolyl,* F. 35 bis 36°; 59%. — *R = p-Tolyl,* F. 84—85°; 70%. — *R = m-Nitrophenyl,* F. 114—115°; 65%. — *R = p-Nitrophenyl,* F. 177—178°; 35%. — *R = β-Naphthyl,* F. 96—97°; 73%. (J. Amer. chem. Soc. **74.** 3647—49. 20/7. 1952. Stamford, Conn., Amer. Cyanamid Co.)
ULRICH. 1280

Henry Gilman und **Robert H. Kyle,** *Umlagerung bei Aminierung durch Alkaliamide in flüssigem Ammoniak und durch Lithiumdialkylamide in Äther.* Bei der Rk. von *o-Chloranisol* (I) mit $NaNH_2$ in fl. NH_3 entsteht durch Umlagerung *m-Anisidin.* Es werden die optimalen Bedingungen der Rk. untersucht. Verwendung eines Molverhältnisses von 4:1 erweist sich mit über 50% Ausbeute am günstigsten. Statt $NaNH_2$ kann auch KNH_2 verwendet werden. Während $LiNH_2$ mit I nicht reagiert, geht es mit dem *o-Bromderiv.* Rk. ein. Einw. von Li-Diäthylamid (III) auf *o-Jod-, -Brom-, -Fluoranisol* u. I in Ae. verläuft ebenfalls unter Umlagerung zu *m-Diäthylaminoanisol* (II). Ohne Umlagerung verläuft erwartungsgemäß die Rk. von III mit *m-Chloranisol* zu II. Als Amide können mit dem gleichen Erfolg auch Li-Di-n-butylamid oder cycl. Amide, wie Li-Piperidid oder Li-Morpholid, verwendet werden, statt o-Haloanisolen auch *o-Halophenole.*

Versuche: *m-Anisidin,* $Kp._{0,15}$ 75—77°, durch Zutropfen von I zu $NaNH_2$ in fl. NH_3, nach 20 Min. Rühren Zufügen von NH_4Cl, dann Bzl., Abdampfen des NH_3, Ausfällen mit HCl u. Alkalisieren (über die durch Mengenverschiebung erzielten Ergebnisse vgl. Original); n_D^{20} 1,5809. — *m-Methoxydiäthylanilin* (II), $Kp._{0,5}$ 87—89°, a) durch Zufügen von 0,25 (Mol) CH_3Li zu 0,28 Diäthylamin in Ae. unter N_2, dann von 0,25 o-Haloanisol; nach 24std. Sieden unter Rühren Hydrolysieren, Extrahieren der äther. Phase mit HCl u. Alkalisieren der sauren Lsg.; n_D^{20} 1,5437. *Pikrat,* $C_{17}H_{20}O_8N_4$, F. 145—146°, gelbe Prismen; Ausbeute je nach Bedingungen bis zu 43%; b) aus m-Oxydiäthylanilin durch Alkylierung; c) durch Rk. von m-Chloranisol mit III wie vorst.; 48%. — *m-Diäthylaminophenol,* durch Rk. von o-Bromphenol mit III; 26%. — *m-Methoxydi-n-butylanilin,* $Kp._{1,9}$ 136,5—138,5°, a) aus I u. Li-Di-n-butylamid; n_D^{20} 1,5205; $D.^{20}_4$ 0,951; Mol.-Refr. 75,4; 48%. *Pikrat,* $C_{21}H_{28}O_8N_4$, F. 95—96°; gelbe Prismen; b) durch 5std. Erhitzen von m-Anisidin mit Butyljodid u. Soda auf dem Wasserbad. — *m-Diäthylaminophenetol,* $Kp._{0,6}$ 97—98°, aus o-Chlorphenetol u. III; n_D^{20} 1,5342; 38%. *Pikrat,* F. 132—133°. Daneben 27% *Phenetol.* — *m-Piperidinoanisol,* $Kp._{0,2}$ 110°, aus Li-Piperidid u. o-Bromanisol; n_D^{20} 1,5628; $D.^{20}_4$ 1,059; Mol.-Refr. 58,8; 41%. *Pikrat,* $C_{18}H_{20}O_8N_4$, F. 159,5 bis 160°; gelbe Nadeln. — *m-Morpholinoanisol,* $Kp._{0,15}$ 113°, ebenso aus Li-Morpholid; n_D^{20} 1,5650; 35%. *Pikrat,* $C_{17}H_{18}O_9N_4$, F. 196—197°, gelbe Platten. — *Diäthylanilin,* durch Rk. von 0,22 (Mol) III u. 0,09 p-Dibrombenzol (IV); 15%. *Pikrat,* F. 137—138°. Daneben *p-Bromdiäthylanilin;* 14% (bei Verwendung von 0,1 III u. 0,1 IV 28%). *Pikrat,* F. 165—166°. (J. Amer. chem. Soc. **74.** 3027—29. 20/6. 1952. Ames, Iowa, Iowa State Coll., Chem. Labor.)
LEHWALD. 1320

J. D. Sculley und **Norman H. Cromwell,** *α.β-Diaminocarbinole aus α.β-Diaminobutyrophenonen.* Vff. stellen *α.β-Dimorpholinobutyrophenon* (I) u. *α.β-Bis-[dimethylamino]-butyrophenon* (II) dar. I erhalten sie in zwei isomeren Prodd. (A u. B), wahrscheinlich den beiden möglichen rac. Gemischen. I u. *α.β*-Dipiperidinobutyrophenon (III) werden mit $LiAlH_4$ zu den entsprechenden sek. Carbinolen reduziert. Die tert. Carbinole von I, II u. III erhalten Vff. durch Umsatz mit Phenyllithium in besseren Ausbeuten als mit C_6H_5MgBr. Die Synth. von *1-Cyclohexyl-2-methyl-4.4-diphenyl-4-oxypropylenimin* liefert ebenfalls isomere Produkte.

Versuche: *α.β-Diaminobutyrophenone,* ein Gemisch aus *α.β*-Dibrombutyrophenon, Ae. u. A. wird auf —5° gekühlt, schnell mit dem sek. Amin versetzt, noch einige Std. bei 0° gehalten u. das Aminhydrobromid abfiltriert; aus dem Filtrat hellgelbe Kristalle, die aus Ae.-PAe. umkrist. werden: *α.β-Dimorpholinobutyrophenon* (I), $C_{18}H_{26}O_3N_2$: **A,**

F. 110—112°, 82% (Ausbeute); **B**, F. 96,5—97,5°. — *α.β-Bis-[dimethylamino]-butyrophenon* (II), $C_{14}H_{22}ON_2$, F. 91,5—93,5°, 66%. — *2.3-Dimorpholino-1-phenylbutanol-(1)*, $C_{18}H_{28}O_3N_2$, zu $LiAlH_4$ in Ae. wird ein Gemisch von **IA** u. **IB** (F. 96—102°)in Ae. getropft, 1 Std. gekocht u. überschüssiges Hydrid mit W. zers., aus Ae.-PAe. **A**, F. 105—107°, 80%; **B**, F. 84—86°. — *2.3-Dipiperidino-1-phenylbutanol-(1)*, $C_{20}H_{32}ON_2$, wie vorst., F. 78—79,5°, 85%. — *2.3-Dimorpholino-1.1-diphenylbutanol-(1)*, $C_{24}H_{32}O_3N_2$, aus dem Gemisch aus **IA** u. **IB** mit Phenyl-Li in Ae.; **A**, F. 218—220°, 80%; **B**, F. 168—180°. — *2.3-Dipiperidino-1.1-diphenylbutanol-(1)*, $C_{26}H_{36}ON_2$, F. 162,4—164°, 90%. — *2.3-Bis-[dimethylamino]-1.1-diphenylbutanol-(1)*, $C_{20}H_{28}ON_2$, F. 77,5—79,5°, 91%. — *1-Cyclohexyl-2-methyl-4.4-diphenyl-4-oxypropylenimin*, $C_{22}H_{27}ON$, zu 12,00 g α.β-Dibrombutyrophenon in Ae. werden bei 15° 11,53 g Cyclohexylamin gegeben, die Mischung 3 Std. bei 15° gerührt u. dann 1 Std. bei Zimmertemp. gehalten, Cyclohexylamin-Hydrobromid wird abfiltriert, aus dem Filtrat 8,40 g gelbes Öl, krist. nicht, es wird in Ae. gelöst mit Phenyllithium 2 Std. gekocht, mit Eis-NH_4Cl zers. u. aufgearbeitet, 9,90 g Kristalle, aus PAe. **A**, F. 114,5—116,5°; **B**, F. 85—87°. (J. org. Chemistry **16**. 94—98. Jan. 1951. Lincoln, Univ. of Nebraska, Avery Labor.) FROHLOFF. 1340

Henry Gilman, Lawrence Summers und Robert W. Leeper, *Die Reaktion von Aryllithiumverbindungen mit Bleidichlorid. Triphenylbleilithium.* Bei der Einw. von Li-Phenyl (I) auf $PbCl_2$ in Ae. bildet sich in der Kälte *Triphenylbleilithium* (II). II reagiert mit Halogen-KW-stoffen unter Bldg. von Verbb. des Typus $RPb\ (C_6H_5)_3$; diese sind also nach dem neuen Verf. aus $PbCl_2$, I u. einem Halogen-KW-stoff in einem Schritt erhältlich. — Vff. zeigen ferner, daß *Tetraphenylblei* (III) aus I, $PbCl_2$ u. Jodbenzol nach $3\ RLi + PbCl_2 + RJ \rightarrow R_4Pb + 2\ LiCl + LiJ$ (**A**) hergestellt werden kann; das bei der Rk. nach $4\ RLi + 2\ PbCl_2 \rightarrow R_4Pb + Pb + 4\ LiCl$ entstehende metall. Pb wird von RJ sofort nach $2\ RJ + Pb \rightarrow R_2PbJ_2$ gelöst, welches dann mit weiterem I nach $2\ RLi + R_2PbJ_2 \rightarrow R_4Pb + 2\ LiJ$ reagiert. — II ist nach folgendem Schema teilweise dissoziiert: $(C_6H_5)_3 \cdot PbLi \rightleftharpoons (C_6H_5)_2Pb + C_6H_5Li$, wobei sich bei —10° II zu mindestens 80% im Gleichgewicht mit Pb-Diphenyl u. I befindet, denn der GILMAN-Test wird bereits nach Zugabe von 2,8 statt 3 Äquivalenten I zu $PbCl_2$ positiv. Ebenso gibt die Carbonierung von II mit CO_2 *Benzoesäure* (V).

Versuche (alle metallorgan. Rkk. unter N_2): Li-Phenyl(I)-Lsg. wurde aus Li, Brombenzol u. Ae. hergestellt, nach beendeter Rk. wurde abdekantiert u. zur Gehaltsbest. ein aliquoter Teil gegen Phenolphthalein mit n/10 H_2SO_4 titriert; 90—95% (Ausbeute), d. h. ca. 1 molar. *Tetraphenylblei* (III), F. 227—229°, aus I, $PbCl_2$ u. überschüssigem Jodbenzol; die erhaltene weiße Suspension wurde 2 Std. gekocht, danach mit W. zers. u. im SOXHLET mit Chlf. extrahiert; 80%, bei Verwendung von Brombenzol (wobei sich Pb abscheidet) 25%. Die analoge Darst. von III aus C_6H_5J u. GRIGNARD-Lsg. verlief ebenfalls unter Pb-Abscheidung; 37%; alle II'-Ausbeuten beziehen sich auf Gleichung **A**. III wurde ebenfalls bei einem Unterschuß von I (Verhältnis I : $PbCl_2$ 2:1 bzw. 1:1) in Ggw. von C_6H_5J erhalten; 88 bzw. 73%. Die Wiederauflösung von metall. Pb durch I wurde dadurch bewiesen, daß zu einem Ansatz von I u. $PbCl_2$ im Verhältnis 2:1 das ausgeschiedene Pb durch Zugabe von einem weiteren Mol I wieder fast völlig aufgelöst wurde; als einzige Pb-organ. Verbb. hatte sich III gebildet; 78%. — *Triphenylbleilithium* (II), aus 3 Mol I u. 1 Mol $PbCl_2$ in Ae. bei —10° unter intensiver Rührung; die Suspension färbte sich zunächst ziegelrot, wurde dann gelb u. nach Zugabe des letzten Mols I weiß; der GILMAN-Test wird nach Zugabe von 2,8 Mol I bereits positiv. — *Triphenylbenzylblei*, F. 91—93° (A.), aus II u. Benzylchlorid; nach 1½ std. Sieden wurde mit NH_4Cl-Lsg. hydrolysiert, vom Ae. abdest. u. der Rückstand mit A. extrahiert; 69%. Die gelbe Färbung, die bei der II-Herst. auftritt, wird dem *Bleidiphenyl* zugeschrieben, denn beim Erhitzen einer solchen Suspension tritt Disproportionierung unter Bldg. von *Hexaphenyldiblei* (IV) u. Pb ein (IV entstand zu 79%); hat das Reaktionsgemisch aus I u. $PbCl_2$ bereits die II-Zus., so ist es gegen Erwärmung beständig. — Die Carbonierung von II mittels gasförmigen CO_2 innerhalb 5 Std. gibt nach der Hydrolyse, NaOH-Extraktion der äther. Lsg. u. Fällen der NaOH mit HNO_3 *Benzoesäure* (V); 49 bzw. 55%. Die Carbonierung im Diphenylbleizustand ergab keine V. — *Triphenyl-n-propylblei*, $C_{21}H_{22}Pb$, F. 68—69°, aus II u. n-Propylbromid58; %. — *Triphenyläthylblei*, $C_{20}H_{20}Pb$, aus II u. Äthyljodid; 45%. — *Tri-[p-tolyl]-bleilithium* (VI) wurde analog II hergestellt. — *Tri-p-tolylbenzylblei*, F. 81 bis 83°, aus VI u. Benzylchlorid; 65%. — *p-Dimethylaminophenyllithium* reagierte mit $PbCl_2$ zu *Tris-[p-dimethylaminophenyl]-bleilithium* (VII) sehr träge, der GILMAN-Test wurde erst nach 60 Std. negativ. — *Tetra-p-dimethylaminophenylblei* (VIII), $C_{32}H_{40}N_4Pb$, F. 187 bis 189°, aus vorst. Lsg. u. p-Joddimethylanilin; nach 24std. Sieden war der GILMAN-Test noch positiv, trotzdem wurde zers., der pulverige Rückstand in Bzl. gelöst u. mit PAe. gefällt; 63%; VIII entstand nach 2 bzw. 5 Std. Erhitzen zu 20 bzw. 27%, bei größeren Ansätzen muß noch wesentlich länger gekocht werden. — *Bis-[p-dimethylaminophenyl]-blei*,

$C_{16}H_{20}N_2Pb$, konnte wahrscheinlich als Reaktionsprod. einer VII-Suspension erhalten werden; im allg. verliefen Hydrolyseverss. der bei allen Verss. erhaltenen rot oder orange gefärbten Ae.-Lsgg. unübersichtlich. — Verss., Verbb. vom Typ *$R_2R'R''Pb$* durch aufeinanderfolgende Einw. von 2 verschied. Aryllithiumverbb. auf $PbCl_2$ herzustellen, verliefen bei der Synth. des einzigen bekannten Körpers dieser Reihe, dem *Bis-[o-tolyl]-phenyl-n-propylblei* (aus I, o-Tolyllithium u. n-Propylbromid) unübersichtlich unter Bldg. von nicht näher identifizierten *Triaryl-n-propylbleiverbindungen.* (J. org. Chemistry **17.** 630 bis 640. April 1952. Ames, Iowa, Iowa State Coll., Chem. Labor.) ZIMMER. 1380

J. D. Billimoria und **N. F. Maclagan,** *Einfache Analoge des Cortisons.* 1. Mitt. *Einige monocyclische Verbindungen.* Zur Prüfung der biol. Aktivität werden von Vff. 2 alicycl. Verbb. hergestellt, die die Cortison- (Dioxyketo-) Gruppierung tragen, u. zwar *1-[Oxyacetyl]-cyclohexanol* (**XII**) u. sein *Acetat* (**XI**) u. *1-[Oxyacetyl]-cyclopentanol.* — Beim Vers. der Synth. des **XII** entsprechenden Triols wurde aus Phenylglyoxylsäureäthylester durch Hydrierung eine *Verb.* $C_{10}H_{14}O_3$ erhalten, die bei $LiAlH_4$-Red. eine *Verb.* $C_8H_{12}O_2$ liefert u. bei $KMnO_4$-Oxydation zu einer noch nicht identifizierten Säure mit dem F. 136—137° führt. — Der nach DARZENS u. LÉVY (C. **1937. I.** 4356) dargestellte *1-Oxycyclohexylchloressigsäureäthylester* (**III**), der mit Ag-Acetat merkwürdigerweise wahrscheinlich den 1-Acetoxychlorester gibt, wurde in das *Epoxyd* (**IV**) übergeführt, das mit $LiAlH_4$ zu dem Alkohol **V** red. u. mit W. im Einschlußrohr zum *Cyclohexanaldehyd* umgewandelt werden kann. — Die aus Cyclohexanon über das Cyanhydrin erhaltene Säure **VI** gab mit $LiCH_3$ ein Gemisch von *1-Acetylcyclohexanol* (**VII**) u. *2-[1'-Oxycyclohexyl]-propanol-(2)* (**VIII**). **VII** reagierte nicht mit Bromsuccinimid, ging jedoch mit Br_2 in PAe. in das *Bromacetyl-*(**X**) u. mit SO_2Cl_2 in das *Chloracetylderiv.* (**X**) über. **IX** lieferte mit Ag-Acetat **XI** u. am besten mit KOH unter bestimmten Bedingungen das *Ketol* **XII.** — Mit *1-Oxycyclopentan-1-carbonsäure* (**I**) wurden analoge Rkk. durchgeführt.

Versuche: Die Hydrierung von 72 g Phenylglyoxylsäureäthylester wurde in Essigsäure bei 70° u. 50 at in Ggw. von ADAMS-PtO_2 durchgeführt u. lieferte unter Aufnahme von nicht mehr als 2 Mol H_2 (auch bei 125°) die *Verb.* $C_{10}H_{14}O_3$, $Kp._{0,006}$ 84—85°; 55 g (Ausbeute). — Die Red. von 7 g der vorst. Verb. in Ae. mit $LiAlH_4$ lieferte die *Verb.* $C_8H_{12}O_2$; Nadeln aus Bzl.-PAe., F. 80°; 3 g. — Oxydation der Verb. $C_{10}H_{14}O_3$ in alkal. Lsg. mit $KMnO_4$ bei 70° lieferte eine *Säure* vom F. 136—137°, die in Platten kristallisiert. — *1-Oxycyclohexylchloressigsäureäthylester* (**III**), $C_{10}H_{17}O_3Cl$, nach DARZENS u. LÉVY (l. c.), Kp. $_{0,006}$ 88—90°; n_D^{27} 1.4755. — *α.1-Epoxycyclohexylessigsäureäthylester* (**IV**), $C_{10}H_{16}O_3$, a) aus 20 g **III** in A. mit KOH in A. bei 0°; $Kp._{0,012}$ 72°; $n_D^{27,5}$ 1,4610; 14,5 g; b) aus **III** mit 2n KOH. — *1-Acetoxycyclohexylchloressigsäureäthylester*, $C_{12}H_{19}O_4Cl$, aus 15 g **III** in Essigsäure mit Ag-Acetat; $Kp._{10^{-4}}$ 78°; 13 g. — *Cyclohexanaldehyd*, aus **IV** mit W. bei 180° (12 Std.); Kp. 157—158°. *Semicarbazon*, F. 174—176°. — *2-[1'-Oxycyclohexyl]-äthanol* (**V**), $C_8H_{16}O_2$, aus 10 g **IV** mit $LiAlH_4$ in Ae.; $Kp._{0,012}$ 95°; n_D^{15} 1,4870; 6,4 g. — *Cyclohexanoncyanhydrin*, $C_7H_{11}ON$: Eine Lsg. von 1 kg Cyclohexanon wird in Ae. mit KCN versetzt u. bei —15° konz. HCl zugetropft; $Kp._{10^{-4}}$ 63°, F. 27—28° (PAe.); 900 g. — *1-Oxycyclohexan-1-carbonsäure* (**VI**), $C_7H_{12}O_3$, aus vorst. Nitril mit konz. HCl; aus Bzl.-Leichtbenzin Nadeln, F. 110°. *Dinitrobenzoat*, $C_{14}H_{14}O_8N_2$, aus A. Nadeln, F. 165—168°. — *1-Acetylcyclohexanol* (**VII**), $C_8H_{14}O_2$, u. *2-[1'-Oxycyclohexyl]-propanol-(2)* (**VIII**), $C_9H_{18}O_2$: a) 47 g **VI** wurden in Ae. innerhalb von 3 Std. zu einer Lsg. von Methyllithium zugetropft, über Nacht wurde bei Raumtemp. gerührt u. anschließend mit Eis u. konz. HCl zers.; der Rückstand lieferte 2 Fraktionen, 1. **VII**, $Kp._{10^{-4}}$ 57°, $n_D^{21,5}$ 1,4672; 22 g; 2. **VIII**, $Kp._{10^{-4}}$ 60—90°; Behandlung mit PAe. gab Nadeln, F. 87°; 8 g. — **VII**-*Semicarbazon*, $C_9H_{17}O_2N_3$, F. 221—222° (wss. A.). *Phenylhydrazon*, $C_{14}H_{20}ON_2$, aus Leichtbenzin Nadeln, F. 163° (Zers.). *2.4-Dinitrophenylhydrazon*, $C_{14}H_{18}O_5N_4$, aus A. orangefarbene Nadeln, F. 206° (Zers.). **VII**-*Benzoat*, $C_{15}H_{18}O_3$, $Kp._{10^{-4}}$ 124—125°. — *1-[Bromacetyl]-cyclohexanol* (**IX**), $C_8H_{13}O_2Br$: a) Zu 21,6 g **VII** wurde in PAe. unter N_2 u. Rühren Br_2 eingetropft; anschließend Einengen im Vakuum, Digerieren mit 60%ig. A. bei —5°, Abfiltrieren vom Nd., Einengen im Vakuum bei n. Temp. u. Ausäthern; $Kp._{10^{-4}}$ 122—125°; 14 g. Unverändertes **VII** wurde durch Erwärmen dieses Rohprod. mit Pyridin auf 60° entfernt; nach Kühlen, Lösen in CH_3OH u. Fällen mit Ae. entstand das **IX.** *Pyridin-Addukt*, $C_8H_{13}O_2Br \cdot C_5H_5N \cdot CH_3OH$, aus Methanol–Ae. Nadeln, F. 148°. Das krist. Nebenprod. ist ein **IX**-*Dimeres*, $C_{16}H_{26}O_4Br_2$, aus A. Nadeln, F. 117—118°; 15 g; b) 198,8 g **VII** wurden in Essigsäure bei Raumtemp. mit Br_2 in Essigsäure unter Zugabe einer 50%ig. Lsg. von HBr in Essigsäure bromiert; $Kp._{10^{-4}}$ 70°; 207 g. Daneben 33 g Dimeres. — *1-Chloracetylcyclohexanol* (**X**), $C_8H_{13}O_2Cl$: 14,2 g **VII** wurden in PAe. unter N_2 am Rückfluß tropfenweise mit SO_2Cl_2 versetzt; nach ½std. Erhitzen u. Fraktionierung wurden 7 g **VII** zurückerhalten; **X**, $Kp._{10^{-4}}$ 88°; Nadeln aus wss. A., F. 69—70°; 6 g. — *1-Acetoxyacetylcyclohexanol* (**XI**), $C_{10}H_{16}O_4$, aus 12 g **IX** mit Ag-Acetat in 50%ig. Essigsäure (3std. Erhitzen), Einengen, nochmalige 1std. Rk. des Filtrats mit CH_3COOAg, Neutralisation

u. Ausäthern; Kp.$_{10^{-4}}$ 90°; aus PAe. Stäbchen, F. 42—43°; 4 g. *Semicarbazon*, $C_{11}H_{19}O_4N_3$, aus W. lange Nadeln, F. 171—172°. — *1-Oxyacetylcyclohexanol* (**XII**), $C_8H_{14}O_3$: a) 100 g **IX** wurden in 60%ig. wss. A. unter N_2 mit einer Lsg. von NaOH in 60%ig. A. versetzt; nach 5 Min. wurde mit wss. Essigsäure neutralisiert, im Vakuum eingeengt u. ausgeäthert; aus Ae.-PAe. Nadeln, F. 89—90°; 29 g; b) 100 g **IX** wurden in tert.-Butanol mit einer gesätt. Lsg. von NaCl versetzt, in 15 Min. wurde in 10 Portionen wss. KOH unter starkem Schütteln zugegeben, angesäuert, ausgesalzen u. die Butanolschicht mit Chlf. ausgezogen; 38 g. — *1-Oxycyclopentan-1-carbonsäure* (**I**), F. 103—105°, aus 500 g Cyclopentanoncyanhydrin (das sich auch im Hochvakuum nicht unzers. dest. läßt) durch HCl-Hydrolyse; Nadeln; 325 g. — *1-Acetylcyclopentanol* (**II**), $C_7H_{12}O_2$, aus 153 g **I** u. CH_3Li in Ae.; Kp.$_{10}$ 72°; n_D^{19} 1,4650; 81,6 g. *Semicarbazon*, $C_8H_{15}O_2N_3$, aus A. Nadeln, F. 206—208° (Zers.). — *1-Acetylcyclopentylacetat*, $C_9H_{14}O_3$, aus 11,5 g **II** in Pyridin mit Essigsäureanhydrid; Kp.$_{10}$ 100—103°; 10 g. — *1-Bromacetylcyclopentanol*, $C_7H_{11}O_2Br$, analog **IX** aus 5,8 g **II**; Kp.$_{10^{-4}}$ 85—95°; 7,2 g. — Hydrolyse von 7,2 g der vorst. Verb. mit KOH in 60%ig. A. gab ein nicht destillierbares Öl, welches 2 g *1-[Oxyacetyl]-cyclopentanolsemicarbazon*, $C_8H_{15}O_3N_3$, F. 211° (Zers.), lieferte; mkr. Nadeln. (J. chem. Soc. [London] **1951**. 3067—72. Nov. London, Westminster Med. School, Dep. of Chem. Pathol.) SCHORRE. 2050

H. Jonas, *Zum thermischen Verhalten von Kontaktinsekticiden auf der Basis 1.1-Bis-[4-chlorphenyl]-2-chloräthane (DDT- bzw. DDD-Wirkstoff).* *1.1-Bis-[4-chlorphenyl]-2.2.2-trichloräthan* (**I**; DDT), sowie *1.1-Bis-[4-chlorphenyl]-2.2-dichloräthan* (**II**; DDD) zers. sich beim Erhitzen auf 200° in Abwesenheit von Katalysatoren wie $FeCl_3$ nur langsam u. können im Inertgasstrom zum größten Teil unverändert sublimiert werden. Bei Tempp. über 300° wird neben der Sublimation Zers. unter HCl-Abspaltung beobachtet. Das aus dem Sublimat von **I** durch Umkristallisation aus Methanol erhaltene Spaltprod. ist *1.1-Bis-[4-chlorphenyl]-2.2-dichloräthen*, das gegen weitere therm. Behandlung recht beständig ist. Aus **II** bildet sich unter gleichen Bedingungen *4.4'-Dichlortolan*, $C_{14}H_8Cl_2$. Diese Rk. verläuft vermutlich im Sinne einer Retropinakolinumlagerung nach WAGNER-MEERWEIN. Die Spaltprodd. sind nur schwach insektenwirksam. (Z. Naturforsch. **7b**. 132—33. Febr. 1952. Leverkusen, Bayerwerk.) RUTKOWSKI. 2210

M. S. Kharasch, Algirdas C. Poshkus, Andrew Fono und **W. Nudenberg**, *Die Chemie der Hydroperoxyde. 9. Mitt. Relative Wanderungsfähigkeit von Gruppen bei Neuordnungen freier Radikale.* (8. vgl. C. **1952**. 7963.) Die therm. Zers. von *tert.-Butyltriphenylmethylperoxyd* (**I**) wurde in verschied. Lösungsmitteln untersucht. Die Zers. von **I** in Cumol liefert *2-Methyl-2.3.3-triphenyl-3-phenoxypropan* (**VI**). Es wird gezeigt, daß diese Rk. über eine Umlagerung des freien Triphenylmethoxyradikals verläuft. Die Zers. von *tert.-Butyl-p-tolyldiphenylmethylperoxyd* (**II**), *tert.-Butyl-α-naphthyldiphenylmethylperoxyd* (**III**) u. *tert.-Butyl-p-biphenylyldiphenylmethylperoxyd* (**IV**) in Cumol wurde ebenfalls untersucht. Die Ergebnisse zeigen, daß in den freien Triarylmethoxyradikalen die p-Biphenylyl- u. α-Naphthylgruppen 6mal schneller wandern als eine Phenylgruppe. Eine p-Tolylgruppe wandert ungefähr so schnell wie eine Phenylgruppe. Bei diesen Umlagerungen ist das Aryl-C-Atom an der spaltbaren C—C-Bindung des ursprünglichen Radikals das gleiche wie das an der C—O-Bindung des neugebildeten Radikals. Die Zers. von *Benzpinakondiphenyläther* in Cumol liefert *Diphenyldiphenoxymethan* (*Benzophenondiphenyläther*), *Tetraphenyläthylen, Benzhydrolphenyläther* u. vielleicht **VI**.

Versuche: *tert.-Butyltriphenylmethylperoxyd* (**I**), $C_{23}H_{24}O_2$, F. 72—73° (Ligroin), aus Triphenylmethanol in Eisessig mit 60%ig. tert.-Butylhydroperoxyd bei 15° durch Zugabe von 1n $HClO_4$ in Essigsäure; 96% (Ausbeute). — Analog dargestellt: **II**, F. 73—74° (Methanol); 93%; **III**, F. 102—103° (Methanol); 98%; **IV**, F. 114—115°; 80%; u. *tert.-Butyl-p-nitrophenyldiphenylmethylperoxyd* (**V**), F. 119° (A.); 90%. — Bei **V** verlief die therm. Zers. in Cumol bei 140° anomal: es entstanden 67% Ketone u. 17% p-Nitrophenol, 10% p-Nitrophenol wurden nach alkal. Hydrolyse außerdem gefunden. — **VI**, $C_{28}H_{26}O$, F. 108,5 bis 109,5° (A.), durch 5std. therm. Zers. von **I** in Cumol bei 130—135°; 60%. Strukturbeweis: Hydrolyse in Essigsäure bei Ggw. von $HClO_4$ bei Raumtemp. gibt Phenol u. *3-Methyl-2.3.3-triphenylpropen* (?, **VII**), $C_{22}H_{20}$, F. 91—92°; *Bromderiv.* F. 83—85°. **VII** gibt bei Ozonolyse in CCl_4 bei 0° CH_2O u. *2.2-Diphenylpropiophenon*, $C_{21}H_{18}O$, F. 91—92°, bei CrO_3-Oxydation in Essigsäure bei 5—10°, dann bei 80° während 7 Std. *α.β.β-Triphenylbuttersäure* (?), $C_{22}H_{20}O_2$, F. 221—222° (A.). *2-Methyl-3.3.3-triphenylpropen-(1)*, $C_{22}H_{20}$, F. 92—93° (Ae.), aus $(C_6H_5)_3CMgCl$ in Ae.-Bzl. mit Aceton unter N_2; ist nicht ident. mit **VII**; gibt *Monobromderiv.*, F. 146—148°. — *1.1.2-Triphenyl-1-phenoxypropan*, $C_{27}H_{24}O$, F. 127—128° (Methanol), durch Zers. von **I** in Äthylbenzol; 50%; *1.1.2-Triphenylpropen-(1)*, $C_{21}H_{18}$, F. 86° (A.), aus vorst. Verb. durch Hydrolyse. — *1.1-Diphenyl-2-p-methoxyphenylbuten-(1)*, $C_{23}H_{22}O$, F. 121—122° (A.), durch Zers. von **I** in p-Methoxy-u-propylbenzol u. Hydrolyse. — *1-α-Naphthoxy-1.1.2-triphenyl-2-methylpropan* (oder *1-Phenoxy-1.2-diphenyl-1-α-naphthyl-2-methylpropan*, $C_{32}H_{28}O$, F. 185—186° (Ligroin–A.), durch Zers. von **III** in Cumol während 5 Std. bei 124°, Reinigung durch Chromatographieren an Al_2O_3. (J. org. Chemistry **16.** 1458—70. Sept. 1951. Chicago, Ill., Univ., George Herbert Jones Labor.) J. MATTNER. 2270

N. K. Kotschetkow und **G. W. Alexandrowa,** *Diensynthese mit β-Chlorvinylketonen. Kondensation mit aliphatischen Dienen.* Bei der Kondensation von Methyl-β-chlorvinylketon (I) mit Butadien (II) wird *Methyl-[2-chlorcyclohexen-(4)-yl-(1)]-keton* erhalten. Phenyl-β-chlorvinylketon (III) liefert entsprechend *Phenyl-[2-chlorcyclohexen-(4)-yl-(1)]-keton* (IV). Analoge Addukte entstehen aus 2.3-Dimethylbutadien (V) mit **I** oder **III.** Mit Isopren (VI) werden *Methyl-* bzw. *Phenyl-[4-methyl-2-chlorcyclohexen-(4)-yl-(1)]-keton* (VII) erhalten. Dehydrierung von **IV** mit S liefert unter gleichzeitiger HCl-Abspaltung *Benzophenon,* von **VII** *p-Methylbenzophenon.* Die Bldg. letzgenannter Verb. beweist, daß aus **VI** von den 2 möglichen Isomeren nur eines entsteht. Alle erhaltenen Addukte, bes. aber die fl., zers. sich beim Aufbewahren unter Abspaltung von HCl.

Versuche: Da die β-Chlorvinylketone beim Erhitzen in Berührung mit Metall verharzen, wurden die Rkk. in Glasgefäßen durchgeführt. *Methyl-[2-chlorcyclohexen-(4)-yl-(1)]-keton,* $C_8H_{11}OCl$, Kp.$_6$ 85—86°; 10 g **I** werden mit 20 g **II** in Ggw. von 0,1 g Hydrochinon in 10 cm³ Bzl. 9—10 Std. im Autoklaven auf 100—110° erhitzt; Öl; D.$^{20}_4$ 1,074; n_D^{20} 1,4960; 60% (Ausbeute, unter Berücksichtigung von wiedergewonnenem **I**). — *Phenyl-[2-chlorcyclohexen-(4)-yl-(1)]-keton* (**IV**), $C_{13}H_{13}OCl$, Kp.$_1$ 148—150°; aus **III** u. **II** analog Vorst.; Öl; D.$^{20}_4$ 1,1620; n_D^{20} 1,5670; 50%. — *Methyl-[4-methyl-2-chlorcyclohexen-(4)-yl-(1)]-keton,* $C_9H_{13}OCl$, Kp.$_{10}$ 118—120°; aus **I** u. **VI**; bes. zersetzliches Öl; D.$^{20}_4$ 1,0690; n_D^{20} 1,5010; 57%. — *Phenyl-[4-methyl-2-chlorcyclohexen-(4)-yl-(1)]-keton* (**VII**), $C_{14}H_{15}OCl$, F. 76°; Kp.$_6$ 171—173°; aus **III** u. **VI**; aus PAe. Kristalle; 61%. — *Methyl-[4.5-dimethyl-2-chlorcyclohexen-(4)-yl-(1)]-keton,* $C_{10}H_{15}OCl$, F. 35°; Kp.$_7$ 115—118°; aus 10 g **I** u. 10 g **V** in 30 cm³ Bzl. bei 25std. Kochen; aus PAe. Kristalle; 43%. — *Phenyl-[4.5-dimethyl-2-chlorcyclohexen-(4)-yl-(1)]-keton,* $C_{15}H_{17}OCl$, F. 62°; Kp.$_3$ 166—170°; aus 10 g **III** u. 10 g **V** in 30 cm³ Bzl. bei 30std. Kochen; aus PAe. Nadeln; 71%. — Dehydrierung von **IV** mit S bei 180—200° bis zum Aufhören der H_2S-Entw., Wasserdampfdest. u. Extraktion mit Ae. ergibt *Benzophenon* (Oxim F. 143°); in analoger Weise wird aus **VII** *p-Methylbenzophenon* (*2.4-Dinitrophenylhydrazon,* F. 197—198°) erhalten. (Доклады Академии Наук СССР [Ber. Akad. Wiss. UdSSR] [N. S.] **85.** 1033—36. 11/8. 1952. Moskau, Lomonossow-Univ.) R. K. MÜLLER. 2360

A. Je. Arbusow und **M. M. Asanowskaja,** *Herstellung und Eigenschaften von Estern der dicyclohexyl-(1.1′)-diol-(1.1′)-phosphorigen Säure.* 1.1′-Dioxy-dicyclohexyl-(1.1′) (I) reagiert mit PCl_3 unter Bldg. von *Dicyclohexyl-(1.1′)-diol-(1.1′)-phosphorigsäurechlorid* (*I-Ester* von *Phosphorigsäuremonochlorid*). Mit Alkoxydichlorphosphinen entstehen in Ggw. von Pyridin oder Dimethylanilin die *Alkylester* der *dicyclohexyl-(1.1′)-diol-(1.1′)-phosphorigen Säure* (II) (*I-Ester* von *Phosphorigsäuremonoalkylestern*). Bei Anwendung von Dimethylanilin gelang es in einigen Fällen nicht, reine Reaktionsprodd. zu isolieren. Die Alkylester von **II** werden durch W. (feuchte Luft) zum entsprechenden Alkohol u. **II** verseift; mit Halogenalkyl oder -acyl geben sie die *Alkyl (Acyl)-phosphonsäureester* von **I,** mit S die entsprechenden *Thiophosphorsäureester.*

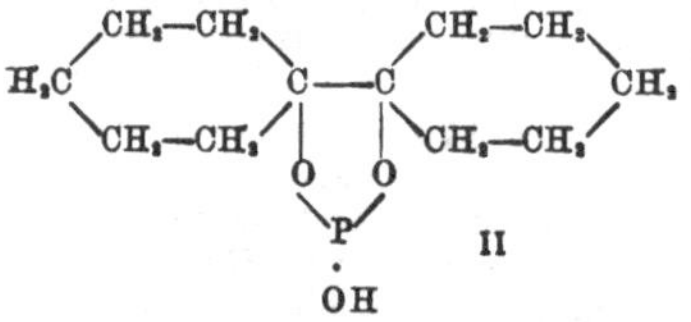

II

Versuche: *Dicyclohexyl-(1.1′)-diol-(1.1′)-phosphorige Säure* (**II**), $C_{12}H_{21}O_3P$, F. 92 bis 93°; aus dem Chlorid oder den Alkylestern auf Zusatz von W.; aus Ligroin Kristalle. *Chlorid,* $C_{12}H_{20}O_2ClP$, F. 65—75°. Zu 10,7 g **I** u. 13,1 g Dimethylanilin in 250 cm³ Bzl. werden 7,4 g PCl_3 zugetropft; dann wird 20 Min. auf 60—70° erwärmt. An der Luft rauchende, krist. M.; nicht destillierbar, da Zers. unter Abscheidung von P eintritt. *Methylester,* $C_{13}H_{23}O_3P$, F. 55—65°. Zu 13,2 g **I** u. 10,5 g Pyridin in Bzl. werden unter Rühren 8,9 g Methoxydichlorphosphin zugetropft. Kristalle, die augenblicklich an der Luft zerfließen, wobei **II** entsteht. *Äthylester,* $C_{14}H_{25}O_3P$, Kp.$_{10}$ 163,5—165°; aus **I** u. Äthoxydichlorphosphin analog Vorst.; D.$^{20}_0$ 1,0852; n_D^{20} 1,4990; Mol.-Refr. 73,46; 25% (Ausbeute). *Propylester,* $C_{15}H_{27}O_3P$, Kp.$_{11,5}$ 177—179°; D.$^0_0$ 1,0902; D.$^{20}_0$ 1,0711; n_D^{20} 1,4970; ca. 26%. *Butylester,* $C_{16}H_{29}O_3P$, Kp.$_{12,8}$ 186—188°; aus **I** u. Butoxydichlorphosphin analog Vorst., aber in Ggw. von Dimethylanilin; D.$^{20}_4$ 1,0646; n_D^{20} 1,4948; 26,5%. — I-Ester von *Phosphonsäuren,* $\left(C_{12}H_{20}\genfrac{}{}{0pt}{}{-O}{-O}\right)$>P(:O)R, R = *Triphenylmethyl,* $C_{31}H_{35}O_3P$, F. 195,5—196,5°; aus dem Methyl- oder Butylester von **II** u. Triphenylbrommethan in Bzl. bei 1½std. Kochen; Kristalle aus Ligroin. R = *Benzyl,* $C_{19}H_{27}O_3P$, F. 143,5—144°; aus II-Methylester u. Benzylbromid analog Vorst.; Kristalle aus Ligroin. R = *Benzoyl,* $C_{19}H_{25}O_4P$, F. 173,5—174,5°; analog Vorst. mit Benzoylchlorid; kurze Nadeln aus Ligroin.

— I-*Ester* von *Thiophosphorsäuremonoalkylestern*, $(C_{12}H_{20})\langle{}^{-O}_{-O}\rangle P(:S)OR$. R = CH_3, $C_{13}H_{23}O_3SP$, F. 115,5—116,2°; aus II-Methylester u. S in Bzl. durch kurzes Erwärmen auf dem Wasserbad; Nadeln aus Methanol; 72,7%. R = C_2H_5, $C_{14}H_{25}O_3SP$, F. 65—66°; aus PAe. Kristalle. R = n-C_3H_7, $C_{15}H_{27}O_3SP$, F. 50,5—52°; aus PAe. Kristalle. (Известия Академии Наук СССР, Отделение Химических Наук [Nachr. Akad. Wiss. UdSSR, Abt. chem. Wiss.] **1951**. 544—50. Sept./Okt. Kasan, Uljanow-Lenin-Univ., Chem. Wiss. Butlerow-Forschungsinst.) WÖRFFEL. 2580

J. Colonge und **G. Weinstein**, *Über ein allgemeines Verfahren zur Darstellung von Indenkohlenwasserstoffen.* Es werden mittels Formaldehyds bzw. Trioxymethylens in Ggw. von K-Alkoholat einige Arylalkylketone in *1-Aryl-2-alkylpropanol-(3)-one-(1)* übergeführt, die nach BURCKHALTER u. FUSON (C. **1949**. II. 752) in *2-Alkylindanone-(1)* verwandelt werden. Hieraus entstehen durch Hydrierung die entsprechenden Indanole, durch GRIGNARD-Rk. u. anschließende Wasserabspaltung einige *Polyalkylindene.*

Versuche: Nachst. *substituierter Propanol-(3)-one-(1)*, aus 30 g Trioxymethylen u. 1,5—2 Mol des Arylalkylketons durch 5—6 std. Rühren bei Ggw. von 12—20 cm³ n/10 K-Alkoholat, Verdünnen mit W., Ansäuern u. Benzolextraktion: *2-Methyl-1-phenyl-* Kp.$_{17}$ 158—162°, aus Propiophenon; 62% (Ausbeute). *Phenylurethan*, F. 87° (PAe.). — *2-Methyl-1-[p-tolyl]-*, $C_{11}H_{14}O_2$, Kp.$_3$ 145—148, aus p-Methylpropiophenon, n_D^{22} 1,5295, $D.^{22}_4$ 1,068, Mol.-Refr. 52,43; 74%. *Phenylurethan*, $C_{18}H_{19}O_3N$, F. 76°. — *2-Äthyl-1-phenyl-*, Kp.$_5$ 140—145°, aus Butyrophenon; 89%. *Phenylurethan*, F. 74°. — *2-Äthyl-1-[p-tolyl]-*, $C_{12}H_{16}O_2$, Kp.$_{4,5}$ 149,5°, aus p-Methylbutyrophenon; $n_D^{22,5}$ 1,5295, $D.^{22,5}_4$ 1,048; Mol.-Refr. 56,54; 81%. *Phenylurethan*, $C_{19}H_{21}O_3N$, F. 67°. — *2-Methyl-[2.5-dimethylphenyl]-*, $C_{12}H_{16}O_2$, Kp.$_{3,5}$ 146°, aus 2.5-Dimethylpropiophenon; 42%. *Phenylurethan*, F. 60°. — *2-Äthyl-[2.5-dimethylphenyl]-*, $C_{13}H_{18}O_2$, Kp.$_1$ 122—123°, aus 2.5-Dimethylbutyrophenon; $n_D^{19,5}$ 1,5317, $D.^{19,5}_4$ 1,038; 45%. *Phenylurethan*, $C_{20}H_{23}O_3N$, F. 74°. — Nachst. *Indanone-(1)*, durch Cyclodehydratation der vorst. Ketole mit konz. H_2SO_4 bei 50—60°: *2-Methyl-* (I), $C_{10}H_{10}O$, Kp.$_{15}$ 120°, n_D^{23} 1,5511, $D.^{23}_4$ 1,064; 81%. *Semicarbazon*, $C_{11}H_{13}ON_3$, F. 199° (A.). — *2-Äthyl-*, $C_{11}H_{12}O$, Kp.$_{12}$ 127°, n_D^{22} 1,5457, $D.^{22}_4$ 1,042; 93%. *Semicarbazon*, F. 200° (A.). — *2.5-Dimethyl-*, $C_{11}H_{12}O$, Kp.$_{14}$ 136°, n_D^{23} 1,5431, $D.^{23}_4$ 1,040; 92%. *Semicarbazon*, $C_{12}H_{15}ON_3$, F. 220° (A.). — *5-Methyl-2-äthyl-*, $C_{12}H_{14}O$, Kp.$_5$ 120°, $n_D^{21,5}$ 1,5402, $D.^{21,5}_4$ 1,020; 80%. *Semicarbazon*, $C_{13}H_{17}ON_3$, F. 208,5°. — *2.4.7-Trimethyl-* (II), $C_{12}H_{14}O$, Kp.$_{15}$ 147°, n_D^{22} 1,5505, $D.^{22}_4$ 1,037; 86%. *Semicarbazon*, $C_{13}H_{17}ON_3$, F. 230° (A.). *Dinitrophenylhydrazon*, F. 190°. — *4.7-Dimethyl-2-äthyl*, $C_{13}H_{16}O$, Kp.$_{16}$ 157°, $D.^{22}_4$ 1,020, n_D^{22} 1,5460; 90%. *Semicarbazon*, $C_{14}H_{19}ON_3$, F. 172° (A.). — Hieraus nachst. *substituierte Indanole-(1)*: *2-Methyl-*, $C_{10}H_{12}O$, Kp.$_{14}$ 117—122° (Isomerengemisch), a) durch RANEY-Hydrierung in A.; *Phenylurethan*, $C_{17}H_{17}O_2N$, F. 110° (PAe.); b) durch Red. mit Na in A.; krist. teilweise (vermutlich *trans-Verb.*, F. 89° [*Phenylurethan*, F. 90°]). — *2-Äthyl-*, $C_{11}H_{14}O$, als Isomerengemisch, Kp.$_{15}$ 127—132°, durch RANEY-Hydrierung; 85%. *Phenylurethan*, $C_{18}H_{19}O_2N$, F. 126° (PAe.). — *2.5-Dimethyl-*, $C_{11}H_{14}O$, Kp.$_{15}$ 132—140°. Hieraus durch partielle Kristallisation *ein Isomeres*, F. 78°; *Phenylurethan*, $C_{18}H_{19}O_2N$, F. 112° (PAe.). — *2-Äthyl-5-methyl-*, $C_{12}H_{16}O$, als Gemisch; 85%. Hieraus *ein Isomeres*, F. 102° (PAe.). — *1.2-Dimethyl-*, $C_{11}H_{14}O$, Kp.$_{4,5}$ 100°, F. 40°, aus I u. CH_3MgJ; 90%. — *1.2.5-Trimethyl-*, Kp.$_5$ 114—114,5°, wie vorst.; 90%. — *1-Methyl-2-äthyl-*, $C_{12}H_{16}O$, Kp.$_{4,5}$ 111°, n_D^{20} 1,5300, $D.^{20}_4$ 1,015; 90%. — Hieraus nachst. *Indene* durch Kochen mit 10%ig. Oxalsäure: *2.3-Dimethyl-*, Kp.$_{11}$ 99,5—100°; 95%. *Pikrat*, F. 87,5°. — *2.3.6-Trimethyl-*, $C_{12}H_{14}$, Kp.$_{19}$ 126°, n_D^{21} 1,5566, $D.^{21}_4$ 0,954; 89%. *Pikrat*, F. 97° (A.). — *3-Methyl-2-äthyl-*, $C_{12}H_{14}$, Kp.$_{13}$ 119—119,5°, n_D^{21} 1,5544, $D.^{2}_4$ 0,957; 88%. — *3.6-Dimethyl-2-äthyl-*, $C_{13}H_{16}$, Kp.$_{12}$ 137—138°, n_D^{21} 1,5462, $D.^{21}_4$ 0,947; 77%. *Pikrat*, F. 58°, aus A. rote Kristalle. — *2.3.4.7-Tetramethyl-*, $C_{13}H_{16}$, F. 63° (A.), aus II u. CH_3MgJ u. Dehydratisierung des Rohprod.; 70%. *Pikrat*, F. 109°. — *3.4.7-Trimethyl-2-äthyl-*, $C_{14}H_{18}$, Kp.$_{10}$ 157°, analog; n_D^{2} 1,5588, $D.^{21}_4$ 0,966; 80%. Pikrat, F. 59,5° (A.). (Bull. Soc. chim. France, Mém. [5] **19.** 462—65. Mai/Juni 1952. Lyon, École de Chim. ind. et Fac. des Sci.) LEHWALD. 2650

N. N. Melnikow und **Ju. A. Basskakow**, *Über den Oxydationsmechanismus organischer Verbindungen mit Selendioxyd.* 12. Mitt. *Oxydation von α-Naphthylacetonitril und α-Naphthylessigsäureestern.* (11. vgl. Журнал Общей Химии [J. allg. Chem.] **15.** (**77.**) [1945.] 657.) Die Oxydation von α-Naphthylacetonitril u. von α-Naphthylessigsäureestern mit SeO_2 verläuft unter Bldg. des *Nitrils* u. der *Ester* der *α-Naphthoylameisensäure.*

Versuche: *α-Naphthoylameisensäurenitril*, $C_{12}H_7ON$, F. 100—101°; Kp.$_{20}$ 165 bis 170°; bei Erhitzen von 16,7 g α-Naphthylacetonitril mit 11,1 g SeO_2 auf 180—200°; aus PAe. Kristalle; 8,5 g (Ausbeute) neben 3,8 g *Naphthoesäure* (I). — *α-Naphthoylameisensäuremethylester*, F. 73°; Kp.$_{37}$ 201—205°. 10 g α-Naphthylessigsäuremethylester werden mit 5,6 g SeO_2 1½ Std. auf 190° erhitzt; aus PAe. Kristalle; 7,8 g neben 1,2 g I.

Pikrat, $C_{19}H_{13}O_{10}N_3$, F. 81°. — *α-Naphthoylameisensäureäthylester*, Kp.$_{20}$ 210—212°; analog Vorst. aus α-Naphthylessigsäureäthylester u. SeO_2 bei 200—210°; 72%. *Pikrat*, F. 76—76,5°. (Журнал Общей Химии [J. allg. Chem.] **21.** (**83.**) 694—96. April 1951.) HELD. 2700

N. N. Melnikow und **Ju. A. Basskakow**, *Über den Oxydationsmechanismus der Nitrile durch Selendioxyd.* (Vgl. vorst. Ref.) o-, m- u. p-Chlorphenylacetonitril (**I, II** u. **III**) gaben bei der Oxydation mit SeO_2 *o-*, *m-* u. *p-Chlorbenzonitril* als Hauptprodukt. Wird α-Naphthylacetonitril (**IV**) mit SeO_2 im Verhältnis 1 : 1½ Mol oxydiert, so entstand analog *α-Naphthonitril*; das früher bei der Oxydation erhaltene Nitril der α-Naphthoylameisensäure wurde unter diesen Bedingungen nicht gebildet. Weitere Reaktionsprodd. waren *o-*, *m-* u. *p-Chlorbenzoesäure* (**V, VI** u. **VII**) u. *α-Naphthoesäure* (**VIII**), außerdem Se-organ. Verbb. in geringer Menge, CO_2, HCN u. $(CN)_2$, aber nicht CO. — Die Rkk. verlaufen vermutlich über freie Radikale.

Versuche: Die Arylacetonitrile wurden mit frisch sublimiertem SeO_2 unter N_2 auf 180—190° erhitzt. Nach Beendigung der heftigen Rk. wurde das Reaktionsgemisch 2 Std. auf 200—230° erhitzt. *o-Chlorbenzonitril*, C_7H_4NCl, F. 41°; Kp.$_{11}$ 103—106°; aus 15,1 g **I** u. 11,1 g SeO_2; aus Bzn. Kristalle; 9 g (Ausbeute) neben 2 g **V** (F. 141°). — *m-Chlorbenzonitril*, C_7H_4NCl, F. 39,5°; Kp.$_{11}$ 92—97°; Herst. analog Vorst.; 62% neben 11% **VI**. — *p-Chlorbenzonitril*, C_7H_4NCl, F. 92°; Kp.$_{11}$ 94—98°; aus A. Kristalle; 40% neben 28,5% **VII**. — *α-Naphthonitril*, $C_{11}H_7N$, Kp.$_{11}$ 145—147°; aus 33,4 g **IV** u. 33,3 g SeO_2; $D.^{20}{}_4$ 1,1097; n_D^{20} 1,6232; 17,5 g neben 10 g **VIII**. (Доклады Академии Наук СССР [Ber. Akad. Wiss. UdSSR] [N. S.] **85.** 337—39. 11/7. 1952. Timirjasew-Inst. für Pflanzenphysiol. der Akad. der Wiss. der UdSSR.) WÖRFFEL. 2700

Dorothy V. Nightingale, Robert L. Sublett und **Robert H. Wise**, *Acylierung von Phenoläthern mit Diphenoylchlorid.* 2.2'-Diphenoylchlorid (**I**) reagiert mit Phenoläthern in Ggw. von $AlCl_3$ je nach den Versuchsbedingungen zu *2.2'-Diaroyldiphenylen*, *4-Aroylfluorenonen* oder *9.9-Diaryl-4-aroylfluorenen*, letztere entstehen auch aus Fluorenonderivv. u. Phenoläthern. Jede dieser 3 Typen gibt eine charakterist. Farb-Rk. mit konz. H_2SO_4: gelb, weinrot bzw. tief purpur. 3 4-Aroylfluorenone kristallisieren in 2 Formen, die höherschm. aus Ae., die niedrigerschm. aus C_2H_5OH. *2.2'-Bis-[2.4-dimethoxybenzoyl]-diphenyl* bildet zunächst eine höherschm. Form, die nach längerem Stehen in die bekannte niedrigerschm. Form übergeht. Hydrochinondimethyläther reagiert nicht mit **I**.

Versuche: *2.2'-Bis-[3-methyl-4-methoxybenzoyl]-diphenyl*, $C_{30}H_{26}O_4$, F. 147—148° (A.), aus o-Kresolmethyläther (**II**) u. **I** durch Eintragen von $AlCl_3$ bei Raumtemp. u. 2½ Std. Rühren; 66% (Ausbeute); oder in CS_2 (oder Nitrobenzol oder symm.-Tetrachloräthan) als Lösungsm.; Temp. während der Zugabe von $AlCl_3$ 0°, anschließend 4 Std. bei Zimmertemp. gerührt; 75%. — *2.2'-Bis-[4-methyl-6-methoxybenzoyl]-biphenyl*, $C_{30}H_{26}O_4$, F. 145,5—146°, analog. — *2.2'-Bis-[5-methyl-2-methoxybenzoyl]-diphenyl*, $C_{30}H_{26}O_4$, F. 166 bis 167°. — *2.2'-Bis-[3.4-dimethoxybenzoyl]-biphenyl*, $C_{30}H_{26}O_6$, F. 186—186,5°. — *2.2'-Bis-[2.4-dimethoxybenzoyl]-diphenyl*, $C_{30}H_{26}O_6$, F. 191,5—192°; nach einjährigem Stehen F. 141,5—142°, auch nach weiterem Umkristallisieren u. bei anderen Ansätzen. — *4-[4-Methyl-6-methoxybenzoyl]-fluorenon*, $C_{22}H_{16}O_3$, F. 126—126,5° (Ae.), F. 114—114,5° (A.), aus 7 g **I** in 15 cm³ Nitrobenzol u. 9,8 g $AlCl_3$ bei 0° unter Rühren (Temp. steigt auf 12°), bei 0° 10 cm³ m-Kresolmethyläther zugeben (Temp. bis 19°), noch 4 Std. gerührt; 6 g. — *4-[2-Methoxy-5-methylbenzoyl]-fluorenon*, $C_{22}H_{16}O_3$, F. 167,5—168°. — *4-[3.4-Dimethoxybenzoyl]-fluorenon*, $C_{22}H_{16}O_4$, F. 167—168° (Ae.), F. 155—156° (A.). — *4-[2.4-Dimethoxybenzoyl]-fluorenon*, $C_{22}H_{16}O_4$, F. 141,5—142°. — *4-[3-Methyl-4-methoxybenzoyl]-fluorenon* (**III**), $C_{22}H_{16}O_3$, F. 139,5—140° (Ae.), F. 125—126° (A.), wie vorst. oder aus 1,5 g **II**, 2,3 g Fluorenoncarbonsäure-(4)-chlorid u. 1,6 g $AlCl_3$ in 20 cm³ CS_2 bei 0—5°; 2 g. *Oxim*, $C_{22}H_{17}O_3N$, F. 141,5—142°. — *4-[3-Methyl-4-methoxybenzoyl]-9.9-bis-[3-methyl-4-methoxyphenyl]-fluoren* (**IV**), $C_{38}H_{34}O_4$, F. 193,5—194° (A.), aus 10 ml **II**, 7 g **I** u. 9,8 g $AlCl_3$ in 15 cm³ Nitrobenzol; oder aus 15 cm³ **II**, 5,5 g **I** u. 6,6 g $AlCl_3$ in 150 cm³ CS_2; 2,6 g; daneben 4,6 g **III**; **III** gibt in Nitrobenzol mit **II** u. $AlCl_3$ **IV**. — *4-[3.4-Dimethoxybenzoyl]-9.9-bis-[3.4-dimethoxyphenyl]-fluoren*, $C_{38}H_{34}O_7$, F. 225,5—226°. — *4-[4-Methoxybenzoyl]-9.9-bis-[4-methoxyphenyl]-fluoren*, $C_{35}H_{28}O_4$, F. 177,5—178°, aus Anisol u. **I** in Nitrobenzol; 31%; daneben *4-Anisoylfluorenon* (47%), das in CS_2 allein entsteht (50%). — *4-[2.4-Dimethylbenzoyl-9.9-bis-[3-methyl-4-methoxyphenyl]-fluoren*, $C_{38}H_{34}O_3$, F. 174,5—175°, aus 4-[2.4-Dimethylbenzoyl]-fluorenon u. **II** in Nitrobenzol. — *9.9-Bis-[3.4-dimethoxyphenyl]-fluoren*, $C_{29}H_{26}O_4$, F. 224—225°, aus Veratrol u. Fluorenon in Nitrobenzol. — *9.9-Bis-[3-methyl-4-methoxyphenyl]-fluorencarbonsäure-(4)-methylester*, $C_{31}H_{28}O_4$, F. 170—171°, aus 1,5 g Fluorenoncarbonsäure-(4)-methylester, 2 cm³ **II** u. 1,8 g $AlCl_3$ in 10 cm³ Tetrachloräthan; 1,5 g. — *2-[3-Methyl-4-methoxybenzoyl]-6*(oder *6'*)*-[bis-(3-methyl-4-methoxyphenyl)-oxymethyl]-biphenyl*, $C_{38}H_{36}O_5$, F. 186—187°, aus **IV** mit konz. H_2SO_4, 6 Std. bei Zimmertemp.;

61%; gibt mit $AlCl_3$ oder HBr wieder **IV**. — *2-[3.4-Dimethoxybenzoyl]-6*(oder *6'*)-*[bis-(3.4-dimethoxyphenyl)-oxymethyl]-biphenyl*, $C_{38}H_{36}O_8$, F. 212—213°; 35%. — *2-[2.4-Dimethylphenyl]-6*(oder *6'*)-*[bis-(3-methyl-4-methoxyphenyl)-oxymethyl]-biphenyl*, $C_{38}H_{36}O_4$, F. 164—165°; 35%. (J. Amer. chem. Soc. **74.** 2557—59. 20/5. 1952. Columbia, Mo., Univ., Chem. Dep.) Macholdt-Erdniss. 2750

B. M. Michailow und **W. P. Bronowitzkaja**, *Synthesen polycyclischer Verbindungen. 16. Mitt. Gewinnung von Mesoderivaten des Anthracens mit Hilfe lithiumorganischer Verbindungen.* (15. vgl. Известия Академии Наук СССР, Отделение Химических Наук [Nachr. Akad. Wiss. UdSSR, Abt. chem. Wiss.] **1949.** 279.) Die Rkk. von n-Butyl-Li (**I**) oder Phenyl-Li (**II**) mit 9-Bromanthracen, 9.10-Dibromanthracen (**III**) u. 9-Chlor-10-bromanthracen (**IV**) führen zur Bldg. von Li-organ. Verbb. der Anthracenreihe. Diese werden indessen besser unter Anwendung von **II** als von **I** hergestellt, weil **I** zu Neben-Rkk. Veranlassung gibt. Durch Umsetzen des aus **IV** erhaltenen 9-Chloranthryl-(10)-lithiums (**V**) u. des aus **III** erhaltenen Br-Analogen (**VI**) mit verschied. Reaktionspartnern wurden in 10-Stellung substituierte 9-Chlor- bzw. 9-Bromanthracene dargestellt, z. B. aus **V** mit CO_2 *9-Chloranthracencarbonsäure-(10)*. Die Einw. von 2 Mol **I** auf **III** u. folgende Rk. mit CH_3J lieferte infolge der eingangs erwähnten Neben-Rkk. bei Anwendung von **I** nur 16% *9.10-Dimethylanthracen*, mit Äthylenoxyd entstanden nur 13% *9.10-Bis-β-oxyäthylanthracen*. Die Substitution des 2. Br-Atoms in **III** durch Li verläuft hingegen mit **II** unvollständiger als mit **I**. So wurden aus **III** u. 2 Mol **II** bei 50° u. folgender Einw. von CO_2 82% *9-Bromanthracencarbonsäure-(10)* u. nur 8% *Anthracendicarbonsäure-(9.10)* gebildet. Es gelang nicht, Cl in 9-Chloranthracen oder **IV** gegen Li auszutauschen.

Versuche: Alle Operationen wurden in N_2-Atmosphäre ausgeführt. *9-Chloranthracencarbonsäure-(10)*, $C_{15}H_9O_2Cl$, F. 268,5—269,5°. Man fügt zu einer Lsg. von **II**, aus 0,9 g C_6H_5Br, 0,09 g Li u. 5 cm³ Ae., 1 g **IV**, schüttelt ¼ Std. u. gießt auf feste CO_2; aus A. gelbe Nadeln; 73% (Ausbeute). — *9-Äthyl-10-chloranthracen*, F. 109—110°; aus einer wie vorst. hergestellten Lsg. von **V** bei 3std. Erwärmen mit einer äther. Lsg. von 2,6 g C_2H_5J im geschlossenen Gefäß auf 50°; aus Aceton gelbe Tafeln; 47%. — *9-Methyl-10-chloranthracen*, F. 179—180°; analog Vorst. mit CH_3J; die Rk. erfolgt augenblicklich ohne zu erwärmen; aus Bzl. + A. Kristalle; 88%. — *9-Bromanthracencarbonsäure-(10)*, F. 265—267°; aus **II**-Lsg. u. **III** wird analog Vorst. **VI** hergestellt, das mit fester CO_2 behandelt wird; gelbe Nadeln aus Bzl. + A.; 91,3%. — *9-Methyl-10-bromanthracen* (**VII**), F. 172—173°; aus **VI** u. CH_3J; aus Bzl. + A.; 76%. — *9-Äthyl-10-bromanthracen*, F. 109 bis 110°; gelbe Nadeln aus A.; 37%. — *9.10-Dimethylanthracen*, F. 183,5—184,5°. a) Man schüttelt eine Lsg. von **I** (0,6 g n-C_4H_9Cl, 0,08 g Li, 10 cm³ Ae.) ¼ Std. mit 0,7 g **III** u. fügt eine äther. Lsg. von 1,8 g CH_3J hinzu; 0,07 g. b) Aus **I**-Lsg., **VII** u. CH_3J; 52,6%. Aus Bzl. + A. gelbe Nadeln. — *9.10-Bis-β-oxyäthylanthracen*, $C_{18}H_{18}O_2$, F. 223,5—224,5°; durch Umsetzen der aus **III** u. **I** analog Vorst. erhaltenen Di-Li-Verb. mit Äthylenoxyd; aus A. gelbe Nadeln; 12,8%. — *9-Methylanthracencarbonsäure-(10)*, $C_{16}H_{12}O_2$, F. 219 bis 220°. Man läßt **I** 10 Min. auf **VII** einwirken u. behandelt mit fester CO_2; analog aus **II** u. **VII** bei 1½std. Reaktionsdauer; aus A. gelbe Tafeln; 42,5%. — *9-Methyl-10-äthylanthracen*, F. 142—144°; die Li-Verb. aus **II** u. **VII** wird mit C_2H_5J umgesetzt; aus Bzl. + Methanol; 57%. (Журнал Общей Химии [J. allg. Chem.] **22.** (**84.**) 157—62. Jan. 1952. Inst. für allg. u. exp. Pathol. der Akad. der Med. Wiss. der UdSSR.) Schmeiss. 2800

A. G. Anderson jr. und **James Tazuma**, *1-Aza-benz-[b]-azulen.* Vff. erhalten aus Heptindol (**II**) durch Dehydrierung mit 5% Pd-Tierkohle auf MgO in der Gasphase (350—360°) das dunkelrote *1-Aza-benz-[b]-azulen* (**I**), $C_{13}H_9N$, F. 140—141°, Absorption im UV (Lsg. in A.) λ_{max} bei 288 mμ, log ε 4,47 u. 309 mμ, log ε 4,59, im sichtbaren Licht (Lsg. in A.) λ_{max} bei 500 mμ, log ε 2,61 u. im Infrarot (Lsg. in CCl_4) bei 6,2, 6,7, 7,1, 7,3, 7,8 u. 8,4 μ. Weitere Identifizierung durch bas. Charakter des Azulens u. durch seine Red. zu **I**. Als Nebenprod. bei der Dehydrierung entsteht Acridin. Vff. erhalten in geringer Menge **I** aus **II** auch mit Jod u. Nitrobenzol nach Treibs (Liebigs Ann. Chem. **576.** [1952.] 110.) (J. Amer. chem. Soc. **74.** 3455—56. 5/7. 1952. Washington, Univ., Dep. of Chem. and Chem. Engng.) Barchet. 2950

Charles D. Hurd und **Kenneth L. Kreuz**, *Nitrothienole und halogenierte Nitrothiophene.* 2-Chlorthiophen liefert bei der Nitrierung mit HNO_3-Acetanhydrid *5-Nitro-2-chlorthiophen* (**I**) u. daneben in geringer Menge eine hochschm., unlösl. Verb., wahrscheinlich *Bis-[5-nitro-2-chlorthienyl-(3)]*. Weitere Nitrierung von **I** mit HNO_3–H_2SO_4 führt zu *3.5-Dinitro-2-chlorthiophen* (**II**); dieses Gemisch bewirkt auch Nitrierung von 5-Chlor-2-acetothienon (**VII**) zu *4-Nitro-5-chlor-2-acetothienon* (**III**) u. von 5-Chlorthenoesäure-(2)-methylester zu *4-Nitro-5-chlorthenoesäure-(2)* (**IV**)-*Methylester*; zur Nitrierung von 5-Chlorthiophen-2-sulfonylchlorid zum *4-Nitroderiv.* (**V**) ist dagegen rauchende HNO_3 erforderlich. Hydrolyse von **V** liefert *3-Nitro-2-chlorthiophen* (**VI**), das auch durch Decarboxylierung von **IV** entsteht u. zu **II** nitriert werden kann. Die Beweglichkeit der Halogenatome in den

Verbb. **I**—**VI** u. in den bekannten Verbb. *3-Nitro-2.5-dichlorthiophen*, *3.4-Dinitro-2.5-dichlorthiophen* (**IX**) u. *2-Nitro-3-bromthiophen* ist größer als bei den entsprechenden Benzolderivv., wie sich aus der Best. des ion. Halogens nach Behandlung mit methanol. KOH u. dem Vgl. mit 2.4-Dinitrochlorbenzol ergibt; dabei ist die Reaktivität von **I** etwas größer als die von **VI**, während bei der Rk. mit Piperidin das Gegenteil der Fall ist. Direkte Hydrolyse des Cl-Atoms gelang nur mit **II**, aus dem erhaltenen Na-Salz konnte *3.5-Dinitrothienol-(2)* (**VIII**) aber nur in schlechter Ausbeute isoliert werden. Besser eignete sich die indirekte Hydrolyse mit Na-Formiat in sd. CH_3OH mit nachfolgendem Ansäuern, die für **II** u. **III** gute Ergebnisse lieferte; bei **VI** war langes Kochen erforderlich, u. es resultierte der *Methyläther* des erwarteten Thienols. **II** u. **III** ließen sich auch mit NH_3 bzw. Aminen zu *substituierten Thienylaminen* umsetzen. Das UV- u. Infrarotspektr. von *3.5-Dinitrothienyl-(2)-amin* spricht dafür, daß es wenigstens zum Teil in der aci-Nitroform vorliegt.

Versuche: *2-Chlor-5-nitrothiophen* (**I**), $C_4H_2O_2NClS$, F. 25°, durch tropfenweise Zugabe von HNO_3 (D. 1,50) in Acetanhydrid zu 2-Chlorthiophen (Kp. 126—127°) in Acetanhydrid bei —10°, Aufgießen auf Eis nach 15std. Stehen bei —10°, weiteres 2tägiges Stehen bei —10°, Aufnehmen des festen Prod. in PAe., Filtration u. Eindampfen; $Kp._5$ 85—90°, aus Hexan Kristalle; 67% (Ausbeute). *Bis-[5-nitro-2-chlorthienyl-(3)]*, $C_8H_2O_4N_2Cl_2S_2$, F. 211—213°, als unlösl. Nebenprodukt. —*2-Chlor-3.5-dinitrothiophen* (**II**), $C_4HO_4N_2ClS$, F. 121—122°, durch Eintragen von **I** in ein Gemisch von HNO_3 (D. 1,50) u. H_2SO_4 (D. 1,84) 1:1 bei 0—5° während 30 Min. unter Rühren u. Aufgießen auf Eis nach weiteren 10 Min.; aus CH_3OH glänzende Blättchen; 81%. — *5-Chlor-2-acetothienon* (**VII**), aus Thiophen u. Acetylchlorid mit $AlCl_3$ oder in Bzl. mit $SnCl_4$. — *4-Nitro-5-chlor-2-acetothienon* (**III**), $C_6H_4O_3NClS$, F. 85—87° (A.), durch Versetzen von 48 g vorst. Verb. mit HNO_3—H_2SO_4 bei 0—5° während 30 Min. u. Aufgießen auf Eis; 55 g. — *5-Chlorthenoesäure-(2)*, F. 151 bis 152° (wss. A.), durch HOCl-Oxydation von **VII**; 91%. *Methylester*, $Kp._7$ 95—97°, F. 16,5—18°. — *4-Nitro-5-chlorthenoesäure-(2)* (**IV**)*-methylester*, $C_6H_4O_4NClS$, F. 83—84° (Hexan), durch tropfenweisen Zusatz von HNO_3 (D. 1,42) zur Lsg. von 18 g vorst. Esters in H_2SO_4 (D. 1,84) bei 0—5° unter Rühren u. Aufgießen auf Eis; 16 g. **IV**, $C_5H_2O_4NClS$, F. 156,5—157,5° (W., dann Bzl.), durch 4std. Kochen des Esters in W. u. H_2SO_4 u. Eingießen der heißen wss. Lsg. in Eiswasser; 7,6 g. — *4-Nitro-5-chlorthiophen-2-sulfonylchlorid* (**V**), $C_4HO_4NCl_2S_2$, F. 51,5—52,5°, durch Eintragen von 20 g 5-Chlorthiophen-2-sulfonylchlorid (F. 26—28°) in kleinen Portionen in HNO_3 (D. 1,50) bei 30°, 2std. Stehen bei 40—45° u. Aufgießen auf Eis; aus Hexan Nadeln; 21,3 g. — *2-Chlor-3-nitrothiophen* (**VI**), $C_4H_2O_2NClS$, F. 49,5—50,5°, a) durch 12std. Kochen von 0,88 g **IV** mit HgO u. Essigsäure, Verdünnen mit Eiswasser, Eintragen des festen Hg-Deriv. in verd. HCl u. Wasserdampfdest.; aus Hexan Nadeln; 0,35 g; b) durch 2std. Kochen von 19,5 g **V** mit W. u. Eintropfen der erhaltenen Sulfonsäurelsg. in sd. verd. H_2SO_4 unter Durchleiten von Wasserdampf; 10,6 g. Nitrierung von 0,25 g **VI** gab 0,23 g **II**. — *3-Bromthiophen*, Kp. 158,5—159° (korr.). 2.3-Dibromthiophen ($Kp._{20}$ 99—100°) wurde mit Mg u. C_2H_5Br in Ae. grignardiert, das Prod. nach 1,5—2std. Kochen mit Eis u. verd. HCl hydrolysiert u. mit Wasserdampf dest.; n_D^{20} 1,5902; 78%. — *2-Nitro-3-bromthiophen*, F. 80—81,5°, durch Nitrierung vorst. Verbindung. — *3.5-Dinitrothienol-(2)* (**VIII**). 22std. Kochen von **II** mit wasserfreiem Na-Formiat in CH_3OH u. Eindampfen gab das rote *Na-Salz*, das mit verd. HCl behandelt wurde, nach Sättigen mit NaCl u. Ae.-Extraktion wurde **VIII** in Form gelber Kristalle erhalten, die sich bei 25° innerhalb von 5—10 Min. zers., bei —20° aber über Nacht aufbewahrt werden können; bei raschem Erhitzen zers. sich **VIII** heftig bei 50—52°. Die Lsg. von 0,185 g **VIII** in 11 ml W. reagiert sauer ($p_H \sim 1{,}40$); die neutralisierte Lsg. liefert beim Eindampfen wieder das Na-Salz. Hydrolyse von **II** durch 5std. Erwärmen mit $NaHCO_3$-Lsg. auf dem Dampfbad gab ein festes Prod. (F. 204—206°) u. nach dem Ansäuern der wss. Phase mit verd. H_2SO_4, Sättigen mit NaCl, Ae.-Extraktion, Einengen der Ae.-Lsg. u. Zugabe von Hexan eine geringe Menge **VIII**, die aber sogleich verharzte; mit NaOH konnte aus **II** überhaupt kein krist. Material erhalten werden. — *3-Nitro-5-acetylthienol-(2)* (**X**), $C_6H_5O_4NS$, Zers. bei 65°, durch indirekte Hydrolyse von **III** mit Na-Formiat wie vorst.; bei —10° mehrere Tage beständig. — Verss. zur indirekten Hydrolyse von **IX** oder **I** gaben nur Harze. — *2-Methoxy-3.5-dinitrothiophen*, $C_5H_4O_5N_2S$, F. 138—139°, durch Zugabe von 1 Äquivalent wss. KOH zur Lsg. von 10 g **II** in CH_3OH während 12 Std., 6std. Stehen bei 20°, Verdünnen mit W. u. Extraktion mit Ae.; aus A. glänzende Blättchen; 1,1 g; oder aus **VIII** in Ae. mit CH_2N_2; 55%. — *2-Äthoxy-3.5-dinitrothiophen*, $C_6H_6O_5N_2S$, F. 94—95°, durch 7std. Kochen von 1 g **II** in A. mit $NaHCO_3$, Filtration, Eindampfen u. Extraktion mit Ligroin; aus CCl_4 hellgelbe Nadeln; 0,13 g. — *2-Phenoxy-3.5-dinitrothiophen*, $C_{10}H_6O_5N_2S$, F. 151,5—152,6° (CH_3OH), durch Verreiben von **II** mit K-Phenolat; 80%. — *4-Nitro-5-methoxy-2-acetothienon* (*Methyl-[3-nitro-5-acetylthienyl-(2)]-äther*), $C_7H_7O_4NS$, F. 158—159°, durch Zugabe von wss. KOH zur sd. Lsg. von **III** in CH_3OH, Verdünnen nach 10 Min. mit W. u. Ansäuern; aus CH_3OH Nadeln; 80%; oder aus **X** mit

CH_2N_2. — *4-Nitro-5-äthoxy-2-acetothienon*, $C_8H_9O_4NS$, F. 125—126° (CH_3OH), durch 1½ std. Stehen von **III** in A. mit wss. KOH bei 20°, 15 Min. auf dem Dampfbad, Ansäuern, Filtration u. Verdünnen mit W.; 50%. — *4-Nitro-5-phenoxy-2-acetothienon*, $C_{12}H_9O_4NS$, F. 122—123° (A.), durch ½ std. Erwärmen von **III** mit K-Phenolat auf dem Dampfbad u. Extraktion mit Bzl.; 70%. — *3-Nitro-2-methoxythiophen*, $C_5H_5O_3NS$, F. 98,5—99,0°, durch ½ std. Kochen von 0,5 g **VI** mit 0,2n methanol. KOH u. Ansäuern; aus CH_3OH, dann Hexan feine Nadeln; 0,35 g; entsteht auch bei 10tägigem Kochen von **VI** mit Na-Formiat in CH_3OH. — *3-Nitro-2-äthoxythiophen*, $C_6H_7O_3NS$, F. 96,5—97,5°, durch 10 Min. Erwärmen von **VI** mit alkoh. $NaOC_2H_5$-Lsg. auf dem Dampfbad u. Ansäuern; aus Hexan Spieße. — *3-Nitro-2-phenoxythiophen*, $C_{10}H_7O_3NS$, F. 89,5—90,5°, durch 1½ std. Erwärmen von 0,41 g **VI** mit K-Phenolat auf 100° u. Extraktion mit Bzl.; aus A. Nadeln; 0,35 g. — *N-[3.5-Dinitrothienyl-(2)]-anilin*, $C_{10}H_7O_4N_3S$, F. 162—163°, durch Zugabe von Anilin zur Lsg. von **II** in CH_3OH; aus A. orangegelbe Platten. — *N-[3.5-Dinitrothienyl-(2)]-p-nitroanilin*, $C_{10}H_6O_6N_4S$, F. 210° (Zers.), wie vorst. aus 0,5 g **II** u. 1,4 g p-Nitroanilin (15 Min. kochen); 0,8 g violette Kristalle. — *3-Nitro-5-acetylthienyl-(2)-amin*, $C_6H_6O_3N_2S$, F. 225—227° (unter Sublimation u. Zers.), durch 1std. Erwärmen von **III** mit konz. NH_4OH in CH_3OH auf 60°; aus CH_3OH gelbe Nadeln. — *N-[3-Nitro-5-acetylthienyl-(2)]-anilin*, $C_{12}H_{10}O_3N_2S$, F. 138,5—139,5°, aus **III** u. Anilin in CH_3OH in der Wärme; aus CH_3OH orangefarbene Nadeln. — *N-[3-Nitro-5-acetylthienyl-(2)]-butylamin*, $C_{10}H_{14}O_3N_2S$, F. 96,5—97,5°, wie vorst. mit Butylamin, Ansäuern u. Verdünnen mit W. nach 30 Min.; aus Hexan feine gelbe Nadeln. (J. Amer. chem. Soc. **74**. 2965—70. 20/6. 1952. Evanston, Ill., Northwestern Univ., Chem. Labor.) SPAETH. 3071

Russell Gaertner, *Ringspaltung während der Bildung der Grignard-Verbindung aus 3-Methyl-2-[chlormethyl]-thianaphthen. Ringschluß von o-[α-Methylallenyl]-thiophenol. 3-Methyl-2-[chlormethyl]-thianaphthen* (**I**), das sich am besten durch Chlormethylierung von 3-Methylthianaphthen darstellen läßt, liefert zwar eine GRIGNARD-Verb. (nach Hydrolyse durch Titration Feststellung von 83% $Mg(OH)_2$), doch wurde daraus mit CO_2 die erwartete *3-Methylthianaphthenyl-(2)-essigsäure* (**II**) nur in geringer Ausbeute erhalten, Hauptprod. war *2.3-Dimethylthianaphthen* (**III**). Daß es sich dabei nicht um einfache Hydrolyse der GRIGNARD-Verb. gehandelt hat, wird durch Umsetzung mit Äthylchlorcarbonat u. Acetylchlorid gezeigt, bei der neben den n. Prodd. **II**-*Äthylester* bzw. *3-Methylthianaphthenyl-(2)-aceton* (**VI**), *Äthyl-S-o-[α-methylallenyl]-phenylthiolcarbonat* (**IV**) bzw. *o-[α-Methylallenyl]-phenylthiolacetat* (**V**) erhalten wurden. **IV** u. **V** geben beim Erwärmen mit alkoh. Alkali **III**, **V** auch durch Umesterung mit HCl-haltigem CH_3OH. **V** reagiert mit alkoh. $HgCl_2$ zu *o-[α-Methylallenyl]-thiophenoxymercurichlorid*, aus dem mit H_2S wieder **III** entsteht u. nicht *o-[α-Methylallenyl]-thiophenol*. Wenn **I** in üblicher Weise mit Mg behandelt wird, so ist das Hauptprod. *1.2-Bis-[3-methylthianaphthenyl-(2)]-äthan*. Die genannten Rkk. machen es wahrscheinlich, daß zwischen dem acycl. *o-[α-Methylallenyl]-thiophenolatanion* (**A**) u. dem aromat. *3-Methylthianaphthenyl-(2)-methylanion* (**B**) ein Gleichgewicht herrscht.

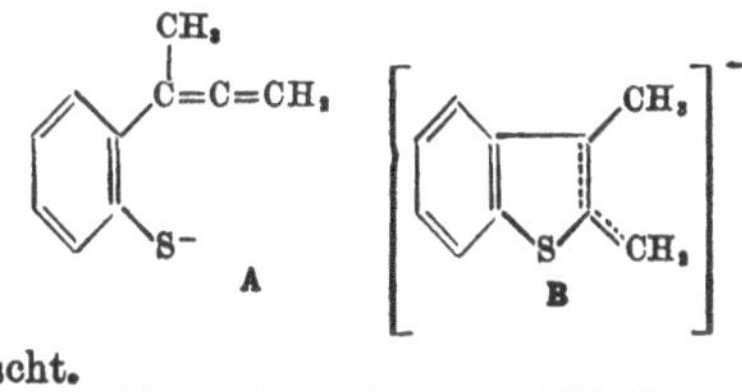

A B

Versuche (FF. korr.): *3-Methyl-2-[chlormethyl]-thianaphthen* (**I**), $C_{10}H_9ClS$, F. 40,6 bis 41,6°, a) durch tropfenweises Zufügen von 3-Methylthianaphthen zur Lsg. von Trioxan in konz. HCl bei 60°, weiteres Rühren während 90 Min., Verdünnen mit W. u. Ae.-Extraktion; Kp.$_{0,4}$ 114—117°; 79% (Ausbeute); b) aus 3-Methylthianaphthenyl-(2)-carbinol mit $SOCl_2$ (1 Std. kochen); Kp.$_{0,8}$ 123—125°, D.$^{20}_4$ 1,254, n_D^{20} 1,6401; 91%; c) durch Red. von 3-Methylthianaphthoesäure-(2)-äthylester mit $LiAlH_4$; 46%. — *3-Methylthianaphthenyl-(2)-methyl-MgCl + Mg-o-[α-Methylallenyl]-thiophenolat* (Reagens **R**), aus **I** mit amalgamiertem Mg im „cycl. reactor"; Hydrolyse lieferte *2.3-Dimethylthianaphthen* (**III**), $C_{10}H_{10}S$, Kp.$_{0,4}$ 76—77°, n_D^{20} 1,6170; 94%; *Pikrat*, $C_{16}H_{13}O_7N_3S$, F. 102,2—102,8°, aus A. orangefarbene Nadeln. — *1.2-Bis-[3-methylthianaphthenyl-(2)]-äthan* entstand bei der Umsetzung von 5 g **I** in Ae. mit Mg unter N_2 in üblicher Weise neben 1,2 g **III** u. wurde als *Dipikrat* [$C_{32}H_{24}O_{14}N_6S_2$, F. 168,5—169,5° (A.-Bzl.); 1,6 g] isoliert. — *3-Methylthianaphthenyl-(2)-essigsäure* (**II**), F. 147—149°, aus 0,0282 Mol **R** mit festem, mit Ae. überschichtetem CO_2; 0,1 g. — *o-[α-Methylallenyl]-phenylthiolacetat* (**V**), $C_{12}H_{12}OS$, Kp.$_{0,6}$ 91—93°, u. *3-Methylthianaphthenyl-(2)-aceton* (**VI**), $C_{12}H_{12}OS$, Kp.$_1$ 148—150°. Gekühlte **R**-Lsg. wurde unter N_2 mit CH_3COCl in Ae. tropfenweise versetzt; nach 90 Min. kochen wurde auf Eis gegossen u. fraktioniert dest.; **VI**, n_D^{20} 1,6094; 24%; gab kein Oxim; **V**, n_D^{10} 1,6037; 46% (roh). — *5-Phenylhexanon-(2)*, Kp.$_{0,4}$ 65—75°, durch Kochen von 1,5 g **VI** mit RANEY-Ni in A.; 0,63 g. *Semicarbazon*, F. 145—147°. — *1-[3-Methylthianaphthenyl-(2)]-propanol-(2)*, $C_{12}H_{14}OS$, Kp.$_{0,2}$ 123—124°, durch Red. von **VI** mit $LiAlH_4$ in Ae.; 78%. *Phenylurethan*, $C_{19}H_{19}O_2NS$, F. 119—120° (Bzl.-Hexan). — *o-[α-Methylallenyl]*-

thiophenoxymercurichlorid, $C_{10}H_9ClSHg$, aus **V** u. $HgCl_2$ in A. bei Raumtemp.; hat keinen scharfen F., zers. sich zwischen 240 u. 300°; 73%; liefert mit H_2S in Aceton hauptsächlich **III**, das auch durch 11 std. Kochen von **V** mit alkoh. KOH oder mit HCl-haltigem CH_3OH entsteht. — *Äthyl-S-o-[α-methylallenyl]-phenylthiolcarbonat* (**IV**), $C_{13}H_{14}O_2S$, Kp.$_{0,4}$ 101 bis 103°, durch Umsetzung von **R** mit Äthylchlorcarbonat, 2 std. Kochen, Hydrolyse u. fraktionierte Dest.; 66%; daneben wurden in geringer Menge Kristalle vom F. 212,8 bis 213,6° ($C_{11}H_{10}OS$), **II** u. **III** isoliert. **IV** gibt durch Kochen mit alkoh. KOH oder durch Red. mit $LiAlH_4$ u. Hydrolyse **III**; 82 bzw. 87%. (J. Amer. chem. Soc. **74**. 2991—94. 20/6. 1952. Eugene, Ore., Univ., Dep. of Chem.) SPAETH. 3071

Wolfgang Langenbeck und **Hermann Boser**, *Notiz über Pyrrolon [γ-Aminocrotonsäurelactam]*. Es wird über die Darst. von *Pyrrolon* (*γ-Aminocrotonsäurelactam*, **I**) berichtet. γ-Bromcrotonsäuremethylester wurde mit Phthalimidkalium zum γ-Phthalimidocrotonsäuremethylester (**II**) umgesetzt, der mit Hydrazin **I** liefert; bei saurer oder alkal. Verseifung entstehen aus **II** nur harzige Produkte. Von RAMBAUD (Bull. Soc. chim. France, Mém. [5] **3.** [1936.] 134) beschriebene Verss. zur Darst. von γ-Aminocrotonsäure konnten von Vff. nicht reproduziert werden. **I** krist. mit 1 Mol Kristallwasser.

V e r s u c h e : *γ-Bromcrotonsäuremethylester*, aus Crotonsäureester mit Bromsuccinimid. — *γ-Phthalimidocrotonsäuremethylester* (**II**), $C_{13}H_{11}O_4N$, F. 100°, aus 20 g der vorst. Verb. u. 0,1 Mol Phthalimidkalium durch 2 std. Kochen unter Rühren in frisch dest. Isoamyläther; feine glänzende Blättchen aus Isoamyläther; 12 g roh (Ausbeute). — *γ-Aminocrotonsäurelactam* (**I**), C_4H_5ON, sintert unscharf bei 140° (getrocknet bei 105°); *Monohydrat*, $C_4H_5ON \cdot H_2O$, F. 83° (W.); aus 0,02 Mol der vorst. Verb. u. 0,04 Mol Hydrazinhydrat bei 3 std. Kochen in Methanol, dann 50 cm³ n HCl zusetzen u. noch 30 Min. erwärmen; haarfeine Nadeln; 42%. Bildet keine Salze mit Mineral- oder Pikrinsäure. (Chem. Ber. **84**. 526—27. 1951. Rostock, Univ., Chem. Inst.) GOEBEL. 3081

T. B. B. Crawford, H. B. Nisbet und **D. Ritchie**, *Untersuchungen über die Wirkung der Substitution auf die lokalanästhetische Aktivität von Pyrazolinderivaten*. 1. Mitt. *1-Phenyl-5-[3'-methoxy-4'-n-propoxyphenyl]-3-β-dialkylamino-(piperidino, morpholino)-äthylpyrazoline*. Es wird die Darst. einiger 1-Phenyl-5-[3'-methoxy-4'-n-propoxyphenyl]-3-β-dialkylaminoäthylpyrazolintartrate beschrieben. Die Verbb. besitzen bei intradermaler Injektion u. an der Hornhaut gute lokalanästhet. Wrkg.; stärkste Aktivität scheint vorzuliegen, wenn das Mol. in 3-Stellung eine $CH_2CH_2 \cdot N(C_2H_5)_2$-Gruppierung trägt (Wirkungsabnahme: $N(C_2H_5)_2$ > Piperidino > $N(CH_3)_2$ > $N(n\text{-}C_3H_7)_2$ > $N(n\text{-}C_4H_9)_2$ > Morpholino intradermal; $N(C_2H_5)_2$ > $N(CH_3)_2$ > Piperidino > $N(n\text{-}C_3H_7)_2$ > $N(n\text{-}C_4H_9)_2$ > Morpholino im Corneatest). *1-Phenyl-5-[3'-methoxy-4'-n-propoxyphenyl]-3-β-diäthylaminoäthylpyrazolintartrat* (**I**) ist intradermal beim Meerschweinchen 3,5 mal so wirksam wie Procainhydrochlorid (**II**) [LD_{50} mg/20 g intraperitoneal bei der Maus: **I** 4,5; **II** 2,5]. Im Corneatest besitzt **I** im Vgl. mit Cinchocainhydrochlorid die Wirksamkeit 0,95.

V e r s u c h e (vgl. NISBET u. Mitarbeiter, J. chem. Soc. [London] **1938.** 1237): *3-Methoxy-4-n-propoxybenzylidenaceton*, $C_{14}H_{18}O_3$, F. 92—93°, aus Vanillidenaceton u. n-Propyl-p-toluolsulfonat in A. beim Kochen mit KOH (1½ Std.); hellgelbe Kristalle aus Aceton; 51% (Ausbeute). — *1-Dimethylamino-5-[3'-methoxy-4'-n-propoxyphenyl]-Δ⁴-pentenon-(3)-hydrochlorid*, $C_{17}H_{25}O_3N \cdot HCl$, F. 133—134°, aus vorst. Verb. u. $(CH_3)_2NH \cdot HCl$ in A. (erwärmen) bei Zugabe von Paraformaldehyd, dann 30 Min. kochen; aus A. Nadeln; 51%. *Phenylhydrazon*, $C_{23}H_{31}O_2N_3 \cdot HCl$, F. 163—164°, gelbe Nadeln aus A.; 71%. — *1-Phenyl-5-[3'-methoxy-4'-n-propoxyphenyl]-3-β-dimethylaminoäthylpyrazolintartrat*, $C_{23}H_{31}O_2N_3 \cdot C_4H_6O_6$, F. 79—80°, aus vorst. Phenylhydrazon bei 30 Min. kochen mit 0,1 n HCl, dann alkal. stellen mit NaOH, ausäthern u. mit alkoh. Weinsäure versetzen; hellgelbe Kristalle aus A./PAe.; 44%. — Analog wurden dargestellt: *1-Phenyl-5-[3'-methoxy-4'-n-propoxyphenyl]-3-β-diäthylaminoäthylpyrazolintartrat* (**I**), $C_{25}H_{35}O_2N_3 \cdot C_4H_6O_6$, F. 47 bis 48°; 38%. — *1-Diäthylamino-5-[3'-methoxy-4'-n-propoxyphenyl]-Δ⁴-pentenon-(3)-hydrochlorid*, $C_{19}H_{29}O_3N \cdot HCl$, F. 103—104°; 43%. *Phenylhydrazon*, $C_{25}H_{35}O_2N_3 \cdot HCl$, F. 143—144°; 72%. — *1-Phenyl-5-[3'-methoxy-4'-n-propoxyphenyl]-3-β-di-n-propylaminoäthylpyrazolintartrat*, $C_{27}H_{39}O_2N_3 \cdot C_4H_6O_6$, F. 54—55°; 28%. — *1-Di-n-propylamino-5-[3'-methoxy-4'-n-propoxyphenyl]-Δ⁴-pentenon-(3)-hydrochlorid*, $C_{21}H_{33}O_3N \cdot HCl$, F. 124 bis 125°; 46%. *Phenylhydrazon*, $C_{27}H_{39}O_2N_3 \cdot HCl$, F. 154—155°; 84%. — *1-Phenyl-5-[3'-methoxy-4'-n-propoxyphenyl]-3-β-di-n-butylaminoäthylpyrazolintartrat*, $C_{29}H_{43}O_2N_3 \cdot C_4H_6O_6$, F. 58—59°; 29%. — *1-Di-n-butylamino-5-[3'-methoxy-4'-n-propoxyphenyl]-Δ⁴-pentenon-(3)-hydrochlorid*, $C_{23}H_{37}O_3N \cdot HCl$, F. 93—94°; 43%. *Phenylhydrazon*, $C_{29}H_{43}O_2N_3 \cdot HCl$, F. 143—144°; 74%. — *1-Phenyl-5-[3'-methoxy-4'-n-propoxyphenyl]-3-β-piperidinoäthylpyrazolintartrat*, $C_{26}H_{35}O_2N_3 \cdot C_4H_6O_6$, F. 65—67°; 42%. — *1-Piperidino-5-[3'-methoxy-4'-n-propoxyphenyl]-Δ⁴-pentenon-(3)-hydrochlorid*, $C_{20}H_{29}O_3N \cdot HCl$, F. 146—147°; 46%. *Phenylhydrazon*, $C_{26}H_{35}O_2N_3 \cdot HCl$, F. 168—169°; 64%. — *1-Phenyl-5-[3'-methoxy-*

4'-n-propoxyphenyl]-3-β-morpholinoäthylpyrazolintartrat, $C_{25}H_{33}O_3N_3 \cdot {}^1/_2 C_4H_6O_6$, F. 64 bis 65°; 32%. — *1-Morpholino-5-[3'-methoxy-4'-n-propoxyphenyl]-Δ^4-pentenon-(3)-hydrochlorid*, $C_{19}H_{27}O_4N \cdot HCl$, F. 164—165°; 55%. *Phenylhydrazon*, $C_{25}H_{33}O_3N_3 \cdot HCl$, F. 158—159°; 85%. (J. Pharmacy Pharmacol. **4.** 294—303. Mai 1952. Edinburgh, Heriot. Watt Coll., u. Univ., Dep. of Pharmacol.) GOEBEL. 3122

Dov Ben-Ishai und **Ephraim Katchalski**, *Synthese von N-Carboxy-α-aminosäureanhydriden aus N-Carbalkoxy-α-aminosäuren unter Verwendung von Phosphortribromid. N-Carbalkoxy-α-aminosäuren* (**I**) gehen durch Behandlung mit PBr_3 bei Zimmertemp. mit guten Ausbeuten in die entsprechenden *N-Carboxy-α-aminosäureanhydride* [**II**, *Oxazolidindione-(2.5)*] über. Unter prakt. denselben Bedingungen geben *N-Carbäthoxy-* (**VIIIa**) u. *N-Carbobenzoxyanthranilsäure* (**VIIIb**) fast quantitative Ausbeuten an *Isatosäureanhydrid.*

Versuche: Die **I** wurden durch Kupplung von Chlorameisensäureäthylester bzw. Carbobenzoxychlorid mit den entsprechenden α-Aminosäuren analog Org. Syntheses **23.** [1943.] 14 dargestellt. Allg. Darst. der **II**: 0,02 Mol PBr_3 gibt man langsam zur Suspension von 0,05 Mol **I** in 50 ml Ae. u. läßt 12 Std. bei Raumtemp. stehen; nach Zusatz von PAe. u. einigen Std. Stehen bei 4° fallen die **II** aus; aus Essigester–Petroläther. *N-Carbäthoxy-DL-phenylalanin* (**IIIa**), $C_{12}H_{15}O_4N$, F. 76°; 85% (Ausbeute). — *N-Carbobenzoxy-DL-phenylalanin* (**IIIb**), $C_{17}H_{17}O_4N$, F. 102°; 80%. — *4-Benzyloxazolidindion-(2.5)*, $C_{10}H_9O_3N$, aus **IIIa** oder **IIIb**, F. 125—126° (Zers.); 82 bzw. 84%. — *N-Carbäthoxy-DL-alanin* (**IVa**), $C_6H_{11}O_4N$, F. 83°; 64%. — *N-Carbobenzoxy-DL-alanin* (**IVb**), $C_{11}H_{13}O_4N$, F. 114°; 76%. — *4-Methyloxazolidindion-(2.5)*, $C_4H_5O_3N$, aus **IVa** oder **IVb**, F. 44—45°; 60 bzw. 68%. — *N-Carbäthoxy-DL-valin* (**Va**), $C_8H_{15}O_4N$, F. 56°; 86%. — *N-Carbobenzoxy-DL-valin* (**Vb**), $C_{13}H_{17}O_4N$, F. 71°; 88%. — *4-Isopropyloxazolidindion-(2.5)*, $C_6H_9O_3N$, aus **Va** oder **Vb**, F. 77—79°; 85 bzw. 88%. — *N.N'-Dicarbobenzoxy-L-lysin* (**VI**), $C_{22}H_{26}O_6N_2$, F. 150°; 82%. — *4-[δ-(N-Carbobenzoxyamino)-butyl]-oxazolidindion-(2.5)*, $C_{15}H_{18}O_5N_2$, aus **VI**, F. 99° (Zers.); 85%. — *N-Carbobenzoxysarkosin* (**VII**), $C_{11}H_{13}O_4N$, F. 53—54°; 87%. — *3-Methyloxazolidindion-(2.5)*, $C_4H_5O_3N$, F. 99° (Zers.); 90%. — *N-Carbäthoxyanthranilsäure* (**VIIIa**), $C_{10}H_{11}O_4N$, F. 125° (Zers.); 78%. — *N-Carbobenzoxyanthranilsäure* (**VIIIb**), $C_{15}H_{13}O_4N$, F. 141°; 55%. — *Isatosäureanhydrid*, $C_8H_5O_3N$, aus 0,1 Mol **VIIIa** oder **VIIIb** u. 0,035 Mol PBr_3 in Ae. (24 Std. bei Raumtemp.); aus A., F. 240—243°; 90%. — *Anthranilsäureamid*, $C_7H_8ON_2$, aus vorst. Verb. mit wss. NH_3; aus Chlf., F. 108—109°. (J. Amer. chem. Soc. **74.** 3688—89. 20/7. 1952. Rehovoth, Israel, Weizmann Inst. of Sci.)
K. F. MÜLLER. 3132

J. C. Crawhall und **D. F. Elliott**, *Cyclisierung, Ringspaltung und Acylwanderungsreaktionen auf dem Thiazolingebiet.* Aus Äthanolamin, 2-Aminopropanol-(1), 1-Aminopropanol-(2) u. 3-Aminobutanol-(2) wurden mit CS_2 u. Benzylchlorid bzw. Methyljodid *Dithiocarbaminsäureester* $R \cdot CHOH \cdot CHR' \cdot NH \cdot CS_2R''$ dargestellt, die am besten mit $SOCl_2$ zu *2-Benzylmercapto-* bzw. *2-Methylmercapto-Δ^2-thiazolinen* cyclisiert wurden. Diese werden sämtlich durch heiße wss. Säure zwischen $C_{(2)}$ u. N gespalten, wobei Derivv. der *Dithiolkohlensäure* $H_2N \cdot CHR' \cdot CHR \cdot S \cdot CO \cdot SR''$ entstehen, die sich nur als Salze fassen lassen, oberhalb p_H 7 tritt Mercaptanspaltung u. Bldg. von *2-Ketothiazolidin* (*2-Oxythiazolin*)-Derivv. ein. 2-Alkyl- u. 2-Aryl-Δ^2-thiazoline werden durch saure Hydrolyse nicht zwischen $C_{(2)}$ u. N, sondern zwischen $C_{(2)}$ u. S gespalten, so entsteht aus 2-Phenylthiazolin-4-carbonsäure (**I**) *N-Benzoylcystein* (**II**); diese Rk. ist reversibel, mit sd. HCl liefert **II** wieder **I**. Der erste Schritt bei der Spaltung der Δ^2-Thiazoline ist die Anlagerung von W. (H an N, OH an $C_{(2)}$), die Natur des Substituenten an $C_{(2)}$ bestimmt dann die Richtung der Ringöffnung. — Während die Cyclisierung von 2-N-Dithiocarbobenzyloxyaminoäthanol (**IV**) mit kalter alkoh. HCl das erwartete *2-Benzylmercapto-Δ^2-thiazolin* (**V**)-*Hydrochlorid* liefert, entsteht in der Wärme infolge Aufspaltung des Thiazolinringes von **V** [*2-Aminoäthyl*]-*benzyldithiolcarbonathydrochlorid* (**VII**). Das Rohprod. der Cyclisierung von 1-N-Dithiocarbobenzyloxyaminopropanol-(2) mit $SOCl_2$ ergab bei der Hydrolyse mit 6n HCl außer dem erwarteten Dithiolcarbonat *2-Chlor-1-thiolcarbobenzyloxyaminopropan*, dessen Entstehung mit der intermediären Bldg. eines Oxazolins erklärt wird. Die genannten Ringschluß- u. Ringspaltungs-Rkk. lassen sich in Beziehung zu neueren Theorien über den Mechanismus der Acylwanderung setzen. — Am Beispiel des *5-Methyl-2-phenylmercapto-Δ^2-thiazolins* (**III**) wird gezeigt, daß es sich bei den von NIEDERL u. HART (J. Amer. chem. Soc. **64.** [1942.] 2487) als 2-Arylmercapto-Δ^2-thiazolinen beschriebenen Verbb. um deren Hydrolyseprodd. handelt (also statt um **III**-Hydrochlorid um [*1-Aminopropyl-(2)*]-*phenyldithiolcarbonathydrochlorid*), dagegen ist **III** nach dem Verf. der genannten Autoren tatsächlich erhältlich, wenn unter wasserfreien Bedingungen gearbeitet wird.

Versuche: *2-N-Dithiocarbobenzyloxyaminoäthanol* (**IV**), $C_{10}H_{13}ONS_2$, F. 64° (Bzl.), durch Zufügen von Triäthylamin u. CS_2 zu Äthanolamin in Pyridin, Kühlen auf 0°, Zugabe von Benzylchlorid, Stehen über Nacht bei 0° u. Eingießen in 3n H_2SO_4; 90% (Ausbeute). —

2-N-Dithiocarbobenzyloxyaminopropanol-(1), wie vorst. aus 2-Aminopropanol-(1)-oxalat (F. 127—128°); Öl; 89%. — *1-N-Dithiocarbobenzyloxyaminopropanol-(2)*, $C_{11}H_{15}ONS_2$, aus 1-Aminopropanol-(2)-oxalat (F. 126°); Öl; 79%. — *3-N-Dithiocarbobenzyloxyaminobutanol-(2)*, $C_{12}H_{17}ONS_2$, aus 3-Aminobutanol-(2) oder seinem Oxalat (F. 164°); Öl; 94%. — *2-Benzylmercapto-Δ²-thiazolin* (**V**), $C_{10}H_{11}NS_2$, F. 47°, $Kp._{0,05}$ 130°, a) durch Eintragen von **IV** während 15 Min. in $SOCl_2$ bei 0°, 1 std. Stehen u. Versetzen mit Ae. nach Entfernung des überschüssigen $SOCl_2$ bei 35° unter vermindertem Druck als *Hydrochlorid* [$C_{10}H_{12}N\cdot ClS_2$, F. 138° (Chlf.-PAe.); 82%]; daraus die freie Base mit $NaHCO_3$-Lsg.; b) durch Stehen von **IV** in mit HCl gesätt. A. bei 0° über Nacht als Hydrochlorid; c) durch Zutropfen von PBr_3 zur Lsg. von **IV** in Ae. als *Hydrobromid* ($C_{10}H_{12}NBrS_2$, F. 164°). — *2-Benzylmercapto-5-methyl-Δ²-thiazolin* (**VI**), $Kp._1$ 135°, $Kp._{0,5}$ 125°, wie **V** nach a) in Ae.; 73%. *Pikrat*, $C_{17}H_{16}O_7N_4S_2$, F. 161°. — *2-Benzylmercapto-4-methyl-Δ²-thiazolinhydrochlorid*, $C_{11}H_{14}NClS_2$, F. 80° (Chlf.-Ae.); 89%. — *2-Benzylmercapto-4.5-dimethyl-Δ²-thiazolin*, $C_{12}H_{15}NS_2$, $Kp._{0,05}$ 118°. *Pikrat*, $C_{18}H_{18}O_7N_4S_2$, F. 128°. — *2-Methylmercapto-Δ²-thiazolin*, $C_4H_7NS_2$, $Kp._{14}$ 46°, aus rohem 2-N-Dithiocarbomethoxyaminoäthanol analog **V**. *Pikrat*, $C_{10}H_{10}O_7N_4S_2$, F. 123°. — *5-Methyl-2-methylmercapto-Δ²-thiazolinpikrat*, $C_{11}H_{12}O_7N_4S_2$, F. 122°. — *4.5-Dimethyl-2-methylmercapto-Δ²-thiazolinpikrat*, $C_{12}H_{14}O_7N_4S_2$, F. 121°. — *[2-Aminoäthyl]-benzyldithiolcarbonat, Hydrochlorid* (**VII**), $C_{10}H_{14}ONClS_2$, F. 179° (CH_3COOH), a) durch 4std. Kochen von **V** mit 6nHCl; b) durch 6std. Erwärmen von **IV** in 3n methanol. HCl. *Formylderiv.*, F. 94°. *Acetylderiv.*, $C_{12}H_{15}O_2NS_2$, F. 83° (Ligroin-Bzl. 9:1). — *[2-Aminopropyl]-benzyldithiolcarbonathydrochlorid*, $C_{11}H_{16}ONClS_2$, F. 122—123°. — *[2-Aminoäthyl]-methyldithiolcarbonathydrochlorid*, $C_4H_{10}ONClS_2$, F. 156° (CH_3COOH). — *[1-Aminopropyl-(2)]-benzyldithiolcarbonathydrochlorid*, $C_{11}H_{16}ONClS_2$, F. 124° (6nHCl), a) durch 6std. Kochen von reinem **VI** (aus dem Pikrat mit Äthanolamin in Freiheit gesetzt); 53%; b) ebenso aus rohem **VI**; dabei entstand als zunächst öliges Nebenprod. *2-Chlor-1-thiolcarbobenzyloxyaminopropan*, $C_{11}H_{14}ONClS$, F. 64° (PAe.). — *[2-Amino-1-methylpropyl]-benzyldithiolcarbonathydrochlorid*, $C_{12}H_{18}ONClS_2$, F. 174° (6nHCl); aus dem Filtrat wurde *[2-Amino-1-methylpropyl]-S-benzylthiolcarbonathydrochlorid* ($C_{12}H_{18}O_2NClS$, F. 140°) isoliert. — *2-Ketothiazolidin*, C_3H_5ONS, F. 54° (Ae.), durch 3std. Stehen von **VII** in A. mit n-NaOH u. Ansäuern mit HCl, wobei *Toluol-ω-thiol* frei wird; $Kp._{20}$ 160°; 98%. — *2-Keto-4-methylthiazolidin*, C_4H_7ONS, $Kp._{10}$ 165°, analog. — *2-Keto-5-methylthiazolidin*, $Kp._{10}$ 140°. — *2-Keto-4.5-dimethylthiazolidin*, C_5H_9ONS, F. 47° (Ae.-PAe.). — *N-Benzoylcystein* (**II**), $C_{10}H_{11}O_3NS$, F. 137°, durch Zufügen von **I** zu sd. W. unter N_2 u. Kühlen auf 0° nach 15 Min.; ~100%. — *5-Methyl-2-phenylmercapto-Δ²-thiazolin* (**III**), $C_{10}H_{11}NS_2$, $Kp._{0,1}$ 120° (Bad), aus Allylisothiocyanat u. Thiophenol mit HCl-Gas in einem Vakuumexsiccator während 2½ Monaten, Zugabe von W., Ae.-Extraktion u. Fällung als *Pikrat* ($C_{16}H_{14}O_7N_4S_2$, F. 132°, aus A. lange Nadeln), das mit Äthanolamin zers. wurde. **III** gab kein Hydrochlorid. — *[1-Aminopropyl-(2)]-phenyldithiolcarbonathydrochlorid*, $C_{10}H_{14}ONClS_2$, F. 168° (A.), a) aus dem vorst. rohen Reaktionsprod. durch Kochen mit W. während 30 Min.; b) aus reinem **III** durch ½std. Kochen mit 6nHCl; gibt mit 1%ig. $NaHCO_3$-Lsg. während 30 Min. u. Ansäuern *Thiophenol*. (J. chem. Soc. [London] **1952**. 3094—3102. Aug. London, Nat. Inst. for Med. Res.) SPAETH. 3142

Wilson Baker, W. D. Ollis, A. Phillips und **T. Strawford,** *Cyclische mesoionische Verbindungen.* 4. Mitt. *4-Aryl-2-thio-2.4-dihydro-pseudo-1-thia-3.4-diazole* („*Endothiodihydrothiodiazole*"). (3. vgl. C. **1952**. 4767.) Zum Vgl. mit Sydnonen haben Vff. einige der oben genannten Verbb. dargestellt, denen sie mesoion. Struktur (**A**) zuschreiben. Die

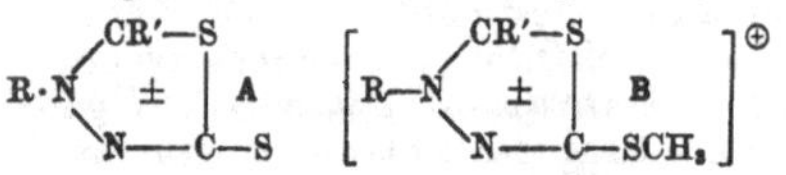

Verbb. werden aus den K-Salzen von N-Aryl-N'-dithiocarboxyhydrazinen mit Säurechloriden bzw. mit Na-Dithioformiat (**V**) in wss. Lsg. bei Zimmertemp. dargestellt, im ersten Falle werden zunächst farblose Zwischenprodd. — wahrscheinlich gemischte Anhydride — gebildet. — Bei der Rk. von Benzylhydrazin mit CS_2 u. KOH u. danach mit CH_3COCl entstehen nur *4-Benzyl-2-mercapto-5-thio-Δ²-1-thia-3.4-diazolin* (**I**) u. dessen *Disulfid* (**II**). Alle Pseudothiadiazole bilden Methojodide, die am besten mit dem mesoion. Kation **B** formuliert werden.

V e r s u c h e: *5-p-Chlorphenyl-4-phenyl-2-thio-2.4-dihydropseudo-1-thia-3.4-diazol*, $C_{14}H_9N_2ClS_2$, gelbe Nadeln aus Chlf.-A., F. 233—234° (Zers.), aus dem K-Salz von N'-Dithiocarboxy-N-phenylhydrazin (**III**) in W. mit p-Chlorbenzoylchlorid bei Zimmertemp. während eines Tages; *Methojodid*, gelbe Platten, F. 159—160° (A.-Ae.). — *4-p-Chlorphenyl-5-phenyl-2-thio-2.4-dihydropseudo-1-thia-3.4-diazol*, gelbe Nadeln, F. 185—187° (A.), aus dem K-Salz von N-p-Chlorphenyl-N'-dithiocarboxyhydrazin (**IV**) mit Benzoylchlorid (5 Tage), gelbe Fluorescenz im UV; *Methojodid*, gelbe Platten aus Chlf.-Ae., F. 197—198° (Zers.). — *4.5-Di-p-chlorphenyl-2-thio-2.4-dihydropseudo-1-thia-3.4-diazol*, $C_{14}H_8N_2Cl_2S_2$, orangefarbene Platten aus n-Butanol, F. 241—242° (Zers.), aus **IV** u.

p-Chlorbenzoylchlorid; *Methojodid*, gelbe Platten aus Chlf.-Ae., F. 195—196° (Zers.). — IV, aus p-Chlorphenylhydrazin in A. mit CS_2 u. später Zugabe von alkoh. KOH. — *4-p-Chlorphenyl-2-thio-2.4-dihydropseudo-1-thia-3.4-diazol*, $C_8H_5N_2ClS_2$, gelbe Plättchen aus A., F. 202,5° (Zers.), aus IV mit Na-Dithioformiat (V) in W. (12 Std.). — *4-Phenyl-2-thio-2.4-dihydropseudo-1-thia-3.4-diazol*, $C_8H_6N_2S_2$, gelbe Platten, F. 189° (viel A.), analog aus III mit V (3 Std.). — *4-p-Tolyl-2-thio-2.4-dihydropseudo-1-thia-3.4-diazol*, $C_9H_8N_2S_2$, gelbe Plättchen, F. 201° (viel A.), analog aus dem K-Salz von N'-Dithiocarboxy-N-p-tolylhydrazin. — *4-Benzyl-2-mercapto-5-thio-Δ^2-1-thia-3.4-diazolin* (I), $C_9H_8N_2S_3$, gelbe Nadeln, F. 57° (Bzl.-PAe., Kp. 60—80°), aus Benzylhydrazin in A., CS_2 u. alkoh. KOH am Rückfluß u. Ansäuern. — *Bis-[4-benzyl-5-thio-1-thia-3.4-diazolinyl-(2)]-disulfid* (II), gelbe Nadeln, F. 102° (Chlf.-PAe.), aus I in A. mit $FeCl_3$. (J. chem. Soc. [London] **1951**. 289—91. Febr. Bristol, Univ.) KRESZE. 3173

Olivier Riobé, *Untersuchungen über die Chlorderivate des Tetrahydropyrans. 2. Mitt. Einige Anwendungen der 2-Alkoxy-3-chlortetrahydropyrane.* (1. vgl. C. **1952**. 6057.) Durch Einw. von KOH in Glykol auf 2-Alkoxy-3-chlortetrahydropyrane entstehen ausschließlich *2-Alkoxy-5.6-dihydro-α-pyrane*, die durch saure Hydrolyse *5-Oxypenten-(2)-al* liefern. Mit metall. Na ergeben die 2-Alkoxy-3-chlortetrahydropyrane Gemische, die *Dihydropyran* (I), *5-Alkoxypenten-(4)-ol-(1)* u. *2-Alkoxytetrahydropyran* in wechselnden Mengenverhältnissen enthalten, das letzte Prod. entsteht in nachweisbarer Menge nur, wenn die Seitenkette verzweigt ist; die beiden ersten Prodd. geben durch saure Hydrolyse *5-Oxypentanal*. Die saure Hydrolyse der 2-Alkoxy-3-chlortetrahydropyrane liefert *2-Chlor-5-oxypentanal*, das sich als 2.4-Dinitrophenylhydrazon charakterisieren läßt.

Versuche: *2-Äthoxy-5.6-dihydro-α-pyran*, $C_7H_{12}O_2$, Kp.$_{13}$ 47—49°, durch Erhitzen von 2-Äthoxy-3-chlortetrahydropyran mit KOH in Glykol unter Abdest. der gebildeten Prodd. u. Rektifikation; $D.^{13}_4$ 0,982, n_D^{13} 1,4475; 40% (Rohausbeute). — *2-Methoxy-5.6-dihydro-α-pyran*, $C_6H_{10}O_2$, Kp.$_{13}$ 38—40°, wie vorst. aus 2-Methoxy-3-chlortetrahydropyran (II); $D.^{2}_4$ 1,105, n_D^{12} 1,4510; 33%. — *2-Allyloxy-5.6-dihydro-α-pyran*, $C_8H_{12}O_2$, Kp.$_{28}$ 78—80°, aus 2-Allyloxy-3-chlortetrahydropyran; $D.^{20}_4$ 0,988, n_D^{20} 1,4634; 50%. — *5-Oxypenten-(2)-al-2.4-dinitrophenylhydrazon*, $C_{11}H_{12}O_5N_4$, F. 159° (A.), durch Kochen einer der vorst. Verbb. mit sehr verd. H_2SO_4 u. Zugabe von 2.4-Dinitrophenylhydrazinsulfat (III) in wss. C_2H_5OH. — *5-Methoxypenten-(4)-ol-(1)*, $C_6H_{12}O_2$, Kp.$_{16}$ 95,5°, durch 24std. Stehen von II in Ae. mit Na, 2std. Erwärmen auf dem Wasserbad, Zugabe von Eiswasser u. fraktionierte Dest. der Ae.-Lsg., wobei zunächst ein Gemisch von Ae., CH_3OH u. I (40%) übergeht, danach das Methoxypentenol; $D.^{11}_4$ 0,966, n_D^{11} 1,4521; 15%. *Allophanat*, $C_8H_{14}O_4N_2$, F. 151°. — *5-Äthoxypenten-(4)-ol-(1)*, $C_7H_{14}O_2$, Kp.$_{26}$ 110°, neben 45% I analog vorst. Verb.; $D.^{23}_4$ 0,930, n_D^{23} 1,4471; 30%. *Allophanat*, $C_9H_{16}O_4N_2$, F. 145°. — *5-Butoxypenten-(4)-ol-(1)*, $C_9H_{18}O_2$, Kp.$_{17}$ 124—127°, neben 30% I wie vorst. aus 2-Butoxy-3-chlortetrahydropyran; $D.^{14}_4$ 0,915, n_D^{14} 1,4546; 25%. *Allophanat*, $C_{11}H_{20}O_4N_2$, F. 144°. — *2-tert.-Butoxytetrahydropyran*, $C_9H_{18}O_2$, Kp.$_{18}$ 64°, durch 6std. Erwärmen von 2-tert.-Butoxy-3-chlortetrahydropyran (IV) in Ae. mit Na, 24std. Stehen, Hydrolyse u. fraktionierte Dest. (50% I); n_D^{17} 1,4318, $D.^{17}_4$ 0,914; 15%. 5-tert.-Butoxypenten-(4)-ol-(1) konnte nicht nachgewiesen werden. — *5-Oxypentanal-2.4-dinitrophenylhydrazon*, F. 108° (absol. A.), durch Hydrolyse eines der vorst. 5-Alkoxypenten-(4)-ole-(1) mit sehr verd. H_2SO_4 während 1 Std. u. Zugabe von III. — *2-Chlor-5-oxypentanal-2.4-dinitrophenylhydrazon*, $C_{11}H_{13}O_5N_4Cl$, F. 119° (absol. A.), durch Hydrolyse von IV wie vorst. u. Zugabe von III. (Bull. Soc. chim. France, Mém. [5] **19**. 305—07. März/April 1952. Angers, Fac. libre des Sci., Labor. de Chim. Gén.) SPAETH. 3211

Tracy M. Patrick jr., *Die Reaktion von Aldehyden mit Aldiminen.* Bei der Umsetzung von Aldiminen mit aliphat. Aldehyden entstehen Gemische von *1.2.3.5-Tetraalkyldihydropyridin* u. *N-Alkenylidenalkylaminen*. Die Meth. öffnet einen Weg zur Darst. einiger Pyridine u. Piperidine, die nicht durch die sonst übliche Rk. von Aldehyden u. Aminen erhalten werden können. So wurde N-Butylidenbenzylamin (VI) umgesetzt mit einem Überschuß an Butyraldehyd (VII); isoliert wurden *N-[2-Äthylhexen-(2)-yliden]-benzylamin* (I) u. *1-Benzyl-3.5-diäthyl-2-propyldihydropyridin* (II). Die Struktur von I ergibt sich aus der sauren Hydrolyse zu *2-Äthylhexen-(2)-al* u. *Benzylamin*. II liefert bei katalyt. Hydrierung mit Pt *1-Benzyl-3.5-diäthyl-2-propylpiperidin* (III), mit Ni/H_2 1800 lb./150 bis 200° entstehen durch Hydrogenolyse *Toluol* u. *3.5-Diäthyl-2-propylpyridin* (IV), das mit $KMnO_4$ oxydiert u. dann zu Dinicotinsäure decarboxyliert wurde. IV liefert bei Druckhydrierung mit Ni bei 225° das entsprechende *Piperidinderiv.* (V), das 2 oder mehr cis-trans-Isomere bildet u. mit Pd dehydriert werden kann zu IV. *1-Butyl-3.5-diäthyl-2-propyl-* u. *3.5-Diäthyl-1.2-dipropyldihydropyridin* wurden dargestellt aus N-Butylidenbutylamin bzw. N-Butylidenpropylamin. Die Lage der Doppelbindungen in den Dihydropyridinen wurde nicht bestimmt. Aus Acetaldehyd u. N-Äthylidenäthylamin entstand neben viel harzigen Prodd. eine Spur *1-Äthyl-2-methyldihydropyridin*. Die Kondensation von **VI** mit Crotonaldehyd gelang nicht.

Versuche: *1-Benzyl-3.5-diäthyl-2-propyldihydropyridin* (**II**), $C_{19}H_{27}N$, Kp.$_{1,2-1,4}$ 118—122°, u. *N-[2-Äthylhexen-(2)-yliden]-benzylamin* (**I**), $C_{15}H_{21}N$, Kp.$_{1,5-2,0}$ 115—118°, aus **VI** u. **VII** in Bzl. (bei <10° mischen, dann 1 Std. kochen mit Wasserabscheider); **I**, n_D^{25} 1,5276, $D.^{25}_{25}$ 0,922; 42% (Ausbeute); **II**, n_D^{25} 1,5338, $D.^{25}_{25}$ 0,941; 32%; in A. bei 2std. Kochen 40 bzw. 37%. **I** lieferte mit 5%ig. HCl bei Dampfdest. *2-Äthylhexen-(2)-al*, Kp.$_{20}$ 68—72°, n_D^{25} 1,4528, Öl; 62% (*2.4-Dinitrophenylhydrazon*, F. 122—123°). Aus dem Dampfdestillationsrückstand mit Alkali *Benzylamin*, Kp.$_{10}$ 67—70°, n_D^{25} 1,5393; 42% (*Acetylverb.*, F. 58—61°). — *1-Benzyl-3.5-diäthyl-2-propylpiperidin* (**III**), $C_{19}H_{31}N$, Kp.$_{0,5}$ 119—121°, aus **II** mit Pt/H_2/25 lbs. in absol. A.; n_D^{25} 1,5069, $D.^{25}_{25}$ 0,929; 58%. — *3.5-Diäthyl-2-propylpyridin* (**IV**), $C_{12}H_{19}N$, Kp.$_{11,5}$ 112,5°, aus **II** mit RANEY-Ni/H_2, 1800 lbs., 1 Std. 150°, 2 Std. 200°; n_D^{25} 1,4920; $D.^{25}_{25}$ 0,898; 79%. *Pikrat*, F. 122° (A.); *Chloroplatinat*, F. 166—167° (A./W.), daneben *Toluol*; 84%. — *3.5-Diäthyl-2-propylpiperidin* (**V**), $C_{12}H_{25}N$, Kp.$_{10}$ 102—107°, n_D^{25} 1,4600; aus **IV** in A. mit Pt/H_2/33 lbs. u. anschließend mit RANEY-Ni/H_2/4000 lbs./225°, 5 Std.; 90%; oder aus **III** in absol. A. mit RANEY-Ni/H_2/2200 lbs., 2 Std. 175°; 35%. — Dehydrierung von **V** mit Pd-Kohle, innerhalb 90 Min. langsam steigern auf 236°, ergibt **IV**; 62%. — *1-Butyl-3.5-diäthyl-2-propyldihydropyridin*, $C_{16}H_{29}N$, Kp.$_{12}$ 132,5—133°, aus **VII** u. N-Butylidenbutylamin wie **II**; n_D^{25} 1,4843, $D.^{25}_{25}$ 0,859; 52%. — *3.5-Diäthyl-1.2-dipropyldihydropyridin*, $C_{15}H_{27}N$, Kp.$_{12}$ 120—121°; wie vorst. mit N-Butylidenpropylamin; n_D^{25} 1,4860; $D.^{25}_{25}$ 0,854; 66%. Bei den beiden letzten Verbb. gelang die Darst. eines Pikrats nicht. (J. Amer. chem. Soc. **74**. 2984—86. 20/6. 1952. Dayton, O., Monsanto Chem. Co., Central Res. Dep.) GOEBEL. 3231

J. Büchi, M. Prost, E. Eichenberger und R. Lieberherr, *Synthese und analgetische Wirkung einiger 1-Methyl-4-phenylpiperidin-(4)-alkylsulfone.* Vff. kondensieren nach der Meth. von EISLEB (C. **1941**. II. 2557) Benzylalkylsulfone mit N-Methyl-bis-[2-chloräthyl]-amin in Ggw. von $NaNH_2$. Unter Ringschluß entstehen *1-Methyl-4-phenylpiperidin-(4)-alkylsulfone*. Die Benzylalkylsulfone werden durch Kondensation von Benzylmercaptan (**I**) mit überschüssigem Alkylhalogenid in C_2H_5ONa-Lsg. u. Oxydation der Thioäther mittels H_2O_2 hergestellt. Durch Behandlung mit 50%ig. H_2SO_4 wird die Alkylsulfongruppe in ähnlicher Weise wie bei den Benzhydrylalkylsulfonen (vgl. ARCHER u. AUERBACH, C. **1952**. 1478) unter Bldg. einer Doppelbindung am quaternären C-Atom des Piperidinringes abgespalten. — Die hergestellten 1-Methyl-4-phenylpiperidin-(4)-alkylsulfone sind zum Teil ebenso gut analget. wirksam wie das Dolantin (Tabelle). Beim Ersatz der Carbäthoxygruppe des Dolantins durch die Äthylsulfongruppe bleibt die analget. Wrkg. voll erhalten, die Toxizität sinkt jedoch auf einen vierfach geringeren Wert ab. Die Abhängigkeit der analget. Wrkg. u. der Toxizität von der Art des Alkylrestes wird diskutiert.

Versuche (FF. korr., auf dem KOFLER-Block bestimmt): *Benzylmethylsulfid* (**II**), Kp.$_{12}$ 90—91°. Zu einer Lsg. von Na in absol. A. wird **I** gegeben u. CH_3J langsam eingetropft. Die Mischung wird 4 Std. gekocht, mit W. versetzt u. ausgeäthert; 36% (Ausbeute). — Analog folgende *Benzylalkylsulfide* $C_6H_5CH_2SR$: $R = C_2H_5$, Kp.$_{13}$ 98—99°, 76%; $R = n\text{-}C_3H_7$, Kp.$_{14}$ 112°, 73,8%; $R = iso\text{-}C_3H_7$, Kp.$_{14}$ 99—104°, 63%; $R = n\text{-}C_4H_9$, Kp.$_{14}$ 123°, 75%; $R = iso\text{-}C_4H_9$, Kp.$_{13}$ 118°, 76%; $R = n\text{-}C_5H_{11}$, Kp.$_{14}$ 146—147°, 80%; $R = iso\text{-}C_5H_{11}$, Kp.$_{14}$ 135—136°, 70%; *R = Allyl*, Kp.$_{14}$ 115—116°, 76%; *R = Cyclohexyl*, Kp.$_{14}$ 162—166°, 40%. — *Benzylmethylsulfon* (**III**), F. 127° (A.): Zu **II** in Eisessig wird bei 80° 20—30%ig. H_2O_2 unter Rühren zugetropft, 3 Std. auf 80—85° erwärmt u. in Eiswasser gegossen; 70%. — Analog folgende *Benzylalkylsulfone* $C_6H_5CH_2SO_2R$: $R = C_2H_5$, F. 84°, 90%; $R = n\text{-}C_3H_7$, F. 86°, 55%; $R = iso\text{-}C_3H_7$, F. 65°, 55%; $R = n\text{-}C_4H_9$, F. 94°, 63%; $R = iso\text{-}C_4H_9$, F. 87°, 71%; $R = n\text{-}C_5H_{11}$, F. 100,5°, 80%; $R = iso\text{-}C_5H_{11}$, F. 103 bis 104°, 91%; *R = Allyl*, F. 61—62°, 40%; *R = Cyclohexyl*, F. 102°, 74%. — *1-Methyl-4-phenylpiperidin-(4)-methylsulfon*, $C_{13}H_{19}O_2NS$, F. 140° (A.–Ae.): Aus N-Methyl-bis-[2-chloräthyl]-aminhydrochlorid wird die freie Base ausgeschieden u. in Toluol aufgenommen, zur Lsg. wird **III** u. unter Rühren portionsweise $NaNH_2$ hinzugegeben. Nach 1std. Erhitzen auf 70° (Temp. richtet sich nach der Löslichkeit in Toluol) Mischung auf Eis gießen u. mit n-HCl versetzen, mit Soda alkal. machen u. freie Base mit Ae. extrahieren (bei den Verbb. mit höheren Alkylresten wurde ein Gemisch Ae./Bzl. 1 : 1 zur Extraktion verwendet); 49%. *Hydrochlorid*, F. 210—212° (A.–Ae.). — Analog folgende *1-Methyl-4-phenylpiperidin-(4)-alkylsulfone* (R = Alkyl): $R = C_2H_5$, F. 142°, 80%; *Hydrochlorid*, F. 198°; $R = n\text{-}C_3H_7$, F. 125—127°, 28%; *Hydrochlorid*, F. 245°; $R = iso\text{-}C_3H_7$, F. 165 bis 166°, 26%; *Hydrochlorid*, F. 250°; $R = n\text{-}C_4H_9$, F. 125°, 69%; *Hydrochlorid*, F. 260°; $R = iso\text{-}C_4H_9$, F. 150°, 80%; *Hydrochlorid*, F. 258°; $R = n\text{-}C_5H_{11}$, F. 101°, 70%; *Hydrochlorid*, F. 241°; $R = iso\text{-}C_5H_{11}$, F. 146°, 65%; *Hydrochlorid*, F. 166°; *R = Cyclohexyl*, F. 193°, 64%; *Hydrochlorid*, F. 277°. — *1-Methyl-4-phenyl-1.2.5.6-tetrahydropyridin*,

$C_{12}H_{15}N$, F. 33°, Kp.$_{12}$ 128—132°: 1-Methyl-4-phenylpiperidin-(4)-äthylsulfon wird in 50%ig. H_2SO_4 10 Std. auf 130—135° erhitzt, mit Eiswasser wird verd., mit NaOH versetzt, mit Ae. extrahiert u. im Vakuum dest.; das ölige Destillat krist. beim Stehen. *Hydrochlorid*, $C_{12}H_{15}N \cdot HCl$, F. 249—250° (A.-Ae.). — Die gleiche Verb. wurde analog aus 1-Methyl-4-phenylpiperidin-(4)-isoamylsulfon erhalten. — Ausführung u. Auswertung der pharmakol. Prüfungen vgl. Original. (Helv. chim. Acta **35**. 1527—36. 1/8. 1952. Zürich, ETH, Pharmaz. Inst., u. Bern, Dr. A. Wander AG., Wiss. Forschungsabt.)

ULRICH. 3231

Marshall Kulka und **R. H. F. Manske**, *Nitrierung einiger Chinolinderivate.* Es wird über die Nitrierung von 1.2.3.4-Tetrahydrochinolin (I), N-Acetyl-1.2.3.4-tetrahydrochinolin (II) u. 5.8-Dichlorchinolin (III) sowie die Konst. der dabei entstandenen Prodd. berichtet. Aus I entsteht *7-Nitro-1.2.3.4-tetrahydrochinolin* (IV), aus II (nach Hydrolyse) ein Gemisch aus IV u. *6-Nitro-1.2.3.4-tetrahydrochinolin* (V). III ist sehr resistent gegen HNO_3; mit Oleum/HNO_3 wurde bei 20° keine Nitrierung erreicht; bei 60° bildete sich bei 45std. Behandlung *6-Nitro-5.8-dichlorchinolin.* Verss. zur Darst. von 7-Nitro-5.8-dichlorchinolin gelangen nicht. 2.5-Dichlor-3-nitroanilin konnte durch direkte Nitrierung von 2.5-Dichloranilin in überschüssiger H_2SO_4 nicht erhalten werden. Aus 6-Acetylamino-5.8-dichlorchinolin entstand unter verschied. Nitrierungsbedingungen u. anschließend Verseifung kein 6-Amino-7-nitro-5.8-dichlorchinolin.

Versuche (FF. korr.): *7-Nitro-1.2.3.4-tetrahydrochinolin* (IV), $C_9H_{10}O_2N_2$, F. 62 bis 63° (Methanol), aus I nach v. BRAUN (Ber. dtsch. chem. Ges. **46**. [1913.] 3169). — Die folgenden *N-Acyl*-Verbb. von IV wurden dargestellt aus IV mit Überschuß an Säurechlorid oder -anhydrid in Pyridin durch 15 Min. Erhitzen auf dem Dampfbad, dann in W. gießen, filtrieren u. aus A. umlösen: *N-Benzoylderiv.*, $C_{16}H_{14}O_3N_2$, F. 153—154°; 90% (Ausbeute). *N-Acetylderiv.*, $C_{11}H_{12}O_3N_2$, F. 102—103°, nadelähnliche Prismen; 92%. *N-p-Toluolsulfonylderiv.*, $C_{16}H_{16}O_4N_2S$, F. 164—165°, Prismen; 80%. — Aus vorst. N-Acylnitrotetrahydrochinolinen wurden mit H_2/PtO_2 nach ADAMS in Essigester–Methanol-Suspension (50 lbs.) folgende *1.2.3.4-Tetrahydrochinoline* dargestellt: *7-Amino-N-benzoyl*, $C_{16}H_{16}ON_2$, F. 140—141°, hellgelbe Prismen aus Methanol; 89%. — *7-Amino-N-acetyl-*, $C_{11}H_{14}ON_2$, F. 77—78°, Prismen aus Bzl.; 94%. — *7-Amino-N-p-toluolsulfonyl-*, $C_{16}H_{18}O_2N_2S$, F. 109 bis 110°, Prismen aus Methanol; 90%. — *7-Amino-1.2.3.4-tetrahydrochinolin*, $C_9H_{12}N_2$, F. 60—61°, katalyt. mit RANEY-Ni (60—70°, 1200 lbs.) aus 7-Nitrochinolin in Essigsäure, Dest. bei 0,5 mm/150° Bad; Prismen aus PAe/Bzl.; 20%; oder aus IV in A. mit PtO_2 nach ADAMS/H_2 (40 lbs.); 100%. — Nitrierung von 50 g II in 250 cm³ konz. H_2SO_4 mit 29 g KNO_3 bei 0° (2 Std. rühren, dann auf Eis gießen; Reinigung über das Hydrochlorid) lieferte IV (20%) neben *6-Nitro-1.2.3.4-tetrahydrochinolin* (V), F. 161—162°, dunkelorangefarbene Prismen mit Metallglanz aus Methanol; 37%. — Aus V wie oben *N-Benzoyl-6-nitro-1.2.3.4-tetrahydrochinolin*, $C_{16}H_{14}O_3N_2$, F. 134—135°, aus A. Nadeln; 88%. — Daraus durch katalyt. Hydrierung mit PtO_2 *N-Benzoyl-6-amino-1.2.3.4-tetrahydrochinolin*, $C_{16}H_{16}ON_2$, F. 174—175°, hellorangefarbene Nadeln aus Methanol; 90%. — *6-Amino-1.2.3.4-tetrahydrochinolin*, F. 93—94°, aus 6-Nitrochinolin (35%) oder aus V (80%) durch Hydrierung; Platten aus Bzl., die sich an der Luft dunkel färben. — *5.8-Dichlorchinolin* (III), F. 97—98°; durch 5std. Erhitzen von Nitrobenzol in 60%ig. Oleum u. konz. H_2SO_4, dann W. zugeben, dann 2.5-Dichloranilin u. Glycerin, 5 Std. kochen u. in W. gießen; harziges Prod. absaugen, alkal. machen; Kristalle aus Methanol; 73%. — *6-Nitro-5.8-dichlorchinolin*, $C_9H_4O_2N_2Cl_2$, F. 135—136°, aus vorst. Verb. in 60%ig. Oleum + konz. H_2SO_4 bei Zugabe von KNO_3 innerhalb 4 Std. bei 55—60°, dann Temp. 45 Std. halten u. auf Eis gießen; hellgelbe Nadeln aus Methanol; 55%; oder nach SKRAUP aus 2.5-Dichlor-4-nitroacetanilid; 20%. — *6-Amino-5.8-dichlorchinolin*, $C_9H_6N_2Cl_2$, F. 136 bis 137°, aus vorst. Verb. mit $SnCl_2$/HCl bei $<$ 70°, dann 1 Std. bei 100°, Nd. in W. suspendieren, Sn mit H_2S fällen, Filtrat alkal. stellen; Kristalle aus Bzl.; 70%. *Acetylderiv.*, $C_{11}H_8ON_2Cl_2$, F. 211—212°, mit Acetanhydrid in Bzl.; Nadeln. (Canad. J. Chem. **30**. 720—24. Sept. 1952. Guelph, Ontario, Can., Dominion Rubber Co., Ltd., Res. Labors.)

GOEBEL. 3231

Gertrude B. Elion, George H. Hitchings und **Peter B. Russell**, *Die Bildung von 6-Oxy- und 7-Oxypteridinen aus 4.5-Diaminopyrimidinen und α-Ketosäuren und Estern.* (Vgl. RUSSEL u. Mitarbeiter, C. **1950**. I. 66.) Bei der Rk. von 2.4.5-Triamino-6-oxypyrimidin (I) mit Brenztraubensäure (VII), Oxalessigsäureäthylester (II) oder Oxomalonsäurediäthylester (III) entstehen in schwachsaurem Medium (p_H 5) hauptsächlich die *7-Oxypteridinderivv.*, bei Verwendung von III auf Grund des stärkeren elektrophilen Charakters der CO-Gruppe in größerer Ausbeute als bei Verwendung von II, am wenigsten mit VII. In stark saurem Medium dagegen überwiegt bei vorst. Kondensationen die Ausbeute an *6-Oxypteridinderivaten.* Analoge Ergebnisse gewinnt man bei der Kondensation von 2.4.5.6-Tetraaminopyrimidin (IV) mit II u. III. Eine Ausnahme bildet hier die Kondensation von **IV** mit **III** in stark saurem Medium, bei der ausschließlich das 7-Oxypteridinderiv. gebildet wird. — Bei der Kondensation von **I** mit Methylacetylendicarboxylat (**VI**) in alkoh. Lsg. entsteht eine Zwischenverb., die bei Verseifung 69% *6-Methylisoxanthopterin* (**X**) u. 6% *7-Methylxanthopterin* (**V**) liefert. — Die Identifizierung der isomeren Pteridine erfolgte durch Aufnahme der UV-Spektren.

Versuche: Aus **I**-Sulfathydrat in 2n H_2SO_4 u. der Na-Verb. von **II** entstehen nach 1 std. Kochen zunächst 11% (Ausbeute) *6-Methylisoxanthopterin* (**X**); aus dem Filtrat durch Einstellen auf p_H 6 mit NH_4OH 69% *7-Methylxanthopterin* (**V**). — **IV**-Sulfathydrat u. **VII** geben analog zunächst 3% *2.4-Diamino-6-methyl-7-oxypteridin* (**VIII**), dann 95% *2.4-Diamino-6-oxy-7-methylpteridin* (**IX**), $C_7H_8ON_6 \cdot 1/2\ H_2O$. — Ähnlich mit der **II**-Na-Verb. 49% **IX** u. 22% **VIII**. — **I** gibt in n-CH_3COOH mit der **II**-Na-Verb. nach ½ std. Erhitzen, Lösen des Nd. in 0,2n NaOH u. Filtration in sd. 2n HCl 40% **X**, nur Spuren an **V**. — Nach Versetzen von **IV**-Sulfit in sd. W. mit **VII**, Einstellen auf p_H 5 mit 2n NaOH u. ½ std. Erhitzen bildet sich ein Nd., der mit sd. 0,15n H_2SO_4 ausgezogen wurde; der Rückstand gab nach Lösen in heißer 0,3n NaOH u. Einfiltrieren in heiße 0,2n H_2SO_4 14% **VIII**, weitere 14% wurden aus der H_2SO_4-Lsg. erhalten. Das Filtrat u. der aus dem ursprünglichen Reaktionsgemisch nach 3 Wochen erhaltene zweite Nd. lieferten 9% **VIII** u. 13% **IX**. **VIII**-*Sulfat*, $C_7H_8ON_6 \cdot 1/2\ H_2SO_4 \cdot 1 1/2\ H_2O$. — 66% **VIII** entstehen aus **IV**-Sulfit u. der **II**-Na-Verb. bei p_H 5. — *2.4-Diamino-7-oxypteridin-6-carbonsäure* (**XI**), $C_7H_6O_3N_6$, aus **IV**-Sulfathydrat u. **III** in 2n H_2SO_4; 90%; keine Decarboxylierung bis 250°. Die Verb. entsteht auch, u. zwar ausschließlich, bei p_H 5; 87%. — Nach 3 std. Kochen von **I** mit **VI** in A. entstand ein Nd., der vermutlich aus *Isoxanthopterin-6-essigsäuremethylester* u. *Xanthopterin-7-essigsäuremethylester* bestand u. nicht gereinigt werden konnte; Kochen in n-H_2SO_4 bis zur beendeten Gasentw., Lösen in W., Zugabe von 2n NaOH u. Einfiltrieren in sd. 2n HCl lieferte 69% **X**; in der schwefelsauren Mutterlauge lagen ca. 5,5% **V** vor. — Die UV-Absorptionsmaxima von **V**, **VIII**, **IX**, **X**, **XI**, *Isoxanthopterin-6-carbonsäure* u. *Xanthopterin-7-carbonsäure* werden angegeben. (J. Amer. chem. Soc. **72**. 78—81. Jan. 1950. Tuckahoe, N. Y., Wellcome Res. Labors.) LEHWALD. 3272

Elvira A. Falco und **George H. Hitchings**, *Untersuchungen über kondensierte Pyrimidinsysteme.* 4. Mitt. *Einige Thiazolo-[5.4-d]-pyrimidine.* (Als 3. gilt vorst. Ref.) Bei dem Vers. der Darst. von *5-Thiobenzamido-2.4-diaminopyrimidin* aus 5-Benzamido-2.4-diaminopyrimidin (III) u. P_2S_5 entstand unter NH_3-Abspaltung *5-Amino-2-phenylthiazolo-[5.4-d]-pyrimidin*, eine Rk., die allg. anwendbar ist für die Synth. von *2-substituierten 5-Amino-, 5.7-Diamino-* u. *5.7-Dithiolthiazolo-[5.4-d]-pyrimidinen.* — *2-Methyl-5.7-dioxythiazolo-[5.4-d]-pyrimidin* ist zwar auf einem anderen Wege eindeutig aus Thiouramil = 2.6-Dioxy-5-amino-4-mercaptopyrimidin (I) u. Acetanhydrid nach Abspaltung der N-Acetylgruppen erhältlich, kann aber aus der entsprechenden Dithiolverb. nicht gewonnen werden, da diese sich nicht hydrolysieren läßt; in der entsprechenden Diaminoverb. (**VI**) läßt sich bei der Hydrolyse nur 1 NH_2-Gruppe durch —OH ersetzen. — Die Konst. der auf dem neuen Wege gewonnenen Verbb. wurde aber durch eine unabhängige Synth. von *2-Phenyl-5.7-dioxythiazolo-[5.4-d]-pyrimidin* (**II**) durch Benzoylierung von **I** bewiesen; **II** ist nach dem neuen Verf. über die Desaminierung des nach der P_2S_5-Meth. gewonnenen *5.7-Diamino-2-phenylthiazolo-[5.4-d]-pyrimidins* (**VII**) zugänglich. — Es ist möglich, daß bei der P_2S_5-Meth. zunächst das Thioamid der Ausgangssubstanz gebildet wird, wonach die benachbarte NH_2- oder OH-Gruppe zur SH-Gruppe wird unter Bldg. eines Thioamidothiolpyrimidins, aus dem H_2S abgespalten wird. — Die neuen Verbb. sollen mikrobiol. untersucht werden.

Versuche: Die nachst. *5-Benzamidopyrimidine* wurden nach der Meth. von WILSON (J. chem. Soc. [London] **1948**. 1157) dargestellt: *5-Benzamido-2.4-diaminopyrimidin* (**III**), $C_{11}H_{11}ON_5 \cdot 1/2\ H_2O$, F. 213—214° (Zers.); Ausbeute 86%. *Hydrochlorid*, $C_{11}H_{11}ON_5 \cdot HCl$. — *5-Benzamido-2.4.6-triaminopyrimidin* (**IV**), $C_{11}H_{12}ON_6$, F. 274—275°; 42%. — *5-[p-Chlorbenzamido]-2.4-diamino-6-oxypyrimidin* (**V**), $C_{11}H_{10}O_2N_5Cl$, F. 345—348° (Zers.); 65%. — Die *Thiazolo-[5.4-d]-pyrimidine* wurden aus den 5-Acylaminopyrimidinen u. der 3 fachen Menge P_2S_5 in dem 10 fachen Vol. Tetralin durch 2 std. Erhitzen auf 150—200° nach Abfiltrieren, Waschen mit Ae. u. 1—2n NH_4OH u. Umkristallisieren des Rückstandes aus absol. A. gewonnen. — *5-Amino-2-phenylthiazolo-[5.4-d]-pyrimidin*, $C_{11}H_8N_4S$, aus **III**, gelbe Platten, F. 285—287°; 31%. — *5.7-Diamino-2-phenylthiazolo-[5.4-d]-pyrimidin* (**VII**), $C_{11}H_9N_5S$, F. 279—281°, aus **IV** bei 180—200° (27%); bei 150° setzt die Rk. noch nicht ein. Die Verb. ist auch aus 5-Benzamido-2.4-diamino-6-oxypyrimidin bei 150—160° zugänglich; 65%; gelbe Platten oder Prismen. — *5.7-Diamino-2-methylthiazolo-[5.4-d]-pyrimidin* (**VI**), $C_6H_7N_5S$, aus 5-Acetamido-2.4-diamino-6-oxypyrimidin bei 180—200°; gelbe Platten, F. 246—250°; 50%. — *5.7-Dithiol-2-methylthiazolo-[5.4-d]-pyrimidin*, $C_6H_5N_3S_3$, aus 5-Acetamido-2.4.6-trioxypyrimidin bei 150°; lange orangefarbene Nadeln, F. 298°; 8%. —

2-[p-Chlorphenyl]-5.7-diaminothiazolo-[5.4-d]-pyrimidin, $C_{11}H_8N_5ClS$, aus **V** bei 180°; gelbe Nadeln, F. 297—299°; 76%. — Nach langsamem Zugeben von $NaNO_2$-Lsg. zu **VI** in 0,5n HCl, 1 std. Erwärmen auf dem Dampfbad, Neutralisieren mit NH_4OH u. Reinigen des Nd. durch Lösen in verd. Alkali u. Wiederfällen mit verd. Essigsäure entsteht ein *Oxyamino-2-methylthiazolo-[5.4-d]-pyrimidin*, $C_6H_6ON_4S$, als Pulver, das sich bei ca. 320° zers.; in **VI** wurde bei dieser Desaminierung also nur 1 NH_2-Gruppe durch —OH ersetzt. — *5.7-Dibenzoyloxy-2-phenylthiazolo-[5.4-d]-pyrimidin* = **II**-*Dibenzoylverb.*, $C_{25}H_{15}O_4N_3S$, aus Thiouramil(**I**)–NH_4-Salz durch 2std. Kochen mit Benzoylchlorid, Vakuumdest. u. Waschen des Rückstandes mit 50%ig. A. u. Ae.; aus Essigester Nadeln, F. 240°; 50%. — *5.7-Dioxy-2-phenylthiazolo-[5.4-d]-pyrimidin* (**II**), $C_{11}H_7O_2N_3S$, a) aus vorst. Deriv. durch Kochen mit n-NaOH bis zur Lsg., Neutralisieren mit Essigsäure, Waschen mit A. u. Ae. u. Umfällen aus wss. Alkali mit Essigsäure; Pulver, das bei 340° noch nicht schm.; b) aus **VII** durch Zugabe von 10n H_2SO_4 u. $NaNO_2$-Lsg., 1 std. Erwärmen auf dem Dampfbad u. Neutralisieren mit NH_4OH; aus A. gelbe Platten, die bei 330° noch nicht schm.; c) aus **VII** durch 16std. Erhitzen mit 6n HCl in einer Bombe auf 140°, Eindampfen u. Umfällen. — *5.7-Dioxy-2-methylthiazolo-[5.4-d]-pyrimidin*, $C_6H_5O_2N_3S$, durch Kochen des **I**–NH_4-Salzes mit Acetanhydrid; krist. aus W. u. schm. bei 340° noch nicht. — Die UV-Spektren der Thiazolo-[5.4-d]-pyrimidine sind angegeben. (J. Amer. chem. Soc. **72**. 3203—05. Juli 1950.)

NITZSCHKE. 3272

E. J. Bourne, W. M. Corbett und M. Stacey, *2.4; 3.5-Diäthyliden-aldehydo-L-xylose und ihre Derivate.* Es wird eine verbesserte Meth. zur Darst. von *2.4; 3.5-Diäthyliden-aldehydo-L-xylose* (**I**) angegeben, die in der Perjodatoxydation von *1.3; 2.4-Diäthyliden-D-sorbit* besteht. **I** bildet wegen des Vorhandenseins einer freien Aldehydgruppe ein Bisdimedonderiv., was Xylose unter den gleichen Bedingungen nicht tut. Mit Anilin liefert **I** *2.4; 3.5-Diäthyliden-1.1-bis-[C-anilino]-1-desoxy-L-xylit.* Die spezif. Drehung von **I** ist sehr vom Lösungsm. abhängig, da sich OH-haltige Lösungsmittel an die aldehyd. Gruppe addieren. In Übereinstimmung damit ist auch das UV-Spektr. von **I** vom Lösungsm. abhängig u. in trockenem Chlf. ein für die Carbonylgruppe charakterist. Maximum vorhanden, während in OH-haltigen oder feuchten Lösungsmitteln kurzwelligere Maxima auftreten. In Bzl., Dioxan u. W. erwies sich **I** als monomer.

Versuche: *2.4; 3.5-Diäthyliden-aldehydo-L-xylose* (**I**), $C_9H_{14}O_5$, F. 160—161°, durch 2std. Oxydation von 20 g 1.3; 2.4-Diäthyliden-D-sorbit (aus 1.3; 2.4; 5.6-Triäthyliden-D-sorbit) mit $NaJO_4$, $[\alpha]_D^{22}$ —12,8° (c = 2,2 in W.); 13,7 g (Ausbeute). *Bis-dimedonderiv.*, $C_{25}H_{36}O_8$, F. 224—225° (Zers.), aus **I** u. Dimedon in wss. Lsg. $[\alpha]_D^{16}$ +9,5° (c = 1,2 in A.); 55%. — *2.4; 3.5-Diäthyliden-aldehydo-L-xyloseoxim*, $C_9H_{15}O_5N$, F. 255—256°, aus 300 mg **I** durch 20minutige Rückflußkochung mit Hydroxylaminhydrochlorid u. Na-Acetat in wss. Methanol u. nachfolgende Wasserzugabe, $[\alpha]_D^{19}$ —97,0° (c = 1,3 in Pyridin); 77 mg. — *2.4; 3.5-Diäthyliden-1.1-bis-[C-anilino]-1-desoxy-L-xylit*, $C_{21}H_{26}O_4N_2$, F. 103—104° (Zers.), aus **I** u. Anilin durch 30minutiges Erhitzen bei 60° Badtemp. in Methanol, $[\alpha]_D^{18}$ —33,3° (c = 0,15 in A. nach 2std. leichtem Drehungsrückgang). — Röntgenograph. an monoklinem Einkristall von **I** (D. 1,346) festgestellte Gitterkonstanten: a = 9,97; b = 8,48; c = 5,96 Å, β = 90°, vereinbar mit einem Mol.-Gew. von 204; Mol.-Gew. kryoskop. in Bzl. 209, in Dioxan 205, in W. 185. (J. chem. Soc. [London] **1952**. 2810—12. Juli. Edgbaston, Birmingham, Univ.)

WILLENBERG. 3400

C. A. Marsh, *Synthese gepaarter Hexuronsäuren.* (—)-Menthyl-α- u. -β-D-glucopyranosid lassen sich in guter Ausbeute in neutraler oder schwach alkal. Lsg. mit gasförmigem O_2 in Ggw. eines Pt-Katalysators zu den entsprechenden, in W. wenig lösl. Hexuronosiden oxydieren. Die analoge Oxydation von Phenyl-α- u. -β-D-glucopyranosid mißlang, da das dabei durch Hydrolyse in geringer Menge entstandene freie Phenol den Katalysator sofort völlig inaktivierte. Die Darst. der Methyl-α- u. -β-glykoside der D-Galakturonsäure u. D-Mannuronsäure bot keine Schwierigkeit; an Stelle von gasförmigem O_2 konnte zur Darst. von *Methyl-α-D-galakturonosid* auch verd. H_2O_2 verwendet werden, doch war die Ausbeute bei dieser Meth. geringer. Methyl-α- u. -β-D-mannuronosid (**II** u. **III**) wurden zum *D-Mannuronsäurelacton* hydrolysiert, das in der höherschm. beständigeren Form erhalten wurde. Durch katalyt. Oxydation wurde ferner *3-Methyl-1.2-isopropyliden-D-glucuronsäure* als Na-Salz hergestellt, das bei der Hydrolyse wahrscheinlich *3-Methyl-D-glucuronsäure* ergab. *α-Glucuronsäure-1-phosphat* konnte in Form des Tri-K-Salzes hergestellt werden, während es nicht gelang, die β-Verb. rein zu isolieren.

Versuche (FF. korr.): In die wss. Lsg. oder Suspension des Hexosids oder Hexoseesters u. des Katalysators (aus PtO_2 mit H_2 bei Raumtemp.) wurde während 4—10 Std. bei 60—65° O_2 eingeleitet u. kräftig gerührt; durch Zugabe von Alkalicarbonat oder -bicarbonat wurde die neutrale Rk. aufrechterhalten. — *(—)-Menthyl-α-D-glucuronosid*, $C_{16}H_{28}O_7$, als *Dihydrat*, F. 141—142°, aus (—)-Menthyl-α-D-glucosid; $[\alpha]_D^{21}$ +46° (c = 20 in A.); 27% (Ausbeute). — (—)-*Menthyl-β-D-glucuronosid*, $C_{16}H_{28}O_7$, krist. mit ~1½ H_2O, F. 75—77°, aus (—)-Menthyl-β-D-glucosid; $[\alpha]_D^{21}$ —99° (c = 10 in A.); 30%. — *Methyl-α-D-galakturonosid*, $C_7H_{12}O_7$, als *Dihydrat*, F. 110°, aus Methyl-α-D-galaktosidmonohydrat (I); $[\alpha]_D^{25}$ +128° (c = 2 in W.); 42%. I mit H_2O_2 bei 20° innerhalb von 4 Std. oxydiert, lieferte ein klebriges Prod., F. 105—107°, $[\alpha]_D^{20}$ +126°; 16%. — *Methyl-β-D-galakturonosid*, $C_7H_{12}O_7$, als *Monohydrat*, F. 163°, aus Methyl-β-D-galaktosid; $[\alpha]_D^{25}$ —38° (c = 2,5 in W.). — *Methyl-α-D-mannuronosid* (II), $C_7H_{12}O_7$, als *Monohydrat*, F. 106—107°, aus Methyl-α-D-mannosid über das mit K_2CO_3 erhaltene *K-Salz*, $C_7H_{11}O_7K$, Zers. >200°, $[\alpha]_D^{20}$ +45° (c = 2 in W.), das in W. bei —5° mit 25%ig. $HClO_4$ behandelt wurde; $[\alpha]_D^{20}$ +62° (c = 2 in W.); 44%. — *Methyl-β-D-mannuronosid* (III), $C_7H_{12}O_7$, aus Methyl-β-D-mannosid wie II über das *K-Salz*, $C_7H_{11}O_7K$, Zers. >160°, $[\alpha]_D^{20}$ +15° (c = 6 in W.); die freie Säure konnte nicht krist. erhalten werden; $[\alpha]_D^{19}$ +25° (c = 2 in W.). — *D-Mannuronsäurelacton*, $C_6H_8O_6$, F. 188° (Zers.), durch Hydrolyse von II oder III; $[\alpha]_D^{22}$ +92° (c = 3 in W.). — *3-Methyl-1.2-isopropylidenglucuronsäure*, aus 3-Methyl-1.2-isopropylidenglucose über das *Na-Salz* ($[\alpha]_D^{21}$ —35° [c = 4 in W.]) als Sirup; $[\alpha]_D^{21}$ +6° (c = 5 in W.). — *α-Glucuronsäure-1-phosphat*, *Tri-K-Salz*, $C_6H_8O_{10}PK_3 \cdot 2\,H_2O$, Zers. >150°, aus α-Glucose-1-dikaliumphosphat; $[\alpha]_D^{20}$ +51° (c = 2,4 in W.). — Oxydation des β-Glucose-1-dikaliumphosphats gab ein gelbliches, sehr zerfließliches Pulver; TOLLENS-Test auf Uronsäuren positiv; Text auf reduzierende Zucker erst nach Hydrolyse mit 3nHCl positiv. (J. chem. Soc. [London] **1952**. 1578—82. Mai. Bucksburn, Aberdeenshire, Rowett Res. Inst.) FALENSKI. 3400

A. Dobrowsky, *Über eine einfache Arecolinsynthese.* Es wird über eine vom Acrylsäureester ausgehende Synth. des *Arecolins* (IV) berichtet sowie über die Darst. der IV entsprechenden *Äthyl-* u. *n-Butylester* des *Arecaidins* (V), deren pharmakol. Eigg. die von IV nicht übertreffen.

Versuche: *N-Methylamin-dipropionsäurediäthylester* (I), Kp.$_{20}$ 148—150°, aus Acrylsäureäthylester u. 4n absol. alkoh. Methylaminlsg. im Autoklaven bei 50—60 u. dann bei 100° unter Rühren; 90% (Ausbeute). — *N-Methylpiperidon-(4)-carbonsäure-(3)-äthylester* (II), aus I mit $NaNH_2$ in Xylol unter Rühren; nach Aufhören der NH_3-Entw. wird mit Eis zers., mit HCl kongosauer gemacht u. mit Bzl. zur Entfernung nichtbas. Anteile ausgeschüttelt; die wss. Lsg. wird mit K_2CO_3 versetzt u. mit Bzl. ausgeschüttelt, II wird nicht isoliert; 86% (berechenbar durch Fällung von II·HCl). *Pt-Salz*, F. 172°. — *N-Methyl-4-oxypiperidincarbonsäure-(3)-äthylester* (III). Die Benzollsg. von II wird mit H_2SO_4 (D. 1,093) angesäuert u. an einer Pb-Kathode von 2 dm² mit 2,5 A/dm² bei 40—45° 16 Std. lang red.; im Diaphragma 12%; H_2SO_4 als Anodenlsg.; die Lsg. wird durch Fällen mit $BaCl_2$ in der Siedehitze von H_2SO_4 befreit. III wurde nicht isoliert. III-*Pikrat*, F. 167°. — *Arecaidin* (V), durch 5tägiges Kochen von III·HCl mit 25%ig. HCl als *Hydrochlorid*, F. 259° (unter Aufschäumen). *Pikrat*, F. 189°. *Pt-Salz*, F. 216° (Zers.). *Au-Salz*, F. 199 bis 200°. — *N-Methyl-4-oxypiperidincarbonsäure-(3)-hydrochlorid*, $C_7H_{14}O_3NCl$, F. 196°, aus der Mutterlauge von V·HCl; wird zur Umwandlung in V·HCl wieder mit HCl gekocht; Gesamtausbeute an V dann 58%. — *N-Methyl-4-oxypiperidincarbonsäure-(3)-methylester* (VI), $C_8H_{15}O_3N$, F. 87°, Kp.$_{24}$ 134—138°. *Hydrochlorid*, F. 197°. *Pikrat*, F. 201°. *Pt-Salz*, F. 209°. *Au-Salz*, F. 182°. — *Arecolin* (IV), *Hydrobromid*, F. 172—173°, a) aus VI in warmem Xylol durch Erhitzen mit $POCl_3$; das entstandene Öl wird nach dem Abgießen des Xylols in Ae. aufgenommen, der Ae.-Rückstand mit Feinsprit versetzt u. mit einer Mischung von 1 Vol. HBr (D. 1,49) u. 2½ Vol. Feinsprit bis lackmussauer versetzt; 98%; b) aus V·HCl durch 24std. Kochen mit methanol. 8%ig. HCl; die Lsg. wird im Vakuum eingedampft, der Rückstand in W. aufgenommen, mit Pottasche gesätt. u. erschöpfend mit Ae. extrahiert; das freie IV (89%) wird wie oben in das Hydrobromid umgewandelt. — Ausgehend von Acrylsäuremethylester gelangt man wie bei II zum *N-Methylaminodipropionsäure-dimethylester*, Kp.$_{20}$ 136—138°, u. dann wie bei III zum *N-Methyl-4-piperidoncarbonsäure-(3)-methylester*, F. 186°; *Hydrochlorid*, F. 171° (Zers.); *Pikrat*, F. 158°; *Pikrolonat*, F. 200° (Zers.); *Pt-Salz*, F. 203° (Zers.); *Au-Salz*, F. 147°, der nach der Elektrored. zu VI mit $POCl_3$ direkt IV liefert. — *Arecaidinäthylester*, Öl, Kp.$_{22}$ 118—123°. *Hydrobromid*, F. 105°. *Pikrat*, F. 136°. — *Arecaidin-n-butylester*, *Hydrobromid*, F. 131°. (Mh. Chem. **83**. 443—47. 15/4.; S.-B. österr. Akad. Wiss., math.-naturwiss. Kl., Abt. IIb **161**. 443—47. 1952. Wien, TH.) O. W. SCHULZ. 3500

Ss. Junussow, *Über die Alkaloide von Cocculus laurifolius D. C.* 2. Mitt. *Über die Konstitution von Cocculidin und Cocculin.* (1. vgl. C. **1951**. I. 3492.) Die Konst. von *Cocculin* (I) u. *Cocculidin* (II) wurde durch den HOFFMANNschen Abbau in den wesentlichen Teilen aufgeklärt. II-Jodmethylat gab beim Behandeln mit KOH oder AgOH unter Öffnung des Ringes B *1-Methyl-4 oder 5-methoxy-7-[2'-vinyl-x'-methoxyphenyl-(1')]-Δ^6-hexahydroindol* (III), dessen Jodmethylat, der gleichen Behandlung unterworfen, *2'-Vinyl-x'-methoxy-3-[β-dimethylaminoäthyl]-diphenyl* (IV) lieferte. Mit der angegebenen Konst. von IV steht in Übereinstimmung, daß die Verb., da alle asymm. C-Atome verschwunden sind, opt.-inakt. ist u. statt 2 CH_3O-Gruppen nur eine enthält. Daß bei dem Übergang von **III** in **IV** ein neuer Benzolring entsteht, muß seinen Grund darin haben, daß sich im entsprechenden Ring D in **III** schon eineDoppelbindung befindet; die 2. wird bei der Jodmethylatabspaltung in diesen gelegt; die 3. entsteht bei der gleichzeitig erfolgenden Abspaltung einer CH_3O-Gruppe als CH_3OH, die also auch diesem hydroaromat. Ring angehören muß. In dem letzten Stadium des HOFMANNschen Abbaus, der Spaltung des Jodmethylats

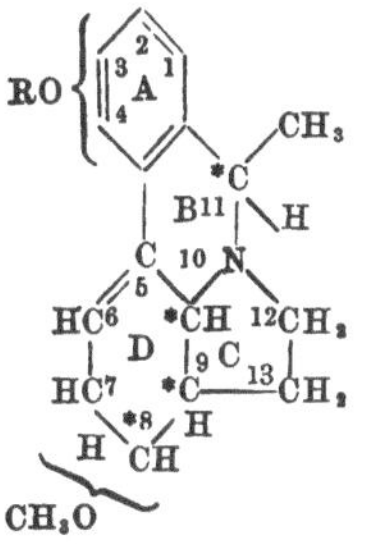
I R = H
II R = CH_3

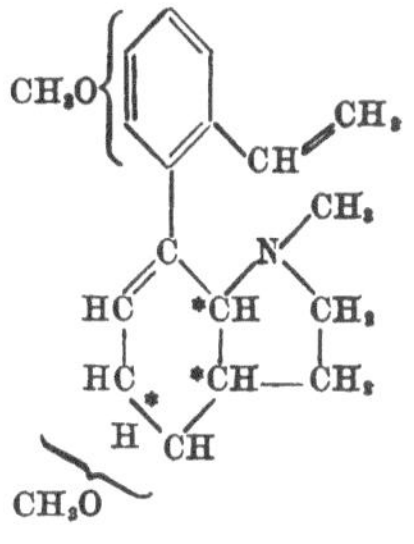
III

von **IV**, entstand außer $(CH_3)_3N$ *x'-Methoxy-2'.3-divinyldiphenyl*, hieraus bei der Oxydation *x'-Methoxydiphenyldicarbonsäure-(2'.3)* u. aus dieser durch Dest. mit Zn-Staub *Fluoren*. Für die angegebene Konst. der Alkaloide spricht auch, daß die Fichtenspan-Rk. auf Pyrrol positiv ist u. daß bei der Methylierung der Phenolbase **I** die Methoxyverb. **II** gebildet wird, so daß sich das ausgesprochen phenol. OH von **I** im aromat. Ring A befinden muß. Die in **I** u. **II** angenommene Lage der Doppelbindung zwischen $C_{(5)}$ u. $C_{(6)}$ ist nicht die einzig mögliche; als gleich wahrscheinlich wird sie zwischen $C_{(7)}$ u. $C_{(8)}$ angesehen; dann ist die CH_3O-Gruppe in diesem Ring am $C_{(6)}$ gebunden. — Der HOFMANNsche Abbau wurde auch auf das Alkaloidgemisch, das nach Kristallisation von **II** aus dem nichtphenol. Anteil der Alkaloide der Pflanze in der Mutterlauge vorhanden ist, angewendet. Es bildete sich hier $(CH_3)_3N$ schon nach 2maliger Durchführung der Anlagerung von CH_3J u. Spaltung des Jodmethylats in einer Menge, die einem Geh. von ca. 50% an einem neuen *Alkaloid*, vermutlich einem *1-Methyl-* oder *-Benzyltetrahydroisochinolinderiv.*, entsprach. Außerdem wurde noch ca. 30% **II** festgestellt.

Versuche: *1-Methyl-4 oder 5-methoxy-7-[2'-vinyl-x'-methoxyphenyl-(1')]-Δ^6-hexahydroindol („Des-N-methylcocculidin")* (**III**), $C_{19}H_{25}O_2N$, F. 82—83°. Man kocht 2 g **II**-Jodmethylat mit 6 g KOH in 20 cm³ CH_3OH 1 Std. u. verdampft das Lösungsm. auf dem Wasserbad; 0,8 g, oder schüttelt 2 g **II**-Jodmethylat in 50 cm³ W. ½ Std. mit frisch gefälltem Ag_2O, verdampft die Lsg. im Vakuum bei 60° zur Trockene, löst in 15 cm³ W. u. extrahiert mit Ae.; 1,2 g. Aus PAe. Kristalle; unlösl. in W., lösl. in A., Ae. u. Chlf.; $[\alpha]_D$ +108,89° (0,1648 g in 12 cm³ Methanol). *Jodmethylat*, F. 205—206°, aus **III** u. CH_3J in sd. Methanol; Nadeln. — *2'-Vinyl-x'-methoxy-3-[β-dimethylaminoäthyl]-diphenyl („Des-N-dimethylcocculidin")* (**IV**), $C_{19}H_{23}ON$, Kp.₂ 156—158°; aus vorst. Jodmethylat u. methanol. KOH bei 6std. Kochen oder mit der berechneten Menge Ag_2O in W.; Öl; opt. inakt.; 2 g aus 3 g Jodmethylat. *Hydrochlorid*, $C_{19}H_{23}ON \cdot HCl$, F. 195—196°; seidig glänzende Kristalle aus A. + Aceton. *Jodmethylat*, aus den Komponenten in sd. Methanol; nicht rein erhalten. — *x'-Methoxy-2'.3-divinyldiphenyl („Hemicocculidin")*, Kp.₂ 218°; aus vorst. Jodmethylat (aus 4 g **IV**) u. sd. methanol. KOH bis zur Beendigung der $(CH_3)_3N$-Entw. oder mit Ag_2O in W.; Öl; 2 g. — *x'-Methoxydiphenyldicarbonsäure-(2'.3)*, $C_{15}H_{12}O_5$, F. 189—190°; durch Oxydation vorst. Verb. (6 g) mit $KMnO_4$ in Aceton, anfangs bei 23—25°, dann zum Sieden; aus Ae. Prismen, aus Chlf. Nadeln; 5 g. Hieraus mit Diazomethan in Ae. u. Dest. des Reaktionsprod. bei 1—2 mm der *Dimethylester*, $C_{17}H_{16}O_5$, F. 73—74°; aus PAe. Prismen. Beim Erhitzen der Dicarbonsäure (0,7 g) mit Zn-Staub zur schwachen Rotglut entsteht *Fluoren*, $C_{13}H_{10}$, F. 113—114°; 0,3 g. (Журнал Общей Химии [J. allg. Chem.] **20. (82.)** 1514—23. Aug. 1950. Taschkent, Chem. Inst. der Akad. der Wiss. der UsbekSSR, Labor. für Alkaloidchemie.) v. PEZOLD. 3500

Theodor Wieland und **Hans Merz**, *Über die Alkaloide aus Calebassencurare*. 6. Mitt. (5. vgl. C. **1948**. I. 1316.) Es wird ein Verf. zur präparativen Trennung der Alkaloide durch chromatograph. Aufteilung des Chloridgemisches an Cellulosepulver unter Verwendung von Essigester + Pyridin + W. (10 : 6 : 3) oder anderer Kombinationen als Lösungsm. beschrieben. Zur Sichtbarmachung eignet sich außer den früher angegebenen Reagentien (vgl. SCHMID u. KARRER, C. **1950**. II. 1579) Zimtaldehyd, der in HCl-Atmosphäre mit den meisten Calebassen-Alkaloiden intensive Farb-Rkk. gibt. Die Chloridgemische werden aus dem CH_3OH-Extrakt des Calebasseninhalts durch Chromatographieren an HCl-haltigem Al_2O_3 oder durch Überführung in die Pikrate u. deren Zerlegung in wss. Aceton an einem mit Cl^--Ionen beladenen organ. Anionenaustauscher dargestellt. Die auf diese Weise isolierten Alkaloide *C-Dihydrotoxiferin I* (**I**), *C-Strychnotoxin I* (**II**; neue Bezeichnung für *C-Toxiferin II*; Toxiferin II wird jetzt *Strychnotoxin II* genannt) u. *C-Curarin I* stimmen mit den früher beschriebenen Stoffen völlig überein; ferner erweist sich *Cale-*

bassin (SCHMID u. KARRER, C. **1948.** I. 1317) als ident. mit **II**. **II**-Chlorid wandelt sich bei längerem Aufbewahren im feuchten Papierchromatogramm in ein langsamer wanderndes Isomeres ($[\alpha]_D$ +71,8°) mit gleichem UV-Spektr., aber verschied. Kristallform u. Röntgendiagramm sowie geringerer Toxizität (25 gegenüber 10γ/25 g Frosch) um, das nach seinen Eigg. mit *C-Curarin II* (jetzt als *C-Strychnotoxin Ia* bezeichnet) ident. zu sein scheint. — Aus der Wurzelrinde einer zur Pfeilgiftbereitung verwendeten venezolan. Droge („Mavacure") u. anderen Curaremustern werden ein im Froschtest noch mit 500γ unwirksames Alkaloid *C-Mavacurin* (**IV**; *Pikrat*, F. 172—176° [Zers.]) sowie ein ebenso unwirksames *Alkaloid 1* (**III**; *Chlorid*, $C_{20}H_{21}N_2Cl + 2 H_2O$, F. 239—243°, $[\alpha]_D^{20}$ —13,4° [W.]) isoliert, die sich voneinander auf Grund ihrer verschied. Haftfestigkeit an Al_2O_3 trennen lassen. **III** ähnelt im Absorptionsspektr., der tiefblauen Bichromat-H_2SO_4-Rk. u. der Schwerlöslichkeit seines Chlorids dem Toxiferin III (KING, C. **1950.** II. 653). — In der das C-Fluorocurin enthaltenden Fraktion einiger Calebassen findet sich ein *Alkaloid 2* (**V**; *Chlorid*, krist., $[\alpha]_D^{20}$ —659° [50%ig. A.]), das nach Absorptionsspektr., Farb-Rk. mit Zimtaldehyd u. Toxizität (5γ/25g Frosch) mit **I** u. C-Isodihydrotoxiferin I ($[\alpha]_D$ —638° [W.] für das Chlorid) nahe verwandt ist. — Aus einem in einer ausgehöhlten Frucht von Strychnos toxifera verpackten Curarepräp., welches bes. zahlreiche Alkaloide enthält, wird ein acetonlösl., opt.-inakt. *Neutralstoff* $C_9H_8O\,N_2$(**VI**; F. 142°, OCH_3- u. NCH_3-frei) abgetrennt. — Farb-Rk. mit Zimtaldehyd u. HCl-Gas: **I** u. **V** blaugrün → gelbbraun; **II** u. Umlagerungsprod. violett → blaugrün; C-Curarin I hellblau; **III** gelbbraun; **IV** purpurrot; C-Curarin III gelb; C-Fluorocurin schwach hellgrün; **VI** orange → hellbraun; Yohimbin blau → grau. — Farb-Rk. mit $Ce(SO_4)_2$ + H_2SO_4: **IV** u. **V** rotviolett; **III** tiefblau; **VI** keine. — Farb-Rk. mit konz. HNO_3: **IV** gelbbraun; **III** gelbgrün. — Farb-Rk. mit $FeCl_3$ + konz. H_2SO_4: **IV** keine; **III** blauviolett; **V** blau. — **VI** gibt zinnoberrote Zeitungspapier-Rk. u. Rotviolettfärbung mit HNO_3-haltiger konz. H_2SO_4. (Chem. Ber. **85.** 731—43. 1952. Mainz, Univ., Organ.-chem. Inst., u. Frankfurt/M., Univ., Inst. für organ. Chemie.) BOIT. 3500

E. Heilbronner und **V. Schomaker**, *Elektronenbeugungsversuche am gasförmigen Nortricyclen.* Elektronenbeugungsunterss. an gasförmigem *Nortricyclen* [Tricyclo-(2.2.1.0.[2,6])-heptan] ergaben eine Bestätigung der angegebenen Konstitution. Von einer Reihe von Modellen wurden unter Annahme verschied. Postulate die radialen Verteilungskurven festgelegt u. mit der radialen Dichteverteilung verglichen. Hierdurch konnte die Geometrie des Mol. festgelegt werden. Diskutiert wurden ferner therm. u. chem. Eigg. von Derivv. des Nortricyclens, u. zwar dessen Trimethylderiv. *Cyclen* u. *Cyclofenchen*, die auf der Strukturanalyse des Nortricyclens basierten. (Helv. chim. Acta **35.** 1385—1404. 16/6. 1952. Pasadena, Calif., Inst. of Technol., Gates and Crellin Labor. of Chem., u. Zürich, TH, Organ.-chem. Labor.) GOTTFRIED. 3600

Erling Frederiksen, *Penicillin und seine Herstellung.* Übersicht über die verschied. Penicillinarten, das chem. Verh., die Standardisierung u. gebräuchlichen Methoden der Herstellung. (Ingeniøren **60.** 339—42. 21/4. 1951. Kopenhagen, Lorons Kemiske Fabrik.) FRÜHWALD. 3900

B. N. Feitelson, J. T. Gunner, R. J. Moualim, V. Petrow, O. Stephenson und **S. W. F. Underhill**, *Einige Beobachtungen über die strukturellen Voraussetzungen für die antibiotische Aktivität in der Chloramphenicol-Reihe.* Es wurden 19 dem *Chloramphenicol* (**I**) analoge Verbb. unter Abwandlung der a) Dichloracetyl- (**A**), b) endständigen CH_2OH- (**B**) u. c) Nitrophenylgruppe (**C**) aufgebaut u. gegenüber einer Anzahl von Mikroorganismen einschließlich *M. tuberculosis* u. *Entamoeba histolytica* getestet. Keine dieser Verbb. besaß größere antibiot. Aktivität. Jede Modifikation von **A** bewirkte einen Verlust der antibiot. Wirksamkeit; ebenso eine strukturelle Abwandlung von **B**. **C** konnte innerhalb gewisser Grenzen variiert werden, wobei jedoch in allen untersuchten Fällen ein merklicher Aktivitätsverlust eintrat. Es wird angenommen, daß das **I**-Mol. mit bestimmten Receptoren der Zelle durch Vermittlung von **A** u. **C** sowie der OH-Gruppen Bindungen eingeht, wobei das Molvol. dieser Gruppen entscheidende Bedeutung hat.

Versuche: DL-threo-2-Amino-1-p-nitrophenylpropandiol-(1.3) (**II**) 2—3 Std. mit 50—100% Überschuß des betreffenden Halogenesters auf 100° erhitzen u. Überschuß des letzteren mit PAe. extrahieren, ergab nachst. Derivv. von **II**: *N-Difluoracetyl-*, $C_{11}H_{12}O_5N_2F_2$, F. 123°, Nadeln (Essigester). — *N-Trifluoracetyl-*, $C_{11}H_{11}O_5N_2F_3$, F. 100°, Nadeln (Essigester–PAe.). — *N-Trichloracetyl-*, $C_{11}H_{11}O_5N_2Cl_3$, F. 145°, Nadeln (Essigester). — *N-Fluordichloracetyl-*, $C_{11}H_{11}O_5N_2Cl_2F$, F. 178°, Nadeln (Essigester). — *N-Dibromacetyl-*, $C_{11}H_{12}O_5N_2Br_2$, F. 156°, cremefarbige Nadeln (Essigester–PAe.). — *N-Dichlorpropionyl-*, $C_{12}H_{14}O_5N_2Cl_2$, F. 121°, Platten (W.). — *N-p-Acetylaminobenzolsulfonyl-*, $C_{17}H_{19}O_7N_3S$, F. 248°, Kristalle (W.). — *DL-Chloramphenicolbenzoat*, $C_{18}H_{16}O_7N_2Cl_2$, F. 175°, Nadeln (W.), aus DL-I in Pyridin mit Benzoylchlorid bei 0° u. dann Raumtemperatur. — *DL-Dichlor-*

acetamido-1-p-nitrophenyläthanol, $C_{10}H_{10}O_4N_2Cl_2$, F. 118°, Nadeln (wss. CH_3OH), aus DL-2-Amino-1-p-nitrophenyläthanol in CH_3OH mit Dichloressigsäuremethylester (III) am Rückfluß (1,5 Std.). — *DL-α-Acetamido-β-oxy-β-phenylpropionsäureäthylester*, $C_{13}H_{17}$·O_4N, F. 175°, prismat. Nadeln (A.). DL-Phenylserin in absol. A. mit trockenem HCl bei 20° 2,5 Std. behandeln, nach Entfernung des Solvens (Vakuum) Rückstand in W.–Eis-Mischung mit Acetanhydrid, dann Na-Acetatlsg. behandeln. — *DL-α-Acetamido-β-acetoxy-β-phenylpropionsäureäthylester*, $C_{15}H_{19}O_5N$, F. 167°, Kristalle aus vorst. Verb. mit Acetanhydrid am Rückfluß (2 Std.). — *DL-β-Acetamido-α-acetoxy-α-[p-nitrophenyl]-propionsäureäthylester*, $C_{15}H_{18}O_7N_2$, F. 120°, Nadeln (verd. A.), aus vorst. Verb. durch Eintragen in konz. H_2SO_4 + HNO_3 (1 : 1-Voll.) bei —20°; durch Oxydation mit $Na_2Cr_2O_7$–H_2SO_4 *p-Nitrobenzoesäure*. — *DL-β-Amino-α-oxy-α-[p-nitrophenyl]-propionsäureäthylester*, $C_{11}H_{14}$·O_5N_2, F. 115°, Blättchen (Essigester). Vorst. Verb. u. 5%ig. HCl erhitzen (100°, 2,5 Std.), Abdampfrückstand in absol. A. mit HCl-Gas (Raumtemp., 1,5 Std.) behandeln, Trockenrückstand in Mindestmenge W. lösen u. eben alkal. stellen (5°). — *DL-β-Dichloracetamido-α-oxy-α-[p-nitrophenyl]-propionsäureäthylester*, $C_{13}H_{14}O_6N_2Cl_2$, F. 145°, Nadeln (wss. A.), durch Behandeln einer Lsg. vorst. Verb. in W.–konz. HCl (25 : 1 Voll.) u. Eis mit Dichloressigsäureanhydrid u. anschließend Na-Acetatlösung. *ω-Brom-p-jodacetophenon, Hexamethylentetraminsalz*, $C_{14}H_{18}ON_4BrJ$, F. 159°. Zu Hexamethylentetramin in $CHCl_3$ Lsg. von ω-Brom-p-jodacetophenon in $CHCl_3$ geben, 4 Std. bei Raumtemp. rühren. — *ω-Amino-p-jodacetophenon, Hydrochlorid*, C_8H_9ONClJ, F. 275°, Kristalle aus vorst. Verb. durch Rühren mit einer Mischung von 95%ig. A.–konz. HCl (16 Std.). — *ω-Acetamido-p-jodacetophenon*, $C_{10}H_{10}O_2NJ$, F. 184°, Kristalle (Essigester), aus vorst. Verb. durch Rühren in wss. Lsg. (+ Eis) mit Acetanhydrid, dann Na-Acetatlsg. (4 Std., Raumtemp.). — *DL-α-Acetamido-β-oxy-p-jodpropiophenon*, $C_{11}H_{12}O_3NJ$, F. 159°, durch Zusatz von $NaHCO_3$ zu einer Mischung aus vorst. Verb. in 95%ig. A. u. 36%ig. CH_2O bei 35° (2 Std.). — *DL-2-Acetamido-1-p-jodphenylpropandiol-(1.3)*, $C_{11}H_{14}O_3NJ$, F. 156°, Kristalle (Essigester), durch Red. vorst. Verb. durch Zusatz zu einer heißen Lsg. von Al-Isopropylat in Isopropanol. — *DL-2-Dichloracetamido-1-p-jodphenylpropandiol-(1.3)*, $C_{11}H_{12}O_3NCl_2J$, F. 123°, Nadeln (Essigester). Vorst. Verb. mit 5%ig. HCl erhitzen (100°, 1 Std.), mit Kohle entfärben, bei 5° alkal. stellen u. das gebildete Amin mit III erhitzen (1,5 Std.). — *DL-3-[Chinolyl-(2)]-2-nitropropandiol-(1.3)*, $C_{12}H_{12}O_4N_2$, F. 124—125°, gelbliche Prismen (Essigester–PAe.). Methanol. Chinolin-2-aldehydlsg. bei 0° zu einer Suspension des Na-Salzes von β-Nitroäthanol in CH_3OH geben, nach 2std. Rühren Nd. mit Ae. waschen u. dessen wss. Lsg. mit Eisessig ansäuern. — *DL-2-Dichloracetamido-1-[chinolyl-(2)]-propandiol-(1.3)*, $C_{14}H_{14}O_3N_2Cl_2$, F. 176°, Nadeln (A.), durch katalyt. Red. (Pd-Kohle) der methanol. Lsg. vorst. Verb. u. anschließend Umsetzung mit III (100°, 1,5 Std.) unter N_2. — *L-Dichloracetamidotyrosinäthylester*, $C_{13}H_{15}O_4NCl_2$, F. 162°, Prismen (Essigester), aus L-Tyrosinäthylester in A. mit III (Rückfluß, 2 Std.). — *DL-β-Oxy-α-jod-β-[p-nitrophenyl]-propionsäureäthylester*, $C_{11}H_{12}O_5NJ$, F. 134°, Nadeln (A.). Zu einer Mischung von p-Nitrozimtsäureäthylester, gelbem HgO, W. u. Ae. portionsweise Jod unter Rühren zugeben. — *2-Dichloracetamido-1-oxy-1.2-diphenyläthan*, $C_{16}H_{15}O_2NCl_2$, F. 195—196°, Kristalle (Methylacetat), aus dem Amin u. III. — *Dichloracetamidodiphenylmethan*, $C_{15}H_{13}ONCl_2$, F. 132° (Essigester–PAe.), durch Erhitzen von Aminodiphenylmethan mit III. (J. Pharmacy Pharmacol. 3. 149—59. März 1951. London, Brit. Drug Houses, Ltd., Res. Labors.)

K. MAIER. 3900

Gunnar Olsson und **Åke Brandberg**, *Über die Identifizierung der Harzsäuren aus einem Holzteer*. Aus einem Holzteer aus Kiefernstümpfen mit der SZ. 74 u. der Harzsäurezahl 51 werden die Harzsäuren mit Cyclohexylamin als schwerlösl. Salze, die mittels Borsäure zerlegt werden, in einer Menge von 22% des Teers gefällt. Dieses Rohprod. (SZ. 177) ergibt nach Umkristallisieren aus A. ein fast weißes Prod., Harzsäuren **A**, F. 156—160°, SZ. u. Harzsäurezahl 184, $[\alpha]_D^{20}$ +34,5°, das mit dem Rohprod. in spezif. Drehung u. UV-Absorptionsspektr. übereinstimmt; von ihm wird für die Identifizierung der einzelnen Harzsäuren ausgegangen. Das UV-Spektr. von **A** zeigt die für *Abietinsäure* (I) u. *Dehydroabietinsäure* (II) charakterist. Maxima. **A** enthält keine Lävopimarsäure, wie durch das Ausbleiben einer Rk. mit Maleinsäureanhydrid bei Zimmertemp. nachgewiesen wird; eine bei höherer Temp. eintretende Rk. ist durch **I** hervorgerufen. Nimmt man diese Rk. in Ggw. starker Säuren vor (in mit HCl gesätt. Bzl., Wasserbad), so wird *Neoabietinsäure* (III) zu **I** isomerisiert, u. diese beiden Säuren werden abgetrennt u. durch Vgl. der Absorptionsspektren von **A** u. den (nach 48- bzw. 96std. Umsetzungsdauer mit Maleinsäureanhydrid) nicht umgesetzten Harzsäuren **C**, $[\alpha]_D^{20}$ +47,1°, bzw. **D**, $[\alpha]_D^{20}$ +52,5°, annähernd quantitativ bestimmt. Aus dem UV-Absorptionsspektr. von **D** geht hervor, daß diese Fraktion zum großen Teil aus **II** besteht; auch sie wird aus der Absorption halbquantitativ bestimmt, u. man kommt zu einem Wert von 70—75%, bezogen auf **A**. Die Harzsäuren **C** werden durch fraktionierte Kristallisation ihrer Butanolaminsalze in Salz- bzw. (durch HCl-Zusatz) Säurefraktionen zerlegt, in denen Isodextropimarsäure nicht nachgewiesen werden kann; **II**, **I** u. **III** treten in geringer Menge auf ferner wird — wegen eines schwachen Absorptionsmaximums bei 300 mμ — eine Verb. (Harzsäure?) mit 3 konjugierten Doppelbindungen in kleiner Menge vermutet. Schließlich wird *Dihydroabietinsäure* (**IV**) durch Behandeln von **A** mit konz. H_2SO_4 als *Lacton*, F. 130,5 bis 131,5°, isoliert, $[\alpha]_D^{20}$ —7° (bestimmt am rohen Lacton, F. 124—126°). **II** geht dabei in die *Sulfonsäure*, F. 231°, $[\alpha]_D^{26}$ +67°, über; dabei fällt ein neutrales, nichtkrist. Prod. an, das wahrscheinlich *Dextropimarsäure* (**V**) ist. Die Harzsäuren setzen sich hiernach wie folgt zusammen: 70—75% **II**, 10—12% **I**, 3% **III**, 4% **IV** u. weniger als 10% **V**. — An dem Ausgangsteer wird die Isolierung der *gesamten* schwer veresterbaren Säuren versucht durch Verestern der OH-Verbb. mit Acetanhydrid + Pyridin, Extrahieren mit Alkali u. darauffolgende Veresterung der Fettsäuren mit Methanol u. erneute Extraktion mit KOH; so werden dunkelgefärbte Harzsäuren **E** = 28,6% des Teers erhalten, die zu 87,5% in PAe. lösl. sind u. nach Behandeln mit diesem eine gelbliche Fraktion (SZ. 174, Harzsäurezahl 172, $[\alpha]_D^{20}$ +26,4°) geben. (Svensk kem. Tidskr. **63**. 73—90. 1951. Stockholm, KTH, Inst. för tekn. organ. Kemi.) V. DECHEND. 3950

D₃. Makromolekulare Chemie.

Malcolm Dole, W. P. Hettinger jr., N. R. Larson und **J. A. Wethington jr.**, *Spezifische Wärme von synthetischen Hochpolymeren. 1. Mitt. Untersuchung des Polyäthylens einschließlich einer statistischen Theorie der Kristallitlänge.* Vff. bestimmten die spezif. Wärme c_p von *Polyäthylen* (**I**)-Granulat, **I**-Folie u. getemperten, abgeschreckten bzw. gereckten **I**-Proben im Temperaturbereich von —20 bis 200°. Oberhalb 90° liegen die c_p-Werte von **I**-Granulat, **I**-Folie u. gerecktem **I** so nahe bei c_p von getempertem **I** u. steigen so rasch mit der Temp., daß zwischen den einzelnen Proben kein Unterschied mehr festzustellen ist. Im fl. Bereich oberhalb 110° gilt die Gleichung $c_p = 0{,}5859 + 0{,}000807\,(T - 110°)$. Aus diesen Daten wurde die Änderung der Enthalpie u. Entropie in diesem Temperaturbereich berechnet u. die freie Energie des Kaltreckprozesses annähernd ermittelt. Der aus der Enthalpie berechnete Kristallisationsgrad wird als Funktion der Temp. wiedergegeben. (Bei —20, 0, 40, 80, 100 u. 105° für getempertes **I**: 53,4, 52,3, 48,1, 35,6, 17,0 u. 8,0%, für **I**-Granulat: 49,8, 49,3, 47,2, 36,1, 19,7 u. 11,2% bzw. für gerecktes **I**: 46,8, 47,7, 45,8, 36,5, 20,8 u. 11,5%.) Diese Werte werden mit den aus Röntgen- u. Dichtemessungen erhaltenen Kristallisationsgraden verglichen; sie liegen zwischen den Werten der beiden anderen Bestimmungsmethoden. Die Anwendbarkeit der Theorie der Kristallisation in Hochpolymeren von FLORY auf die hier gefundenen Daten wurde untersucht u. eine neue statist. Ableitung der Kristallitlängenverteilung entwickelt, die mathemat. genauer ist als die von FLORY. Für getempertes u. gerecktes **I** werden experimentelle u. theoret. Kurven der Gewichtsverteilung der Kristallite als Funktion der Kettenlänge angegeben. (J. chem. Physics **20**. 781—90. Mai 1952. Evanston, Ill., Northwestern Univ., Dep. of Chem.) SCHÄFF. 4010

T. E. Morrisson und **T. W. DeWitt**, *Eine Apparatur für Dämpfungs- und dynamische Niederfrequenzuntersuchungen an Polymeren.* (Sitzungsbericht.) Durch Torsionsverss. wurden für den Frequenzbereich 0,001—1 Hz die dynam. Eigg. eines festen Hochpolymeren gemessen. Mit der gleichen App. können auch Dämpfungsvorgänge untersucht werden. Spezielle Anwendung auf *Polyisobutylen*. (Physic. Rev. [2] **85**. 708. 15/2. 1952; Bull. Amer. physic. Soc. **26**. Nr. 6. 12. 24/10. 1951. Mellon Inst.) FUCHS. 4010

J. W. C. Crawford und **S. D. Swift**, *Die Polymerisationsfähigkeit von α-tert.-Butylacrylsäuremethylester.* Polymerisationsverss. mit α-tert.-Butylacrylsäuremethylester (**I**) in Ggw. von anion. Aktivatoren (Na in fl. NH_3) bei —80°, von Benzoylperoxyd oder Azoisobuttersäurenitril bei 100° bzw. von UV zeigen, daß diese Verb. nicht polymerisierbar ist (nur 0,8% nichtflüchtige Prodd. — wahrscheinlich ein β.β'-dimeres **I** — entstanden maximal). Vermutlich ist eine ster. Behinderung durch die α-ständigen tert.-Butylgruppen hierfür verantwortlich zu machen.

Versuche: *Trimethylbrenztraubensäure*, durch $KMnO_4$-Oxydation von Pinakon, *Methylester*, Kp.$_{12}$ 44—45°. — *Tetramethylmilchsäuremethylester* (**II**), $C_8H_{16}O_3$, aus dem Ester durch GRIGNARD-Rk. mit CH_3MgJ, Kp.$_{10}$ 58,5°, n_D^{20} 1,4275, $D.^{20}_{4}$ 0,9801. — *α-tert.-Butylacrylsäuremethylester* (**I**), $C_8H_{14}O_2$, durch Wasserabspaltung aus **II** [22std. Erhitzen von 0,47 (Mol) **II**, 0,54 P_2O_5 u. 0,64 Dimethylanilin auf dem Wasserbad] u. Dest., Kp.$_{757}$ 147—147,4°, F. —36°, n_D^{20} 1,4273, $D.^{20}_{4}$ 0,9126. — *Butylpropionsäuremethylester*, durch Hydrierung von **I**, Kp.$_{758,5}$ 145—146°, n_D^{20} 1,4122, $D.^{20}_{4}$ 0,8809 (berechnete Verbrennungswärme 20,4 kcal/Mol bei 25°). (J. chem. Soc. [London] **1952**. 1220—23. April. Welwyn Garden City, Herts., Imp. Chem. Ind. Ltd., Res. Dep.)
SCHÄFF. 4010

B. Dogadkin und **S. Tarassowa**, *Thermischer Zerfall der Vulkanisationsstrukturen deformierter Vulkanisate, die verschiedene Beschleuniger enthalten.* Vulkanisate aus Natur- u. Butadien-Styrol-Kautschuk, die mit S ohne Beschleuniger (Typ I), mit Tetramethylthiuramdisulfid (Typ II), mit S u. Diphenylguanidin (Typ III) oder Mercaptobenzothiazol (Typ IV) erhalten worden waren, wurden einer deformierenden Belastung ausgesetzt. Die Relaxation der Spannung wurde bei 70—130° für eine Dehnung von 100% bestimmt. Bei Naturkautschuk fiel die Spannung (σ) aller Vulkanisate bei 70° mit gleicher Geschwindigkeit ab, da in diesem Fall die Relaxation durch eine Lösung von ident. Bindungen zwischen den Moll. zustande kommt. Bei 100° zeigen Vulkanisate vom Typ I u. III prakt. vollständigen Abfall von σ, wobei der nichtreversible Anteil der Deformation ca. 80% beträgt. Vulkanisate vom Typ II zeigen eine Relaxation von 70%; der nichtreversible Anteil der Deformation beträgt 15%. Noch bei 130° ist die therm. Stabilität der letzteren festzustellen. Der Relaxationsprozeß bei Tempp. > 70° ist durch die Lösung chem. Bindungen, die die Molekülkette räumlich vernetzen, bedingt. Für σ, das der Anzahl der jeweils vorhandenen Knotenpunkte proportional zu setzen ist, wird die Gleichung $\sigma_t = \sigma_0 e^{-k't}$ (σ_t Spannung zur Zeit t, σ_0 Anfangsspannung, k' kinet. Konstante) abgeleitet. Die Werte für k' betrugen bei 130° für Vulkanisate vom Typ I, III u. II $2{,}34 \cdot 10^{-2}$ bzw. $8{,}05 \cdot 10^{-3}$ u. $1{,}035 \cdot 10^{-3}$ Min.$^{-1}$. Die Unterschiede in der Beständigkeit der Bindungen kommen ferner darin zum Ausdruck, daß Vulkanisate ohne Beschleuniger bei Luftausschluß in Synthin bei 180—190° völlig lösl. sind, während sich Vulkanisate II bei 230° nicht lösen. Letztere enthalten vorwiegend —C—S—C- u. —C—C-Bindungen zwischen den Molekülketten, Vulkanisate I u. III vorwiegend Polysulfidbindungen —C—S_n—C—. Bei I u. III läßt sich dementsprechend S durch sd. Na_2SO_3-Lsg. abspalten, bei II nicht. Die größere therm. Stabilität von Butadien-Styrol-Kautschuk wird auf die bei Polymerisationsvorgängen entstandenen C—C-Bindungen zurückgeführt (vgl. C. **1949.** I. 1179). Bei Naturkautschukvulkanisaten ist nach therm. Zerfall der Querverbindungen zwischen den Ketten die Quellbarkeit in Bzl. für die Typen I—IV erhöht, bei Butadien-Styrol-Kautschuk nach Erhitzen in gespanntem Zustande für alle Typen mit Ausnahme von II erniedrigt. Diese Erscheinung hängt mit der analyt. belegten Erhöhung des Geh. an chem. gebundenem S bei den Typen I, III u. IV zusammen; wird vor der therm. Behandlung mit Aceton extrahiert, so resultiert dementsprechend Erhöhung der Quellbarkeit. (Доклады Академии Наук СССР [Ber. Akad. Wiss. UdSSR] [N. S.] **85.** 1069—72. 11/8. 1952. Wiss. Forschungsinst. der Reifenind.) WÖRFFEL. 4030

Verne W. Tripp, Carl M. Conrad und **Trinidad Mares**, *Einige Beziehungen zwischen der Intrinsic- und der spezifischen Viscosität bei Celluloselösungen unter bestimmtem Geschwindigkeitsgefälle.* Für die Lsg. verschied. Celluloseproben in Cuprammonium- bzw. Cupriäthylendiaminhydroxyd-Lsg. werden empir. Gleichungen abgeleitet, in denen die bei konstantem Geschwindigkeitsgefälle (Schubspannung) u. 2 gut zugänglichen Konzz. (0,25 u. 0,5%) gemessene spezif. Viscosität mit der Intrinsicviscosität verglichen wird. Den Beziehungen liegen Messungen an 14 Celluloseproben im Bereich von 20 oder 30 bis 0,2 der Intrinsicviscosität zugrunde. Für jede der beiden untersuchten Konzz. ist in beiden Lösungsmitteln dieselbe Gleichung (logarithm. Beziehung nach MARTIN) anwendbar. Wenn die Cellulose eine Intrinsicviscosität über 5—6 zeigt, erfordert die Anwendung der abgeleiteten Beziehungen eine Einhaltung des mittleren Geschwindigkeitsgefälles von 500 sec^{-1}. Der übliche Fehler in der Best. der Viscosität nach diesen Gleichungen beträgt ca. 5%. (J. physic. Chem. **56.** 693—96. Juni 1952. New Orleans, La., Southern Reg. Res. Labor.) HENTSCHEL. 4050

P. Debye und **John O. Edwards**, *Bemerkung zur Phosphorescenz von Proteinen.* Vff. untersuchen nach UV-Bestrahlung die Phosphorescenz einer Reihe von Proteinen, Rinderserumalbumin, Eialbumin, Gelatine, menschliches γ-Globulin, Zein, menschliches Fibrinogen, Seidenfibroin u. Keratin (Fingernägel), sowie proteinhaltiges Material, Bakterien (Escherichia coli), Handelshefe, WITTES Pepton, Agar u. entwässerten Rindermuskel bei 77° K, wobei die Proteine sowohl in fester Form als auch in Form von Suspensionen u. Lsgg. vorlagen; außerdem wurden 18 Aminosäuren geprüft. Die Proteine sowie die proteinhaltigen Substanzen zeigten unter den Versuchsbedingungen eine blaue Phosphorescenz. Von den untersuchten Aminosäuren zeigte nur *Phenylalanin, Tyrosin* (I) u. *Tryptophan* (II) eine deutliche Emission, u. zwar I noch in Verdünnung von 10^{-9} g. Vff. schließen aus der Ähnlichkeit der Phosphorescenzspektren von I u. II in alkal. Medium mit denen der Proteine, daß I u. II für die Phosphorescenz hauptsächlich verantwortlich sind. In den einzelnen p_H-Bereichen geben die Proteine mindestens 2 exponentiell abfallende Emissionen mit einer Lebenszeit von ca. 3 Sek., die nach Ansicht der Vff. auf Elektronenverschiebung beruhen. Außerdem ist noch eine Phosphorescenz von längerer Dauer bei tiefen Tempp. zu beobachten, die im Gegensatz zu der exponentiell abfallenden stark temperaturabhängig ist. Diese Phosphorescenz hängt nach Ansicht der Vff. mit der

Denaturierung der Proteine durch UV-Bestrahlung zusammen. (Science [Washington] **116.** 143—44. 8/8. 1952. Ithaca, N. Y., Cornell Univ., Baker Chem. Labor.) NEHRING. 4070

D. A. I. Goring und **P. Johnson**, *Eine Ultrafiltrationsmethode für die optische Klärung von Proteinlösungen bei Lichtstreuungsuntersuchungen.* Es wird eine Meth. zur Darst. von Nitrocellulosemembranen definierter Porengröße angegeben u. gezeigt, daß mit solchen Membranen die mit Lichtstreuung untersuchten Lsgg. von Proteinen wesentlich besser von Fremdkörpern höheren Mol.-Gew., welche die Messung erheblich stören, befreit werden können, als durch Filtration mit Glasfritten. Bei steigender Ionenstärke der zu filtrierenden Lsg. steigt der Anteil des Eiweißkörpers im Filtrat. Durch Vgl. der vor u. nach der Ultrafiltration gefundenen Mol.-Geww. von Arachin u. Serumalbumin mit den bekannten Werten wird die Bedeutung der Meth. bewiesen. (J. chem. Soc. [London] **1952.** 33—35. Jan. Cambridge, Univ., Dep. of Colloid Sci.) WALTER. 4070

Y. Derrien, G. Laurent und **J. Reynaud**, *Trennung und Charakterisierung von Serumproteinbestandteilen nach dem Verfahren der Aussalzkurven.* (Vgl. C. **1951.** II. 3334.) Unter standardisierten Bedingungen, wie Salzkonz., p_H-Wert u. Temp. aufgenommen, liefern die Aussalzkurven der Serumproteine eine hinreichende Genauigkeit zur Darst. der abgeleiteten (Differential-) Kurven. In diesen Kurven stellen sich die Fällungsmaxima der Proteinbestandteile von verschied. Löslichkeit nach Art der Häufigkeitskurven dar. Man kann mit ihrer Hilfe über 20 Bestandteile durch die Lage ihrer Maxima feststellen. Eine einfache fraktionierte Fällung innerhalb der beiden Salzkonzz., zwischen denen die Aussalzkurve der Serumproteine die Unlöslichkeit einer Komponente anzeigt, erlaubt dieselbe in dem fraktionierten Anteil anzureichern. Jeder Komponente, die in der fraktionierten Fällung vorherrscht, entspricht eine bestimmte Komponente bei der Elektrophorese. Die Isolierung der Serumbestandteile ändert nicht ihre individuellen Löslichkeitseigg.; daher ermöglichen die Aussalzkurven die einzelnen Serumbestandteile zu erkennen u. den Gang ihrer Reinigung zu verfolgen. (J. Chim. physique Physico-Chim. biol. **48.** 651—59. Nov./Dez. 1951. Marseille.) HENTSCHEL. 4070

B. A. Toms und **A. Elliott**, *Bestimmung der Konfiguration des Seidenfibroins, gelöst in wässerigen Lösungen von Lithiumbromid.* Vff. bestimmen die Infrarotabsorption des *Seidenfibroins* in einer LiBr-Lsg. u. eines daraus hergestellten Films. Sie finden eine Bande bei 4,605, 4600 bzw. 4,595 cm^{-1} u. schließen daraus auf eine α-gefaltete Konfiguration. (Nature [London] **169.** 877—78. 24/5. 1952. Maidenhead, Berks., Courtaulds Ltd.) MOLL. 4070

J. M. Creeth, *Der Höchstwert des Molekulargewichts von Insulin.* Eine Nachprüfung der Sedimentationskonstante von krist. *Insulin* in Phosphatpufferlsg. (p_H 7,4) ergab als Mittelwert $S_{20} = 3{,}12 \pm 0{,}02$ SVEDBERG-Einheiten; für die Diffusionskonstante ergab sich für 0,34—0,68%ig. Lsgg. $D = 8{,}2 \cdot 10^{-2}$ cm^2/sec. Hieraus errechnet sich ein Mol.-Gew. von 34800 in Übereinstimmung mit dem röntgenograph. ermittelten Wert. (Nature [London] **170.** 210. 2/8. 1952. London, Middlesex Hosp., Courtauld Inst. of Biochem.) HENTSCHEL. 4070

Jean Mathieu, A. Petit, Pierre Poirier et **Léon Velluz**, Substances naturelles de synthèse, préparations et méthodes de laboratoire. Vol.4. Paris: Masson. 1952. (167 S. m. Taf.) fr. 1800,—.

G. B. Rawitsch und **G. G. Zurinow**, Phasenstruktur der Triglyceride. (Umwandlungen organischer Stoffe im festen Zustande). Moskau: Ausg. der Akad. der Wiss. der UdSSR. 1952. (140 S. m. Abb.) 6 Rb 30 Kop. [russ.]

E. Biologische Chemie. Physiologie. Medizin.

E_1. Allgemeine Biologie und Biochemie.

Max Clara, *Beiträge zur Kenntnis der Gitterfasern.* Bei Anwendung der Überjodsäure–Leukofuchsin-Rk. nach HOTCHKISS-MCMAMIS auf verschied. menschliche Organe wurden spezif. Unterschiede in der Darstellbarkeit der argyrophilen Faserstruktur gefunden. Vf. erklärt diese durch verschieden entstandene Lagen von reaktionsfähigen Gruppen bei Zusammenschluß der Polypeptidketten zu den Micellen. (Z. Zellforsch. mikroskop. Anatom. **37.** 389—405. 1952. Istanbul, Univ., Histolog.-embryolog. Inst.) BRATFISCH. 4150

I. B. Sbarski und **Ss. Ss. Debow**, *Eiweißfraktionen der Zellkerne.* Nach Abscheidung der Zellkerne wurde fraktioniert, wobei 3 Proteinfraktionen erhalten wurden: 1. ein Nucleoproteid (I), das augenscheinlich mit dem *Chromosin* von MIRSKY u. POLLISTER (vgl. C. **1946.** I. 2404) ident. ist. I gab in mol. NaCl-Lsg. sehr zähe Lsgg., fiel bei Zusatz von 6 Voll. W. in Form langer Kolloidfäden aus, enthielt wenig Tryptophan, Desoxyribonucleinsäure u. Histon; 2. saures Protein (II), wahrscheinlich ident. mit dem *Chromo-*

somin von STEDMAN (vgl. C. **1944**. I. 550), lösl. in verd. Alkalilsgg., wird daraus beim isoelektr. Punkt p_H 5,0—5,3 ausgefällt, enthält 2—3% Tryptophan, 15—18% Hexonbasen, 21—22% Aminodicarbonsäuren, 5% S-haltige Aminosäuren; 3. Restprotein, bisher nicht bekannt, ein in proteinlösenden Mitteln unlösl. Gel, enthält kein Tryptophan, weniger Tyrosin, S-haltige Aminosäuren u. Lysin als **II**. Zellkerne bösartiger Geschwülste zeigen prakt. dieselbe **II**-Zus. wie solche im n. Gewebe. (Биохимия [Biochimia] **16**. 390—95. Sept./Okt. 1951. Moskau, Zentr. Onkolog. Inst., Biochem. Labor.) v. WILPERT. 4150

Ss. N. Gordina, *Einfluß des Schilddrüsenhormons auf die Entwicklung von übertragbaren und induzierten Geschwülsten.* Untersucht wurde der Einfl. der Konz. des Schilddrüsenhormons im Organismus auf Entw. u. Wachstum von übertragenen u. induzierten Geschwülsten. In den Verss. mit EHRLICHschem Carcinom (Ascites-Variante), KROKERschem Sarkom der weißen Mäuse u. Sarkom M-1 der weißen Ratten wurde experimentell die Konz. des *Thyreoidhormons* (I) im Organismus verändert. Mangel wurde durch Thyreoidektomie oder Anwendung von Antithyreoidsubstanzen (Sulfamide u. Thioharnstoffe) erreicht. Es zeigte sich, daß eine Erhöhung der I-Konz. mit einer 1,5—4fachen Beschleunigung des Wachstums der übertragenen Geschwülste parallel ging. Bei Mangel an I (Thiouracilverabfolgung) ergab sich bedeutende Hemmung des Wachstums der Geschwülste. Bei thyreoidektomierten Tieren wurde ebenfalls geringeres Wachstum u. schlechte Übertragbarkeit der Geschwülste beobachtet. — Weitere Verss. an weißen Mäusen wurden mit 0,5% ig. Lsg. von 3.4-Benzpyren in Bzl. u. 0,05% ig. 9.10-Dimethyl-1.2-benzanthracen in Bzl. durchgeführt. Bei Tieren mit hoher I-Konz. war die Zahl der Überlebenden, der Tiere ohne Geschwülste u. der Tiere mit gutartigen Papillomen größer als bei Tieren mit I-Mangel. I konnte aber den Übergang der Papillome in bösartige Geschwülste nicht völlig verhindern, nur die Übergangszeit verlängern. — Die unterschiedliche Wrkg. von I auf verschied. Typen von Geschwülsten erklärt Vf. mit dem verschied. biol. Charakter dieser Geschwülste. (Доклады Академии Наук СССР [Ber. Akad. Wiss. UdSSR] [N. S.] **84**. 1269—72. 21/6. 1952. Alma-Ata, Kasach. Med. Molotow-Inst.) WÖRFFEL. 4160

Giuseppe Illari, Lezioni di chimica per gli studenti di medicina e chirurgia e medicina veterinaria. Parma: Ed. Libreria universitaria. 1952. (611 S.)

E₂. Enzymologie. Gärung.

Bernard E. Proctor, Margaret T. Coleman und **Samuel A. Goldblith**, *Wirkung von Kathodenstrahlen hoher Energie auf die Katalaseaktivität von Micrococcus pyogenes var. aureus.* Strahlendosen, die zu Letalmutationen von *Micrococcus pyogenes var. aureus* (M.p.) führten, inaktivierten *Katalase* (I) nicht vollständig. Die I-Aktivität bestrahlter M.p.-Kulturen, die bei 37° aufbewahrt wurden, schien bei der Lagerung abzunehmen, während die I-Aktivität von Kulturen, die im Eisschrank u. bes. solche, die im gefrorenen Zustande aufbewahrt wurden, relativ hohe Werte behalten kann. Der Befund ist von prakt. Bedeutung für Gewebe, die mit Kathodenstrahlen sterilisiert u. im gefrorenen Zustande aufbewahrt werden, da er zeigt, daß eine gewünschte Inaktivierung von Enzymen mit anderen Mitteln als Strahlung erreicht werden muß. (J. Bacteriol. **63**. 337—39. März 1952. Cambridge, Mass., Massachusetts Inst. of Technol., Dep. of Food Technol.) FRANKE. 4210

D. R. Sanadi, J. W. Littlefield und **Robert M. Bock**, *Untersuchungen über α-Ketoglutarsäureoxydase.* 2. Mitt. *Reinigung und Eigenschaften.* (1. vgl. C. **1952**. 7033.) Aus Schweineherzmuskel wurde durch Homogenisierung in Phosphatpuffer (p_H 7,2), Fällung des Phosphatextrakts bei p_H 5,4, Suspendierung des Nd. in W. bei p_H 7,0, Gefrieren u. Auftauen der Suspension, NH_4-Acetatfällung nach vorangegangenem Abzentrifugieren des ausgefallenen Eiweißes, Lösen des Nd. in $NaHCO_3$ oder Phosphat (p_H 7,2—8,0) u. Dialyse *α-Ketoglutarsäureoxydase* (I) in hochgereinigter Form (230—350fache Anreicherung, 9—13% Ausbeute) erhalten. Über 90% von I zeigten bei der Elektrophorese u. in der Ultrazentrifuge Wanderung eines einzigen Maximums. Das aus Sedimentations- u. Diffusionskonstanten berechnete Mol.-Gew. beträgt $2 \cdot 10^6$. Die Best. von I erfolgt durch Messung der CO_2-Abspaltung bei der Oxydation von *α-Ketoglutarat* (II) mit Ferricyanid (III) in Ggw. von Albumin als Stabilisator. Ohne Oxydans wird II langsam zu *Bernsteinsäuresemialdehyd* decarboxyliert, wobei dieser von I nicht oxydiert wird. I enthält ca. 6 Moll. gebundenen *Brenztraubensäureoxydase*-Faktor (*α-Liposäure*) u. 1 Mol. *Diphosphothiamin*/Mol. Eiweiß, jedoch kein Diphosphopyridinnucleotid oder Coenzym A. Jodacetat u. Arsenit hemmen in hohen Konzz. I bei der Rk. mit III nur geringfügig. Die Hemmung durch p-Chlormercuribenzoat ist durch Cystein nicht umkehrbar. (J. biol. Chemistry **197**. 851—62. Aug. 1952. Madison, Wis., Univ. of Wisconsin, Inst. for Enzyme Res., u. Dep. of Chem.) K. MAIER. 4210

J. Ranque und **H. Métras**, *Die Streptokinase.* Nach kurzer Charakterisierung der *Streptokinase* u. *Streptodornase*, erfolgen Angaben über Reinigungsmeth., Darst. u.

Wirkungsmechanismus der beiden Präparate. Ein kurzer Ausblick über die therapeut. Anwendung beschließt die Arbeit. (Semaine Hôpitaux Paris 28. 1291—94. 26/4. 1952 Marseille.) EGGSTEIN. 4210

G. K. Schlygin, *Sekretion der Darmfermente.* Übersichtsarbeit über Fermentzus. des Darmsaftes, Lokalisierung der Fermentbldg., Besonderheiten des Darmsekrets, Bldg. der Enterokinase, Fermentabscheidung im festen u. fl. Teil des Darmsekrets u. Theorie der sekretor. Prozesse im Darmkanal. (Успехи Современной Биологии [Fortschr. gegenwärt. Biol.] **33.** 14—32. Jan./Febr. 1952.) LEBTAG. 4230

A. Galeone und **G. Dal Santo**, *Die Kohlensäureanhydrase des Bluts bei Hyperthyreoidismus.* Es wurde die *Kohlensäureanhydrase* (I)-Aktivität des Bluts von Patienten mit Schilddrüsenüberfunktion u. von n. Personen untersucht. Bei Hyperthyreoidismus erfolgt eine statist. gesicherte Zunahme der I-Aktivität/mm³ Blut u. /Mill. Erythrocyten. Die I-Zunahme ist nach Ansicht der Vff. unmittelbar durch den Überschuß an Schilddrüsenhormon bedingt u. stellt eine der bei thyreotox. Zuständen beobachteten zahlreichen Veränderungen des Enzymhaushalts dar. Die mögliche Bedeutung der I-Zunahme wird hinsichtlich der bei Hyperthyreoidismus beobachteten erhöhten HCO-Dissoziierbarkeit diskutiert. (Acta med. scand. **143.** 266. 8/7. 1952. Turin, Univ., Ist. di Clin. Med. Generale e di Terap. Med.) K. MAIER. 4230

Vincent A. Lagerborg und **William E. Clapper**, *Aminosäuredecarboxylasen von Milchsäurebakterien.* Von 33 *Lactobacillus*-Stämmen bildeten 12 CO_2 aus *Arginin* (I), 3 aus *Glutaminsäure*, 3 aus *Tyrosin*, 1 aus *Histidin* u. 1 aus *Ornithin.* 11 der 12 auf I wirkenden Stämme waren vom gleichen Gärungstyp (Salicin-, Rhamnose-, Raffinose-). Das beteiligte Enzym ist wahrscheinlich eine „*Dihydrolase*", ähnlich einem früher in *Streptococcus faecalis* aufgefundenen putrescinliefernden Enzym; entsprechend waren alle diese Lactobacillen fast frei von echter Decarboxylaseaktivität. — 4 Stämme von *Streptococcus mitis* bildeten wenig oder kein CO_2 aus einer der 6 geprüften Aminosäuren. Wenn diese Stämme sulfathiazolfest gemacht wurden, wiesen sie eindeutige Aktivität gegenüber I u. Tyrosin auf. Das gleiche wurde bei 2 Stämmen von *Str. faecalis* gefunden. Dies fügt eine weitere Eig. der sulfathiazolfesten Viridans-Streptokokken zur Liste ihrer Eigg., die dieselben sind wie die der Enterokokken. (J. Bacteriol. **63.** 393—97. März 1952. Denver, Colo., Univ. of Colorado, School of Med., Dep. of Bact.) FRANKE. 4230

A. N. Petrowa und **T. T. Bolotina**, *Untersuchung der enzymatischen Synthese und des Abbaus der Stärke in Kartoffeln bei verschiedener Bodendüngung.* Der Geh. von Kartoffeln an *Stärke* (I) synthetisierenden u. abbauenden Enzymen wird an Kartoffeln verfolgt, die auf ungedüngtem Acker u. bei folgender Düngung angebaut sind: I. N 30 (kg/ha), P 45, K 30, Humus 10⁴; II. N 30, P 20, K 30, Humus 10⁴. Die Prozesse der I-Synth. werden mit dialysierten (A) u. nichtdialysierten (B) Extrakten ohne NaF-Zusatz untersucht, wobei die Synthesewrkg. der Extrakte aus dem Verhältnis des aus Glucose-1-phosphat erhaltenen anorgan. P zu Gesamt-P (anorgan. P + P nach 10 Min. Kochen in nHCl) ermittelt wird. Hierbei ergeben junge Kartoffeln auf gedüngtem Acker wesentlich stärkere Synthesewrkg., wie bes. bei den A-Extrakten deutlich wird. Die I-Abbauprozesse werden auf Grund der Anreicherung reduzierender Substanz im Gemisch von B-Extrakt mit I untersucht. Die Abbauwrkg. der Extrakte aus jungen Kartoffeln ist erheblich schwächer auf gedüngtem Acker als auf ungedüngtem Boden. (Доклады Академии Наук СССР [Ber. Akad. Wiss. UdSSR] [N. S.] **84.** 1205—07. 21/6. 1952. Labor. für physiol. Chem. der Akad. der Wiss. der UdSSR.) R. K. MÜLLER. 4230

Edward D. King, Howard A. Schneiderman und **Karl Sax**, *Der Einfluß von Kohlenoxyd und Sauerstoff auf die Frequenz der durch Röntgenstrahlen induzierten Chromosomenaberrationen bei Tradescantia.* Durch Verss. an *Tradescantia paludosa* haben Vff. untersucht, ob eine Beziehung zwischen strahleninduzierten Chromosomenaberrationen u. der Wrkg. bestimmter Gase, bes. CO, auf die in den Mikrosporen vorhandenen Enzyme mit Schwermetallgeh. nachzuweisen ist. Die Blüten wurden atmosphär. Luft u. zusätzlichen Versuchsgasen für Versuchszeiten bis zu mehreren Std. ausgesetzt. Am Schluß der Versuchszeit wurden sie mit einer Röntgenintensität von 40 r/Min. bestrahlt. Als Versuchsgase dienten: 1. 99,5% N_2 + 0,5% O_2. 2. 99,5% O_2 + 0,5% N_2. 3. 96,8% CO + 0,36% CO_2 + 0,97% H_2 + 1% N_2 + 0,8% gesätt. KW-stoffe. — Die Verss. ergaben: 1. Bestrahlung bei Anwesenheit von N_2 ergibt keine Änderung der Frequenz von Chromosomenaberrationen. 2. Drücke bis zu 5 at von N_2 oder CO ohne Bestrahlung ergeben ebenfalls keine Frequenzänderungen. 3. Bestrahlung unter Anwesenheit von CO erhöht die Frequenz u. zwar um so mehr, je länger das Versuchsobjekt dem CO-Druck ausgesetzt ist, mit einem Maximum bei ca. 1 Stunde. 4. Gleichzeitige Anwesenheit von O_2 u. CO ergibt bei Bestrahlung keine Frequenzänderungen. 5. Der Einfl. des CO auf die Frequenz tritt nur in Erscheinung, wenn es während der Bestrahlung anwesend ist. — Nach diesen Verss. scheint CO auf dem Weg über die *Cytochrom-Oxydase* die *Flavoproteine* zur Erzeugung erhöhter Mengen von H_2O_2 zu veranlassen, das seinerseits die Chromosomen für die Bestrahlung sensibilisiert. (Proc. nat. Acad. Sci. USA **38.** 34—43. Jan. 1952. Harvard Univ., Biol. Labor.) REUSSE. 4230

Andrew Wilson, R. J. Calvert und **H. Geoghegan,** *Die Plasmacholinesteraseaktivität bei Lebererkrankung. Ihr Wert als diagnostische Prüfmethode im Vergleich mit Flockungstesten und Plasmaeiweißbestimmungen.* Bei n. Personen u. Patienten mit Erkrankungen der Leber u. des Gallentrakts wurde die *Plasmacholinesterase* (I)-Aktivität manometr. nach MENDEL, MUNDELL u. RUDNEY (C. **1944.** II. 650) bei 38° bestimmt, wobei Benzoylcholinchlorid (0,006 mol.) bzw. Acetyl-β-methylcholinchlorid (0,03 mol.) zur Ermittlung der I- bzw. echten Cholinesteraseaktivität dienten. Die Aktivität wird durch das in 60 Min. aus 1 cm^3 Plasma oder hämolysierten Erythrocyten freigesetzte CO_2 (mm^3) ausgedrückt. Zwischen der I-Aktivität n. u. leberkranker Personen besteht ein deutlicher Unterschied. Werte < 936 (mm^3 CO_2/cm^3/Std.) sind als anomal anzusehen. Die Ergebnisse der I-Best. wurden mit denen der Flockungsteste (kolloid. Rot-, Cephalin-Cholesterin-Flockungs-, Thymoltrübungstest) sowie der Plasmaalbumin- u. -globulinbestimmungen verglichen. Niedrige I-Werte zeigen eine beträchtliche Verschlechterung der Leberfunktion an, u. die I-Best. bei Rekonvaleszenten ermöglicht ein Verfolgen von deren Wiederherst., da der I-Spiegel vor den Flockungstesten wieder zu n. Werten zurückkehrt. Bei der Differentialdiagnose der Gelbsucht sind die Ergebnisse der I-Best. weniger zuverlässig als die der Flockungsteste. (J. clin. Invest. **31.** 815—23. Sept. 1952. London, Univ. Coll., Dep. of Pharmacol., u. Hosp. Med. School, Med. Unit.) K. MAIER. 4230

Jean-Paul Aubert, Maurice Lemoigne und **Jacqueline Millet,** *Alkoholbildung und Wachstumsausbeute der aerob gezüchteten Bäckerhefe.* Es wurde die alkoh. Gärung eines *Saccharomyces cerevisiae*-Stammes in chem. definierter Nährlsg. (p_H 6,0, 50 cm^3) u. Rührkultur bei 30° untersucht. Die Wachstumskurve ließ bei einer Anfangskonz. von 0,2% *Glucose* (I) mehrere Phasen erkennen: 1. Wachstum auf I, wobei die Wachstumsrate (Zahl der Teilungen/Std.) $\mu = 0,55$ u. die Ausbeute (gebildete Trockensubstanz/verbrauchte I) R konstant 0,17 betrugen; der entstehende A. häuft sich an; die in A. umgewandelte I-Menge beträgt $^3/_4$ der verbrauchten I. Im Zeitpunkt, wo I verbraucht ist, tritt vorübergehend ein Wachstumsstillstand ein, an den sich ein Wachstum unter Verwertung von A. ($\mu = 0,20$) anschließt (R ca. 0,40), wobei R gleichmäßig zunimmt u. nach Verbrauch des A. den Wert 0,37 erreicht. Steigerung der I-Anfangskonz. (c) beeinflußt den Verlauf nicht, während eine Verringerung von c eine Abnahme von μ u. Zunahme von R bewirkt. Bei $c = 0,02$% erfolgt nur noch A.-Bldg. ($\mu = 0,30$, $R = 0,56$). Belüftung der Gäransätze mit 50—1000 cm^3 O_2/Min. beeinflußt den Verlauf nicht wesentlich: im 1. Stadium ist $\mu = 0,3$, $R = 0,19$, u. nur 40% der verbrauchten I werden in A. umgewandelt. Die Verringerung der Gärungsintensität ist von einer Intensitätssteigerung der Atmungsprozesse begleitet. Zur Bldg. von 1 mg Hefetrockensubstanz in Luft sind 500, in O_2 1100 mm^3 O_2 erforderlich (WARBURG-App.). — Der PASTEUR-Effekt ist kein Alles oder nichts-Phänomen. In der Hefe besteht ein gestörtes Gleichgewicht zwischen Glykolyse u. Synth., das sich bei den für das Wachstum günstigsten Belüftungsbedingungen in einer starken A.-Ansammlung oder in einer Intensitätserhöhung der Atmungsvorgänge äußert, wenn ein O_2-Überschuß gleichzeitig Gärung u. Wachstum hemmt. Die Verwertung von A. als Nahrungsquelle kann hinsichtlich Ausbeute u. Einfl. der Belüftung zu falschen Deutungen solcher Verss. Anlaß geben. (C. R. hebd. Séances Acad. Sci. **234.** 140—42. 2/1. 1952.) K. MAIER. 4270

E$_3$. Mikrobiologie. Bakteriologie. Immunologie.

J. de Ley, *Die direkte Oxydation der Glucose durch Mikroorganismen.* Vf. faßt in einem ausführlichen Bericht mit über 70 Literaturangaben die Ergebnisse zusammen, die zu dem neuen Schema der direkten Oxydation der *Glucose* führten, wonach sowohl in Geweben von Wirbeltieren als auch bei Bakterien *Glucose-6-phosphat* über *Gluconsäure-6-phosphat* zu *Ribose-5-phosphat* abgebaut wird. (Bull. Assoc. Diplômés Microbiol. Fac. Pharmac. Nancy **1952.** Nr. 46. 5—26. Jan. Gand, Belgien, Univ., École Vétérinaire, Labor. de Chimie physiol.) H. SCHEURLEN. 4320

E. D. Michlin und **M. G. Golyschewa,** *Der Einfluß des Histidins auf die Oxydation von Sorbit durch das Bacterium Acetobacter melanogenum.* Der Einfl. von *l-Histidin* (I) auf die Oxydation von *Sorbit* (II) durch Ac. melanogenum wird in einer Nährlsg. aus 12—15% von Schwermetall befreitem II u. 0,1—0,15% Autolysat (2 Std. bei 45°) aus Bäckerhefe bei p_H 4,8—5,2 (Essigsäure) nach 30 Min. Sterilisieren bei 120° untersucht. Es zeigt sich, daß der I-Zusatz die Oxydationsgeschwindigkeit des II um 19—20% erhöht, so daß die Zahl der Mikrobenzellen je cm^3 von 22 Mill. auf 40—45 Mill. zunimmt. Im Autoklaven sterilisiertes I ist therm. zersetzbar u. dadurch ohne Wirkung. (Доклады Академии Наук СССР [Ber. Akad. Wiss. UdSSR] [N. S.] **82**. 439—41. 21/1. 1952.) R. K. MÜLLER. 4320

William Pierce jr. und **Alan G. C. White**, *Die Rolle gewisser Zucker bei der Bildung von Kapselpolysaccharid und Milchsäure durch Streptococcus pyogenes.* Die Wrkg. verschied. Zucker auf die *Hyaluronsäure* (I)-Bldg. mehrerer Stämme von *Str. pyogenes* in fl. Nährmedium wurde untersucht. In galaktosehaltiger Herzbouillon bildeten alle Stämme nur $^1/_3$—$^1/_2$ so viel I wie in glucosehaltiger Nährlösung. Rohrzucker u. Glucose waren gleichwertige C-Quellen für die I-Bldg., während Fructose u. Lactose zwischen Glucose u. Galaktose standen. Pro verbrauchtes Mol Galaktose bildet Str. pyogenes 1 Mol Milchsäure, während aus Glucose 2 Mol Milchsäure entstehen. (J. Bacteriol. **63**. 301—07. März 1952. New Orleans, Tulane Univ. School of Med., Dep. of Microbiol., u. Dep. of Biochem.) FRANKE. 4320

F. J. S. Lara und **J. L. Stokes**, *Citratoxydation durch Escherichia coli. E. coli*-Stämme, die mit *Citrat* (I) als einziger Energie- u. Kohlenstoffquelle nicht zu wachsen vermögen, können dennoch I oxydieren. Allerdings ließ sich diese Oxydation (manometr. oder durch I-Best.) nicht mit lebenden, sondern nur mit im Vakuum getrockneten Zellen nachweisen. Das Oxydationsverh. der Trockenpräpp. war nicht einheitlich. Während manche Präpp. I unter Aufnahme von 4,5 Mol O_2 vollständig oxydierten, war in anderen Fällen die Oxydation unvollständig; der O_2-Verbrauch (in Molen) pro Mol verschwundenes I stieg z. B. in einem Fall von 1,0 (nach 170 Min.) auf 1,77 (nach 720 Min.) an. Als ein Zwischenprod. wurde (mit Succinodehydrase) *Bernsteinsäure* nachgewiesen. Die Prüfung auf Ketosäuren verlief negativ. Die Befunde sprechen zusammen mit der früher nachgewiesenen I-Synth. durch *E. coli* für das Vork. eines I-Cyclus in *E. coli*. Die fehlende I-Oxydation in lebenden Bakterien geht vielleicht auf Permeabilitätsschranken als Ursache zurück. Oxydationsverss. bei p_H 7,0 (Phosphatpuffer) u. 30°; mol./200-I; I-Best. nach modifizierter Pentabromaceton-Methode. (J. Bacteriol. **63**. 415—20. März 1952. Pacific Grove, Calif., Hopkins Marine Stat.) FRANKE. 4320

S. Dagley, Mona E. Fewster und **F. C. Happold**, *Die bakterielle Oxydation von Phenylessigsäure.* Die Oxydation von *Phenylessigsäure* (I) u. *Benzoesäure* (II) durch *Vibrio 01* erfolgt auf verschied. Wegen; im besonderen besteht kein Anhaltspunkt für die Annahme, daß der I-Abbau über die beim II-Abbau nachgewiesene Stufe der β-Ketoadipinsäure erfolgt. Dagegen ist ein Stück des Tricarbonsäurecyclus bei den Abbauwegen gemeinsam u. wird auf der Stufe der α-Ketoglutarsäure betreten. In Zellen, die auf Essigsäure (III) als einziger C-Quelle gewachsen sind, läuft wahrscheinlich ein abgekürzter (Dicarbonsäure-) Cyclus (mit einer KNOOP-THUNBERG-Kondensation der III) ab. Ketosäuren (Brenztraubensäure, α-Ketoglutarsäure) werden von Bakteriensuspensionen in N-freier, III-haltiger Lsg. nur angehäuft, wenn die Zellen auf III als einziger C-Quelle gewachsen waren. (J. Bacteriol. **63**. 327—36. März 1952. Leeds, Univ., Dep. of Biochem.) FRANKE. 4320

Curtis B. Thorne, Carmen G. Gómez und **Riley D. Housewright**, *Synthese von Glutaminsäure und Glutamylpolypeptid durch Bacillus anthracis.* 2. Mitt. *Die Wirkung von Kohlendioxyd auf die Peptidbildung in festen Medien.* (1. vgl. J. Bacteriol. **60**. [1950.] 89.) Die Wrkg. von CO_2 (25%) oder $NaHCO_3$ (0,8%) auf die *Glutamylpolypeptid*-Synth. durch *Bac. anthracis* auf festen Nährböden wurde durch Säurehydrolyse der geernteten Bakterien, Papierchromatographie u. enzymat. Decarboxylierung der gebildeten Glutaminsäure untersucht. 3 hochvirulente Stämme benötigten CO_2 für die Peptidsynth., während 2 avirulente Stämme große Peptidmengen auch ohne Zusatz von CO_2 bzw. $NaHCO_3$ bildeten. Hohe Peptidausbeuten wurden sowohl auf synthet. als auch auf zwei natürlichen Nährböden (Caseinhydrolysat–Hefeextrakt, Nährbouillon–Hefeextrakt) erhalten. (J. Bacteriol. **63**. 363—68. März 1952. Frederick, Md., Camp Detrick, Chem. Corps Biol. Labors.) FRANKE. 4320

J. Hiller, H. Spielmann, E. Strauss und **A. Jakob**, *Untersuchungen über Wachstum und Stoffwechsel von Bakterien mit Radioisotopen.* 1. Mitt. *Wachstum und ^{32}P-Aufnahme von B. coli-Kulturen.* Vff. berichten über eine verhältnismäßig einfache Weise, mit Hilfe von ^{32}P-Zugabe zum Nährmedium den P-Geh. einer Bakterienpopulation — gemessen an ihrer Aktivität — zu einer beliebigen Zeit quantitativ zu erfassen. Medium: 0,5 NH_4Cl, 0,5 Na_2SO_4, 0,01 $MgCl_2$, 1,0 Fructose, 0,001 Na_2HPO_4 [mit ^{32}P-Geh.], dest. W. ad 100,0; p_H 7,2 (Acetatpuffer). Qualitative Analyse läßt Dreiphasigkeit der Population erkennen: 1. Phase des Anwachsens; 2. Phase des maximalen Wachstums (logarithm. Phase); 3. Regression. Nach ihrem Maximum (Ende der 2. Phase) bekommt die Kurve eine negative Steigung (3. Phase). Der darin zum Ausdruck kommende P-Verlust der Gesamtpopulation charakterisiert offenbar die Geschwindigkeit der autolyt. Vorgänge in der Bakterienpopulation (Nucleoproteidbestand des Einzelbakteriums bleibt etwa konstant). Bei quantitativer Analyse des Kurvenverlaufs scheint sich für jede Phase eine charakterist.

Exponentialfunktion angeben zu lassen, die die Geschwindigkeit in der jeweiligen Phase festlegt. Optimaler Zuwachs u. Regression scheinen den Gesetzen monomol. Rkk. zu unterliegen. Phase 3 läßt sich durch den Ausdruck $Z_t = K \cdot e^{-\xi t}$ (Z_t = Aktivität zur Zeit t; K = Konstante [6400]; ξ = Potenzexponent [0,000125]) darstellen. Änderungen von K u. ξ gegenüber n. Bedingungen weisen auf tiefgreifende Änderungen im Wachstumsgeschehen der Gesamtpopulation hin, die damit quantitativ festgelegt werden können. Das Verf. ermöglicht über die Zähl- u. Trübungsmeßverf. hinaus eine Analyse der dem Wachstum zugrunde liegenden Stoffwechselvorgänge, bes. Änderungen derselben unter dem Einfl. verschiedenster Faktoren, wie z. B. wachstumsfördernder u. -hemmender Agentien. (Naturwissenschaften **38**. 307—08. Juli 1951. Nürnberg, I. Med. Klinik, Hygien. Inst. u. Strahlen-Inst. der Städt. Krankenanstalten.) GOEBEL. 4320

J. Hiller, H. Spielmann, E. Strauss und **A. Jakob**, *Untersuchungen über Wachstum und Stoffwechsel von Bakterien mit Radioisotopen. 2. Mitt. Die ^{32}P-Aufnahme von B. coli-Kulturen unter der Einwirkung bakteriostatischer und antibiotischer Substanzen.* (1. vgl. vorst. Ref.) Vff. benutzten die mit ^{32}P ausgearbeitete Meth. zur quantitativen Erfassung des Wachstums von *B. coli* zur Charakterisierung der Wrkg. bakteriostat. u. antibiot. Verbindungen. *B. coli*-Kulturen erhielten nach 2 std. Anwachsen zugesetzt: 20 mg-% *Aristamid* (I) bzw. 20 mg-% *Supronal* (II) bzw. 10 mg-% *Streptomycin* (III). Die I-Wrkg. kennzeichnet sich rein bakteriostat., während II daneben auch bakterieide Wrkg. besitzt; die III-Kultur zeigt zunächst sowohl bakteriostat. als auch bakterieide Wrkg., nach 12 Std. ist jedoch erneut eine mit Vermehrung der Population einhergehende Keimproliferation zu verzeichnen. Dieses eigenartig mehrphasige Wachstum von in vitro-Kulturen scheint charakterist. für die Wirkungsweise aller echten Antibiotica zu sein; es wurde ebenfalls bei Penicillinverss. beobachtet. Wachstumskurven, Tabellen u. mathemat. Analyse des Kurvenverlaufs. (Naturwissenschaften **38**. 353—54. Aug. 1951. Nürnberg, I. Med. Klinik, Städt. Krankenanstalten.) GOEBEL. 4320

T. S. Work, *Biochemie der Antibiotica.* Übersichtsbericht (bis Okt. 1951); Antibiotica (I) aus a) *Actinomyceten*: *Aureomycin, Terramycin, Chloramphenicol, Streptomycin, Dihydrostreptomycin, Hydroxystreptomycin,* verschied. I; b) *Ascomyceten*: *Cordycebin*; c) *Basidiomyceten*: *6-Methyl-1.4-naphthochinon, Quadrifidin*; d) *Fungi imperfecti* (*Aspergillus, Cephalosporium, Gliocladium, Penicillium*): *Penicillin* u. a.; e) *Eubakteriales* (*Bacillus* u. a.): *Bacillomyxin, Bacitracin, Gramicidin D, Licheniformin, Polymyxine, Subtilin* u. a.; erworbene I-Resistenz; Wirkungsmechanismus von I; I u. elektrophoret. Beweglichkeit von Bakterien; I in der Pflanzenpathol.; I als zusätzliche Nahrungsfaktoren. — 272 Literaturangaben. (Annu. Rev. Biochem. **21**. 431—58. 1952. London, England, Nat. Inst. for Med. Res.) K. MAIER. 4340

J. Douglas Reid, Muriel M. Jones und **Evelyn C. Bryce**, *Vergleichende Untersuchung über die Wirksamkeit von fünf Antibioticis allein und in gewissen Kombinationen gegen Escherichia coli, Aerobacter aerogenes, Pseudomonas aeruginosa und Proteus sp.* Vff. untersuchte *Aureomycin* (I), *Chloromycetin* (II), *Penicillin G* (III), *Streptomycin* u. *Terramycin* allein u. in Kombinationen. I war am wirksamsten gegen E. coli u. A. aerogenes u. gleich wirksam wie II gegen Ps. aeruginosa. III war das wirksamste Antibioticum gegen Proteus sp. Verschied. Kombinationen der 5 Antibiotica zeigten synergist. Effekte bei 56 bis 100% aller getesteten Stämme. Die Wirksamkeit wurde um das 2—8fache gesteigert. Antagonist. Wrkg. wurde nicht beobachtet. Wenn in vivo ähnliche Ergebnisse erzielt werden können, müßte es möglich sein, therapeut. Effekte gegen gewisse Infektionen mit Konzz. von Antibiotica-Kombinationen zu erreichen, die sonst allein gebraucht unwirksam sind. (Antibiotics and Chemotherapy **2**. 351—56. Juli 1952. Richmond, Va., Med. Coll. of Virginia, Dep. of Bact. and Parasitology.) BÖHM. 4340

G. J. Jann, M. M. Streitfeld und **A. J. Salle**, *Widerstandsfähigkeit von Micrococcus pyogenes var. aureus gegen Subtilin und Kombinationen von Subtilin und Streptomycin.* Unters. eines aus dem hochvirulenten SMITH-Stamm von *M. pyogenes* var. *aureus* in vitro gegen *Subtilin* (I) resistent gezüchteten Stammes ergab, daß dieser beträchtlichen Virulenzverlust gegenüber Mäusen erlitten hatte. Die I-Resistenz erhielt sich auch nach 31 täglichen Überimpfungen in I-freie Bouillon u. ging erst nach 79maliger Überimpfung teilweise verloren. In vitro I-fest gezüchtete Varianten waren gegen *Streptomycin* (II) empfindlich. Sie ließen sich aber auch gegen dieses resistent züchten, wobei in einigen Fällen die I-Festigkeit abnahm. Beträchtlich kleinere Mengen jedes Antibioticums waren in Ggw. des anderen erforderlich, um das Wachstum des empfindlichen Teststammes zu verhindern. Sekundärkulturen aus dem ursprünglich der Kombination von I u. II ausgesetzten Teststamm zeigten eine gewisse Zunahme sowohl der I- als auch der II-Festigkeit. Die Entw. der Resistenz gegen I oder II ist jedoch spezif. u. nicht von einer Kreuzresistenz gegen das andere Antibioticum begleitet. I-II-feste Varianten erforderten in I-Ggw. beträchtlich längere Inkubationszeiten zur Kohlenhydratvergärung als der empfindliche

Ausgangsstamm oder I-feste Varianten. Noch längere Inkubationszeiten erforderten I–II-feste Stämme in Kohlenhydratlsgg. mit Zusatz beider Antibiotica. I-feste Varianten verflüssigten Gelatine rascher als der empfindliche Ausgangsstamm. I–II-feste Varianten verflüssigten Gelatine nicht. (J. Bacteriol. **63**. 353–62. März 1952. Los Angeles, Calif., Univ. of California, Dep. of Bacteriol.) FRANKE. 4340

E. Tejera, E. J. Backus, M. Dann, C. D. Ervin, A. J. Shakofski, S. O. Thomas, N. Bohonos und **J. H. Williams**, *Mycobacidin, ein Antibioticum, das gegen säurefeste Organismen wirksam ist. Mycobacidin* (I), ein neues Antibioticum einer Streptomyces-Art, rekrist. aus A. oder Äthylacetat, besteht aus feinen Nadeln, F. 138–139°, $[\alpha]_D^{25}$ −57° (1% in A.). Die Analyse ergab die Formel $C_9H_{15}O_3NS$. Angabe der Maxima im Infrarot. Mycobacterium tuberculosis 607, Mycobact. ranae u. Mycobact. phlei werden vollständig gehemmt durch Konzz. von 1–10 γ I/ml. Keine Hemmung erfuhren durch 1 mg I/ml Eberthella typhosa, Salmonella pullorum, Salmonella gallinarum, Escherichia coli, Pseudomonas aeruginosa, Proteus vulgaris, Klebsiella pneumoniae, Sarcina lutea, Serratia marcescens, Staphylococcus aureus, Staphylococcus albus, Alcaligenes faecalis, Bacillus subtilis, Bacillus cereus. Bei Mäusen, die intravenös, intraperitoneal oder oral 1,0 g I/kg Körpergewicht erhielten, wurde keine akute Toxizität beobachtet. (Antibiotics and Chemotherapy **2**. 333. Juli 1952. Venezuela, Labor. of the Nation. Inst. of Hygiene, u. New York, Lederle Labor. Div., Americ. Cyanam. Co.) BÖHM. 4340

Igor N. Asheshov, Freda Strelitz und **Elizabeth A. Hall**, *Phagolessin A 58, ein neues Antibioticum gegen bakterielle Viren.* Beschreibung der Gewinnung, Anreicherung u. Reinigung von *Phagolessin A 58* (I) von einer Streptomyces-Art. I ist als trockenes Pulver im Kühlschrank ohne Wirkungsverlust 1 Jahr lang haltbar. Es ist leicht lösl. in W. (p_H 3,8) u. Methanol, wenig lösl. in A., unlösl. in Aceton, Chlf., Petroläther. Steigender p_H-Wert verkürzt die Haltbarkeit. I gibt mit $FeCl_3$ keinen Nd., Biuret-, MILLON- u. Ninhydrin-Probe sind negativ. LASSEIGNEsche Probe auf N ist positiv. Konz. wss. Lsg. reagiert mit Pikrinsäure, REINECKE-Salz u. Methylorange. Getestet wurde gegen Cholera-Phag C, gewachsen auf Vibrio cholerae 1077. Mit Ausnahme von K. pneumoniae waren Bakterien weniger empfindlich gegen I als Bakteriophagen. (Antibiotics and Chemotherapy **2**. 366 bis 374. Juli 1952. New York, New York Botan. Garden.) BÖHM. 4340

Igor N. Asheshov, Frieda Strelitz und **Elizabeth A. Hall**, *Identität von Fumagillin und Phagopedin σ.* Vff. beschrieben 1948 u. 1949 eine aus Aspergillus fumigatus isolierte Substanz, die sie *Phagopedin σ* (I) nannten. HANSON u. EBLE isolierten aus Aspergillus fumigatus einen Antiphagen, den sie erst H3, später *Fumagillin* (II) nannten. Nach neueren Unterss. der Vff. (F.-Best., UV- u. Infrarotspektr., Feststellung der Verhältnisformel u. des Mol.-Gew.) ergibt sich, daß II mit I ident. ist. (Antibiotics and Chemotherapy **2**. 361–62. Juli 1952. New York, N. Y., New York Botanical Garden.) BÖHM. 4340

H. Seneca, J. H. Kane und **J. Rockenbach**, *Baktericide, protozoide und fungicide Eigenschaften von Thiolutin. Thiolutin* (I), ein neues Antibioticum aus Streptomyces albus, besitzt hohen S-Geh. u. leuchtend gelbe Farbe. Es ist gut lösl. in organ. Lösungsmitteln (A., Chlf., Aceton u. a.), stabil in neutraler u. sauerer Lsg., zeigt charakterist. Absorpt. im UV u. zers. sich bei über 270°. Bei Mäusen beträgt LD_0 5–10 mg/kg subcutan, LD_{50} 25 mg/kg. I hat ein breites Wirkungsspektr. gegen grampositive u. gramnegative Organismen. Es ist wirksam gegen Bakterien, pathogene Pilze, Amöben (E. histolytica) u. Flagellaten (L. donovani, L. tropica u. T. cruzi). (Antibiotics and Chemotherapy **2**. 357–60. Juli 1952. New York, Columbia Univ., Coll. of Physicians and Surgeons, u. Brooklyn, N. Y., Charles Pfizer & Co.) BÖHM. 4340

Edward J. Hehre und **Theodore W. Sery**, *Dextranspaltende anaerobe Bakterien aus dem menschlichen Darm.* 0,01 cm^3 von Fäcessuspensionen (1 bzw. 10 γ/cm^3) wurden teils aerob, teils anaerob bei 37° auf erhitztem Blut-Fleischwasser-Agar 3 Tage inkubiert. Die Zahl der anaerob auftretenden Kolonien war über 10 mal größer als die der aeroben. Etwa $^1/_4$ der anaeroben Kolonien spalteten *Dextran* (I), während dieses bei keiner aeroben Kolonie gefunden wurde. Die I-spaltenden Bakterien sind unbewegliche Kurzstäbchen mit abgerundeten Enden, gramnegativ, doch mit Neigung zu bipolarer Anfärbung. Alle Stämme bilden Säure aus d-Glucose, *l*-Arabinose, Rohrzucker, Lactose u. I. Aus Kulturlsgg. der Bakterien in I-haltiger Bouillon wurden zellfreie Enzympräpp. mit der Fähigkeit zur Spaltung von nativem u. teilweise hydrolysiertem I erhalten. Die I-Spaltung erfolgt hydrolyt. unter beträchtlicher Red. der Molekülgröße u. Freisetzung reduzierender Zucker. (J. Bacteriol. **63**. 424–26. März 1952. New York, Cornell Univ., Dep. of Bacteriol. and Immunol.) FRANKE. 4350

H. Löffler, *Aktuelle Fragen der Virusforschung.* Behandelt werden u. a.: Die Beziehung Virus–Wirtszelle, HIRST-Phänomen, Selbst- u. Fremdinterferenz u. Bakteriophagen. (Schweiz. med. Wschr. **82**. 1241–42. 29/11. 1952. Bern, Univ., Hygiene-Inst.) LOCH. 4374

K. F. Meyer und **B. Eddie**, *Reservoirs des Psittacosiserregers.* Dem Psittacosisvirus ähnliche Krankheitserreger wurden bei Hühnern, Enten, Tauben u. Truthahn gefunden, die auch Berufskrankheiten verursachen können. Interessant ist die Isolierung intracellulärer Psittacosiserreger aus den Organen von Säugetieren, die dem aviären Stamm verwandt, aber für Papageien u. Reisvögel apathogen sind. Die Erreger sind empfindlich gegen *Penicillin, Chloramphenicol, Aureomycin* u. *Terramycin.* Latente Infektionen wurden beim Menschen beobachtet. (Acta tropica [Basel] **9.** 204—15. 1952. San Francisco, Calif., Univ. of California.) NIESWANDT. 4374

Myrna F. Jones, *Untersuchungen über die Behandlung frischer, mit Cysten von Endamoeba histolytica infizierter Gemüse.* 1. Mitt. *Essigsäure.* (Amer. J. trop. Med. **1.** 576 bis 584. Juli 1952. Bethesda, Md., Nat. Inst. of Health, Nat. Microbiol. Inst., Labor. of Trop. Diseases.) KRUSEN. 4380

E₄. Pflanzenchemie. Pflanzenphysiologie. Pflanzenpathologie.

O. A. Pawlinowa, *Phosphorsäureester der Zuckerrübe.* Das Blatt der Zuckerrübe enthält mehr anorgan. u. organ. P als die Wurzel. Unter den Phosphorsäureestern (I) der Blattzucker steht an 1. Stelle *Glucose-6-phosphat,* dann folgen *Fructosediphosphat* (II), *Fructose-6-phosphat* u. *Glucose-1-phosphat.* Wurzel u. Blatt enthalten viel *Phosphoglycerinsäure* (III), in der Wurzel als Folge des fermentativen Zerfalls von II, im Blatt als Prod. der Photosynth. u. Glykolyse. Im Kohlenhydrat-P-Umsatz der Zuckerrübe ist III demnach von großer Bedeutung. Wurzel u. Blatt enthalten auch *Phytin,* eine Reserve des estergebundenen P. Der in die 3. Fraktion nach UMBREIT übergehende P beträgt im Blatt 27,5, in der Wurzel ca. 50% des organ. P. Die P-Verbb. der 3. Fraktion aus Blatt oder Wurzel verhalten sich verschieden gegen Säure- u. Laugenhydrolyse. Ihr Hauptteil ist schwer hydrolysierbar u. gibt P erst nach der Veraschung ab. Vf. hält es für wahrscheinlich, daß die 3. Fraktion auch Pentosephosphate enthält. Die nähere Zus. der 3. Fraktion konnte nicht ermittelt werden. (Доклады Академии Наук СССР [Ber. Akad. Wiss. UdSSR] [N. S.] **83.** 597—600. 1/4. 1952. Bach-Inst. für Biochem. der Akad. der Wiss. der UdSSR.) LEBTAG. 4420

A. Guilbot, *Das Problem des „gebundenen Wassers" in den biologischen Kolloiden.* Es werden neuere Anschauungen über den Zustand des W. in hydrophilen Makromoll., wie z. B. in Cellulose, Amidon, Pektinkörpern, Proteinen, mitgeteilt, Beziehungen zwischen der Aktivität des W. in koll. Systemen u. gewissen biol. Systemen aufgezeigt u. Auswirkungen auf die Technologie der Land- u. Ernährungswirtschaft besprochen. — 71 Literaturstellen. (Ind. agric. aliment. **69.** 7—13. Jan. 1952. Inst. Nat. de la Recherche Agronomique.) LIPPOLD. 4450

W. F. Portjanko, *Die Verteilung des Wassers in den vegetativen und Reproduktionsorganen der Baumwollpflanze.* Durch gravimetr. Best. nach der Trocknung bei 70—90° wurde der Wassergeh. in den verschied. Organen der Baumwollpflanze in den verschied. Entwicklungsphasen bestimmt. Es ergab sich, daß der Wassergeh. in den Blättern ein absteigendes, im Stengel ein aufsteigendes Gefälle aufweist. Die Nebentriebe (ohne Blätter) enthalten unten weniger W. als die oberen Seitentriebe. Die unteren Reproduktionsorgane enthalten mehr W. als die mittleren u. oberen. Eine Veränderung des Wassergeh. der vegetativen u. Reproduktionsorgane ist auch während der Reifezeit zu beobachten. Aus den Gesetzmäßigkeiten im Wassergeh. ist zu schließen, daß die Nebentriebe mit Einschluß der Blätter u. Reproduktionsorgane während des Wachstums die Veränderungen in der Wasserverteilung im Hauptstamm widerspiegeln. (Доклады Академии Наук СССР [Ber. Akad. Wiss. UdSSR] [N. S.] **84.** 829—32. 1/6. 1952. Ossipenkowo, Staatl. Ossipenko-Lehrerinst.) LEBTAG. 4450

M. M. Okunzow und **O. P. Lewzowa**, *Der Einfluß von Kupfer auf den Wasserumsatz und die Trockenwiderstandsfähigkeit der Pflanzen.* Cu hat eine günstige Wrkg. auf die Eiweißbldg. u. den Wasserhaushalt u. erhöht die Beständigkeit der Pflanze gegen Trockenheit. Es wird empfohlen, die Samen bei der Jarowisation mit Cu zu behandeln. (Доклады Академии Наук СССР [Ber. Akad. Wiss. UdSSR] [N. S.] **82.** 649—51. 1/2. 1952. Tomsk, Kuibyschew-Univ.) A. JACOB. 4450

R. Desveaux und **M. Kogane-Charles**, *Untersuchung über die Keimung einiger Ölsamen.* Überblick an Hand des Schrifttums über die älteren u. neueren Arbeiten über die Veränderungen der Lipoide beim Keimen von Ölsamen unter krit. Berücksichtigung der herangezogenen Versuchstechnik. Als Objekte für die Keimung (sterilisierter feuchter Sand) werden nach oberflächlicher Sterilisation mit wss. H_2O_2 bzw. $HgCl_2$ die Samen von Ricinus (Ricinus sanguineus), Hanf (Cannabis sativa) u. Lein (Linum usitatissimum) benutzt. Die bis zur gewünschten Entw. fortgeschrittenen Pflanzen werden im ganzen geerntet u. mit sd. 95%ig. A. 10 Min. behandelt (Inaktivierung der Enzyme). Man filtert, trocknet den festen Anteil, zerkleinert u. extrahiert mit 95%ig. A. nach KUMAGAWA u. SUTO (Biochem. Z. 8. [1908.] 212) 10 Std. lang. Beide alkoh. Extrakte werden vereinigt u. der feste Rückstand gesammelt. Im Extrakt werden ermittelt: Trockenrückstand, Protein, Gesamtsäure, Gesamtlipoide (Unverseifbares, Fettsäuren, JZ., Neutralisationszahl, Hydroxylzahl [nach verschied. Methoden]), Zuckerarten (nach BERTRAND), im festen Rückstand die lösl. (80%ig. A.), die leicht hydrolysierbaren unlösl. Saccharide, die Rohfaser (nach WEENDER), das Lignin (nach KLASON), der Gesamt-N (KJELDAHL), die Asche. Aus den Ergebnissen wird unter Berücksichtigung der Literatur abgeleitet, daß während des Keimens, bes. bei Ricinus, eine merkbare Gewichtsvermehrung (Bindung von O beim Umsatz von Lipoiden in Kohlenhydrat) erfolgt. Das Unverseifbare nimmt anfänglich zu, später wieder ab; die JZ. nimmt bei Lein u. Hanf ab, nicht aber bei Ricinus. Die Verwertung der Fettsäuren variiert je nach ihrer Art, bes. bei den ungesätt. Vertretern (Wrkg. der Lipoxydase); deshalb verhalten sich Lein u. Hanf anders als Ricinus (frei von Linol- u. Linolensäure). Letztere beweist durch die Erhöhung der Hydroxylzahl, daß die Ricinolsäure bei Erhaltung der Doppelbindung in einer besonderen Art umgesetzt wird. Da die Neutralisationszahl bei Lein u. Hanf prakt. unverändert bleibt, muß der Abbau der höhermol. Fettsäuren unter raschem Weiterumsatz der gebildeten niedrigermol. Prodd. erfolgen. Bei Ricinus manifestiert sich umgekehrt eine Erhöhung dieser Kennzahl; die niedrigermol. Verbb. bleiben also für eine gewisse Zeit erhalten. Wenn sich beim Keimen überhaupt freie Fettsäuren bilden, so ist dieser Betrag im Gegensatz zu den bisher vertretenen Anschauungen sehr klein; dies erklärt sich damit, daß man eine scharfe Trennung der Zunahme an lipoiden u. nichtlipoiden Säuren nicht durchgeführt hat; letztere aber nehmen beachtlich zu, bes. die Essigsäure (bei Lein), die in ihrer Entstehung auf den Ablauf der β-Oxydation zurückgeführt wird. Zusammenfassend wird abgeleitet, daß die Umsetzungen beim Keimen je nach der Art der Ölsamen unterschiedlich verlaufen, u. daß man sich vor einer unzulässigen Verallgemeinerung von Schlußfolgerungen hüten muß. (Ann. Inst. nat. Rech. agronom., Sér. A **3.** 385—416. Mai/Juni 1952. Paris, Inst. Nat. Agronomique.) TÄUFEL. 4455

M. H. Aprison und **R. H. Burris**, *Zeitkurve der N_2-Bindung isolierter Sojabohnenknötchen.* Isolierte Knötchen von Sojabohnen werden in WARBURG-Flaschen auf ihre Stickstoffbindung untersucht. Die Flaschen enthielten 0,5 ml W. u. ein Gasgemisch von 65% He, 20% O_2, 5% CO_2 u. 10% N_2, davon 20% $^{15}N_2$. Im Verhältnis wurde mehr $^{15}N_2$ aufgenommen. Die Kurve zeigt, daß die Bindungsintensität mit der Zeit wächst. (Science [Washington] **115.** 264—65. 7/3. 1952. Madison, Wisconsin Univ., Dep. of Biochem.) PLAMBECK. 4460

A. Buchner, *Über die Änderung des Mineralstoffhaushaltes durch Chloriddüngung bei Ammoniak- bzw. Nitraternährung.* Gefäßverss. mit Buschbohnen u. Buchweizen zur Unters. der Auswirkung der Chlorid(I)-Düngung (1· bzw. 2·1,53 g Cl/7,5 kg Boden als KCl, $CaCl_2$ bzw. NH_4Cl) bei Ammoniak(II)- oder Nitrat(**III**)-Ernährung zeigten folgende Ergebnisse: Bei **II**-Pflanzen nahm der Wassergeh. der vegetativen Organe durch **I**-Düngung stärker zu als bei **III**-Pflanzen. Bei **II**-Ernährung findet im Vgl. zur **III**-Ernährung verstärkte Cl-Aufnahme statt. Das Verdrängungsvermögen/Einheit **III**-N ist bei höheren **I**-Gaben bedeutend größer als bei geringen. Verstärkte **III**-Gabe oder rechtzeitige **II**-Gabe unter günstigen Nitrifizierungsverhältnissen wird als Mittel gegen **I**-Schäden empfohlen. Bei **III**-Pflanzen bilden die NO_3' den überwiegenden Anteil der Gesamtionenaufnahme (ca. 66%), die Cl′ betragen auch bei hoher **I**-Gabe höchstens 30%. Dagegen enthalten die **II**-Pflanzen bei hohen **I**-Gaben infolge Fehlens der NO_3' 76—86% Cl′. Die Kationenaufnahme (bes. $Ca^{\cdot\cdot}$) wird durch **I** bei **II**- stärker als bei **III**-Ernährung gefördert. Das Verhältnis: Kationen/Anionen sinkt durch **I**- im Vgl. zu Sulfaternährung um $^1/_2$—$^1/_3$ u. wird durch Gaben von **II** statt **III** noch weiter verschlechtert. P_2O_5-Anteil u. Gesamt-N-Anteil bleiben bei steigenden **I**-Gaben im wesentlichen unverändert. (Z. Pflanzenernähr., Düng., Bodenkunde **55.** 124—44. 1951. Weihenstephan, Agrikulturchem. Inst.) RANG. 4470

Jacqueline Rousseau, *Wirkung von 2.4-Dichlorphenoxyessigsäure auf die Sporen von Marchantia polymorpha L.* (Vgl. C. **1951.** II. 1307.) *2.4-Dichlorphenoxyessigsäure* hemmt in Konzz. von 10^{-7}—10^{-4} die Protonemabldg. bei Marchantia, wobei die Dauer der Hemmwrkg. mit steigender Konz. zunimmt. Bei 10^{-4} zeigen sich maulbeerförmige Wuchsanomalien auf den Protonema. (C. R. hebd. Séances Acad. Sci. **234.** 988—91. 25/2. 1952.) RANG. 4485

Emil Niemann, *Vergleichende Untersuchungen über die Ausscheidung keimungshemmender Stoffe aus Früchten und Samen unter besonderer Berücksichtigung von Foeniculum vulgare Miller.* Aus Samen u. trockenen Schließfrüchten von 106 verschied. Pflanzenspecies wurden wss. Extrakte (24 Std., +3°) hergestellt u. im Kressewurzeltest nach MOEWUS auf Ggw. von *Keimungshemmstoffen* (I) geprüft, wobei in der Mehrzahl der Fälle I nachweisbar waren. Die I-Wrkg. beruht auf einer Wachstumshemmung der Keimwurzeln vor dem Durchbruch durch die Samenschale. Extrakte aus *Caryophyllaceen*, *Gramineen* u. *Rosaceen* hemmen meist nur schwach, aus *Solanaceen* u. *Ranunculaceen* mittelmäßig, aus *Chenopodiaceen* u. *Umbelliferen* stark, solche aus *Cruciferen*, *Compositen* u. bes. aus *Leguminosen* uneinheitlich. Arten gleicher Gattung verhalten sich untereinander ähnlich. Trockene Früchte zeigen im allg. stärkere I-Ausscheidung als Samen. Die größere Hemmungswrkg. ist wahrscheinlich auf I aus der Fruchtwand zurückzuführen. Keimkraft u. Hemmungswrkg. stehen zueinander im umgekehrten Verhältnis. Bei *Fenchel* bewirkt Entzug des Hemmstoffs starke Keimungsbeschleunigung der Früchte. Die Hemmwrkg. der Extrakte wird nicht durch ihren osmot. Wert oder den p_H-Wert bedingt u. äußert sich nur in relativ starken Konzz., so daß es sich nicht um hochakt. Stoffe, wie Wuchsstoffantagonisten usw., handeln kann. Verss. mit Fenchelextrakt ergaben, daß anorgan. Salze, äther. Öle, Eiweiß, Kolloide, echte Gerbstoffe u. Zucker an der Hemmwrkg. nicht beteiligt sind. I aus Fenchel sind thermostabil, leicht wasserlösl. u. unlösl. in organ. Lösungsmitteln. Zwischen dem Farbstoff des Extraktes u. der Hemmwrkg. besteht jedoch anscheinend eine Beziehung. Wahrscheinlich sind an den Hemmungsvorgängen auch *Aminosäuren* beteiligt. Aus Samen saftiger Früchte (*Ribes*) gewonnene Extrakte weisen eine abweichende Zus. auf. Bei *Corydalis cava* ist die Hemmung auf aus den Elaiosomen extrahierbare Stoffe zurückführbar. Extrakte aus Fenchel u. anderen Samen oder Früchten verlieren bei längerem Stehen die Hemmungswirkung. Tannin- u. Cumarinlsgg. zeigen die gleiche Erscheinung, die wahrscheinlich mit dem Auftreten von Bakterien in Verbindung steht. I aus Fenchel haben ein Mol.-Gew. < 1000. Das Vork. genuiner I in Samen u. Früchten wird tabellar. wiedergegeben (ohne keimungshemmende Blattpreßsäfte oder Extrakte aus anderen Pflanzenteilen). — 88 Literaturangaben. (Flora [Jena] **139**. 185—242. 29/9. 1952. Braunschweig, TH, Botan. Inst.) K. MAIER. 4485

K. J. Dormer und **J. A. Bentley**, *Einige komplexe Beziehungen zwischen Auxingehalt und Blattfläche bei Ipomoea caerulea Koen.* An jungen Blättern (10 cm^2 Blattfläche) des 2. bis 10. Stengelknotens junger Pflanzen von *Ipomoea caerulea* wurde der *Auxin*-Geh. bestimmt, der scheinbar völlig unregelmäßige Schwankungen aufwies. Durch Einführung einer integralen Funktion, die aus Blattflächenmessungen errechnet wurde, ließen sich aber entsprechende Schwankungen ermitteln, die komplexen zeitlichen Effekten zugeschrieben werden, die wiederum auf innere physiol. Veränderungen gemäß der Lage des Blattes am Stengel zurückgeführt werden. (New Phytologist **51**. 116—26. April 1952. Manchester, Univ., Bot. Dep.) ITZEROTT. 4485

A. E. Hitchcock, *Additive und hemmende Wirkungen, die sich aus der Behandlung von Tomatensämlingen mit Indolylessigsäure in Kombination mit 2.4-Dichlorphenoxyessigsäure ergaben.* Durch *2.4-Dichlorphenoxyessigsäure* (I) u. durch *Indolylessigsäure* (II) bzw. deren Triäthanolaminsalze wurden an Tomatensämlingen ähnliche, doch qualitativ u. quantitativ verschied. Rkk. (Stengelkrümmung, Verlängerung u. Stengelproliferation) hervorgerufen. Blattmodifikationen wurden nur durch I erzielt. Gemische von I u. II zeigten, daß I durch II gehemmt wird, da die erzielten Ergebnisse einer durch geringere I-Dosis erzielten Wrkg. gleich waren. Wurden die behandelten Blätter in verschied. Intervallen abgeschnitten, so ergab eine Behandlungszeit von 15 bzw. 60 Min. mit I- u. II-Gemischen einen höheren Grad der Stengelkrümmung als solche durch II allein. Die maximalen I- u. II-Wirkungen wurden nach 24 Std. Behandlung erzielt. (Bull. Torrey bot. Club Torreya **79**. 260—61. Mai/Juni 1952. New York, Boyce Thompson Inst. for Plant Res. Inc.) ITZEROTT. 4485

C. H. Wadleigh und **J. W. Brown**, *Der chemische Zustand von Bohnenpflanzen, die mit Bicarbonat-induzierter Chlorose befallen sind.* Vff. untersuchen den Einfl. des HCO_3-Ions auf Wachstum u. chem. Zus. von Phaseolus vulgaris L. In den Versuchsreihen werden der bas. Nährlsg. der Bohnenpflanzen 0, 8, 16 u. 32 Milliäquivalent/Liter $NaHCO_3$ (I) zugesetzt (p_H 8,0). Größere Konzz. von I verursachen Wachstumshemmung u. verstärkte Chlorose (Chlorophyllbest. an dreizähligen Blättern). Die Chlorose hängt mit einer Störung des verwertbaren Fe in den Blättern zusammen (mit verd. $FeSO_4$-Lsg. besprengte Blätter von mit Chlorose befallenen Pflanzen zeigen Rückbldg. von Chlorophyll). I-Zusatz bewirkt Abnahme der Aktivität des Fe in den dreizähligen Blättern. Ca-, Mg-, K- u. Na-Bestimmungen in den ersten Laubblättern, den dreizähligen Blättern, den Wurzeln, Stengeln u. Blattstielen zeigen, daß die verschied. I-Zusätze Veränderungen im Kationengeh. der einzelnen Pflanzenteile hervorrufen (in den Wurzeln u. Blättern liegen zum Teil umgekehrte Verhältnisse vor). Der Phosphatgeh. in den beiden Blattypen, dem Stengel, den Blattstielen u. der Wurzel nimmt mit steigendem I-Geh. der Nährlsg. ab. Der Geh. an organ. Säuren, bes. an Citronensäure (II) ist in den Bohnenblättern groß. Bei höherem

I-Geh. der Nährlsg. ist die Ansammlung von II in den ersten Laubblättern geringer als in den dreizähligen Blättern. — Es wird vermutet, daß das HCO_3-Ion auf die Konsistenz des Protoplasmas der resorbierenden Wurzelzellen einwirkt u. eine Anhäufung der einwertigen Kationen u. eine verminderte Ansammlung von 2wertigen Kationen bewirkt. (Bot. Gaz. **113**. 373—92. Juni 1952. Riverside, Calif., U. S. Salinity Labor., Bur. of Plant Ind., Soils, and Agricult. Engng., Agricult. Res. Admin., U. S. Dep. of Agricult.)
Erika Haas. 4490

O. A. Aleschina, *Einfluß der Stickstoffernährung auf die Entwicklung der Malsecco-Krankheit von Citronenbäumen.* Durch Deuterophoma tracheiphila Petri wird ein Verdorren der Citronenbäume verursacht, bes. wenn stets $(NH_4)_2SO_4$ (I) zur Düngung angewandt wird. Zur Vorbeugung wird empfohlen, bei der Düngung der Citrone mit I gleichzeitig auch genügende Kalkmengen zuzuführen, bzw. I durch physiol. alkal. Düngemittel zu ersetzen. (Советская Агрономия [Sowjet. Landwirtschaftskunde] **10**. Nr. 6. 78—79. Juni 1952.)
A. Jacob. 4490

—, Phytoncide, ihre Rolle in der Natur und ihre Bedeutung für die Medizin. Sammlung von Arbeiten. Moskau: Ausg. der Akad. der Medizin. Wiss. der UdSSR. 1952. (340 S. m. Abb.) 17 Rbl. 15 Kop. [russ.]

E5. Tierchemie. Tierphysiologie. Tierpathologie.

J. A. Colin Nicol, *Untersuchungen an Chaetopterus variopedatus (Renier).* 1. Mitt. *Die lichterzeugenden Drüsen.* (J. Marine biol. Assoc. United Kingdom **30**. 417—31. Febr. 1952. Plymouth, Labor.)
Lüpnitz. 4550

J. A. Colin Nicol, *Untersuchungen an Chaetopterus variopedatus (Renier).* 2. Mitt. *Die nervöse Steuerung der Lichterzeugung.* Mechan., elektr. u. chem. Reize beeinflussen die Lichterzeugung bei Chaetopterus variopedatus (Renier). Eine dem Meerwasser entsprechende Lsg. von K, Ca, Na u. Mg ist indifferent, K u. Na in isoton. Lsg. von NaCl u. KCl wirken anregend auf das Leuchtvermögen, Mg u. Ca (als $CaCl_2$ u. $MgCl_2$) verringern oder hemmen es. Hypoton. Lsgg. u. Süßwasser wirken ebenfalls anregend. Es ist entweder eine Beeinflussung der nervösen Steuerelemente oder eine Cytolyse der Leuchtdrüsen anzunehmen. (J. Marine biol. Assoc. United Kingdom **30**. 433—52. Febr. 1952.)
Lüpnitz. 4550

N. F. Popow und **A. P. Krotkowa,** *Sekretion der Pferdemagendrüsen nach den wichtigsten Futtermitteln.* Die Menge des sezernierten Magensaftes u. seine Acidität (freie HCl) wurde an dem durch spezielle Operationstechnik isolierten Magen des Pferdes in Abhängigkeit vom Futter (*Hafer, Kleie, Heu* u. *Grünfutter*) untersucht. Bes. starker Anstieg der Sekretion u. Gesamtacidität sowie der freien HCl wurde bei frisch bereitetem Heu (anregende Extraktivstoffe) u. Kleie beobachtet. Bei üblichem Heu u. Hafer erfolgte nur mäßiger Anstieg. Vff. ziehen daraus Schlüsse auf das bei Hypo-, bzw. Hyperaciditätskatarrhen zu verabreichende Futter. (Ветеринария [Tierheilkunde] **29**. Nr. 6. 51—53. Juni 1952. Moskau, Tierärztl. Akad.)
Wörffel. 4555

Georg Hook, *Zur ambulanten Behandlung der Fettsucht.* Vf. empfiehlt das Polyhormonpräp. *Lipolysin* (Dr. G. Henning, Berlin/Hamburg) bei gleichzeitiger Applikation von Diureticis u. Diäteinhaltung. (Landarzt **28**. 4 Seiten. 20/7. 1952. Sep. Hanau/M., Deutsche Dunlop Gummi Comp. A. G.)
Krusen. 4558

Ja. D. Kirschenblat, *Die Wirkung steroider Hormone auf die Weibchen von Misgurnus fossilis. Methyltestosteron* (I) (1—15 mg), *Progesteron* (1 mg) u. *Desoxycorticosteron* (1 mg), einmalig parenteral beigebracht, sind imstande, bei Weibchen von Misgurnus fossilis Reifung der Ovocyten, Ovulation u. Ausscheidung von n. reifen Rogen hervorzurufen. I ist auch wirksam, wenn es aus dem umgebenden W. in den Organismus des Fisches eindringt. (Доклады Академии Наук СССР [Ber. Akad. Wiss. UdSSR] [N. S.] **83**. 629—32. 1/4. 1952. Inst. für Geburtshilfe u. Gynäkol. der Akad. der Wiss. der UdSSR.)
Rentz. 4559

Eliot F. Beach, Phoebe J. Bradshaw und **N. R. Blatherwick,** *Das durch Gonadektomie veränderte Verhalten gegenüber Alloxan.* Geschlechtsgebundene Unterschiede bestimmter Diabetesqualitäten (Ketonurie, Blutglucosespiegel u. Glucosetoleranz nach Hungern) wurden durch Gonadektomie aufgehoben. Die Glucosetoleranz nach Hungern erwies sich bei kastrierten kleiner als bei nichtkastrierten alloxandiabet. Tieren. (Endocrinology **50**. 212—17. Febr. 1952. New York City, N. Y., Metropolitan Life Insurance Comp., Biochem. Labor.)
Schweiger. 4559

Glenn O. Dayton jr., *Die Wirkung von ACTH auf experimentellen Exophthalmus.* Auf Grund eines klin. Falles einer Patientin mit Exophthalmus, die nach Thyreoidektomie u. *ACTH*-Behandlung (80 mg/Tag, 6 Tage lang) verstarb (patholog.: diffuse Myocarditis beider Ventrikel; histolog.: Muskeldegeneration u. Nekrose, Infiltration von Eosinophilen,

Lymphocyten u. Makrophagen), untersuchte Vf. den Zusammenhang zwischen gereinigtem thyreotropem Hormon u. *ACTH* bei ihrer Wrkg. auf den Exophthalmus beim Meerschweinchen. Thyreoidektomierte Meerschweinchen erhielten 3 Tage lang je 3 mg, dann 13 Tage lang je 5 mg thyreotropes Hormon. Einige Tiere bekamen vom 10. Tage an zusätzlich 3—4 mg/Tag ACTH. Bei beiden Gruppen wurde eine Vergrößerung des intercornealen Abstandes beobachtet, jedoch lassen sich daraus keine sicheren Rückschlüsse ziehen. Andere nicht thyreoidektomierte Tiere erhielten täglich 25 JUNKMANN-SCHOELLER-E. eines rohen HVL-Extraktes, einige davon noch außerdem täglich 4 mg ACTH. Bei beiden Behandlungsarten vergrößerte sich der Cornea-Abstand in gleichem Maße. (Amer. J. Ophthalmol. [3] **35**. Nr. 5. Part 2. 101—06. Mai 1952. Los Angeles, Calif.)
H. SCHEURLEN. 4560

H. Braunsteiner, F. Kaindl und **B. Watschinger,** *Wirkungen einer Hypophysenhinterlappenimplantation bei einem Fall von Diabetes insipidus (Hormon- und Clearancebestimmungen).* Es wird über einen schweren Fall von Diabetes insipidus berichtet, der nach Hypophysenimplantation für 17 Tage Besserung zeigte. Die vor u. nach der Implantation errechneten Clearancefunktionsgrößen stehen mit der von SMITH aufgestellten Harnbereitungstheorie in Einklang. In Rattenverss. wurde das Fehlen der antidiuret. Aktivität des Patientenserums getestet. Diese Ratten erhielten intraperitoneal 9 cm^3 H_2O + 1 cm^3 Serum. Die danach folgende Harnausscheidung gelangte zur Berechnung. Entsprechende Kontrollverss. liefen mit. (Wiener klin. Wschr. [N. F. 7] **64**. 429—31. 13/6. 1952. Wien, Univ., II. Med. Klinik.)
DUCHO. 4560

Stanley J. Shepherd jr., Millard J. Smith und **Bernard B. Longwell,** *Der Einfluß des Alloxandiabetes auf das Verhalten der Nebenniere bei Kältestress.* Kälte (4 Std. bei 3—5°) führte bei alloxandiabet. Ratten zum Absinken des *Cholesterin* (I)-Geh. der Nebenniere (NN), bei n. Ratten erst nach 24std. Fasten. Der *Ascorbinsäure*-Geh. der NN von n. u. alloxandiabet. Ratten wurde durch Kälte auch ohne vorheriges Fasten gesenkt. Das Absinken des I-Geh. als Ausdruck des Verh. der NN auf Kälte wird in Zusammenhang mit der Verminderung der zum Stoffwechsel zur Verfügung stehenden Kohlenhydrate gebracht. (Endocrinology **50**. 143—49. Febr. 1952. Colorado, Colo., Univ., School of Med., Dep. of Biochem.)
SCHWEIGER. 4561

Frederick G. Hofmann, *Wasserausscheidung bei hypophysektomierten Ratten vor und nach Adrenalektomie.* Nach Adrenalektomie war die Wasserausscheidung (unabhängig davon, ob die Hypophyse vorher entfernt war) kleiner als nach Hypophysektomie. Offensichtlich beeinflußt die Nebenniere die Wasserausscheidung selbst nach Entfernung der Hypophyse. (Endocrinology **50**. 206—11. Febr. 1952. Boston, Mass., Harvard Med. School, Harvard School of Dent. Med. and Dep. of Physiol.)
SCHWEIGER. 4561

Norman M. Keith, Marschelle H. Power, Guy W. Daugherty und **Haddow M. Keith,** *Einige Wirkungen von Cortison auf Stoffwechselstörungen in Verbindung mit renalem Ödem. Untersuchungen an drei Patienten.* Der N-Stoffwechsel wurde zugleich mit dem erhöhten Harnstoff u. Rest-N im Blute erhöht. Gleichzeitig war bei einem Fall SO_4^{2-} in Blut u. Harn erhöht. Die Ausscheidung von K war erhöht, die Ausscheidung von P hatte etwas abgenommen; nur in einem Fall von renaler Insuffizienz war K im Blut erhöht. Ca war bei 2 Patienten in Blut u. Harn unverändert, in einem Fall erhöht. Cl^- war etwa konstant; im Anfang war eine geringe Retention, später eine geringe Erhöhung im Blut feststellbar. Na nahm bei 2 Fallen in Blut u. Harn ab. — Bei 2 Fällen wurde der Fett- u. Ca-Stoffwechsel wieder n., bei einem Fall veränderte sich nur der Eiweißstoffwechsel, nicht Ödeme u. Lipämie. (A. M. A. Arch. intern. Med. **89**. 689—707. Mai 1952. Rochester, Minn., Mayo Clin.)
KLINGMÜLLER. 4561

Joachim Frey und **Erwin Tecklenborg,** *Über Änderungen des weißen Blutbildes bei Belastungen und Erkrankungen des Kohlenhydratstoffwechsels.* Vff. schließen aus Verh. u. Zus. der weißen Blutkörperchen bei Belastung des Kohlenhydratstoffwechsels auf die Tätigkeit der Nebenniere. Das Eintreten von Veränderungen der Leukocyten hierbei wird einer vermehrten Ausstoßung von Glucocorticosteroiden zugeschrieben. — 33 Literaturzitate. (Klin. Wschr. **30**. 516—19. 1/6. 1952. Freiburg/Br., Univ., Med. Klinik.)
BRATFISCH. 4561

Charles LeMaistre und **Ralph Tompsett,** *Das Auftreten von Pseudotuberkulose bei mit Cortison behandelten Ratten.* Bei 41 von 50 Ratten, denen *Cortison* verabreicht wurde, trat eine ernste, tuberkuloseähnliche Infektion mit weit ausgedehnten Nekrosen, zahlreichen Einschmelzungen in der Lunge u. ähnlichen krankhaften Veränderungen des Pericards, der Pleura, der Leber u. den Nieren ein. Als verantwortlich für diese Erkrankung wurde *Corynebacterium pseudotuberculosis murium* erkannt. Bei Beimpfung mit diesem isolierten Stamm konnten bei *Cortison*-behandelten Tieren die gleichen Krankheitserscheinungen hervorgerufen werden, während unbehandelte Ratten für diese Infektion sehr wenig empfänglich sind. (J. exp. Medicine **95**. 393—408. 1/4. 1952. New York, N. Y., Hosp.-Cornell Med. Center, Dep. of Med.) RUTKOWSKI. 4561

Lewis Thomas und **Robert A. Good** (unter Mitarbeit von **Jay N. Little**), *Die Wirkung von Cortison auf die Shwartzman-Reaktion. Die Erzeugung von Schädigungen, die den dermalen und generalisierten Shwartzman-Reaktionen ähneln, durch eine einzige Injektion von Bakterientoxin in Cortison-behandelte Kaninchen.* 25 mg *Cortison* (I) täglich verhindern bei Kaninchen nicht die dermale SHWARTZMAN-Rk., die durch *Meningokokken-* u. *Serratia marcescens*-Toxine hervorgerufen wird. Bei I-behandelten Kaninchen genügt eine einzige intradermale Injektion des Toxins, um eine prim. hämorrhag. Rk. u. Nekrose der Haut hervorzurufen, die an die SHWARTZMAN-Rk. erinnert u. die durch *Stickstofflost* verhütet werden kann. Intravenöse Injektion von Toxinen bei I-behandelten Kaninchen führt zu Erscheinungen, die der generalisierten SHWARTZMAN-Rk. ähneln. Injektion von *S. marcescens*-Toxin bei n. Ratten ruft keine SHWARTZMAN-Rk. hervor. (J. exp. Medicine **95**. 409—27. 1/4. 1952. Minneapolis, Minn., Univ. of Minnesota, Med. School, Dep. of Pediatrics, Heart Hosp. Res. Labors.) RUTKOWSKI. 4561

L. Gyermek, K. Nádor und **M. Kovatsits**, *Neue adrenalinhemmende Verbindungen.* Folgende Verbb. wurden von Vff. dargestellt u. pharmakol. untersucht: [*N-Methyl-N-β-chloräthylaminomethyl*]-*benzylätherhydrochlorid* (I), die durch Substitution der Methylgruppe am N entstehenden *Äthyl* (II)-, *Benzyl* (III)- u. *α-Naphthylmethyl* (IV)-Derivv., ferner das dem III analoge *bromierte* Prod. (V), sowie *2-*[*N-Methyl-N-β-chloräthyl-β-aminoäthoxymethyl*]-*1.4-benzodioxanhydrochlorid* (VI), das durch Substitution des Methylrestes am N aus VI entstehende *Benzyl*-Deriv. (VII) u. die diesem analoge *bromierte* Verb. (VIII). Sowohl I—V als auch VI—VIII haben starke adrenolyt. Wrkg., dabei sind sie in W. besser lösl. als *Dibenzamin* (*N.N-Dibenzyl-2-chloräthylamin*) (IX). Außerdem besitzen alle Verbb. Antihistaminwirkung. Zur Herabsetzung des Blutdruckes bei Katzen u. Hunden um 20—60 mm Hg wurden von I—V 15—20 mg/kg, von VI—VIII 3—7 mg/kg intravenös gegeben. Die bromierten Verbb. (V, VIII) sind 2—5mal stärker adrenolyt. wirksam als die chlorierten u. haben einen rascheren Wirkungsablauf, dagegen sind sie schlechter in W. löslich. Die stärkste adrenolyt. Wrkg. besitzt VIII (2—3mal stärker als IX), es löst sich in W. doppelt so gut wie IX, seine LD_{50} (Mäuse intraperitoneal) ist 60 mg/kg (von IX 150 mg/kg). (Acta physiol. Acad. Sci. hung. **3**. 175—82. 1952. Budapest, Med. Univ., Pharmacol. Inst.) DAUTZENBERG. 4561

Ju. B. Skebelskaja, *Einfluß der das Zentralnervensystem reizenden pharmakologischen Stoffe auf die Funktion der Schilddrüse.* Vf. untersucht den Einfl. von *Coffein* (I) u. *Phenamin* (II) auf die Funktion der Schilddrüse von Ratten: I wurde in Dosen von 5—100 mg zweimal täglich in Milch gegeben. Versuchsdauer 10 Tage. Das Gewicht der Drüse wurde bei 5—25 mg I nicht oder nicht merklich verändert, bei 50 mg ergab sich eine starke Zunahme, 75—100 mg führten entweder zu Gewichtsherabsetzung oder waren ohne Einfluß. Die histolog. Unters. nach 50 mg I ergab größere Stärke des Follikularepithels u. Verringerung des Follikeldurchmessers, was einer Aktivierung der Drüse entspricht. Zu große Dosen oder zu lange andauernde Verabreichung von I führen zu einem übermäßigen Reiz u. als Folge davon zu einer Abnahme der Schilddrüsenaktivität. II wurde in Dosen von 0,03—0,12 mg/100 g Körpergewicht 3—10 Tage gegeben. Nach 3 Tagen zeigten sich dieselben Erscheinungen wie bei I. Wenn II in größeren Dosen oder über längere Zeit gegeben wird, tritt wieder eine Verminderung der Funktion ein. (Доклады Академии Наук СССР [Ber. Akad. Wiss. UdSSR] [N. S.] **84**. 1273—76. 21/6. 1952. Allunions Inst. für exp. Endokrinol.) WÖRFFEL. 4562

H. M. Klitgaard, H. B. Dirks jr., W. R. Garlick und **S. B. Barker**, *Proteingebundenes Jod in verschiedenen Geweben nach Injektion von elementarem Jod.* Nach subcutaner Injektion von Jod (4 bzw. 16 mg in Propylenglykol gelöstes Jod pro kg Körpergewicht u. Tag, 28—30 Tage) fand sich bei Ratten der höchste Spiegel an proteingebundenem Jod (PGJ) im Plasma (mit Ausnahme der Niere). Dieses Ergebnis spricht dafür, daß elementares Jod schon am Ort der Injektion mit dem Protein reagiert u. als PGJ transportiert wird. Wesentliche morphologische Veränderungen (Größe u. Histologie) an Schilddrüsen fanden sich nur bei der Dosis von 16 mg/kg/Tag. (Endocrinology **50**. 170—73. Febr. 1952. Iowa City, Univ. of Iowa, Dep. of Physiol.) SCHWEIGER. 4562

A. A. Woitkewitsch, *Die Funktion von Schilddrüse und Hypophyse bei kombinierter Zuführung von antithyreoiden Präparaten und Thyreoidin.* Bei jungen Ratten ergab die 10tägige Zuführung von *Sulfidin* (I) u. *Thyreoidin* (II) mit der Nahrung u. Unters. am 5., 7. u. 15. Tag folgendes: Bei gemeinsamer Zufuhr lag das Schilddrüsengewicht nahe dem mit II allein erreichten u. tiefer als bei n. ernährten Tieren. Die Hypophysenaktivität nahm mit I ab, lag aber höher als bei II-Gaben. Bei Tauben, die 10 Tage *Methylthiouracil* (täglich 45 mg), dann 6 Tage II (täglich 30 mg) erhielten, fand eine starke Verminderung der Schilddrüsenaktivität mit Hypertrophie u. Abnahme der Hypophysenaktivität statt. 10tägige Verfütterung von *Hypophysenextrakt* (täglich 1,5 cm^3 Suspension) u. anschließende 6tägige Zuführung von II (täglich 30 mg) bewirkten gesteigerte Funktion des Schilddrüsengewebes u. sehr stark erniedrigte Hypophysenaktivität. (Доклады Академии Наук СССР [Ber. Akad. Wiss. UdSSR] [N. S.] **81**. 313—16. 11/11. 1951. Alma-Ata, Kasachstan, Med. Molotow-Inst.) K. MAIER. 4562

Philip Handler und **David V. Cohn**, *Die Wirkung von Parathyreoidextrakt auf die Nierenfunktion.* Intravenös injizierter *Parathyreoidextrakt* (I) erniedrigt bei Hunden den anorgan. P-Geh. des Plasmas u. erhöht die Kreatinin-Clearance sowie P-Ausscheidung, die durch erhöhte P-Filtration durch die Glomeruli zustande kommt. Subcutane I-Verabfolgung erniedrigt ebenfalls den Plasma-P-Gehalt. Da aber hierbei die Kreatinin-Clearance unbeeinflußt bleibt, liegt in diesem Falle geringere tubuläre Reabsorption von P vor. Sowohl der für die Erhöhung der Glomerularfiltration verantwortliche Faktor wie der die Erhöhung des Blut-Ca verursachende sind nicht dialysierbar u. werden durch Pepsinwrkg. zerstört, während die blutdruckerhöhende Wrkg. an die pepsinresistente Fraktion geknüpft u. gleichzeitig dialysierbar ist. (Amer. J. Physiol. **169**. 188—93. 1/4. 1952. Durham, N. C., Duke-Univ.) DUCHO. 4562

D. M. Shepherd und **G. B. West**, *Noradrenalin und das accessorische chromaffine Gewebe.* In den retroperitonealen Geweben von jungen Hunden, Kaninchen, Tauben u. Katzen wurde viel *Noradrenalin*, mehr als in den suprarenalen Drüsen, festgestellt. Diese zusätzlichen Chromaffinstrukturen können für das junge Tier eine Funktion erfüllen, z. B. Erhaltung des Blutdrucks, während bei dem älteren Tier, bei dem die suprarenale Medulla ausgewachsen ist, der Geh. dieses zusätzlichen Gewebes abnimmt. (Nature [London] **170**. 42—43. 5/7. 1952. Dundee, Univ. of St. Andrews, Med. School., Dep. of Pharmac. and Therap.) G. REICHARDT. 4569

L. Pircher, *Die Diffusionskonstante des Sauerstoffs in Methämoglobinlösungen verschiedener Konzentrationen.* Polarograph. wurde zunächst der Diffusionsstrom des O_2 in W. gemessen u. anschließend der Vers. in *Methämoglobin* (I)-Lsgg. verschied. Konzz. wiederholt. Da die Diffusionskonstante in W. bekannt ist, läßt sich durch Vgl. der Diffusionsstromstärken u. der bekannten O_2-Konzz. die Diffusionskonstante in den I-Lsgg. ermitteln. Die Messung erfolgte bei 1,2 V, d. h. dem Plateau der 2. O_2-Stufe. Es wurden für die Diffusionskonstante u. a. folgende Werte erhalten ($D_{O_2 \text{ in W.}} = 2,3 \cdot 10^{-5}\ cm^2 sec^{-1}$): 2%ig. I-Lsg. 2,23, 11%ig. Lsg. 1,71, 14%ig. Lsg. 1,66 u. 25%ig. Lsg. $1,17 \cdot 10^{-5}\ cm^2 sec^{-1}$. Die Verhältnisse entsprechen somit denen in *Hämoglobin*-Lösungen. (Helv. physiol. pharmacol. Acta **10**. 110—12. 1952. Schweiz, Fliegerärztl. Inst. der Abt. für Flugwesen u. Fliegerabwehr.) JUNG. 4572

L. P. White, H. R. Bierman, K. H. Kelly und **R. L. Brown jr.** (unter techn. Mitarbeit von **F. L. Cordes** und **A. M. Littman**), *Die hämatologischen Sofortwirkungen von intravenös gegebenem zuckerhaltigem Eisenoxyd.* Zuckerhaltiges *Eisenoxyd* (I) (*Feojectin*, p_H 11, 20 mg Fe/cm^3) in koll. Suspension wurde in 17 Fällen 13 Patienten mit neoplast., meist Metastasen zeigenden Erkrankungen in Dosen von 100—1000 mg intravenös gegeben, worauf bei allen Patienten, die >200 mg Fe erhielten, sofort eine arterielle Leukopenie, gefolgt nach 30—90 Sek. von einer venösen, eintrat. Die Leukopenie betraf alle Leukocytentypen. Die Leukocytenabnahme war der injizierten I-Menge direkt proportional u. von der Injektionsgeschwindigkeit unabhängig. Eine wesentliche Änderung der Plättchenzahl des arteriellen oder venösen Bluts von 4 Patienten war nicht feststellbar. Bei 2 Patienten wurde lediglich während der Injektionszeit eine erhöhte Gerinnungsfähigkeit des venösen, große Fe-Konzz. enthaltenden Blutes beobachtet. Wahrscheinlich ist der koll. Zustand von I der für die Leukopenie verantwortliche Faktor, da andere koll. Substanzen die gleiche Erscheinung auslösen. Das Verschwinden der Leukocyten findet wahrscheinlich im Lungengefäßsyst. statt. Während des Zurückgehens der Leukopenie sind im arteriellen Blut die Leukocytenzahlen erhöht. (Blood **7**. 897—903. Sept. 1952. San Francisco, Calif., Federal Security Agency, Public Health Service, Nat. Inst. of Health, Nat. Cancer Inst., Labor. of Exp. Oncol.; Univ. of California, School of Med., Div. of Med., u. Div. of Surgery.) K. MAIER. 4572

P. L. Deshmukh, *Intravenöse Eisentherapie mit in Glucoselösung gelöstem Eisenoxyd.* Vf. behandelte 9 Patienten mit Anämie verschied. Ätiologie mit in Glucoselsg. gelöstem *Eisenoxyd*. An Hand der angeführten Daten läßt sich bei allen Fällen ein mehr oder weniger deutlicher Erfolg dieser Therapie aufzeigen. (Indian med. Gaz. **87**. 287—92. Juli 1952. Poona, B. J. Med. Coll.) REICHLE. 4575

D. Helbig, *Der Gehalt an reduziertem Glutathion in der Blutkonserve.* Der Geh. des Blutes an *reduziertem Glutathion* (I) wurde an 62 Patienten nach BANSI u. ROHRLICH (Naunyn-Schmiedebergs Arch. exp. Pathol. Pharmakol. **176**. [1934.] 609) zu 34 ± 2 mg-% im Mittel bestimmt. Das Alter spielt beim I-Geh. keine Rolle. Der I-Geh. von mit Na-Citrat

versetztem Spenderblut sinkt in 48 Std. stark ab. Dagegen bleibt der I-Geh. von Blutkonserven 8 Tage lang konstant u. sinkt erst dann langsam. Wahrscheinlich bildet sich beim Absinken die Disulfidform. — Personen mit niedrigem I-Geh. im Blut erfahren durch Transfusion mit Blutkonserven offenbar einen Impuls zur I-Bldg. nach einigen Tagen. Bei Personen mit n. I-Geh. erfolgt keine nennenswerte Änderung des I-Spiegels nach der Transfusion. (Aerztl. Wschr. **7.** 507—08. 30/5. 1952. Würzburg, Univ., Chirurg. Klinik.)
WILLENBERG. 4576

I. S. Ravdin, *Plasmavolumenvermehrer.* Die Anforderung an *Blutplasmavolumenvermehrer* (I) u. ihre Testung sowie ihr Verwendungsbereich werden besprochen. — Akaziengummi u. Pektin eignen sich wegen Speicherungserscheinungen schlecht. Bluteiweiße zeigen in medizin. u. techn. Hinsicht ähnliche Problematik wie Blut selbst mit Ausnahme des modifizierten menschlichen Globins aus Erythrocyten, das jahrelang stabil bleibt. Eine weitere Entw. ist im Gange, um bei schnellen Infusionen damit vorkommende Rkk. auszuschließen. Auch die auf chem. Wege hergestellten Glucosepolymeren (*Polyglucose* u. *Glucomer*) bedürfen noch weiterer Untersuchungsarbeit. — Kristalloide Lsgg. können in Verb. mit Blut, Plasma oder I oder bei mildem Schock wertvoll sein. — Vom *Dextran* (II) wird bes. die Frage der Ausscheidung aus dem Körper, der allerg. Rkk. u. der Folgen der Überdosierung behandelt. *Polyvinylpyrrolidon* wird besprochen u. auf die Speicherungserscheinungen sowie die Notwendigkeit der Anwendung einer bestimmten Molekülgröße zwecks möglichst quantitativer Ausscheidung hingewiesen. — Bei *Gelatine* (III) ist noch die Problematik des Schicksals des unausgeschiedenen Anteils, der Behinderung der Blutgruppen- u. Kreuz-Rkk. u. der Gelbldg. bei Zimmertemp. offen. Auf die durch Kondensation von III mit Glyoxal hergestellte nicht gelatinierende *Oxypolygelatine* u. Verss. damit wird hingewiesen, sowie auf die sogenannte fl. III (*MFG*), die bis nahe am Gefrierpunkt fl. bleibt. — 16 Zitate. (J. Amer. med. Assoc. **150.** 10—13. 6/9. 1952. Philadelphia, Pa., Univ. of Pennsylvania, Dep. of Surgery, u. Harrison Dep. of Surgical Res.)
WILLENBERG. 4576

A. S. Bugajewa, *Tropfinfusion von gelöstem Trockenplasma (Blutserum) mit Glucose bei toxischen Zuständen der Kinder.* 100 hypotroph. Kinder mit tox. Dysenterie, tox. Dyspepsie bzw. Neugeborene mit tox.-sept. Zuständen erhielten insgesamt 600 Tropfinfusionen von Lsgg. des *Trockenplasmas* (Serums) verschied. Blutgruppen u. *Glucose* in Kombination mit Heildiät, Vitaminen, Fermenten, Sulfonamiden, Penicillin, Glucose u. Herzmitteln. Die Gruppenzugehörigkeit der Rezipienten wurde nicht bestimmt. Jedesmal infundierte man in die Vene 60—200 ml (= 20—25 ml/kg Körpergewicht) mit einer Geschwindigkeit von 20—40 Tropfen/Minute. Es kam in 93,3% der Fälle zu einer Zunahme von Hämoglobin, Erythrocytenzahl u. Serumprotein sowie zur Heilung. (Педиатрия [Pädiatrie] **1952.** Nr. 2. 50—54. März/April. Omsk, Med. Kalinin-Inst., Lehrstuhl für Kinderkrankh.)
RENTZ. 4576

Peter C. Kronfeld, *Der chemische Nachweis für den transconjunctivalen Durchtritt von Wasser nach Glaukomoperation.* Die nach Beseitigung eines Glaukoms auf der Bindehaut auftretende Fl. ist weder Tränen-Fl. noch Conjunctivalsekret. Sie besteht hauptsächlich aus W. u. tritt nach äußerem Druck auf das Auge in verstärktem Maße auf. (Amer. J. Ophthalmol. [3] **35.** Nr. 5. Part 2. 38—45. Mai 1952. Chicago, Ill., Univ., Dep. of Ophthalm.)
H. SCHEURLEN. 4578

H. G. Vevers, *Die Biologie von Asterias rubens.* 3. Mitt. *Carotinoidpigmente in der Haut.* (2. vgl. J. Marine biol. Assoc. United Kingdom **29.** [1951.] 619.) In dunkelbraunen Exemplaren von Asterias rubens wurden *Astaxanthin* (I), *β-Carotin* u. ein freies *Xanthophyll* nachgewiesen. I ist als Proteinkomplex gefunden worden u. stellt den Hauptanteil der Carotinoide dar. (J. Marine biol. Assoc. United Kingdom **30.** 569—74. Febr. 1952. Plymouth Labor.)
LÜPNITZ. 4587

J. P. Lambooy und **H. V. Aposhian,** *Die biologische Aktivität von Diäthylriboflavin.* Bei Bacillus lactis acidi wird für *Diäthylriboflavin* (I) ca. 90% der Aktivität von *Riboflavin* (II) gefunden. Bei II-frei ernährten Ratten hat I zunächst eine wachstumsfördernde Wrkg., erhält die Tiere jedoch nicht am Leben, was auf eine Verdrängung u. anfängliche Aktivierung der II-Gewebsreserven zurückgeführt wird. I hat bei Ratten eine sehr starke Inhibitorwrkg. für II. (J. Nutrit. **47.** 539—59. 11/8. 1952. Rochester, N. Y., Univ. of Rochester, School of Med. and Dent.)
H.-J. KOCH. 4587

Masaru Kato und **Yasuji Hamamura,** *Niacin- und Niacinamidbiosynthese bei Insekten.* Es werden die Puppen von ♀ Seidenraupen (Bombyx mori) auf ihren Geh. an *Niacin* (I; mikrobiol. Meth.) u. *Niacinamid* (II; vgl. C. **1952.** 2896) untersucht. Der Geh. steigt bis zum 8. Tag an (I 83,3 γ/g; II 31,2 γ/g; ca. das Doppelte vom Geh. des 2. Tages) u. fällt am 9. Tag wieder ab. (Science [Washington] **115.** 703—04. 27/6. 1952. Sakatamachi Kamikyoku, Kyoto, Japan, Kyoto Techn. Univ., School of Textile Fibers.)
H.-J. KOCH. 4587

A. W. Schwenzer und **R. Freund**, *Anämiebehandlung mit Ferro-Folsan in der Frauenheilkunde. Ferro-Folsan* (KALI-CHEMIE) enthält pro Dragée 33 mg Ferroeisen u. 0,85 mg Folsäure (im Original Folinsäure). Es wurden 250 Patientinnen mit im allg. 2 Dragées 3mal täglich behandelt. Bei 56% der Patientinnen stiegen der Hämoglobingeh. u. die Erythrocytenzahl deutlich, bei 25% wurde Absinken dieser Werte festgestellt, bei 19% ungefähres Gleichbleiben. Weit über diesem Durchschnitt lagen die Ergebnisse bei chron. Infektionen (82% erfolgreich); reine Blutungsanämien wiesen 65% Erfolge auf; dagegen erbrachten Carcinomfälle 39% verbesserte, 42% verschlechterte u. 19% gleichbleibende Blutbildwerte. Günstig wird auch die Wrkg. bei Schwangerschafts- u. Wochenbettanämien beurteilt. Die Verträglichkeit ist ausgezeichnet. In welchem Umfange die Verbesserung des Blutbildes auch ohne das Medikament erfolgt wäre, wird offen gelassen. (Die Medizinische **1952.** 975—78. 26/7. Frankfurt/M., Univ., Frauenklinik.)
WILLENBERG. 4587

Charles H. Barrows, Ernestine Becker McCollum und **Bacon F. Chow**, *Die Ausscheidung von Vitamin B_{12} im Urin nach subcutaner Verabreichung bei jungen und erwachsenen Ratten mit verschiedenen Reserven.* Bei n. bzw. unzureichend mit *Vitamin B_{12}* (Sojamehldiät) ernährten jungen u. alten Ratten findet sich nach subcutaner Verabreichung von Vitamin B_{12} etwa der gleiche Prozentsatz des injizierten B_{12} im Urin wieder (Nachw. durch Best. der Radioaktivität des Urins nach Injektion von ^{60}Co-markiertem B_{12}); die (mikrobiol. getestete) Gesamtausscheidung ist bei den mangelkranken Tieren geringer. Nach Injektion von $^{60}CoCl_2$ wird bei mangelkranken Ratten im Urin mehr Radioaktivität zurückerhalten als bei n. Tieren. Bei B_{12}-„gesätt." Tieren (Zusatz von B_{12} zur n. Nahrung vor den Verss.) findet sich gegenüber den anderen Gruppen von Tieren eine mehrfach gesteigerte Gesamtausscheidung, jedoch wieder der gleiche Prozentsatz des injizierten B_{12}. (J. Nutrit. **47.** 525—38. 11/8. 1952. Baltimore, Md., Johns Hopkins Univ., Dep. of Biochem., School of Hyg. and Public Health.)
H.-J. KOCH. 4587

William H. Pfander, *Der Einfluß von jodiertem Casein, Thiouracil und Cortison auf den Ascorbinsäurebedarf männlicher Meerschweinchen.* Bei der Verabfolgung von jodiertem Casein in Dosen, die eine Erhöhung der Herzfrequenz um 25% zur Folge haben, steigt der Bedarf an *Ascorbinsäure* (I) um ca. 45%. *Thiouracil* u. *Cortison* haben keinen merklichen Einfluß. Cortison scheint jedoch eine Erhöhung der Ausscheidung von I im Urin, verbunden mit einer Abnahme der Konz. in der Nebenniere, zu bewirken; die im Anfang beobachtete I-einsparende Wrkg. verschwindet gegen Ende einer 56tägigen Periode. (J. Nutrit. **47.** 487—501. 11/8. 1952. Urbana, Ill., Univ. of Illinois, Div. of Animal Nutrition.)
H.-J. KOCH. 4587

W. H. Pfander und **H. H. Mitchell**, *Der Ascorbinsäurebedarf des Meerschweinchens unter Verwendung des Nebennierengewichts und der Odontoblastenhöhe als Kriterien.* (Vgl. vorst. Ref.) Der Bedarf an *Ascorbinsäure* (I) beim Meerschweinchen ist bei ♂ u. ♀ gleich u. beträgt ca. 0,70 mg/100 g Körpergewicht pro Tag. Der Bedarf ist dem Körpergewicht proportional. Die Beschaffenheit u. Höhe der Odontoblasten der Schneidezähne ist ein empfindliches Kriterium für das Auftreten von Skorbut bzw. für die ausreichende Dosierung von I. Die Meth. der Best. der Hypertrophie der Nebenniere auf Grund ihres Gewichts pro 100 g Körpergewicht ist weniger empfindlich, aber einfacher u. schneller. Die Konz. von I in der Nebenniere ist ebenfalls ein Kriterium für die Dosierung von I; eine Konz. von 63 mg-% ist mit beginnender Vergrößerung der Nebenniere u. Veränderung der Odontoblasten verbunden. (J. Nutrit. **47.** 503—23. 11/8. 1952.) H.-J. KOCH. 4587

John H. Crandon, Stanley Mikal und **Bernard S. Landau**, *Ascorbinsäure bei chirurgischen Patienten mit besonderer Berücksichtigung der oberen Blutschicht.* 1. Mitt. *Übersicht über Blut und Gewebe.* Bei 20 gesunden Versuchspersonen wurden im Mittel gefunden: in Vollblut 0,73 mg-% *Ascorbinsäure* (I), in Plasma 0,69 mg-% u. in der Leukocyten–Thrombocyten-Schicht 15,2 mg-%. Bei 200 postoperativen Patienten ergaben sich im Durchschnitt: in Vollblut 0,48 mg-%, in Plasma 0,36 mg-% u. in der gelbbraunen oberen Lage des Zentrifugats („buffy layer") 14,5 mg-%. Bei Schwerkranken konnten die bei Experimenten mit gesunden Personen gefundenen Relationen in den I-Gehh. von Geweben, „buffy layer", Vollblut u. Plasma nicht festgestellt werden. Unter Hinweis auf die Bedeutung von I für die Wundheilung wird gezeigt, daß Konzz. von weniger als 1,5 mg-% I im Gewebe I-Mangel anzeigen. Ebenso weist ein Plasmaspiegel unter 0,2 mg-% I auf einen I-Mangel im Gewebe hin. (Surgery, Gynecol. Obstetr. **95.** 274—80. Sept. 1952. Boston, Mass., Boston City Hosp., Surg. Res. Labor. and First Surg. Serv.; Tufts Coll. Med. School, Dep. of Surg.)
KRUSEN. 4587

H. Lohel, *Weitere Erfahrungen mit der Vitamin-E-Behandlung.* Die *Vitamin-E*-Behandlung (300 mg pro die peroral) wurde mit Erfolg eingesetzt bei Psoriasis vulgaris, Rosacea, Lichtdermatosen, Dupuytrenscher Kontraktur u. Induratio penis plastica. Bei verschied. Formen der Hauttuberkulose wurde nach 4—6—8 Wochen eine Aufhellung u. Abflachung der Herde beobachtet. (Dtsch. Gesundheitswes. **7.** 1365—68. 23/10. 1952. Halle, Univ., Hautklinik.) H.-J. KOCH. 4587

Joseph Gillman, Christine Gilbert, Theodore Gillman und **Isobel Spence**, *Ein einfaches diätetisches Verfahren, um Lebernekrosen hervorzurufen, und eine Betrachtung über die Faktoren, die die Schädigung verhindern können.* Durch eine Diät aus 10% Hefe u. 90% dextrinisierter Kartoffelstärke lassen sich bei Ratten zwischen 30—200 g Lebernekrosen erzeugen. *α-Tocopherol* u. *Methionin* verhindern die Nekrose, während *Cholin* unwirksam ist. *Cystin* war nur bei kleinen Tieren (30—40 g) wirksam. (Amer. J. Digest. Diseases **19.** 201—11. Juli 1952. Johannesburg, South-Africa.) GERBER. 4589

Konrad Seige, *Untersuchungen zur Fructoseverwertung und ihrer Beziehung zum Blutzuckerregulationssystem.* Vf. untersucht den Blutzuckerspiegel nach oraler, intravenöser einmaliger u. im Sinne des STAUB-TRAUGOTT-Vers. zweimaliger Applikation von Dextrose (I) u. Fructose (II) bei Stoffwechselgesunden u. Diabetikern. Aus den Ergebnissen geht hervor, daß II bei gesunden u. diabet. Personen eine geringere Blutzuckererhöhung hervorruft als I. Dies ist nicht die Folge einer unterschiedlichen Resorption, sondern wird durch schnelleren Umsatz bewirkt. Die II-Verwertung ist vom Insulin–Adrenalin-Regulationssyst. weitgehend unabhängig. Trotzdem bestehen für gesunde u. diabet. Personen Unterschiede in der II-Verwertung. (Dtsch. Z. Verdauungs- u. Stoffwechselkrankh. **12.** 235—45. Sept. 1952. Leipzig, Univ., Med. Klinik.) EGGSTEIN. 4596

N. A. Judajew, *Die Biosynthese des Anserins.* Durch 15%ig. H_2SO_4 im Verlaufe von 18—20 Std. bei Siedetemp. hydrolysiertes *Anserin* (I) wurde nach Entfernung der H_2SO_4 in 8—12%ig. Lsg. im Verlaufe von 3mal 12 Std. 12—16 Tage alten Kaninchen injiziert, diese nach 24 Std. getötet u. die Menge des I in den Muskeln der Tiere nach Extraktion papierchromatograph. bestimmt. In allen Fällen beobachtete man einen Anstieg der I-Menge nach Injektion des Hydrolysates im Vgl. zu Kontrollen, was auch durch eine halb quantitative Meth. bestätigt wurde. Demnach findet im lebenden Organismus eine Synth. von I aus *β*-Alanin u. Methylhistidin statt. Injektion von Methionin rief kein Anwachsen der Menge an Carnosin u. I hervor, auch die Injektion von Carnosin war auf die Menge an I ohne Einfluß. (Доклады Академии Наук СССР [Ber. Akad. Wiss. UdSSR] [N. S.] **82.** 615—17. 1/2. 1952.) ULMANN. 4596

K. M. Leutski und **P. L. Naumtschuk**, *Die Störung der Methylierungsprozesse in tierischen Geweben bei Mangel an Natrium und Chlor.* Nach der Feststellung, daß Mangel an Na u. Cl einen Einfl. auf die Methylierung des *Nicotinamids* (I) hat (vgl. Украïнський Биохiмiчний Журнал [Ukrain. biochem. J.] **19.** [1947.] 270), verfolgen Vff. bei Ratten die Störung der Methylierung u. Aufhebung der Störung bei anschließender Zufuhr von Na u. Cl. Es wurde die Intensität der Methylierung in der Leber bestimmt, ausgedrückt durch die Menge des aus I u. Methionin gebildeten *N-Methylnicotinamids* (II). Bei Tieren ohne Na u. Cl wird im Mittel 9,8 γ/g II gebildet, bei Kontrolltieren 37,38 γ/g. Bei Verss., in denen den Gewebeschnitten nur I zugesetzt wurde, sind die entsprechenden Zahlen 5,5 γ/g u. 13 γ/g. (Доклады Академии Наук СССР [Ber. Akad. Wiss. UdSSR] [N. S.] **84.** 1203—04. 21/6. 1952. Tschernowitz, Univ.) WÖRFFEL. 4596

Adam A. Christman, *Der Purin- und Pyrimidinstoffwechsel.* Übersichtsbericht. Struktureinheiten der *Nucleinsäuren* (I), Konst. von I, enzymat. I-Abbau: *Nucleinasen, Nucleotidasen* (*Phosphatasen*), *Nucleosidasen* (*Nucleosidphosphorylase*), *Desaminasen*; Biosynth. von *Purinen* (II) u. *Pyrimidinen* (III), Rolle der Vitamine hierbei, Verwertung der als freie Basen, *Nucleotide* oder *Nucleoside* verabreichten II u. III; Abbau von II u. III. Die Umwandlung von *Harnsäure* (IV) in *Allantoin*, das Schicksal von IV im menschlichen Organismus, der II-Stoffwechsel des Dalmatinerhundes, die IV-Ausscheidung; *adrenocorticotrope Hormone* u. II-Stoffwechsel; Stoffwechsel der *Methylxanthine*. — 281 Literaturangaben. (Physiol. Rev. **32.** 303—48. Juli 1952. Ann Arbor, Univ. of Michigan, School of Med., Dep. of Biol. Chem.) K. MAIER. 4596

M. C. F. Lindert, Jack J. Levin und **Robert J. Gaspich**, *Benzoin und Schellacktrübung als Leberfunktionsprüfungen.* Modifikationen der Benzoin- u. Schellacktrübungsteste nach FISCHER werden beschrieben. Bei 31 bzw. 13% positiven Rkk. bei Gesunden ergaben sich bei Leberkrankheiten ähnliche Befunde wie beim Thymoltrübungstest. Bei 7 Fällen von Verschlußikterus fielen die Rkk. negativ aus. (Amer. J. Digest. Diseases **19.** 226—30. Juli 1952. USA Wood, Wis., Veterans Admin. Hosp.) GERBER. 4597

A. A. Wischnewski, Ju. Ja. Gritzman, A. Ss. Konikowa und **F. W. Masina**, *Untersuchung der Rolle des Nervensystems bei der Regulierung der Bildung von Hippursäure durch die Nieren.* Wird dem Hund eine Niere auf den Hals transplantiert, dann kommt es auf Zufuhr von Natriumbenzoat zur Bldg. von *Hippursäure* (I) in der intakten, nicht transplantierten Niere. Wird jedoch diese entfernt, so gewinnt auch die denervierte transplantierte Niere die Fähigkeit zur I-Bildung. (Доклады Академии Наук СССР [Ber. Akad. Wiss. UdSSR] [N. S.] **83.** 621—24. 1/4. 1952.) RENTZ. 4597

A. W. Palladin, *Über den Stoffwechsel im Gehirn bei Hemmung und Erregung der höheren Nerventätigkeit.* Unter Anwendung von markiertem ^{32}P wurde im Tiervers. gezeigt, daß bei dem durch *Medinal* verursachten Kurzschlaf ein akt. Umsatz der Nucleinsäuren (**I**) im Gehirn stattfindet, die Aktivität der Desoxyribonuclease (**II**) stark zunimmt, während der Geh. an **I** nur wenig verändert wird. Demnach ist die Synth. vorherrschend. Infolge des geringeren Verbrauches nimmt während der Kurznarkose der Geh. an Adenosintriphosphorsäure (**III**) zu. Der Geh. an präformierter Milchsäure (**IV**) nimmt etwas ab, die glykolyt. Aktivität bleibt unverändert, der Geh. an Polysacchariden (**V**) nimmt zu. Die Aktivität von Hexokinase nimmt zu, die von Amylase u. Phosphorylase bleibt unverändert. Während des Schlafes ist die Synth. intensiver als die Spaltung. Nach Verabreichung von *Pervitin* (**VI**) wird der Geh. an **I** nur wenig verändert, der Geh. an **III** erhöht, an **IV** vermindert. Die Intensität der anaeroben Glykolyse ist hierbei im Vgl. zur Kontrolle u. *Cardiazol* (**VII**)-Verabreichung erhöht. Nach **VII**-Gaben bleibt der **III**-Geh. normal. Unter der Einw. von **VI** wird im Gehirn der Kohlenhydratumsatz intensiviert u. damit die Resynth. von **III** verstärkt. Bei Dauererregung bis zur Erschöpfung des Nervensyst. nimmt der Geh. an **III** u. **V** ab, während die ihre Spaltung bedingenden Fermente aktiviert werden. (Биохимия [Biochemie] **17.** 456—61. Juli/Aug. 1952. Kiew, Inst. für Biochem. der Akad. der Wiss. der UkrSSR.) LEBTAG. 4598

Camillo B. Ballabio, Cesare Cavallero e Giovanni Sala, Cortisone, Reumatismo e problemi affini. Con presentazioni di **W. S. C. Copeman, Luigi Villa** e **Piero Redaelli.** Milano: Ed. Ambrosiana (Tip. R. Scotti). 1951. (XII + 299 S.) L 3500,—.

E₆. Pharmakologie. Therapie. Toxikologie. Hygiene.

A. F. Graham, G. Dempster und **Barbara Buchner,** *Die Toxizität von ^{32}P für normale und mit Influenzavirus infizierte Embryonen.* 11 Tage alte Hühnerembryonen, teilweise mit PR 8-Virus infiziert, erhielten zwischen 0,1 u. 107 μC ^{32}P (als H_3PO_4) in 0,85%ig. NaCl (0,2 cm³) in den Allantoissack injiziert. Bei einer Beobachtungszeit von 48 Std. war die Todesrate von n. oder PR 8-infizierten Embryonen bei Gaben bis zu 107 μC ^{32}P nicht signifikant über die der Kontrollen erhöht. Frühere Literaturangaben über weit höhere Todesraten bei wesentlich kleineren ^{32}P-Mengen gehen offenbar nicht auf Strahlungsschäden, sondern vielleicht auf einen unbekannten tox. Faktor im Isotop zurück. (J. Bacteriol. **63.** 426—27. März 1952. Toronto, Can., Univ. of Toronto, Connaught Med. Res. Labor.) FRANKE. 4601

Wilhelm Koch, *Zur Frage der Peteosthorschädigungen. (Eine Erwiderung auf die Arbeit von E. L. Schäfer und H. Greuel.)* Die von SCHÄFER u. GREUEL (C. **1952.** 5449) gegebene Deutung einer akuten *Myeloblastenleukämie*, die 1 Jahr nach einer Peteosthor-Behandlung auftrat, als Spätfolge der *ThX*-Ablagerung wird vom Vf. abgelehnt. Den Rückschlüssen bzgl. der Behandlung der *Spondylarthritis ankylopoetica* mit dem *ThX*-Präp. kann sich Vf. daher nicht anschließen. (Münchener med. Wschr. **94.** 1680—83. 15/8. 1952. Münster/Westf., Univ., Orthopäd. Klinik u. Poliklinik [Hüfterstiftung].) REUSSE. 4601

Kl. Gollwitzer-Meier, *Wissenschaftliche Grundlagen der Balneotherapie peripherer Durchblutungsstörungen.* Nach Hinweis auf die modernen Entwicklungen in der chirurg. u. internist. Angiologie wird die Balneotherapie peripherer Durchblutungsstörungen in ihren Grundlagen besprochen u. es werden balneotherapeut. Verss. bei einigen Krankheitsbildern beschrieben. (Dtsch. med. Wschr. **77.** 853—56. 4/7. 1952. HALLER. 4603

E. Hiller, *Ein Beitrag zum Problem der Wirkungsweise balneologischer Maßnahmen mit salicylisierten Huminsäuren.* Es wird über Veränderungen im Hormonhaushalt u. Verschiebungen der Plasmaproteinfraktionen nach kurmäßiger Abgabe von Salhuminbädern berichtet. Es zeigt sich, daß diese Maßnahme einen rezidivierenden Stress auf das innersekretor. Syst. darstellt, als dessen Ausdruck auch frühzeitig unspezif. Eiweißverschiebungen auftreten. (Dtsch. med. Wschr. **77.** 856—59. 4/7. 1952.) HALLER. 4603

Ph. Raverdy, *Das Kalium. Physio-pathologische Angaben.* Übersicht über die physio-patholog. Bedeutung von K, Symptome u. Ursachen von Hyper- u. Hypokaliämie u. die dabei notwendigen therapeut. Maßnahmen. (Presse méd. **60.** 673—76. 7/5. 1952. Paris.) KRUSEN. 4606

G. Heidelmann, H. Petzold und **B. Taschen,** *Untersuchungen über die Nicotin- und Alkoholwirkung auf die akrale Arteriolenfunktion.* Die an der Wiedererwärmungsgeschwindigkeit der in einem Tauchbad abgekühlten Fingerspitzen gemessene Arteriolendilatationsgeschwindigkeit wird durch das inhalierende Rauchen einer Zigarette stark verzögert.

Diese Wrkg. ist noch 1 Std. nach dem Rauchen nachweisbar. Durch Verabreichung von 60 ml 32%ig. A. wird die Dilatationsgeschwindigkeit zunächst während der Anstiegsphase des Blut-A.-Spiegels erhöht, bei Erreichung des höchsten A.-Spiegels jedoch deutlich verlangsamt. Die anfängliche dilator. Wrkg. von A. wird durch Nicotin abgeschwächt, während sich später die arteriolenkonstriktor. Wrkg. beider Genußgifte addiert. (Dtsch. Arch. klin. Med. **199**. 431—42. 1952. Halle-Wittenberg, Martin-Luther-Univ., II. Med. Klinik.) KRUSEN. 4607

L. G. Leibsson, *Einfluß von Ephedrin auf den Glykogengehalt in der Leber bei Hühnerembryonen.* Zur Nachprüfung der früheren Annahme des Vf. (C. **1951**. II. 1314), wonach *Ephedrin* (I) im Frühstadium des Hühnerembryos den Glucoseverbrauch des Blutes durch das Gewebe heraufsetzt, wurde der Geh. an *Glykogen* (II) in der Leber u. an Zucker im Blut von Hühnerembryonen bei I-Gaben bestimmt. Beim 8—13 Tage alten Embryo (starke Glykämie) ist der II-Geh. bei I-Gaben sehr gering. Nach 14—16 Tagen (schwache Glykämie) ist der II-Geh. nur so wenig gesenkt, daß ein n. Zuckerspiegel erhalten bleibt. Beim 17 Tage alten Embryo wird ein n. Zuckerspiegel u. keine oder nur geringe I-Abnahme in der Leber beobachtet. Die Versuchsergebnisse stehen im Widerspruch zur Theorie BERNARDS (C. R. hebd. Séances Acad. Sci. **75**. [1872.] 55) von der „provisor." Leber. Ebenso wie im postnatalen Stadium ist die Leber im Embryo an der Regulation des Zuckergeh. im Blut beteiligt. (Физиологический Журнал СССР имени И. М. Сеченова [Ssetschenow J. Physiol. UdSSR] **38**. 100—04. Jan./Febr. 1952. Koltuschi, Pawlow-Inst. für Entwicklungsphysiol. u. Pathol. der höheren Nerventätigkeit der Akad. der Med. Wiss. der UdSSR.) BURGHARDT. 4608

L. A. Faddejew, *Kombinierte Behandlung der enzootischen Bronchopneumonie bei Schweinen.* Bei einer nicht seuchenhaften Bronchopneumonie der Schweine, die durch Erkältung der Tiere u. Infektion mit einer nur fakultativ pathogenen Mikroflora entstanden war, wurde mit gutem Erfolg eine kombinierte Behandlung mit *Sulfonamiden, Urotropin* u. *Coffein* durchgeführt. Zu Beginn der Behandlung wurde ein Antimilzbrandserum zur Mobilisierung der Abwehrkräfte injiziert. In den folgenden Tagen wurden dreimal täglich *Sulfathiazol* per os oder per injectionem (bakteriostat. Wrkg.), Urotropin (begünstigt durch Einstellung des Säure-Basen-Gleichgewichtes die Regeneration des geschädigten Lungengewebes) u. Coffein (Wrkg. auf Zentralnervensyst., Herzgefäße, quergestreifte Muskulatur u. Nieren) verabreicht. Die Dosen richteten sich nach dem Gewicht der Tiere. (Ветеринария [Tierheilkunde] **29**. Nr. 6. 53—54. Juni 1952. Moskau, Tierärztl. Akad.) WÖRFFEL. 4610

M. L. Burdin und **W. Plowright,** *Vergleich der toxischen Wirkungen von vier trypanociden Substanzen auf das ostafrikanische Zeburind.* Bericht über Verss. an 24 jungen Zebukühen, denen subcutan 2%ig. Lsgg. (1,3 u. 5 mg/kg) folgender Präpp. injiziert wurden: *Dimidiumbromid* (I), *2.7-Diamino-9-thienyl-10-methylphenanthridiniumbromid* (**II**; Nr. 621. C. 47), *2.7-Diamino-9-p-aminophenyl-10-methylphenanthridiniumchlorid* (**III**; Nr. 150. C. 47; **II** u. **III** von WELLCOME INST. FOR TROPIC. DISEAS.) u. *Antrycide* (**IV**; als **4%**ig. Lsg. in Dosen von 5, 7,5 u. 10 mg/kg). Die Verbb. **I, II** u. **III** verursachten eine Leberschädigung, verbunden mit Gewichtsverlust, wobei im Hinblick auf die Toxizität die Reihenfolge besteht: **III** > **I** > **II**. **IV** in Dosen von 10 mg/kg verursacht den Tod der Tiere, während 7,5 mg/kg eine andere tox. Wrkg. zeigten als **I, II** u. **III**. Neben einer Wrkg. auf die Nieren wurde noch eine Anämie u. Nephrose festgestellt. (Veterin. Rec. **64**. 635—39. 25/10. 1952. Kabete, Kenya, Dep. of Veterin. Serv.) R. KÖNIG. 4610

Joy Barness Cross, *Diasone, Avlosulfon und Sulphetrone als Therapeutica bei experimenteller Toxoplasmose.* 2,5 Tage nach der Infektion wurde an weiße Mäuse 4 Wochen lang eine Diät mit 0,5% *Diasone* (I; *Dinatriumdiaminodiphenylsulfon-4.4'-formaldehydsulfoxylat;* ABOTT LABOR.) oder 0,1% *Avlosulfon* (II; *4.4'-Diaminodiphenylsulfon*; IMP. CHEM. IND.) oder 1,5 oder 3% *Sulphetrone* (**III**; *Tetranatrium-4.4-bis-[γ-phenylpropylaminodiphenylsulfon-α.γ.α'.γ'-tetrasulfonat*; BURROUGHS WELLCOME AND CO.) verabreicht, danach jeweils 1 Woche Pause u. 1 Woche Therapie. I u. II erwiesen sich als wirksam u. hatten eine hohe Überlebensrate zur Folge, während III in den angegebenen Dosierungen keine oder nur geringe Wrkg. zeigte. Tox. Erscheinungen wurden nicht beobachtet. Die gegenüber früheren Berichten günstigeren Wirkungen von I u. II werden vom Vf. auf das besondere Behandlungsverf. (anfänglich kontinuierlich, dann intermittierend) zurückgeführt. (Amer. J. trop. Med. Hyg. **1**. 593—97. Juli 1952. Austin, Univ. of Texas, Dep. of Zool.) KRUSEN. 4610

Frank F. Ellis jr., Robert J. Scott und **Joseph M. Miller,** *Behandlung von progressiv-disseminierter Histoplasmose mit Äthylvanillat und Propamidin.* Beschreibung eines Falles von Histoplasmose (positiver Erregerbefund im mkr. Präp. von der Epiglottis, positive Kultur u. Komplementbindungstest), der mit ADDISON-Krisen einherging, die mit Hormongaben behandelt wurden. Auf *Äthylvanillat* (*Äthyl-4-oxy-3-methoxybenzoat*) oral u.

Propamidin (*p.p'-Trimethylendioxydibenzamidin*) lokal als Spray auf die Epiglottis kam die Histoplasmose zur Ausheilung. Weitere Erprobung dieser Medikamente bei Histoplasmose wäre erwünscht. (Antibiotics and Chemotherapy **2.** 347—50. Juli 1952. Roanoke, Va., Veterans Admin. Hosp., u. Fort Howard, Md., Veterans Admin. Hosp.) BÖHM. 4610

Kai Kjeldgaard, *Neuere Chemotherapie gegen Malaria.* Übersicht über Wirksamkeit u. Synth. zahlreicher bekannter Antimalariamittel (Derivv. von *4-* u. *8-Aminochinolin, 9-Aminoacridin, Guanidin, Pyrimidin* u. *Naphthochinon*) unter Angabe vieler synonymer Namen. — 151 Literaturangaben. (Farmac. Tid. **62.** 433—40. 19/7. 443—52. 26/7. 455—63. 2/8. 1952.) GEITZ. 4610

W. A. Ssolowjewa, *Therapeutica zur Behandlung von Silicotuberkulosekranken.* Durch Beobachtung an 25 Patienten mit Silico-Tbc, die mit *Streptomycin* (I, 21—95 Tage je 1 g intramuskulär, Gesamtverbrauch 30—40 g) bzw. mit *PAS* (*p-Aminosalicylsäure,* 8—20 g täglich, Behandlungsdauer 1,5—3,5 Monate) oder mit I u. PAS behandelt wurden, kommt Vf. zur Auffassung, daß man lediglich symptomat. Wirkungen erzielen kann u. daß die lokalen Erscheinungen wenig beeinflußt werden, außer bei der akuten disseminierten Tbc der Lungen. Ein abschließendes Urteil ist jedoch nicht möglich. (Проблемы Туберкулеза [Probleme Tuberkul.] **1952.** Nr. 1. 63—66. Jan./Febr. Inst. für Tbc der Akad. der Med. Wiss. der UdSSR.) RENTZ. 4611

Louis G. Feo, *In-vivo-Empfindlichkeit von Trichomonas vaginalis gegen Therapie mit Antibioticis. Aureomycin, Chloramphenicol, Penicillin, Dihydrostreptomycin* u. *Terramycin* blieben bei 38 Patientinnen in den therapeut. Dosen sowohl einzeln als auch in Kombination mit *Penicillin* ohne Wrkg. auf Trichomonas vaginalis. (Amer. J. trop. Med. Hyg. **1.** 623—25. Juli 1952. Philadelphia, Pa., Jefferson Med. Coll. Hosp., Dep. of Obstet. and Gynecol.) KRUSEN. 4611

Charles F. Smyser jr., Robert C. Cleverdon, Walter L. Kulp und **Lloyd D. Matterson,** *Wirkung von mit der Nahrung verabreichten Antibioticis auf die Zahl der Clostridium perfringens-Keime in den Faeces von Küken.* Vff. gaben Küken besondere Diät, der sie einmal *Aureomycin* (I) u. einmal *Procain–Penicillin* (II), je 454 mg bezogen auf freie Base, zusetzten u. bestimmten über 6 Wochen die Zahl von Clostridium perfringens (Cl. p.)-Keimen in Kotproben. Unter I traten nur leichte Schwankungen der Zahl von Cl. p. auf. Unter II stieg dagegen die Zahl der Cl. p.-Keime von der 4. Woche an scharf an, so daß sogar eine Stimulation durch II vermutet wird. Die Annahme, daß Cl. p. ein Toxin im Intestinum der Küken bildet, wird fallengelassen. (Antibiotics and Chemotherapy **2.** 363—65. Juli 1952. Storrs, Conn., Univ. of Connecticut, Dep. of Bact. and Poultry Husbandry.) BÖHM. 4611

Ss. A. Stichin, *Die Anwendung von Penicillin bei katarrhaler Pneumonie der Pferde.* Vf. konnte 10 an katarrhaler Pneumonie erkrankte Pferde durch Behandlung mit *Penicillin* heilen. Alle 3 Std. wurden 60000 E. intravenös injiziert (insgesamt 2—4 Millionen E.). Zusätzlich wurden einmal täglich 20 ml Campheröl subcutan u. 20 ml 10% ig. NaCl-Lsg. intravenös injiziert. (Ветеринария [Tierheilkunde] **29.** Nr. 6. 38—39. Juni 1952.) WÖRFFEL. **4611**

Lawrence Maslansky und **Maury D. Sanger,** *Methode zur Herabsetzung der Penicillinempfindlichkeit.* Vor zahnärztlichen Eingriffen oder vor Behandlung von Infektionen der Atemwege erhielten 897 unausgewählte Patienten prophylakt. 1055 Injektionen mit wss. *Procain-Penicillin* (I), $4 \cdot 10^5$ E., u. dem Antihistaminicum *Cl-Trimetonmaleat* (II; SCHERING CORP., Bloomfield, N. J.); verabfolgt wurden eine oder mehrere Injektionen, nur in 1 Fall Rk. mit Urticaria nach 8 Tagen. Eine weitere als I-empfindlich bekannte Gruppe erhielt 20 mg II + $6 \cdot 10^5$ E. I pro Injektion. Es traten 2 Fälle mit Urticaria auf, die mit II intramuskulär u. oral beherrscht werden konnten. (Antibiotics and Chemotherapy **2.** 385—88. Aug. 1952. New York, N. Y.) DOSSMANN. 4611

K. Hallas-Moller, H. O. Juncher, C. Moller und **B. Wille,** *Chemische und biologische Erforschung eines organspezifischen Penicillinderivates: des Hydrojodids des Benzylpenicillindiäthylaminoäthylesters. Diäthylaminoäthylbenzylpenicillinhydrojodid* (*DAP*) besitzt Lungenaffinität, unhydrolysiert hat es keine antibiot. Wirkung. Vff. beschreiben analyt. Methoden, um die wirksame Menge *Penicillin* (I) in Lunge, Blut u. Plasma nach DAP-Zufuhr zu bestimmen. Nach der Injektion vergleichbarer Mengen von DAP u. Procain–Penicillin (PP) beim Meerschweinchen fand sich, daß die wirksame I-Konz. in den Lungen u. Plasma nach verschied. Zeitintervallen bei PP höher war als bei DAP. Lungengewebe u. Erythrocyten vom Meerschweinchen absorbieren beträchtliche Mengen DAP, das wahrscheinlich in unbekannte antibiot. inakt. Verbb. übergeführt wird. Beim Meerschweinchen kann trotz der Organaffinität keine so wirksame I-Konz. mit DAP erreicht werden wie mit PP. (Antibiotics and Chemotherapy **2.** 334—43. Juli 1952. Kopenhagen, Dänemark, NOVO Terapeutisk Labor. A/S., Res. Labor.) BÖHM. 4611

H. L. Khosla und **A. N. Bhatt,** *Behandlung einer puerperalen Sepsis mit Chloromycetin.* Bericht über guten Erfolg einer Behandlung von puerperaler Sepsis mit *Chloro-*

mycetin. Vff. glauben, daß diese Therapie den bisher üblichen Behandlungsmethoden überlegen ist. (Indian med. Gaz. **87.** 304—06. Juli 1952. Nagpur, Med. Coll., Dep. of Med.) REICHLE. 4611

Robert B. Burrows und **William G. Jahnes jr.**, *Die Wirkung von Aureomycin auf Balantidiasis.* 6 mit Balantidium coli infizierte Patienten, von denen 3 auch mit Entamoeba histolytica infiziert waren, blieben nach 11—14 Tage dauernder Behandlung mit täglich 1—2 g *Aureomycin* (I) auch bei häufigen Nachunterss. negativ für diese Infektionen. In allen Fällen verschwanden B. coli innerhalb 4 Tagen nach Beginn der Behandlung. Nebenerscheinungen bei Verabreichung von täglich 2 g I: Schwindel, Erbrechen. (Amer. J. trop. Med. Hyg. **1.** 626—30. Juli 1952. New York, N. Y., Trop. Res. Med. Labor.) KRUSEN. 4611

F. Herr, M. Nyiri und **J. Venulet**, *Untersuchungen über den Angriffspunkt der analgetischen Wirkung von Morphin und Morphinderivaten.* Unterss. an Ratten zeigten, daß zur Erzielung des gleichen analget. Effektes bei n. Tieren 4 mg/kg, nach Decortikation 8 mg/kg u. nach Rückenmarkdurchschneidung 20 mg/kg *Morphin* benötigt werden. Ähnliche Ergebnisse zeigten Verss. mit *Heroin, Hexalgon* u. *Codein,* deren analget. Wrkg. nach Rückenmarkdurchtrennung ca. 5mal schwächer war als bei n. Ratten. Demnach greifen *Morphin* u. seine Derivv. im gesamten Bereich der Schmerzleitung an (Rückenmark, Thalamus, Rinde), u. die am Tier gemessene analget. Wrkg. ergibt sich aus der Summation dieser verschied. Wirkungen. (Acta physiol. Acad. Sci. hung. **3.** 199—208. 1952. Budapest, Med. Univ., Pharmacol. Inst.) DAUTZENBERG. 4621

Herbert Trautwein, *Beitrag zur intravenösen Novocaintherapie.* Es wurde die Wrkg. intravenöser *Novocain*-Gaben auf das Blutbild, den Blutdruck u. auf den Sympatoltest nach GREMELS verfolgt. Zur Unterdrückung unangenehmer Schocksymptome wurde teilweise das Novocain mit Traubenzuckerlsg., vor allem in Form des *Melcain,* gegeben. Dabei blieb die Wrkg. auf Blutdruck, Blutbild u. vegetative Tonuslage unberührt. (Aerztl. Forsch. **6.** 123—25. 10/8. 1952. Marburg, Univ., Med. Klinik.) DUCHO. 4621

E. Komlós und **J. Knoll**, *Synergismus der Analgetica mit Cholin.* In Verss. an weißen Mäusen wurde die durch *Morphin, Methadon* [*Depridol, 2-Dimethylamino-4.4-diphenylheptanon-(5)*], *Hexalgon* [*1-Piperidino-3.3-diphenylhexanon-(4)*], *Dolantin* (*1-Methyl-4-phenylpiperidin-4-carbonsäureäthylester*) u. *Amidazophen* [*1-Phenyl-2.3-dimethyl-4-methyl-4-dimethylaminopyrazolon-(5)*] hervorgerufene Analgesie durch gleichzeitige Gabe von *Cholin,* das allein keine analget. Wrkg. besitzt, zum Teil beträchtlich verstärkt. Die verwendete *Cholin*-Dosis (20 bzw. 200 mg/kg) ließ an den Tieren keine Steigerung des Parasympathicotonus erkennen. Offenbar spielt bei diesem Synergismus die parasympathicomimet. Wrkg. des *Cholins* keine entscheidende Rolle, wie Vff. auch aus früheren Verss. mit anderen Parasympathicomimeticis (*Prostigmin, Physostigmin, Doryl, Pilocarpin*) schließen. (Acta physiol. Acad. Sci. hung. **3.** 123—26. 1952. Budapest, Med. Univ., Pharmakolog. Inst.) DAUTZENBERG. 4621

J. Knoll und **E. Komlós**, *Einfluß des Peptons auf die Wirkung der Analgetica und Parasympathicomimetica.* (Vgl. vorst. Ref.) An weißen Ratten u. Mäusen wurden folgende Analgetica: *Morphin, Methadon* (*Depridol*), *Hexalgon, Dolantin* u. *Amidazophen* sowie die Parasympathicomimetica: *Cholin, Physostigmin, Pilocarpin, Doryl* u. *Prostigmin* untersucht. Gleichzeitige Verabfolgung der Analgetica mit 30—2000 mg/kg *Pepton* hemmt die analget. Wrkg., desgleichen Vorbehandlung mit *Pepton.* Die Parasympathicomimetica heben diesen Effekt auf. Die Toxizität sowie die Muskel- u. Blutdruckwrkg. der Parasympathicomimetica wird durch *Pepton* abgeschwächt bzw. aufgehoben. Vff. erklären ihre Befunde mit der Annahme eines kompetitiven Antagonismus zwischen den an der Oberfläche des *Peptons* gebundenen Analgeticis u. Parasympathicomimeticis, wobei die jeweils an das *Pepton* gebundenen Moll. in bezug auf ihre pharmakol. Wrkg. inaktiv sind. Vff. halten es für wahrscheinlich, daß ähnliche Verhältnisse bei den Serumeiweißkörpern vorliegen, womit der beobachtete Synergismus zwischen den beiden Gruppen von Pharmacis erklärt werden könnte. (Acta physiol Acad. Sci. hung. **3.** 127—36. 1952. Budapest, Med. Univ., Pharmakolog. Inst.) DAUTZENBERG. 4621

E. Martischnig, *Über den klinischen Effekt eines neuen Analepticums bei Kindern.* Es wird über das von KRATZL u. KVASNICKA erstmalig synthetisierte „*Vandid*" (*Vanillinsäurediäthylamid*) als Analepticum bei Frühgeburten u. Erkrankungen im Kindesalter berichtet. Im Vgl. mit Cardiazol, Coffein u. Coramin war es in gewissen Fällen diesen überlegen. (Wiener klin. Wschr. [N. F. 7] **64.** 432—34. 13/6. 1952. Wien, Univ., Kinderklin.) DUCHO. 4622

Guido Izar, *Über eine antiallergische Therapie mit Calcium und Magnesium kombiniert mit Rutin.* Der Vf. empfiehlt wegen der besonderen antiallerg. Eigg. des *Rutins* dessen Anwendung zusammen mit *Calciumgluconat* oder MgS_2O_3 bei allerg. Zuständen, bes. Serumkrankheit, bei der er in 4 Fällen Verhinderung des Auftretens dieser Krankheit (trotz sehr hoher Antitoxindosen) bzw. Heilung sah. (Minerva med. [Torino] **43.** I. 585—86. 22/3. 1952. Siena, Ist. di Clin. med. generale e Terap. med.) IPPEN. 4625

G. Werner, *Über Antiepileptica.* Überblick über die Formen der Epilepsie, ihre Diagnose, die pathophysiol. Vorgänge, die zur Behandlung dienenden Arzneimittel mit Darst. ihrer physiol Wirkung. (Scientia pharmac. **20.** 156—63. 30/9. 1952. Wien, Univ., Pharmakol. Inst.) FRESENIUS. 4628

H. F. Häusler, F. Lembeck und **H. Sterz,** *Untersuchungen zur Pharmakologie des Khellins.* Die Wrkg. von *Khellin* (I; 1%ig. Lsg., hergestellt in heißer bicarbonatfreier TYRODE- bzw. LOCKE-Lsg. u. nach dem Abkühlen mit Bicarbonat versetzt, p_H 7) wurde an verschied. Säugetierorganen (Darm, Herz, Ohr) untersucht. Die coronargefäßerweiternde Wrkg. des I wurde bestätigt, während weder eine wesentliche parasympathicolyt. noch eine Antihistaminwrkg. beobachtet werden konnte. Ein spasmolyt. Darmeffekt vom muskulotropen Typ, der ca. $^1/_{20}$ der Papaverinwrkg. war, wurde festgestellt. (Arch. int. Pharmacodynam. Thérap. **89.** 245—51. 1952. Graz, Univ., Pharmakolog. Inst.) R. KÖNIG. 4630

E. R. Losada Trulock, *Die Behandlung des Vorhofflimmerns.* Vf. berichtet zusammenfassend über die mit *Chinidin, Atebrin, α-Fagarin,* dem Alkaloid aus einem argentin. Baum (Fagaro coco), u. *Procainamid* erzielten Ergebnisse. Bemerkenswert ist die Unverträglichkeit von Chinidin mit Digitalis. (Rev. clín. españ. **44.** 201—07. 15/2. 1952. Madrid, Clín. méd. univ.) R. K. MÜLLER. 4630

Mark T. Hoekenga, *Behandlung der Ascariasis bei Kindern mit Hetrazansirup.* An 125 Kinder mit Ascariasis wurden 4 Tage lang täglich 12 mg/lb. Körpergewicht *1-Diäthylcarbamyl-4-methylpiperazinhydrochlorid* (I) (*Hetrazan*; Sirup enthaltend 30 mg I/ml; LEDERLE LAB. DIV. OF THE AMER. CYANAMID COMP.) verabreicht. In 80% von 30 Fällen reichte diese Dosis aus, um Ascariseier in den Fäces zum Verschwinden zu bringen; kleinere Dosen waren weniger wirksam, eine solche von 18 mg/lb. erwies sich als zu toxisch. (Amer. J. trop. Med. **1.** 688—92. Juli 1952. La Lima, Honduras, Med. Dep. of the Tela Railroad Co.; United Fruit Co.) KRUSEN. 4649

R. Subramaniam, *Die Behandlung der Amöbeninfektion der Leber mit Resochin.* Erfolge bei der Behandlung der Amöbeninfektion der Leber mit *Resochin.* (Indian med. Gaz. **87.** 295—300. Juli 1952.) REICHLE. 4649

Ivor R. H. Kramer und **John W. McLean,** *Die Reaktion der menschlichen Pulpa auf Füllungen aus selbstpolymerisierenden Acrylsäurekunstharzen.* In gesunde menschliche Zähne, die aus orthodont. Gründen zur Extraktion bestimmt waren (histolog. Unterss.), wurden Kavitäten gelegt u. diese ohne Vorbehandlung mit verschied. im Handel befindlichen selbstpolymerisierenden Kunstharzen gefüllt. Es wurden *Plastofilling* (PLASTODENT, INC.), *Fastcrown* (ACRALITE CO., INC.), *Replica* (COSMOS DENTAL PRODUCTS, INC.), *Dentafil* (I; DENTAL FILLINGS LTD.) u. *Kadon* (L. D. CAULK CO.) verwendet. Außerdem wurde die Rk. der Pulpa auf Füllungen mit I nach Vorbehandlung der Wurzeln mit *Phenol* u. *$AgNO_3$*, sowie nach Legen von Unterfüllungen aus *Zinkoxyd* (II) + *Eugenol* (III), *Zinkoxyphosphatzement* (IV), *Acrylsäure in Chlf.-Varnish* (V) u. *Celluloseacetat in Aceton-Varnish* (VI) beobachtet u. die Verträglichkeit der Unterfüllungen mit dem Kunstharz untersucht. Auf die verschied. Kunstharzfüllungen reagierte die Pulpa ohne wesentliche Unterschiede mit Zellinfiltration, polymorphonuclearer Infiltration in der Region der Odontoblasten u. Bldg. von sek. Dentin. Mit II + III treten diese Erscheinungen in bedeutend geringerem Maße, zum Teil gar nicht, auf, IV schützt die Pulpa am besten, wenn das Kunstharz vor dessen vollständiger Erhärtung appliziert wird (vgl. SPRETER v. KREUDENSTEIN, C. **1952.** 3212). Nach Applikation von V bzw. VI wird mehr sek. Dentin gebildet als nach I ohne Vorbehandlung, während Behandlung mit Phenol die Bldg. von sek. Dentin hemmt. $AgNO_3$ konnte das Einwandern der Odontoblasten in die Dentinkanälchen nicht verhindern; das Einwandern wird nach Verwendung fl. Unterfüllungen nicht beobachtet. Die Verträglichkeit der Unterfüllungsmaterialien mit I ist unterschiedlich. II + III, das als ideales Mittel zum Schutz der Pulpa angesehen werden muß, verträgt sich nicht mit den selbsthärtenden Kunstharzen, da das ölige III die Polymerisation hemmt. Im klin. Gebrauch muß deshalb II + III durch einen Überzug aus IV abgedeckt werden. Durch *Chlf.* verfärben sich die tert. Amine enthaltenden Kunstharze innerhalb 24 Std. bernsteinfarben. VI gibt keine Verfärbung, aber das Kunstharz haftet nicht auf einer solchen Unterfüllung. Phenol u. auch $AgNO_3$ haben eine weichmacherartige Wrkg. auf das Füllungsmaterial. (Brit. Dental J. **92.** 255—61. 20/5. 281—87. 3/6. 311—15. 17/6. 1952. London, Eastman Dental Hosp., Inst. of Dental Surg., Dep. of Dental Pathol., u. Guy's Hosp., Dental School, Dep. of Conservative Dentistry.) KLESSE. 4655

F. Leibetseder, *Akute thrombopenische Purpura nach Antabusbehandlung.* Nach Behandlung chron. Trunksucht mit *Antabus* kam es in einem Fall zu starker Thrombopenie (19000), verlängerter Blutungszeit (25 Min.) u. erheblicher Capillarresistenzverminderung. Die histolog. Auswertung von mehreren Knochenmarkpunktaten ergab eine Reifungshemmung der Megacaryocyten. (Wiener klin. Wschr. ([N. F.] 7) **64.** 431—32. 13/6. 1952. Innsbruck, Univ. Med. Klinik.) DUCHO. 4670

R. Drobil, *Behandlungsergebnisse mit Polydyn.* Polydyninjektionen haben sich bei Neuralgien, Neuritiden, Ekzemen u. vegetativen Dystonien bewährt. (Wiener med. Wschr. **102.** 412—13. 24/5. 1952. Klosterneuburg-Weidling.) GERBER. 4670

J. Hämel, *Der Juckreiz und seine Behandlung.* Nach Bemerkungen zur lokalen Therapie u. zur Behandlung des Pruritus bei innersekretor. Störungen (Verabreichung von Sexualhormonen) wird auf das zentral wirkende *Neosal* (KNOLL, Ludwigshafen/Rh.) hingewiesen. Es enthält als Tropfen oder Suppositorien *Coffein-Ca-Salicylat, Dimethylaminophenyldimethylpyrazolon-Ca-Salicylat* u. *Octinumsalicylat.* (Med. Klin. **47.** 1120—22. 29/8. 1952. Jena, Univ., Klinik für Haut- u. Geschlechtskrankh.) KRUSEN. 4670

Walter E. Fleischer, *Fortschritt in der ambulanten, lokalen Behandlung von Industrieverbrennungen.* Die Theorie der Wirkungsweise u. die Anwendung von teilweise hydrolysiertem Casein u. Zinkacetat (*Zinax-Gel*) auf Mullbinde zur lokalen Behandlung von Verbrennungen wird beschrieben. (Ind. Med. Surgery **21.** 93—98. Febr. 1952. Baltimore, Md., Armco Steel Corp.) BRAUKMANN. 4670

S. Burkert, *Ergebnisse der Blutstillung der Prostataloge mittels Gelatineschwammtamponade bei der suprapubischen Prostatektomie.* Günstige Verss. mit einem dän. Präp. „*Spongostan*", einem sehr porösen Gelatineschwamm (I), der bei 36 Fällen eine sichere Blutstillung bewirkte. Am 3. bis 4. postoperativen Tag beginnt die Ausscheidung des I. Komplikationen wurden nicht beobachtet. In 3 Fällen wurde vergleichsweise ein Thrombinpräp. in Würfelform mit völlig negativer Wrkg. angewandt. (Wiener klin. Wschr. **64.** ([N. F.] 7) 833—35. 24/10. 1952. Wien, Univ., II. Chirurg. Klinik.) R. KÖNIG. 4670

Lars Friberg, *Weitere Untersuchungen der chronischen Cadmiumvergiftung. Eine Untersuchung an Kaninchen mit radioaktivem Cadmium.* Die *Cd*-Ausscheidung im Urin von Kaninchen wurde mit Hilfe von ^{115}Cd untersucht. Es wurde täglich so viel $CdSO_4$ injiziert, daß nach 6—8 Wochen „Cadmium-Protein" im Urin erschien. Die Verss. erstreckten sich über 10 Wochen. In welcher Weise sich ^{115}Cd in den verschied. Organen u. im Blut verteilt, wurde durch Vgl. mit Kaninchen ermittelt, denen über 4 Wochen die gleichen Dosen $CdSO_4$ verabfolgt worden waren wie der ersten Gruppe (10 Wochen). Es wurde festgestellt: Cd wird während der ersten 6—8 Wochen nur in relativ geringen Mengen ausgeschieden. Eiweiß wurde während dieser Zeit im Urin nicht festgestellt. Nach der 6. bis 8. Woche stieg die Cd-Ausscheidung im Urin schlagartig an, ebenso die Eiweißausscheidung. Es bestand eine Beziehung zwischen der ausgeschiedenen Cd- u. Eiweißmenge, so daß es wahrscheinlich ist, daß das Cd, mindestens zum Teil, an Eiweiß gebunden ausgeschieden wird. Cd fand sich in allen Organen, bevorzugt jedoch in Leber, Niere, Pankreas u. Milz. Der Cd-Geh. des Blutes war verhältnismäßig hoch. Im Plasma wurde jedoch kein Cd gefunden. Die Cd-Bestimmungsmeth. wird beschrieben. (A. M. A. Arch. ind. Hyg. occupat. Med. **5.** 30—36. Jan. 1952. Stockholm, Nat. Inst. of Public Health, Ind. Hyg. Dep.) BRAUKMANN. 4675

Mary O. Amdur, Ruben Z. Schulz und **Philip Drinker,** *Die Giftigkeit von Schwefelsäurenebeln für Meerschweinchen.* Meerschweinchen wurden für einen Zeitraum von 8 bis 72 Std. der Einw. von H_2SO_4-Nebel in der Hauptsache von der Tröpfchengröße 1 μ ausgesetzt. Bei 1½ jährigen Tieren betrug bei 1 std. Einw. LD_{50} 50 mg/m³ u. LD_0 20 mg/m³. Die entsprechenden Zahlen für 1—2 Monate alte Tiere waren: LD_{50} 18 mg/m³ u. LD_0 20 mg/m³. Wurde die Einwirkungsdauer bis auf 72 Std. ausgedehnt, so stieg die Sterblichkeit nicht mit der Dauer der Einwirkungszeit, wenn die Konz. unterhalb des LD_{50}-Schwellenwertes von 18 mg/m³ blieb. H_2SO_4-Nebel hat zwei getrennte Giftwirkungen: laryngealspasm. u. lungenschädigend. Die beobachtete hohe Sterblichkeit hing mehr von der Konz. als von der Expositionszeit ab. Die Schwere der Lungenschädigung hängt mehr von der Gesamtmenge als von der Konz. ab. Noch einen Monat nach einer einzigen Exposition wurden Lungenschädigungen beobachtet. (A. M. A. Arch. ind. Hyg. occupat. Med. **5.** 318—29. April 1952. Boston, Harvard Univ., School of Public Health, Dep. of Ind. Hyg., u. Med. School, Dep. of Pathol.) BRAUKMANN. 4675

Jay S. Lerner, *Nervengase. Cholinesteraseinhibitoren.* Die Wrkg. der Nervengase (farb- u. geruchlose Fll., die bei Verdampfung stark tox. Dämpfe abgeben; hydrolysieren langsam mit W., schneller mit konz. Alkali) beruht auf der irreversiblen Hemmung der Cholinesterase. Die Vergiftungssymptome, das Verh. bei Vergiftungen, die Behandlung mit Therapeuticis, die künstliche Atmung u. die Schutzmaßnahmen werden besprochen. *Atropin* ist das hauptsächlich als Gegenmittel gegen eine Vergiftung in Frage kommende Therapeuticum, aber auch *Na-Thiopental* u. *Trimenthadione.* Das Ausmaß der Gefährdung der

Zivilbevölkerung durch einen Giftgasangriff mit diesen weit toxischer als alle bisher bekannten chem. Kampfstoffen wirkenden Verbb. wird diskutiert. (Ind. Med. Surgery **21.** 25. Jan. 1952. Los Angeles, Calif.) BRAUKMANN. 4675

Albert M. Potts und **Lorand V. Johnson** (unter techn. Mitarbeit von **Doris Goodman**), *Untersuchungen über die toxische Wirkung des Methanols auf das Sehvermögen.* 1. Mitt. *Die Wirkung von Methanol und seinen Abbauprodukten auf den Stoffwechsel der Retina. Methanol* (I), *Ameisensäure* u. vor allem *Formaldehyd* (II) hemmen die CO_2-Produktion u. die O_2-Aufnahme der Retina. 0,001 mol. II hemmte unter den Versuchsbedingungen die Retinaglykolyse zu 50% durch Unterbrechung der Phosphorylierung. Der Ort der Formaldehydwirkungen läßt sich durch Tetrazoliumsalze nicht lokalisieren. Vff. schließen aus ihren Verss., daß die tox. Wrkg. von I auf der des entstehenden II beruht. (Amer. J. Ophthalmol. [3] **35.** Nr. 5. Part 2. 107—13. Mai 1952. Cleveland, O., Univ. Hosp.) H. SCHEURLEN. 4675

Anita Peek Gilger, Albert M. Potts und **Lorand V. Johnson,** *Untersuchungen über die toxische Wirkung des Methanols auf das Sehvermögen.* 2. Mitt. *Die Wirkung parenteral gegebener Substanzen auf die Toxizität von Methanol.* (1. vgl. vorst. Ref.) Die DL_{50} für eine einzige intraperitoneale Injektion von *Methanol* (I) beträgt bei weißen Mäusen 10,5 bis 11 g/kg (für *Formaldehyd* [II] = 0,07 g/kg). *Antabus* senkt die DL_{50} von I auf 5,5 g/kg. *Glycerin* bewirkt nur eine geringe Erhöhung der DL_{50} von I, während *Cystein* überhaupt keine Wrkg. zeigte, aber mit II zusammen eine äußerst tox. Verb. (SCHIFFsche Base?) bildete. *Cortisonacetat* beeinflußt die Wrkg. von I nicht. Im Gegensatz zu der bisher herrschenden Auffassung stellten die Vff. fest, daß *Äthanol* die tox. Wrkg. von I u. II erhöht u. daher für die Therapie von Methanolvergiftungen nicht geeignet ist. (Amer. J. Ophthalmol. [3] **35.** Nr. 5. Part 2. 113—23. Mai 1952. Cleveland, O., Univ. Hosp.) H. SCHEURLEN. 4675

René Schubert und **Georg Kortüm,** *Untersuchungen zur Entgiftung von Coliendotoxin mit intravenösen Kollidongaben.* Während nach Injektion von 0,4 ml Coliendotoxin 50 von 60 Mäusen starben (83,3%), wurde die Mortalität durch gleichzeitige Injektion von 0,5 ml 3,5%ig. *Kollidon*-Lsg. auf 50% u. durch 0,5 ml 0,9%ig. NaCl-Lsg. auf 58% herabgesetzt. Die genannten Dosierungen wurden in zahlreichen Vorverss. ermittelt. Als mögliche Wirkungsmechanismen erwähnen Vff. intravasale Verdünnung des Toxins, Ausschwemmung durch gesteigerte Diurese u. Bindung des Toxins an Kollidon. (Dtsch. Z. Verdauungs- u. Stoffwechselkrankh. **12.** 26—30. Febr. 1952. Tübingen, Univ., Med. Klinik u. Poliklinik.) KRUSEN. 4675

Chodjukow, *Vergiftung von Schafen durch Wüstenephedra.* Im kalten u. schneereichen Winter 1950/51 gingen zahlreiche Schafe auf der Weide zugrunde, die auf die Wüstenephedra als Futter angewiesen waren. Diese erwies sich als giftig mit letalem Ausgang. (Ветеринария [Tierheilkunde] **28.** Nr. 12. 38. Dez. 1951. Balyktschinsk, Veter.-Bakteriol. Labor.) DU MANS. 4675

J. C. McGowan, *Physikalische Toxizität in wässerigen Lösungen.* Die physikal. Toxizität einfacher organ. Verbb. in wss. Lsgg. folgt der Gleichung: $-\log C_t = -\log C' + k[P]$, worin C_t = Konz. der tox. Substanz in g-Mol/Liter in W., C' = Konz. in der „Biophase" (?), k = Konstante (= 0,012), [P] = Parachor. (Biochemic. J. **5.** VII. Dez. 1951. Northwich, Cheshire, Imp. Chem. Ind., Res. Dep.) KRUSEN. 4675

F. Goulden, E. L. Kennaway und **M. E. Urquhart,** *Der Arsengehalt der Schwebeteilchen der Stadtluft.* Das Jahresmittel des *As*-Geh. der Luft von 8 engl. Städten wurde für die Jahre 1946—1948 festgestellt. Der As-Geh. der einzelnen Städte schwankte in weiten Grenzen: Bis zum 3½fachen. Im Winter war der As-Geh. etwa doppelt so groß wie im Sommer. Die beobachtete As-Menge wird mit der durch Tabakrauch entwickelten verglichen u. die mögliche Summierung carcinogener Effekte diskutiert. (Brit. J. Cancer **6.** 1—7. März 1952. London, St. Bartholomew's Hosp., Pathol. Dep.) BRAUKMANN. 4680

R. E. Waller, *Der Benzpyrengehalt der Stadtluft. Benzpyren* wurde in den der Luft von 8 engl. Städten entnommenen Rauchproben gefunden. Die Konz. steigt im Winter recht steil an. Das Jahresmittel zeigt mit dem Wachsen der Städte steigende Tendenz. Die Haushaltsfeuerstellen scheinen die Hauptquelle zu sein. Es fand sich aber auch in den Abgasen von Verbrennungskraftmaschinen. Im Tabakrauch dagegen wurde es nicht gefunden. (Brit. J. Cancer **6.** 8—21. März 1952. London, St. Bartholomew's Hosp., Pathol. Dep.) BRAUKMANN. 4680

K. B. Dawson, *Radioaktives Material in der Atmosphäre.* Die Messung der Radioaktivität der Schwebeteilchen der Luft in einigen engl. Städten u. auf dem Lande ergab, daß beträchtliche Unterschiede zwischen ländlichen u. städt. Bezirken nicht bestehen.

Dagegen wurden, hauptsächlich durch den Wind verursacht, starke tägliche Schwankungen beobachtet: Je ruhiger die Luft war, um so größer war ihre Aktivität. In abgeschlossenen Räumen — z. B. Luftschutzkellern — kann der Betrag 100 u. mehr mal größer sein als auf der Straße. Diese Beträge sind jedoch gering, verglichen mit der unteren Grenze der Menge, die für den Menschen gefährlich ist. (Brit. J. Cancer **6.** 22—31. März 1952. London, St. Bartholomew's Hosp., Pathol. Dep.) BRAUKMANN. 4680

H. F. Schulte, E. C. Hyatt und **F. S. Smith jr.**, *Die Absaugung an Werkzeugmaschinen, die zur Bearbeitung von hochgiftigem Material Verwendung finden.* Es werden Schutzmaßnahmen beschrieben, um tox. Schädigungen von Personen, die mit strahlenden Elementen arbeiten, zu verhindern. (A. M. A. Arch. ind. Hyg. occupat. Med. **5.** 21—29. Jan. 1952. Los Alamos, N. Mex.) BRAUKMANN. 4680

Edward R. Aston, *Zahnuntersuchungen bei Arbeitern in 5 Bleifabriken.* (Ind. Med. Surgery **21.** 17—20. Jan. 1952. Harrisburg, Pa., Bur. of Ind. Hyg., Pennsylvania, Dep. of Health.) BRAUKMANN. 4681

Burton B. Bergman, *Die Giftwirkung von Tetryl: Die Zusammenfassung einer 10jährigen Erfahrung.* (A. M. A. Arch. ind. Hyg. occupat. Med. **5.** 10—20. Jan. 1952. Newark, N. J., Newark Beth Israel Hosp.) BRAUKMANN. 4681

Julius Sendroy jr., John D. O'Neal und **Grover C. Pitts**, *Gefährdung durch thermische Zersetzungsprodukte von Motorisoliermaterial.* Drei elektr. Motoren, einer isoliert mit dem phenol. Kunstharz CNSV u. zwei mit polymerisiertem Tetrafluoräthylen PTFE, wurden unter Bedingungen geprüft, wie sie den Bedingungen im U-Boot entsprechen, u. bei Tempp. bis zu 300°. Die Versuchsraumluft wurde auf ihren O_2-, CO_2-, CO-, Phenol-, Formaldehyd-, NH_3- u. F-Geh. untersucht. Die CO-Aufnahme des Blutes wurde an Ratten ermittelt u. auf den Menschen umgerechnet. Ergebnis der Verss.: Der CNSV-Kunststoff lieferte bei Tempp. oberhalb 150° CO-Mengen, die für die Gesundheit unzuträglich waren. Der PTFE-Kunststoff entwickelte bis zu Tempp. oberhalb 250° kein CO in nennenswerten Mengen. Es besteht jedoch die Möglichkeit einer Schädigung durch F-haltige Gase. Eindeutig konnte jedoch diese Frage noch nicht geklärt werden. (A. M. A. Arch. ind. Hyg. occupat. Med. **5.** 330—43. April 1952. Bethesda, u. Charlottesville, Naval Res. Inst., Nat. Naval Med. Center, Div. of Chem.) BRAUKMANN. 4681

F. S. Mallette und **E. van Haam**, *Untersuchung der Giftigkeit und der Wirkung auf die Haut von Stoffen, die in der Gummi- und Kunstharzindustrie Verwendung finden.* 1. Mitt. *Beschleuniger, Aktivatoren und Antioxydantien.* In der Gummiindustrie als Beschleuniger, Aktivatoren oder Antioxydantien verwendete Verbb. (*Piperidiniumcyclopentamethylendithiocarbamat, N-Isopropylbenzothiazolsulfonamid, Bis-2-(benzothiazolylthiomethyl)-harnstoff, N-Cyclohexyl-N-diäthylthiocarbonylsulfonamid, Cyclohexylamin, Cyclohexylammoniumstearat, Cyclohexylammoniumformiat, Diamylphenol, 2.6-Di-tert.-butyl-4-methyl-phenol, Triphenylphosphit, Di-(4-tert.-butyl-m-kresyl)-sulfid, N.N¹-Di-β-naphthyl-p-phenylendiamin*) werden auf Hautreizung u. Hautsensibilisierung untersucht. Im Tierexperiment konnte ermittelt werden, daß ein erheblicher Teil der untersuchten Verbb. Giftwirkungen zeigte, die auf Grund der Konst. dieser Verbb. nicht vorausgesagt werden konnten. Hautteste zeigten, daß Stoffe aller 3 Gruppen leichte bis schwere Hautreizstoffe waren u. daß viele Verbb., bes. aus der Gruppe der Antioxydantien, leicht sensibilisierend wirkten. Zur Vermeidung von Gesundheitsstörungen schlagen Vff. vor Einführung von neuen Stoffen in die Industrie vor, diese auf ihre physiol. Wirkungen hin zu untersuchen. Die Meth. zur Unters. der chem. Hilfsstoffe wird beschrieben. (A. M. A. Arch. ind. Hyg. occupat. Med. **5.** 311—17. April 1952. Columbus, O., Ohio State Univ., Dep. of Pathol., u. Akron, O., Firestone Tire & Rubber Comp.) BRAUKMANN. 4681

W. K. Nawrotzki und **Ss. M. Dubaschinskaja**, *Die Wirkung industrieller Gifte auf den tierischen Organismus bei hoher Lufttemperatur.* An weißen Mäusen, Hunden u. Kaninchen wurde die Wrkg. von *Bzn., Bzl., Anilin* u. *CO* bei Lufttempp. von 20—50° untersucht, wo die Vergiftung durch Einatmung u. subcutan erfolgte. Bei der chron. Vergiftung der Tiere durch subakute Gaben u. Erwärmung auf 30—35° war das klin. Erkrankungsbild deutlicher ausgeprägt als bei gewöhnlicher Lufttemperatur. Dies beruht auf einer Störung der Thermoregulation der Tiere bei höherer Temperatur. Das morpholog. Blutbild erfährt die für die I-Wrkg. charakterist. Veränderungen. (Гигиена и Санитария [Hyg. u. Sanitätswes.] **1951.** Nr. 8. 22—28. Aug. Ukrain. Zentr. Inst. für Arbeitshyg. u. Berufskrankheiten.) K. MAIER. 4681

Giuseppe Belloni, La cloromicetina nei suoi aspetti tossicologici. Pisa: V. Baldacci. 1951. (71 S.)

—, Résistance aux antibiotiques d'origine fongique ou bactérienne. Les traitements nouveaux des néphrites. Paris: G. Doin. 1952. (354 S. m. Abb. u. Taf.) fr. 2000,—.

F. Pharmazie. Desinfektion.

Fr. Adamanis und **E. Pawełczyk,** *Der Wert von in Polen angebautem Coriandrum sativum.* In verschied. Gegenden Polens angebauter Coriander wird hinsichtlich des Pflanzenertrags je ha u. der Kornstruktur u. des Ölgeh. der Samen verglichen. (Farmacja polska **8.** 247—48. Juli 1952.) R. K. MÜLLER. 4782

Egon Stahl, *Der Einfluß der Destillationsdauer und der Wasserstoffionenkonzentration auf die Ausbeute an Azulen und ätherischem Öl bei der Schafgarbe (Achillea millefolium L.).* Zur Erfassung kleinster Mengen (0,5—5 mg) äther. Öl wird eine neue App. beschrieben, die eine Verbindung darstellt zwischen der nichtkontinuierlichen, gravimetr. Meth. des DAB 6 u. den kontinuierlichen, volumetr. Verff. der USP IX u. der BP 48. Es wird gezeigt, daß das Verhältnis von übergehendem Azulen zum äther. Öl in gleichen Zeitintervallen kein konstantes ist. Veränderung des p_H bewirkt unterschiedliches Übergehen der Azulenmenge pro Zeiteinheit. Bei Verwendung von neutralem W. gehen in 10 Min. 235 γ Azulen über; bei Verwendung von 0,1n H_2SO_4 in gleicher Zeit 3170 γ. (Pharmaz. Ind. **14.** 262—65. Sept. 305—07. Okt. 1952. Karlsruhe, TH, Botan. Inst.) ULEX. 4782

G. Baumgarten, *Die Löslichkeit des Mohnkapselalkaloides Narcotolin.* Auf Grund seiner großen Ähnlichkeit mit Morphin (I) war Narcotolin (II) schwer von I zu trennen. Die Best. der Löslichkeit von II in Abhängigkeit vom p_H nahe dem isoelektr. Punkt ergab eine Verschiebung ins Saure gegenüber der entsprechenden Kurve für I. Die Löslichkeitsminima von I u. II unterscheiden sich um ca. 2 p_H-Einheiten. Nach Einstellung der Alkaloidlsg. auf p_H 5,5—6 ist eine Abtrennung des II von I möglich. (Arch. Pharmaz. Ber. dtsch. pharmaz. Ges. **285/57.** 347—49. 1952. Wernigerode, Ysatfabrik.) ULEX. 4782

A. van der Kuy und **R. Hegnauer,** *Das Vorkommen von Hypericin in einigen Sorten der Gattung Hypericum.* 12 Arten der Gattung Hypericum werden auf Hypericin untersucht, in 9 Arten wird sein Vork. nachgewiesen. (Pharmac. Weekbl. **87.** 179—83. 15/3. 1952. Leiden, Rijksuniv., Pharmaceut. Labor.) WESLY. 4782

Zbigniew Kubiak, *Konzentrate als Ersatzstoffe für Dekokte und Infuse.* Vf. erörtert die Vorteile der Anwendung von Konzentraten (z. B. aus Ipecacuanha) u. die Methoden zur Best. ihres Wirkstoffgehaltes. (Farmacja polska **8.** 254—58. Juli 1952. Krakau, Akad. med., Zak. Farm. stosowan.) R. K. MÜLLER. 4790

A. Guerra, *Fluidextrakte und konzentrierte Dekokte.* Als Ausgangsmaterial für andere pharmazeut. Zubereitungen (Sirup, Wein, Elixir usw.) empfiehlt Vf., statt wie bisher den betreffenden Fluidextrakt (1 g entspricht 1 g Droge) einen konz. Dekokt (1 g entspricht 0,5 g Droge) zu verwenden. Diese werden auf übliche Weise hergestellt u. mit A. u. Glycerin (zur Konservierung u. gegen Trübungen) auf das geforderte Vol. eingestellt. Die Herst. einiger solcher konz. Dekokte (Althea, Polygala, Rheum u. China) wird beschrieben. (Boll. chim. farmac. **91.** 156—58. April 1952.) IPPEN. 4790

P. Sorgdrager, *Fettemulsionen für intravenöse Verabreichung.* Intravenös verabreichte Fettemulsionen weisen den Vorteil hohen calor. Wertes auf. An Stelle der verschied. Schwierigkeiten verursachenden Vorschriften wird eine Vorschrift für die Zus. der Emulsion angegeben. Das Präp. darf nicht pyrogen u. muß steril u. von richtiger Teilchengröße sein. Als Emulgiermittel können Gelatine (keine Nebenwrkg., bequem erhältlich, aber nicht sterilisierbar) oder Phosphatide (sterilisierbar, aber schwer erhältlich, pyrogen u. reinigungsbedürftig) verwendet werden. Die Lagerung bietet Schwierigkeiten, weil dabei Vergrößerung der Teilchen, Tropfenbldg., Infektionsmöglichkeit u. Pyrogenität auftreten. (Pharmac. Weekbl. **87.** 169—74. 15/3. 461—63. 5/7. 1952. Utrecht, Stads- en Academ. Ziekenhuis, Apotheek.) WESLY. 4790

Nathan A. Hall, *Klären des Glycyrrhizafluidextraktes U.S.P.* Durch Stärke u. Pektin abbauende Fermente (Takadiastase, Amylopsin, Pankreatin, Trypsin, Papain, Pectinol M) wurde die Filtration zwar verbessert, blieb aber dennoch schwierig. Dagegen ergab Behandeln mit Bentonit (0,07—0,2%) einen klaren, leicht filtrierbaren Auszug, während sich Casein, $CaCl_2$, $MgCl_2$ u. Tannin als ungeeignet erwiesen. Aussehen u. Geschmack wurden nicht beeinflußt. (Amer. J. Pharmac., Sci. support. publ. Health **124.** 43—47. Febr. 1952. Seattle Washington, Univ., Coll. of Pharm.) HERRMANN. 4790

Isaac Kenneth Hoffman, *Eine universelle, hydrophile Salbengrundlage.* Eine Mischung aus 7 g *Cetylalkohol,* 3 g *Stearylalkohol,* 4 g *Bienenwachs,* 27 g *weißem Petrolat* u. 8 g *Glycerin* wird bei 80° geschmolzen u. mit einer 80° heißen Lsg. von 1 g *Laurylsulfat-Na* u. 0,06 cm³ *Zephiran conc.* (zur Konservierung) in 50 g W. bis zum Absinken der Temp. auf 40° kräftig verrührt. Die Wahl der Inkredenzien wird begründet, die Universalität der Mischung durch Beispiele unter Beweis gestellt. (J. Amer. pharmac. Assoc., pract. Pharmac. Edit. **12.** 475—76. Aug. 1951. Los Angeles, Calif., Pharm. Labor.) LAUBSCHAT. 4792

—, *Neue nicht offizinelle Arzneimittel. Methaphenilene Hydrochloride, Diatrine Hydrochloride* (WM. R. WARNER & CO, INC., New York): N.N-Dimethyl-N′-(α-thenyl)-N′-phenyläthylendiamin-Hydrochlorid. Antihistaminicum, Tabletten zu 50 mg. — *Sulamyd* (SCHERING CORPORATION, Bloomfield): Tabletten zu 0,5 g Sulfanilacetamid. (J. Amer. med. Assoc. **147.** 862—63. 27/10. 1951.) HOTZEL. 4800

Günther Wendland, *Die Verarbeitung von Antibioticis in der Krankenhausapotheke.* Es werden Verss. dargelegt, um Antibiotica in der Krankenhausapotheke abzufüllen u. zu pharmazeut. Präpp. zu verarbeiten. Die techn. Einrichtungen u. Arbeitsmethoden, die erforderlich sind, um einwandfreie Präpp. zu erhalten, werden beschrieben. Weiter werden die Untersuchungsmethoden, die für die Prüfung u. Beurteilung von antibiot. Prodd. notwendig sind, behandelt u. die Ergebnisse besprochen. (Schweiz. Apotheker-Ztg. **90.** 665—74. 13/9. 1952. Hamburg-Heidberg, Krankenhaus.) BOYE. 4810

I. Corubolo, *Die Aufbewahrung des Penicillins und des Streptomycins.* Zusammenfassung der Vorschriften über die Aufbewahrung der verschied. Penicillin- u. Streptomycinpräparate. (Farmac. Glasnik **7.** 461—65. Dez. 1951.) BECKMANN. 4810

H. Sager, *Die Bestrahlung von Plasma mit ultraviolettem Licht.* Es wird über den Erfolg der UV-Bestrahlung zur Vernichtung des *Hepatitisvirus* in Blutprodd. berichtet. Das trotz UV-Bestrahlung von amerikan. Autoren berichtete Auftreten von Serumhepatitis glaubt Vf. durch Anwendung einer geeigneten Vorr. u. Überprüfung der wirksamen Faktoren ausschließen zu können. Genaue Beschreibung der bereits erprobten Vorrichtung. Als Test für die Wirksamkeit wird die baktericide Wrkg. auf Aerobacter aerogenes benutzt. (Schweiz. Apotheker-Ztg. **90.** 813—17. 8/11. 1952. Schweizer Rotes Kreuz, Zentrallabor. des Blutspendendienstes.) WALLIS. 4832

Robert W. Kolb, Roy Schneiter, Earl P. Floyd und **Dohrman H. Byers,** *Desinfizierende Wirkung von Brommethyl, Methanol und Bromwasserstoff auf Milzbrandsporen.* Es wurde die Brauchbarkeit von CH_3Br, HBr u. CH_3OH als Desinfektionsmittel für mit Milzbrandsporen verseuchtes Material untersucht. In Ggw. von Feuchtigkeit waren 3,4 bis 3,9 g gasförmiges CH_3Br/Liter in der Lage, Haare u. Borsten nach 18 std. Einw. bei Zimmertemp. ohne Schädigung des Materials zu desinfizieren. Für das Zustandekommen der Desinfektionswrkg. war Feuchtigkeit nötig. Die Vermutung, daß die keimtötende Wrkg. von CH_3Br auf seine hydrolyt. Spaltprodd. HBr u. CH_3OH zurückzuführen sei, fand keine experimentelle Stütze. CH_3OH hatte in Konzz. von 0,004—95% überhaupt keine Wrkg. u. HBr nur in Konzz., die beträchtlich größer waren als die, die durch Hydrolyse aus CH_3Br entwickelt werden konnten. (A. M. A. Arch. ind. Hyg. occupat. Med. **5.** 354—64. April 1952. Cincinnati, U. S. Public Health Service, Div. of Occupat. Health.) BRAUKMANN. 4834

G. C. Walker, C. L. Porter und **H. G. DeKay,** *Fungicide und fungistatische Wertung gewisser Phenole und oberflächenaktiver Agentien.* Von den 102 Phenolderivv., die auf ihre Wrkg. gegen *Trichophyton mentagrophytes* getestet wurden, erwiesen sich die halogenierten Verbb., u. von diesen das *2.4.5-Trichlorphenol,* am wirksamsten. Unter den oberflächenakt. Verbb. zeigte das *Laurylpyridiniumchlorid* eine besondere Aktivität. Beziehungen zwischen Konst. u. fungicider sowie fungistat. Wrkg. werden diskutiert. (J. Amer. pharmac. Assoc., sci. Edit. Part 1. **41.** 77—79. Febr. 1952. Lafayette, Ind., Purdue Univ., School of Pharm.) RUTKOWSKI. 4834

Hugo Karma, *Über die Bedeutung der quantitativen Bestimmung von flüchtigem Öl in aromatischen Drogen.* Einleitend sind Drogen genannt, für die in Dänemark (1948), Deutschland (1926), der Schweiz (1933) u. England (1948) Bestimmungsmethoden für flüchtige Öle in der jeweiligen Pharmakopöe angeführt sind. Der von MORITZ (1940) u. der vom Vf. konstruierte Mikrodestillationsapp. (Abb.) sind nach Art u. Wirkungsweise beschrieben. Letzterer nach Ansicht des Vf. billiger, arbeitet mittels fraktionierter Dest. u. im besonderen Fall mit Xylolzusatz in der Ölsamenröhre. Der Ölverlust bei der Best. steigt mit wachsendem Ölgeh. der Droge u. ist am geringsten bei dem kleinen M-K-App. (Kurvenbilder). Die Verluste sind bei der Analyse zu berücksichtigen. Vf. u. Mitarbeiter haben mit Fructus juniperi (Wacholderbeere), Cortex cinnamomi (Zimtrinde) u. Macis (Muskatblüte) Destillationsverss. durchgeführt, aus denen die Ungleichheit bei den Drogen bzgl. der mit Wasserdampf flüchtigen Bestandteile zu ersehen ist. Eine große Zahl untersuchter Drogen ist zusammengestellt, der wechselnde Ölgeh. entspricht den Forderungen der Pharmakopöe. An Flos chamomillae (Kamillenblüte) hat Vf. noch gezeigt, daß die geograph. Lage von Einfl. auf den Ölgeh. ist. In nördlicheren Gegenden ist der Ölgeh. höher als in niederen Breiten. — 68 Literaturhinweise. (Medd. norsk farmac. Selsk. **14.** 57—64. Mai. 69—81. Juni 1952. Helsingfors.) GEITZ. 4880

R. Krötsch und **K. Bauer,** *Über die Dichtebestimmung ätherischer Öle mit dem neuen Gerät nach Krutzsch.* Vff. stellen auf Grund eigener Unterss. an verschied. äther. Ölen fest. daß die D.-Best. mit dem verbesserten KRUTZSCH-Meter gegenüber der D.-Best. mit dem

Pyknometer mehrere Vorteile bietet (schnelle Arbeitsweise, direkte Ablesung, geringe Substanzmengen). Die neue Meth. kann für Serienanalysen u. bes. für die Apothekenpraxis empfohlen werden. (Dtsch. Apotheker-Ztg. **92.** 723—24. 19/9. 1952. München, Winthir-Apotheke.) FIEDLER. 4880

C. H. Brieskorn, M. Briner, L. Schlumprecht und **K. H. Eberhardt**, *Vergleichende quantitative Bestimmungen der Ursolsäure und des ätherischen Öls in pharmazeutisch- und lebensmittelchemisch-wichtigen Labiaten.* Eine systemat. Unters. wichtiger Labiaten ergab bei allen geprüften Drogen das Vorhandensein von Ursolsäure (pentacycl. Oxytriterpencarbonsäure) neben äther. Öl. Graph. Darstellungen geben einen Einblick in die quantitativen Änderungen der Ursolsäure u. des äther. Öles während einer Vegetationsperiode. (Arch. Pharmaz. Ber. dtsch. pharmaz. Ges. **285/57.** 290—96. 1952. München, Univ., Inst. für Pharm. u. Lebensmittelchem.) ULEX. 4880

R. Dequeker, *Die quantitative Bestimmung von Zimt in Pulverform.* Sowohl der Flächeninhalt wie auch die Gesamtlänge der Fasern im Gramm Pulver kann als Maßstab für die Zimtmenge herangezogen werden. Zur Aufhellung des Zimtpräp. in Paraff. liqu. wird ein Zusatz von 1% Aluminiummonostearat empfohlen. (J. Pharmacy Pharmacol. **4.** 573—76. Aug. 1952. Löwen, Belgien, Fac. of Med., Pharmacog. Dep.) ULEX. 4880

Johannes Stamm, *Über eosinophile Korkzellschichten der Ipecacuanhawurzeln.* Zur Erkennung der Droge wird die Anfärbbarkeit des Protoplasmas der Ipecacuanhakorkzellen mittels einer GIEMSA-Lsg. (I) herangezogen. Je nach der Zus. der darin enthaltenen Proteine wird entweder die Eosin- (eosinophile Zellen) oder die Azur II-Komponente (Phlobaphenzellen) der I im Protoplasma der Korkzellen gespeichert. — Definition des Begriffes eosinophile u. Phlobaphenzellen, Vorschrift für die Herst. der Lsg., Technik der Färbung, Zusammenfassung der bisherigen Unterss., Methoden zur Färbung des Drogenpulvers u. der frischen Pflanze. — 24 Literaturangaben. (Apotheker-Ztg. **4.** 149—52. Juli/Aug. 1952. München.) BORSUTZKI. 4880

Omar A. Guagnini und **Eugenio E. Vonesch**, *Systematisches Mikroverfahren für den Nachweis und die Identifizierung der Lokalanästhetica.* Der Nachw. u. die Trennung der untersuchten 16 Lokalanästhetica erfolgt mit 5%ig. Silicowolframsäurelsg. (I), 5%ig. Phosphomolybdänsäurelsg. (II), frisch bereiteter 0,5% ig. Lsg. des Na-Salzes der 1.2-Naphthochinon-4-sulfonsäure (III) u. 10%ig. Na_2CO_3-Lsg. (IV). Man kocht 0,5 cm^3 Probe mit 1 Tropfen I 2 Min. auf dem Wasserbad. Wenn keine Trübung erfolgt, erhitzt man 0,5 cm^3 Probe mit 1 Tropfen II 1 Min.; Red. zeigt *Orthoform* an (Blaufärbung mit IV); keine Red., aber Rotfärbung bei 2 Min. Erhitzen mit III: *Benzocain, Butesin* oder *Cycloform.* Bei Trübung mit I wird beobachtet, ob sich der Nd. bei erneutem Kochen mit I löst. Ein unlösl. Nd. wird auf Fluorescenz geprüft: blaue Fluorescenz: *Percain*; keine Fluorescenz: *Alypin, Cocain, Metycaine.* Bei Lsg. des Nd. wird mit 3 Tropfen konz. HCl 2 Min. auf dem Wasserbad gekocht; die Lösung wird mit III 2 Min. erhitzt: Rotfärbung zeigt Cycloform, *Monocain, Procain, Tutocain*; keine Färbung *Eucain B* oder *Stovain.* Bei mit HCl erhaltenem Nd. werden 0,5 cm^3 Probe 1 Min. mit 1 Tropfen II erhitzt: Red. u. Blaufärbung mit IV zeigt *Nirvanin*; keine Red., aber Rotfärbung mit III: *Larocain*; keine Red. u. keine Färbung mit III: Eucain B, Stovain, *Pantocain.* Als weitere Reagentien zur mkr. Prüfung der einzelnen Verbb. werden verwendet: REINECKE-Salz, Pikrolonsäure, Styphninsäure, Pikrinsäure; auch die mit III erhaltenen Ndd. werden mkr. geprüft; die charakterist. Mikro-Rkk. sind tabellar. zusammengestellt. (An. Asoc. quím. argent. **40.** 118—27. Juni 1952. La Plata, Univ., Fac. de Quím. y Farmacia, u. Buenos Aires, Unita S. A.) R. K. MÜLLER. 4880

A. Anastasi, E. Mecarelli und **L. Novacic**, *Spektrophotometrische Bestimmung von Vitamin A in wässeriger Lösung.* (Vgl. auch C. **1953.** 1529.) Zur Best. des in wasserlösl. Form in verschied. Polyvitaminpräpp. (Katabios, Gerifarma) vorliegenden Vitamin A (I) schlagen Vff. die spektrophotometr. Best. der Absorption bei 328 mμ unter Benutzung von W. als Lösungsm. vor. Während die Vitamine B_1, B_2, B_{12}, E, D_2 u. Nicotinsäureamid auf diese Bestimmungsmeth. ohne Einfl. sind, zeigt das Vitamin B_6 bei 328 mμ ebenfalls starke Absorption, die sich jedoch durch Einstellen der Lsg., in der das I spektrophotometr. bestimmt werden soll, auf p_H 10,5 prakt. vollständig ausschalten läßt. (Boll. chim. farmac. **91.** 133—38. April 1952. Como, „Farmitalia".) IPPEN. 4880

Robert E. Hoyt und **Elizabeth Burwell Goolden**, *Antibiotische Empfindlichkeitstestung. Ein Überblick über gebräuchliche Testverfahren.* Vff. prüften gebräuchliche, käufliche Zubereitungen von *Penicillin, Streptomycin, Aureomycin, Chloromycetin* u. *Terramycin* zur antibiot. Empfindlichkeitstestung u. vergleichen ihre Empfindlichkeit mit Lsgg. vergleichbarer Stärke. Sie schlagen vor, daß die Angaben einheitlich gemacht werden, damit alle in der gleichen Weise gelesen u. ausgewertet werden können. Auch sollten die Testmittel so deklariert sein, daß die Ergebnisse nicht irreführen in der Art, daß sie Empfindlichkeit für extrem hohe Werte oder Resistenz für Werte beträchtlich unter denen, die wahrscheinlich erhalten werden können, angeben. (Antibiotics and Chemotherapy **2.** 375—80. Juli 1952. Los Angeles, Calif., Cedars of Lebanon Hosp.) BÖHM. 4880

Erich Schaaps, Dortmund, *Gewinnung eines Heilmittels*, dad. gek., daß man grüne, bes. zerkleinerte u. getrocknete Teile des Sadebaums (Juniperus Sabinae) mit hochprozentigem A. überschichtet, soviel fettes Öl, z. B. Mohnöl, zusetzt, bis der A. gesätt. ist u. Öltropfen die Droge durchsetzen, u. dann nach Schütteln u. Stehenlassen weiter so viel Öl zusetzt, bis sich 2 Schichten bilden. Nach Entfernen der alkoh. Schicht wird das den Wirkstoff enthaltende Öl z. B. mit W. oder NaCl-Lsg. gereinigt. Grünes, nicht tox. Öl. Weitgehende Abänderungen hinsichtlich des Lösungsm. u. Öles möglich. Mitextraktion anderer Pflanzenteile ebenfalls vorgesehen. (**D. B. P. 852 120** Kl. 30h vom 2/10. 1948, ausg. 13/10. 1952.) SCHINDLER. 4791

F. Hoffmann-La Roche & Co. Akt.-Ges., Basel, Schweiz, *Herstellung eines Isothiocyanats* durch Rk. von m-Propyloxyanilin (I) mit CS_2 (II) u. Alkalihydroxyd bzw. einem organ. Amin. Das entstandene m-Propyloxyphenyldithiocarbamat (III) wird mit Chlorameisensäureester kondensiert u. das Prod. therm. zersetzt. — Z. B. werden 84 (Teile) I, 100 W., 25,3 II mit 13,33 NaOH in 30 W. versetzt. Zum anfallenden III werden bei 0—5° 36 Chlorameisensäureäthylester zugetropft. Nach 2std. Erwärmen auf 100° wird aufgearbeitet. *m-Propyloxyphenylisothiocyanat*, $Kp._{0,01}$ 105—107°. *Vermicide Wirkung.* (**Schwz. P. 279 109** vom 21/12. 1949, ausg. 16/2. 1952.) HEINZE. 4807

American Cyanamid Co., New York, N. Y., übert. von: **Martin E. Hultquist**, Bound Brook, und **Frank W. Bagienski**, Manville, N. J., V. St. A., *Kontinuierliche Herstellung von 4-Aminosalicylsäure* durch Druckerhitzung einer Lsg. von $NaHCO_3$ u. m-Aminophenol (I) in W. im Verhältnis 1:2,5—5 bei Ggw. von CO_2, Abkühlen der Lsg. u. Abfiltrieren des Nd. aus Rest an $NaHCO_3$ u. I u. Rückführung des Gemisches in den Prozeß. 50 lbs/sq.in., Temp. 125—130° während 16 Stunden. (**A. P. 2 558 298** vom 27/7. 1948, ausg. 26/6. 1951.) SCHINDLER. 4807

Soc. des Usines Chimiques Rhône-Poulenc, Paris, Frankreich (Erfinder: **Santiago Americano Freire**, Belo Horizonte, Brasilien), *2-Oxy-4-aminobenzoesäurephenylester* entsteht durch Veresterung von 2-Oxy-4-nitrobenzoesäure mit Phenol u. Red. des entstandenen *2-Oxy-4-nitrobenzoesäurephenylesters* (F. 154—155°) mit H_2 u. RANEY-Ni. F. 153°. — *Tuberkulosemittel.* (**D. B. P. 848 827** Kl. 12q vom 9/6. 1951, ausg. 8/9. 1952. F. Prior. 14/6. 1950.) LANGER. 4807

Ciba Akt.-Ges., Basel (Erfinder: **Karl Miescher**, Riehen, Basel, und **Karl Hoffmann**, Binningen), Schweiz, *Basische Ester dialicyclischer oder arylalicyclischer Carbonsäuren* entstehen durch Veresterung der entsprechenden Fettsäuren u. gegebenenfalls Quaternisierung. Sie wirken *spasmolytisch.* — *Dicyclohexylessigsäure-β-diäthylaminoäthanolester*, $Kp._{0,2}$ 154—157°; *Hydrochlorid*, F. 168—169°; *Rhodanid*, F. 93—95°; *Nitrat* F. 102 bis 104°; *Tartrat* F. 63°; *Phosphat* F. 112—114°; *Citrat* F. 155—158°; *Oxalat* F. 120—124°; *Brommethylat* F. 176—177,5°; *Bromäthylat* F. 178—180°; *Bromallylat* F. 152—153°; *Brombenzylat* F. 155—156°. — *Phenylcyclohexylessigsäure-β-diäthylaminoäthanolesterhydrochlorid*, F. 145—147°; *Brommethylat*, F. 174—179°. — *Phenylcyclohexylessigsäure-piperidinoäthanolester* ($Kp._{0,15}$ 180°), *-diäthylaminobutanolester* ($Kp._{0,15}$ 160°), *-diallylaminoäthanolester* ($Kp._{0,15}$ 155°), *-morpholinoäthanolester* ($Kp._{0,1}$ 160—170°), *-äthylacetoxyäthylaminoäthanolester* ($Kp._{0,08}$ 170°), *-äthyloxypropylaminoäthanolester* ($Kp._{0,1}$ 175°), *-methyloxyäthylaminoäthanolester* ($Kp._{0,08}$ 183°), *-dioxyäthylaminoäthanolester* ($Kp._{0,12}$ 240°), *-methylpropylaminoäthanolester* ($Kp._{0,1}$ 160°), *-dimethylaminocyclohexanolester* ($Kp._{0,1}$ 170°). — *Dicyclohexylessigsäuretropinesterhydrochlorid*, F. 260—261°. — *α.α-Dicyclohexyl-α-oxyessigsäure*, F. 143—144°; *-diäthylaminoäthanolesterhydrochlorid*, F. 189 bis 191°. — *α-Phenyl-α-cyclohexyl-α-oxyessigsäurediäthylaminoäthanolesterhydrochlorid*, F. 212°. — *p-Nitrophenylcyclohexylessigsäurediäthylaminoäthanolesterhydrochlorid*, F. 176—178°. — *p-Aminophenylcyclohexylessigsäurediäthylaminoäthanolesterhydrochlorid*, F. 156—159°. — *Phenyl-[cyclohexen-(2)-yl]-essigsäurediäthylaminoäthanolesterhydrochlorid*, F. 153—154°. — *Phenylcyclohexylessigsäure-3-diäthylaminopropanolester* ($Kp._{0,1}$ 169°; *Hydrochlorid*, F. 143 bis 144°, *-dimethylaminopropanolesterhydrochlorid* (F. 140—144°), *-piperidinopropanolesterhydrochlorid* (F. 161—163°.) (**D. B. P. 848 503** Kl. 12q vom 30/6. 1939, ausg. 4/9. 1952. Schwz. Priorr. 5/8. 1938 u. 20/6. 1939.) LANGER. 4807

Parke, Davis & Co., Detroit, Mich., V. St. A., *Herstellung eines basischen Äthers eines p-halogenierten Benzhydrols* durch Rk. von p-Brombenzhydrylhalogenid oder einer Metallverb. von p-Brombenzhydrol (I) mit β-Dimethylaminoäthylhalogenid bzw. einer Metallverb. von β-Dimethylaminoäthanol in Ggw. eines HCl bindenden Stoffes. — Z. B. werden 263 (g) I mit 39,1 K-Metall in 1 Liter Xylol (II) gelöst u. 110 β-Dimethylaminoäthylchlorid in 200 cm^3 II zugetropft. *β-Dimethylaminoäthyl-p-brombenzhydryläther*, $Kp._{0,3}$ 151—154°. — *Antihistaminwirkung.* (**Schwz. P. 273 814** vom 1/9. 1948, ausg. 2/7. 1951.) HEINZE. 4807

Schieffelin & Co., New York, übert. von: **Milton Silverman**, Forest Hills, N. Y., V. St. A., *Bekämpfung von Pilzen und Pilzinfektionen* bei Menschen, Tieren, Pflanzen, Textilien usw., bes. durch Besprühen mit 2-Acetylamido-1.4-naphthochinon. (**A. P. 2 577 093** vom 6/11. 1948, ausg. 4/12. 1951.) SCHINDLER. 4807

George A. Breon & Co., Kansas City, Mo., übert. von: **Louis H. Goodson**, Kansas City, **Robert Bruce Moffett** und **James E. Stafford**, Kalamazoo, Mich., und **Willard M. Hoehn**, Kansas City, V. St. A., *Substituierte Äthylamine der Formel* Ar_1—CH_2—CH (N = B)Ar_2, worin Ar_1 einen Phenyl- oder Methoxyphenylrest, Ar_2 einen Fluorenyl-, Acenaphthenyl- oder Anthrylrest u. N = B eine Amino-, Methylamino- oder Dialkylaminoalkylaminogruppe mit nicht $>$12 C-Atomen bedeuten. — *N-(3-Diäthylaminopropyl)-α-(5-acenaphthenyl)-phenäthylamin.* Man setzt 5-Acenaphthencarbonsäurealdehyd in Bzl. mit N.N-Diäthyl-1.3-propandiamin um u. behandelt das entstandene *N-(3-Diäthylaminopropyl)-5-acenaphthencarbonsäurealdimin* ($Kp._{0,06}$ 95—175°, sic. d. Ref.) mit $C_6H_5CH_2MgCl$. *Dihydrochlorid*, F. 151—156°. — *3-(Phenylacetyl)-acenaphthenoxim*, F. 127 bis 130°. — *α-(3-Acenaphthenyl)-phenäthylaminhydrochlorid*, F. 238—240°. — *α-(2-Fluorenyl)-phenäthylaminhydrochlorid*, F. 255—265°. — *5-(Phenylacetyl)-acenaphthenoxim*, F. 134—136°. — *α-(5-Acenaphthenyl)-phenäthylaminhydrochlorid*, F. 221°. — Die Verbb. werden als *Therapeutica* verwendet. (**A. P. 2 577 121** vom 19/11. 1948, ausg. 4/12. 1951.) LANGER. 4807

Badische Anilin- & Soda-Fabrik, Ludwigshafen/Rh., *Herstellung von Pyrrolidinen.* Durch Rk. von N-(β-Chloräthyl)-N-benzylanilin u. Pyrrolidin erhält man *N-(β-N¹-Phenyl-N¹-benzylaminoäthyl)-pyrrolidin* (I), $Kp._1$ 198—205°; *Hydrochlorid*, F. 196—197°. I erhält man auch durch Rk. von N-(β-Chloräthyl)-pyrrolidin mit N-Benzylanilin. N-(β-N¹-Phenylaminoäthyl)-pyrrolidin ergibt bei der Rk. mit $C_6H_5CH_2Cl$ gleichfalls I. — *Antihistaminica.* (**E. P. 659 730** vom 22/11. 1949, ausg. 24/10. 1951. D. Prior. 10/12. 1948.) BRÖSAMLE. 4807

Schering Corp., Bloomfield, N. J., übert. von: **Nathan Sperber**, Bronx, **Domenick Papa**, Brooklyn, N. Y., und **Erwin Schwenk**, Montclair, N. J., V. St. A., *Aryl-(2-pyridyl)-aminoalkane* der allg. Zus. Py—CH(R)—$(CH_2)_n$—R_1 erhält man durch Hydrolyse u. Decarboxylierung von Nitrilen Py—C(R)(CN)—$(CH_2)_n$—R_1 (Py = Pyridin- u. alkylsubstituierter Pyridinring, R = Phenyl-, R_1 = Dialkylamin-, Morpholin- oder Piperidingruppe, n = 2—4) mit H_2SO_4, HBr oder HCl bei 50—140°; Reaktionsdauer 6—24 Stunden. Beispiel: Aus 400 (g) α-Phenyl-α-(β-dimethylaminoäthyl)-2-pyridylacetonitril mit 80%ig. H_2SO_4 *3-Phenyl-3-(2′-pyridyl)-N.N-dimethylpropylamin* (I), $Kp._{1-2}$ 139—142°. Weiter werden hergestellt: *3-Phenyl-3-(2′-pyridyl)-N.N-diäthylpropylamin*, $Kp._1$ 156°. — *3-(p-Methylphenyl)-3-(2′-pyridyl)-N.N-dimethylpropylamin*, $Kp._{0,5}$ 130—135°. — *3-(p-Methoxyphenyl)-3-(2′-pyridyl)-N.N-dimethylpropylamin*, $Kp._{0,5}$ 137—142°. — *3-(p-Isopropylphenyl)-3-(2′-pyridyl)-N.N-dimethylpropylamin*, $Kp._1$ 144—147°. — *3-Phenyl-3-(6′-methyl-2′-pyridyl)-N.N-dimethylpropylamin*, $Kp._1$ 171—175°. — *3-(p-Bromphenyl)-3-(2′-pyridyl)-N.N-dimethylpropylamin*, $Kp._{0,5}$ 147—152°. — *3-(p-Chlorphenyl)-3-(2′-pyridyl)-N.N-dimethylpropylamin*, $Kp._1$ 142°. — *3-(o-Chlorphenyl)-3-(2′-pyridyl)-N.N-dimethylpropylamin*, $Kp._1$ 142°. — *3-(2′.3′-Dimethoxyphenyl)-3-(2′-pyridyl)-N.N-dimethylpropylamin*, $Kp._{1-2}$ 195—200°. — *3-Phenyl-3-(2′-pyridyl)-N-piperidinopropan*, $Kp._{1-2}$ 160 bis 165°. — *3-(p-Oxyphenyl)-3-(2′-pyridyl)-N.N-dimethylpropylamin*, $Kp._2$ 210°. — *3-(4″-Dimethylaminophenyl)-3-(2′-pyridyl)-N.N-dimethylpropylamin*, $Kp._{1-5}$ 183—185°. — I-*Monohydrochlorid*, F. 117—119° (aus absol. A. u. Ae.). I-*Tartrat*: F. 114—115°. — I-*Monooxalat*, F. 152—152,5° [aus $(CH_3)_2CO$]. I-*Monosuccinat*, F. 99,5—100° (aus Pentanol). I-*Monomaleinat*, F. 106—107°. — *Antihistaminica* in Salbenform oder als Injektionslösungen. (**A. P. 2 567 245** vom 10/5. 1948, ausg. 11/9. 1951.) MÜLLER-MEININGEN. 4807

American Cyanamid Co., New York, N. Y., übert. von: **Kenneth L. Howard**, Westfield, N. J., V. St. A., *Substituierte Äthylendiamine* von stark *antihistamin. Wrkg.* erhält man durch Rk. von N.N-Dimethyl-N′-[2-pyridyl]-äthylendiamin (I) mit einem p-Halogenbenzylhalogenid in Ggw. eines inerten organ. Lösungsm., z. B. aus I u. p-Brombenzylchlorid in Toluol *N.N-Dimethyl-N′-(2-pyridyl)-N′-(p-brombenzyl)-äthylendiamin*, $Kp._{1,5}$ 184 bis 190°; *Hydrochlorid*, F. 185°. Die *Hydrochloride* der entsprechenden *p-Chlorbenzyl-* u. *p-Jodbenzyl*-Verbb. schm. bei 168 bzw. 201°. (**A. P. 2 569 314** vom 17/12. 1947, ausg. 25/9. 1951.) BRÖSAMLE. 4807

Farbwerke Hoechst, vormals Meister Lucius & Brüning (Erfinder: **Gustav Ehrhart**), Frankfurt/M., *Quaternäre Verbindungen* erhält man durch Rk. von Verbb. der Formel $(C_6H_5)_2C(R)CONH_2$, wobei R ein bas. substituierter Alkylrest ist, mit Halogenmethyl. Es werden dargestellt: *Diphenylpiperidinoäthylacetamidjodmethylat, -brommethylat* u. *-chlormethylat.* — *Therapeutica* mit teils *atropin-*, teils *curareartiger* Wirkung. (**D. B. P. 858 552** Kl. 12p vom 19/12. 1950, ausg. 8/12. 1952.) BRÖSAMLE. 4807

F. Hoffmann-La Roche & Co. Akt.-Ges., Basel, Schweiz, *Darstellung substituierter Piperidooctahydrophenanthrene*, dadurch, daß Piperidooctahydrophenanthrene der allg. Formel I, worin mindestens ein Y (Y, Y', Y'', Y''') ein H-Atom, die anderen ein H-Atom oder eine gegebenenfalls funktionell abgewandelte Oxy- oder Aminogruppe oder einen Alkylrest bedeuten, nitriert, in die Aminoverb. übergeführt, diazotiert u. verkocht werden. Die OH-Verb. kann in ein funktionelles Deriv. umgewandelt werden. — Z. B. wird 1'-Methyl-piperido-[2'.3'.4':9,14.13]-1.4-dimethyl-5.6.7.8.9.10.13.14-octahydrophen- in Eisessig mit NHO_3 nitriert. Red. mit H_2 u. Pd-Kohle zur Aminoverb.; hieraus durch Diazotierung u. Verkochung die Oxyverb.; Hydrobromid, F. 313—315°. — *1'-Äthylpiperido-[2'.3'.4':9.14.13]-2- (oder 4)-oxy-5.6.7.8.9.10.13.14-octahydrophenanthrenhydrobromid*, F. 277—278°. — *1'-Methylpiperido-[2'.3'.4':9.14.13]-2-(oder 4)-3-dioxy-5.6.7.8.9-10.13.14-octahydrophenanthrenhydrobromid*, F. 248—250°, Base $C_{17}H_{23}O_2N$, F. 246—247°. — *1'-Methylpiperido-[2'.3'.4':9.14.13]-x-oxy-5.6.7.8.9.10.13.14-octahydrophenanthren*, F. 93—95°, Hydrobromid, F. 154—156°. — *1'-Methylpiperido-[2'.3'.4':9.14.13]-3-oxy-5.6.7.8.9.10.13.14-octahydrophenanthren*, F. 251—253°, durch Methylierung gewonnene Methoxyverb., F. 81—83°, Hydrobromid, F. 91—93°, Hydrobromid der entsprechenden 3-Acetoxyverb., F. 210—212°. *Morphinähnliche Wirkung.* (**D. B. P. 834246** Kl. 12p vom 16/11. 1949, ausg. 17/3. 1952. Schwz. Prior. 30/1. 1947.) Heinze. 4807

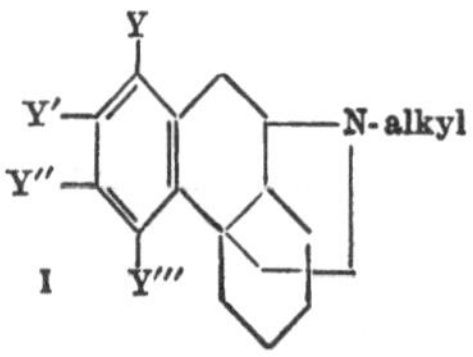

Schering Corp., Bloomfield, N. J., übert. von: **Domenick Papa**, Brooklyn, N. Y., **Erwin Schwenk** und **Erwin Klingsberg**, Montclair, N. J., V. St. A., *Halogenoxystilbazole* erhält man durch Rk. von Methylpyridinen mit aromat. Aldehyden, Red. u. Halogenierung der erhaltenen Stilbazole. — Z. B. setzt man α-Picolin in Ggw. von $(CH_3CO)_2O$ mit p-Oxybenzaldehyd zu 4'-Oxy-α-stilbazol (I) um, aus dem man durch Red. u. Jodierung *3'.5'-Dijod-4'-oxy-α-dihydrostilbazol* (*α-[3.5-Dijod-4'-oxy-β-phenäthyl]-pyridin*) erhält, F. 170 bis 171° (aus wss. A.). — Weiter werden hergestellt: *3'.5'-Dijod-2'-oxy-γ-dihydrostilbazol*, F. 146—147° (aus Chlf. u. PAe.). — *3'.5'-Dijod-2'-oxy-α-dihydrostilbazol*, F. 126—128° (aus wss. A.). — *3'.5'-Dijod-4'-oxy-γ-dihydrostilbazol*, F. 163—164°. — *3'.5'-Dijod-4'-acetoxy-6-methyl-α-stilbazol*, F. 188—189°. — *3'.5'-Dijod-4'-oxy-6-methyl-α-stilbazol*, F. 201 bis 202°. — *α.α'-Bis-(3.5-dijod-4-oxyphenäthyl)-pyridin*, F. 180—181°. — *α-(3.5-Dijod-4-acetoxystyryl)-chinolin*, F. 187—189°. — *α-(3.5-Dijod-4-oxystyryl)-chinolin*, F. 250° (Zers.). — *3'.5'-Dibrom-2'-oxy-α-dihydrostilbazol*, F. 116,5—117,5°. — *3'.5'-Dichlor-2'-oxy-α-dihydrostilbazol*, F. 116,5—117°. — Red. von I in Ggw. von Raney-Ni in A. bei 1500 lbs./sq.in. u. 80—100° → *4-[β-(2-Piperidyl)-äthyl]-cyclohexanol*, F. 176—177°. *p-[β-(2-Piperidyl)-äthyl]-phenol*, F. 199—200° (aus Toluol). — Kaum oder nicht tox. *Baktericide* bes. gegen *Amöbeninfektionen*. (**A. P. 2 558 777** vom 15/10. 1946, ausg. 3/7. 1951.) Müller-Meiningen. 4807

Badische Anilin- & Soda-Fabrik (Erfinder: **Wilhelm Friedrichsen**), Ludwigshafen/Rh. *Sulfonamide der 1.3-Dioxanreihe*. 1.3-Dioxane, die prim. oder sek. NH_2-Gruppen enthalten, werden mit Sulfonsäurehalogeniden der Benzolreihe umgesetzt, die eine NH_2-Gruppe oder eine in eine NH_2-Gruppe umwandelbare Gruppe enthalten. *4-N-Acetylaminobenzol-1-sulfonsäureamid* des *4-ω-Aminomethyl-4-methyl-1.3-dioxans*, F. 152°, u. des *Amino-4-methyl-1.3-dioxans*, F. 134°. — *Heilmittel.* (**D. B. P. 858 565** Kl. 12q vom 4/12. 1948, ausg. 8/12. 1952.) Fabel. 4807

Burroughs Wellcome & Co., Inc., übert. von: **George H. Hitchings**, Tuckahoe, und **Elvira A. Falco**, New Rochelle, N. Y., V. St. A., *5-Benzyl-2.4-diaminopyrimidine* erhält man durch Rk. von α-Formylhydrozimtsäureestern oder α-Benzylacetessigestern mit Guanidin u. anschließende Chlorierung u. Aminierung des erhaltenen Aminooxypyrimidins. Es wird z. B. über das 2-Amino-4-oxy-5-(p-chlorbenzyl)-pyrimidin das *2.4-Diamino-5-(p-chlorbenzyl)-pyrimidin*, F. 205—208°, dargestellt. Analog: *2.4-Diamino-5-(p-chlorbenzyl)-6-methylpyrimidin*, F. 236°; *2.4-Diamino-5-(p-brombenzyl)-6-methylpyrimidin*, F. 240°; *2.4-Diamino-5-nitrobenzylpyrimidin*, F. 239°; *2.4-Diamino-5-(p-nitrobenzyl)-6-methylpyrimidin*, F. 241°. — *Antimalariamittel.* (**A. P. 2 579 259** vom 26/9. 1950, ausg. 18/12. 1951.) Brösamle. 4807

Wellcome Foundation Ltd. (Erfinder: **George Herbert Hitchings** und **Peter Byrom Russell**), London, England, *Herstellung von Pyrimidinverbindungen*, dadurch, daß ein 2-Mercapto-4-aminopyrimidin (I) der allg. Formel II, worin R für H, einen Alkyl-, Aryl- oder Aralkylrest ist, welcher entweder durch Cl oder Br oder durch Alkyl- oder Alkoxygruppen substituiert sein kann, wobei der substituierte oder nichtsubstituierte Rest nicht mehr als 8 C-Atome enthält, R_1 gleich H, Alkyl-, Aryl-, Aralkyl-, substituiertem Aryl-, substituiertem Aralkyl-, Oxyalkyl- oder Dialkylaminoalkylrest ist, der nicht mehr als 20 C-Atome enthält, R_2 H oder CH_3 ist oder R_1 u. R_2 zusammen Teile

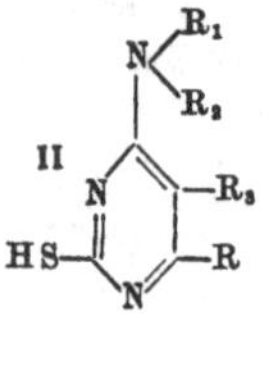

eines cycl. Syst. bilden können, R_3 dieselbe Bedeutung hat wie R u. nicht mehr als 10 C-Atome enthält oder R_3 u. R zusammen Teile eines cycl. Syst. bilden können, wobei mindestens einer der Reste R_2 u. R_3 stets H ist, mit Chloressigsäure (**III**) behandelt wird. Die Kondensationspartner werden gegebenenfalls mit W. erhitzt u. dann gekühlt. — Z. B. werden 1 (g) 2-Mercapto-4-tetradecylaminopyrimidin u. 0,5 **III** mit 25 W. 1,5—2 Std. am Rückfluß gekocht. *2-Carboxymethylmercapto-4-tetradecylaminopyrimidin*, F. 118—119°; oder 2-Mercapto-4-anilinopyrimidin u. **III** → *2-Carboxymethylmercapto-4-anilinopyrimidin*, F. 199°; oder **I** u. **III** → *2-Carboxymethylmercapto-4-aminopyrimidin*, F. 220°; oder 2-Mercapto-6-methyl-4-aminopyrimidin u. **III** → *2-Carboxymethylmercapto-6-methyl-4-aminopyrimidin*, F. 256°; oder Mercapto-6-methyl-anilinopyrimidin, **III** u. W. → *2-Carboxymethylmercapto-6-methyl-4-anilinopyrimidin*, F. 188°. — *2-Carboxymethylmercapto-4-(p-methoxyanilino)-pyrimidin*, F. 118—119°; *2-Carboxymethylmercapto-5-methyl-4-anilinopyrimidinhydrochlorid*, F. 210°; *2-Carboxymethylmercapto-4-piperidinopyrimidinhydrochlorid*, F. 199°. — *Therapeut. Wirkung.* (**D. B. P. 837 097** Kl. 12p vom 10/9. 1949, ausg. 21/4. 1952. A. Prior. 9/9. 1948.) HEINZE. 4807

C. H. Boehringer Sohn (Erfinder: **Georg Scheuing** und **Wilhelm Konz**), Ingelheim/Rh., *Herstellung von Xanthin* oder *Alkyl-* u. *Arylxanthinen* durch Red. der 5-Isonitrosopyrimidinverbb. mit S-haltigen Reduktionsmitteln in Ggw. von Ameisensäureamiden bei Tempp. über 100°. — Z. B. werden 1700 (Teile) 2.6-Diketo-4-imino-5-isonitrosohexahydropyrimidin in der 5—10fachen Menge Formamid unter Zusatz von 5% Ameisensäure u. 375 $Na_2S_2O_5$ umgesetzt. Ausbeute 1450 *Xanthin.* — Weiteres Beispiel für Theophyllin. (**D. B. P. 834 105** Kl. 12p vom 1/11. 1949, ausg. 17/3. 1951.) HEINZE. 4807

Knoll Akt.-Ges. Chemische Fabriken, Ludwigshafen/Rh. (Erfinder: **Günter Hanisch**, Mannheim), *Herstellung haltbarer wässeriger Lösungen von Salzen des Strychninoxyds* (**I**), dad. gek., daß man auf **I** eine niedermol., einbas., organ. Säure in einem Überschuß von mindestens 1 Mol in Ggw. von W. unter gelindem Erwärmen einwirken läßt. Nach den Beispielen werden wasserlösl. Salze des **I** mit Milch-, Essig-, Propion- u. Acrylsäure erhalten. (**D. B. P. 848 497** Kl. 12p vom 15/3. 1944, ausg. 4/9. 1952.) SCHINDLER. 4807

Merck & Co., Inc., übert. von: **Frank R. Koniuszy**, Rahway, **Norman G. Brink** und **Karl Folkers**, Plainfield, N. J., V. St. A., *Mittel gegen perniciöse Anämie* mit hohem LLD-Faktor. Rohleberkonzentrat wird in angesäuertem W. (p_H 1) gelöst u. mit Amylphenol extrahiert. Der abgetrennte Extrakt wird dann mit $NaHCO_3$-Lsg. gewaschen, mit PAe. verd. u. mit W. extrahiert. Dieser Wasserextrakt wird anschließend mit Mesityloxyd, dann mit Chlf. gewaschen u. mit Benzylalkohol extrahiert. Dieser Extrakt wird nun mit Chlf. verd. u. mit W. extrahiert, Benzylalkoholreste werden mit Chlf. entfernt u. der Wasserextrakt konzentriert. Das Rohleberkonzentrat kann zuvor chromatograph. über Al_2O_3 gereinigt werden. (**A. P. 2 594 314** vom 5/11. 1948, ausg. 29/4. 1952.) SCHINDLER. 4809

G. Analyse. Laboratorium.

Ernst Jäger, *Ein automatischer Probenehmer und Dosierapparat.* Vf. beschreibt einen automat. Probenehmer für kontinuierliche Probeentnahmen. (Zucker **5.** 96—97. 1/3. 1952.) MOSLÉ. 5012

Oskar Landgren, *Über die Bedeutung des Nachlaufens beim Kalibrieren und Gebrauch von Büretten.* Vf. erläutert an Beispielen den Einfl. beim Ablaufen von Büretten auf die wirklichen gegenüber den an der Skala abgelesenen Werten u. beschreibt, wie eine passende Korrektur angebracht werden kann. (Farmac. Revy **51.** 623—26. 3/10. 1952. Malmö, Apoteket Lejonets Analytiska Labor.) GEITZ. 5014

H. J. Svec, *Verhalten von Platin/Platin–Rhodium-Thermoelementen bei hohen Temperaturen.* Bei der längeren Verwendung von Pt/Pt–Rh-Thermoelementen in Vakuumöfen bei 1—50 μ Hg-Druck u. Tempp. von 1500—1600° wurde ein Dünnerwerden des Drahtes u. ein Absinken der EMK. beobachtet. Eine chem. Analyse ergab eine Abnahme des Rh-Geh. in der Legierung von 13%. — Die Thermoelemente waren mit Alundum oder BeO isoliert. Bei Verwendung von BeO wurde Erosion des Isolators an den heißesten Teilen u. Kondensation von Be-Metall in dem kühleren Teil des Isolators beobachtet. Auch bei Verwendung von Alundum trat Erosion auf, doch wurden die Reaktionsprodd. nicht untersucht, da auch keine definierten kristallinen Kondensate beobachtet wurden. (J. sci. Instruments **29.** 100. März 1952. Ames, Iowa, State Coll., Inst. for Atomic Res.) GOTTFRIED. 5016

H. Umstätter, *Laboratoriumsthermostaten.* Vf. hat einen Diathermostaten mit direkter elektr. Beheizung, vollautomat. Elektronenrelais-Steuerung u. automat. Kühlwasserflußregler entwickelt. Die Temperaturkonstanz beträgt bis zu ±0,005° bei einer Anheizdauer von 8 Min. von Zimmertemp. auf 50° (Temperierwassermenge nur ca. 5 Liter).

Bei Anwendung einer Transitronschaltung (Thyratronrelais) kann im Bereich von Zimmer- u. Körpertemp. zur Zeit eine Temperaturkonstanz von $\pm 0,002^0$ erreicht werden. Derartige Apparate sind als Zusatzgeräte zum n. Diathermostaten herstellbar. (Arch. techn. Messen **1952**. 187—90. Aug. Berlin-Dahlem.) Oppermann. 5046

P. Bordet, *Anordnung zur Untersuchung in konvergentem polarisiertem Licht.* Es wird eine Anordnung beschrieben, die die Unters. in konvergentem Licht mit einem Mikroskop ohne Kondensator u. mit einem schwachen Objektiv gestattet. Auf den drehbaren Mikroskoptisch bringt man zunächst ein auf beiden Seiten matt geschliffenes Glasplättchen, hierauf die zu untersuchende Probe, die von einem Objektträger bedeckt wird. Auf diesen wird eine Halbkugel von ca. 3 mm Durchmesser aufgeklebt. Beim Heben des Objektivs beobachtet man im polarisierten Licht die Interferenzfigur des konvergenten Lichtes; beim Senken des Objektivs erscheint das stark vergrößerte Bild des untersuchten Kristalls. (Bull. Soc. franç. Minéralog. Cristallogr. **74**. 493—94. Juli/Dez. 1951. Paris, Inst. Catholique, Labor. de Minéralogie.) Gottfried. 5056

J. L. Anderson, *Bestimmung der Dicke von Dünnschliffen mit dem U-Tisch.* Die Meth. beruht darauf, die opt. Achse eines Quarzes in dem Dünnschliff in die horizontale Ebene zu bringen. In dieser Lage läßt sich ein genauer Wert der Verzögerung bestimmen. Da die Doppelbrechung (n_2-n_1) von Quarz 0,009 ist, kann die Verzögerungsformel $R = t(n_2-n_1)$ benutzt werden, um die Dicke des Dünnschliffs zu berechnen. Es wird ein Nomogramm mitgeteilt, mit dessen Hilfe man aus der bestimmten Verzögerung u. der Drehung der A_2-Achse die Dicke des Schliffes ablesen kann. (Amer. Mineralogist **36**. 622—24. Juli/Aug. 1951. Baltimore, Md., Johns Hopkins Univ.) Gottfried. 5056

H. U. Zollinger, *Zur Technik der intravitalen Phasenmikroskopie.* Beschreibung einer Zusatzapp. zur Phasenmikroskopie von Zellen im Gewebsverband. (Experientia [Basel] **8**. 78—79. 15/2. 1952. Zürich, Univ., Pathol. Inst.) Loch. 5056

N. Albon und **D. Gross**, *Ein temperaturkonstanter Trockenofen für quantitative Chromatographie.* Durch Temperaturdifferenzen während des Trocknens der besprühten Chromatogramme können unterschiedliche Farbintensitäten auftreten, die zu Fehlern bei der quantitativen Best. führen. Es wird ein Trockenofen beschrieben, dessen Temperaturschwankungen nicht mehr als 2^0 betragen. (Analyst **77**. 406—09. Aug. 1952. Keston, Kent, Res. Labor.) Kaiser. 5062

K. Satake, *Über einige Verfahrensweisen der Chromatographie.* Zusammenfassende Darlegung der Ausführungsformen u. theoret. physikal. Grundlagen der *chromatograph. Verff.*, von denen 8 aufgeführt sind: Säulenchromatographie (SCh.), „Chromato-bar" (nach Miller u. Kirchner, 1951), Chromato-Streifen (Pinselmeth., nach Okami, 1951), Papierchromatographie, Chromato-pile (nach Mitchell, Haskins, 1949), zweidimensionale Papierchromatographie, Radialchromatographie, Flüssigkeitschromatographie (eine Variante der SCh.). — 36 Literaturangaben. (Kagaku [Science] **22**. 332—39. Juli 1952. [Orig.: japan.]) Schuler. 5062

Harry Svensson, *Eine Methode zur Erzeugung von Rayleigh-Interferenzfiguren hoher Intensität und Streifenzahl.* Das Interferometer arbeitet mit zwei kohärenten Lichtstrahlen. Durch Ersatz des Lichtspaltes durch einen Raster konnten Interferenzfiguren einer prakt. unbegrenzten Streifenzahl u. höherer Intensität als bisher dargestellt werden. Durch Einsetzen des vertikalen Rasters hinter einen horizontalen Spalt können Interferenzfiguren erzielt werden, die für die opt. Analyse von Systemen, in denen mehrere Komponenten aneinander grenzen, für Probleme der Elektrophorese, Sedimentation u. Adsorptionsanalyse angewandt werden können. (Acta chem. scand. **5**. 1301—10. 1951. Stockholm, Labor. of LKB-Produkter Fabriksaktiebolag.) Lindberg. 5063

H. V. Knorr, *Physikalische Methoden in der qualitativen und quantitativen chemischen Analyse.* Zusammenfassender Fortschrittsbericht über Absorptions- u. Emissionsspektroskopie, Massenspektrographie u. radioakt. Messungen. (Ohio J. Sci. **52**. 113—14. Mai 1952. Yellow Springs, O., Charles F. Kettering Found., Antioch Coll.) Weitbrecht. 5063

L. J. Edwards, *Ein Zellenhalter mit Wassermantel zur Verwendung an dem mittleren Quarz-Ultraviolett-Spektralphotometer von Hilger.* Beschreibung des Gerätes, das gestattet, Absorptionsküvetten mit einem Thermostaten zu temperieren, so daß der Ablauf von Rkk. durch die Veränderung des Absorptionsspektr. verfolgt werden kann. (Chem. and Ind. **1952**. 779. 9/8. Betchworth, Surrey, Phys. Dep., Beecham Res. Labors., Ltd.) Eichhoff. 5063

Stéphane Robin, *Apparatur zur Untersuchung der spektrographischen Absorption in bis zu 1200 kg/cm² komprimierten Gasen.* Es werden Apparaturen beschrieben, die die Ermittlung der Auflsg. fester Stoffe in komprimierten Gasen (N_2, Ar, H_2) sowie deren Einfl. auf Linienbreite u. -verschiebung mittels Absorptionsmessungen im Sichtbaren, im mittleren u. im Schumann-UV ermöglichen. N_2 u. Ar werden in bis 1200 kg/cm² komprimiertem Zustand durch Entspannung des vorher unter 150 kg/cm² in Stahlgefäßen bei der Temp. der fl. Luft verflüssigten Gases erhalten. Für die Kompression des H_2 wird eine besondere Anordnung mit Öldruckpumpe benutzt. Schließlich werden Projektierungen einer App. zur Unters. des Druckeinfl. auf die Absorption an Hydraziden u. einer App. für Drucke bis 5000 kg/cm² beschrieben. (J. Chim. physique Physico-Chim. biol. **48.** 415—22. Sept./Okt. 1951. Paris, Fac. des Sci., Labor. de Phys.-Enseignement, u. Bellevue, Labor. de Hautes Pressions.) Rudolph. 5063

I. A. Black, *Anwendung der Seidel-Transformation auf die Bestimmung des Intensitätsverhältnisses durch den Abstand von Schwärzungskurven.* Durch Verwendung der Seidel-Transformation läßt sich das Auswerteverf. über den Abstand von Schwärzungskurven wesentlich vereinfachen. Es wird eine einfache Meth. zur Auftragung von Seidel-Werten aus den Galvanometerablesungen u. zur Messung der Abstände von Linien- u. Untergrundschwärzungskurven angegeben. (Spectrochim. Acta [London] **4.** 519—24. 1952. Aberdeen, Macaulay Inst. for Soil Res., Dep. of Spectrochem.) Eichhoff. 5063

K. S. Tetlow, *Infrarotabsorptionszelle für flüchtige Flüssigkeiten.* Beschreibung der Zelle. (J. sci. Instruments **28.** 322—23. Okt. 1951. Stevenston, Ayrshire, Imp. Chem. Ind., Nobel Div., Res. Dep.) Gottfried. 5064

E. J. King und **S. Ventura,** *Lichtfilter aus gefärbtem „Perspex".* Vff. empfehlen an Stelle von gefärbten Glas- oder Gelatinefiltern für visuelle u. photoelektr. Photometer gefärbte Filme von „Perspex" (durchsichtiges Polymethylmethacrylat). Da die violetten, grünen u. blauen Perspexfilter stark durchlässig sind für rotes u. infrarotes Licht, verwenden Vff. Kombination von Perspexfiltern mit rotabsorbierenden Ilford Gelatinefiltern 803. Durch geeignete Kombination wurden Filter erhalten, die das ganze sichtbare Spektr. umfaßten. Die Gelatinefilter werden zum Gebrauch zwischen 2 Perspexfiltern angebracht. (Nature [London] **168.** 702. 20/10. 1951. London, Postgraduate Med. School.) Gottfried. 5064

E. R. Roberts und **J. S. Meek,** *Die vibrierende Elektrode bei polarographischen Bestimmungen von Alkylperoxyden.* Vff. berichten über die Entw. einer vibrierenden Mikrodoppelelektrode aus Pt unter Verwendung eines Lautsprecher–Schwingspul-Syst. als Antrieb mit einer Amplitude von mehreren mm, wobei die Elektroden abwechselnd in gleichen Zeitabständen (0,2—5 Sek.) polarisiert u. depolarisiert werden können. Nach der polarograph. Erprobung der Vorr. an $CdSO_4$-Lsgg. wird damit die kathod. Red. von *Äthylhydroperoxyd* im Konzentrationsbereich von 0,0001—0,0015 mol. mit 0,01 mol. LiCl als Trägerelektrolyt untersucht. Man erhält bei Konzz. zwischen 0,0001 u. 0,001 mol. eine lineare Abhängigkeit der Wellenhöhe von der Konzentration. (Analyst **77.** 43—46. Jan. 1952. London, Imp. Coll. of Sci. and Technol.) Weitbrecht. 5066

a) Elemente und anorganische Verbindungen.

William I. Stephen, *Analysen für die Industrie.* Besprochen wird die Verwendung von metall. Reduktionsmitteln u. -methoden in der analyt. Chemie. In diesem Zusammenhang wird die Verwendung des *Zn* u. des *Ag* als Reduktionsmittel behandelt u. dann die Best. des *Mo* u. des *Ti* beschrieben. — 17 Literaturzitate. (Ind. Chemist **28.** 13—15. Jan. 1952.) P. Eckert. 5100

William I. Stephen, *Analysen für die Industrie.* (Vgl. vorst. Ref.) Beschrieben wird die Verwendung von Metallen als Reduktionsmittel, bes. für Betriebsanalysen. Als Reduktionsmittel werden *Ag* u. *Cd* angeführt, deren Vorbehandlung für Reduktionszwecke eingehend besprochen wird. — 16 Literaturzitate. (Ind. Chemist **28.** 55—57. Febr. 1952.) P. Eckert. 5100

William I. Stephen, *Analysen für die Industrie.* (Vgl. vorst. Ref.) An Hand der Literatur (18 Zitate) werden metall. Reduktionsmittel sowie für die techn. Analyse bes. geeignete Reduktionsmethoden besprochen. In diesem Zusammenhang werden die verschied. Verff. zur Best. von U u. Cu, die Best. von V durch Red. mittels Ag, eine abgewandelte Pb-Reduktionsmeth. sowie die Best. von Fe behandelt. (Ind. Chemist **28.** 107—09. März 1952.) P. Eckert. 5100

A. J. Nutten und **W. I. Stephen,** *Untersuchungen über die Trennung von Phosphat in der elementaren qualitativen Analyse mit der Titanmethode.* 2. Mitt. *Verwendung von Chromotropsäure und Wasserstoffperoxyd für den Nachweis von überschüssigem Reagens.* (1. vgl. C. **1951.** I. 1353.) Zum Nachw. eines Überschusses an Ti-Reagens beim Fällen von Phosphat in der qualitativen Analyse wenden Vff. *Chromotropsäure* (*1.8-Dioxynaphthalin-3.6-disulfonsäure*) (I) bzw. H_2O_2 (II) an. Nach der Fällung des Ti-Phosphats werden einige Tropfen Filtrat auf Ti mit 1%ig. I-Lsg. oder 3%ig. II getüpfelt. In Ggw. gefärbter Ionen ist der Nachw. mit I auf Filterpapier anzuwenden. (Analytica chim. Acta [Amsterdam] **5.** 448—49. Okt. 1951. Birmingham, Univ., Dep. of Chem.) Weitbrecht. G 264

A. A. Smales, *Die Bestimmung von Strontium im Meerwasser durch Kombination von Flammenphotometrie und Radiochemie.* Man setzt eine bekannte Menge durch langsame Neutronenbestrahlung aktivierte, ^{89}Sr-haltige $SrCl_2$-Lsg. zu der Meerwasserprobe u. bestimmt den Anteil des auf Zusatz von $BaCl_2$ mit dem $BaSO_4$ gefällten Sr durch die Abnahme der Aktivität des Filtrates u. andererseits auf flammenphotometr. Wege die Sr-Menge, die zum $BaSO_4$-Filtrat zugesetzt werden muß, um die ursprüngliche Sr-Emission wieder herzustellen. Danach kann der ursprüngliche Sr-Geh. einfach errechnet werden. Durch Ggw. von Na u. Mg in Mengen entsprechend ihrem Geh. im Meerwasser wird die Sr-Emission etwas vermindert, jedoch sind kleine Änderungen der Acidität, des Cl-, SO_4- u. Ca-Geh. ohne Einfluß. (Analyst **76.** 348—55. Juni 1951. Harwell, Berks., Atomic Energy Res. Establ.) Manz. G 284

J. P. Mehlig und **A. P. Guill,** *Dithizon als Indicator bei der titrimetrischen Bestimmung von Zink mit Ferrocyanid.* Dithizon bildet mit Zn einen rosa gefärbten Komplex. Zur Durchführung der titrimetr. Best. wurden 0,5 g Zn-Erz in einer Mischung von konz. HNO_3 u. HCl (1 : 1) gelöst, nach Eindampfen zu sirupartiger Konsistenz 100 ml W. zugefügt u. die Lsg. mit 6mol. NaOH nahezu neutralisiert. Die Entfernung von Fe erfolgte durch doppelte Fällung mit 6mol. NH_4OH. Die Lsg. wurde in einen 1 Liter-Meßkolben filtriert, nach Neutralisierung mit 6mol. HCl, bis der anfangs sich bildende Nd. von $Zn(OH)_2$ sich gerade wieder auflöste, durch Zusatz von 30 ml einer K-Phthalatlsg. (100 g K-Phthalat/Liter) auf p_H 4 gebracht, dann bei 20° mit dest. W. aufgefüllt u. sorgfältig geschüttelt. Die Titration wurde in einem Erlenmeyer-Kolben unter Vorlage von 20 ml der Ferrocyanidlsg. (1 ml entspricht 0,0003042 g Zn) mit der Zn-Lsg. durchgeführt, wobei der Indicator (7 mg Dithizon in 100 ml CCl_4) kurz vor dem Umschlagspunkt zugesetzt u. die Titration tropfenweise mit einer Pause von je 15 Sek. zu Ende gebracht wurde. Diese Zeit ist zur Bldg. des rosa gefärbten Komplexes erforderlich, da sonst Fehler entstehen. Zur Kontrolle durchgeführte gravimetr. Zn-Bestimmungen mit Phosphat differierten mit den Werten der Titration um nur 0,02%. Der mittlere Fehler der Einzeltitrationen betrug 0,04%. (Analytic. Chem. **23.** 1876—77. Dez. 1951. Corvallis, Oreg., Oregon State Coll.) Schlegel. G 288

S. Tribalat, I. Pamm und **M. L. Jungfleisch,** *Colorimetrische Bestimmung von Rhenium in Naturprodukten.* Um Spuren von Re in Mo-Mineralien bestimmen zu können, überprüfen u. bestätigen Vff. einmal die Gültigkeit des Beerschen Gesetzes für die Lsg. des Re–SCN-Komplexes in *Isoamylalkohol* (I) bei einer Wellenlänge von 430—440 mμ im Konzentrationsbereich zwischen $8 \cdot 10^{-7}$ u. $2 \cdot 10^{-4}$ g Re/Liter, zum andern untersuchen sie die Extrahierbarkeit der Verb. *Tetraphenylarsoniumperrhenat* mit Chlf. zur Abtrennung von Mo. Daraus wird folgendes Verf. entwickelt: 1 g Molybdänglanz wird mit rauchender HNO_3 aufgeschlossen u. mit konz. HCl mehrfach abgeraucht. In einem aliquoten Teil der auf ein p_H 8—9 gebrachten Lsg. wird Re durch Zugabe einer 2%ig. wss. Lsg. von Tetraphenylarsoniumchlorid als $(C_6H_5)_4AsReO_4$ gefällt u. der Nd. mit Chlf. extrahiert. Nach dem Trocknen mit $CaCl_2$ wird die Chloroformlsg. bis auf 0,2 ml eingeengt, mit Ae. aufgenommen u. wieder auf 1,5 ml eingedampft. Dann gibt man nacheinander 0,3 ml konz. HCl, 0,2 ml 20%ig. KSCN-Lsg. u. 0,25 ml einer Lsg. von 100 g $SnCl_2 \cdot aq$ in 100 ml 12n HCl zu, schüttelt nach 15 Min. mit I aus u. kann den Re-Geh. nach weiteren 15 Min. colorimetr. bestimmen. Bei Gehh. von ca. 0,01% Re ist die Genauigkeit $< 2\%$. (Analytica chim. Acta [Amsterdam] **6.** 142—48. Febr. 1952. Paris, Fac. des Sci., Labor. de Chimie-Physique.) Weitbrecht. G 352

b) Organische Verbindungen.

C. O. Willits, Constantine Ricciuti, H. B. Knight und **Daniel Swern,** *Polarographische Studien an sauerstoffenthaltenden Verbindungen. Funktionelle Gruppen autoxydierter Produkte.* Zur qualitativen u. quantitativen Best. von sauerstoffenthaltenden Verbb., bes. solcher mit Gruppen, die in autoxydierten Fetten u. Ölen vorkommen, verwenden Vff. eine nichtwss. Elektrolytlsg. aus LiCl in Bzl.–Methanol. Die jeweils erhaltenen polarograph. Daten sind dabei nur von der Struktur der sauerstoffenthaltenden Gruppen u. nicht von der Verb. als Ganzem abhängig. Die App. zur Ausführung der Messungen wird beschrieben. Als günstigste Bedingungen für die Messungen werden gefunden: 0,700 bis 2,831 sec/Tropfen Hg; Temp. 25°; angewandtes Potential innerhalb 0,00 bis —1,50 V, über —1,5 V ändert sich die Diffusionsstromkonstante proportional mit dem angewandten Potential, letzteres muß dann bei der Berechnung der Diffusionsstromkonstante berücksichtigt werden; Konz. der zu untersuchenden Substanzen, Hydroperoxyd nicht über 30, Peroxyde u. Diketone nicht über 10, Aldehyde u. Ketone mit konjugierter Doppelbindung nicht über 3 Millimol/Liter. Nicht bestimmen — weil unter den gegebenen Bedingungen

nicht reduzierbar — lassen sich Epoxy- (Oxiran), Oxy-, Dioxyverbb., gesätt. Aldehyde u. gesätt. Ketone. Es wird eine Formel angegeben, nach der man die Reinheit von Hydroperoxyden in % auf Grund einer polarograph. Messung berechnen kann. Die Möglichkeit dieser Berechnung beruht auf der direkten Proportionalität der Stufenhöhe im Polarogramm zur Konz. der zu untersuchenden Substanz. Die Halbstufenpotentiale (in V) (bzw. die Diffusionsstromkonstanten) betragen für Hydroperoxyde —0,61 bis —0,96 (5,8—5,9); Peroxyde 0,00 bis —0,19 (3,0—3,1); ungesätt. Aldehyde —1,55 bis —1,58 (2,4); Diketone —0,78 bis —0,90 (4,1—4,7) u. ungesätt. Ketone —1,56 bis —1,79 (2,1—3,2). (Analytic. Chem. **24**. 785—90. Mai 1952. Philadelphia, Pa., Eastern Reg. Res. Labor.)
BARCHET. G 700

B. E. Gordon, Fred Wopat jr., H. D. Burnham und **L. C. Jones jr.**, *Analyse von Gemischen von Aldehyden und Ketonen.* Zur Analyse von Gemischen von *Aldehyden* (I) u. *Ketonen* (II) der Reihe C_1—C_4 wird die chromatograph. Trennung der I u. II-*2.4-Dinitrophenylhydrazone* u. deren colorimetr. Best. angewendet. Von einer Anzahl geprüfter Adsorbentien erwies sich eine Mischung aus 2 Teilen Kieselsäure u. 1 Teil Celit-Filterhilfe als am besten geeignet; als Lösungsm. dient Chlf., als Entwicklungs-Fl. ein PAe.-Ae.-Gemisch. Als Reihenfolge der Adsorbierbarkeit der 2.4-Dinitrophenylhydrazone ergab sich: $CH_2O > CH_3CHO > CH_3COCH_3 > C_2H_5CHO > CH_3COC_2H_5 = n\text{-}C_3H_7CHO > (CH_3)_2CHCHO$. Beispiele für gelungene Trennungen werden angeführt. Die spektrophotometr. Best. der I- u. II-Dinitrophenylhydrazone erfolgt in Chloroformlsg. bei 356 mμ. Zur einwandfreien Identifizierung der Dinitrophenylhydrazone, die durch Best. der FF. u. Misch.-FF. nicht befriedigend ist, werden die Röntgenbeugungsdaten, die für die Dinitrophenylhydrazone der oben angeführten I u. II wiedergegeben sind, herangezogen. Ausführung der Best.: 10 ml einer ca. 1 mÄquivalent I u. II enthaltenden alkoh. Lsg. werden unter Rühren zu 100 ml einer gesätt. Lsg. von 2.4-Dinitrophenylhydrazin in 2 n HCl gegeben; der Nd. wird nach 1 std. Stehen bei 0° abgesaugt, mit 100 ml W. gewaschen, getrocknet u. gewogen. 35—60 mg des Dinitrophenylhydrazongemisches werden in 10—20 cm³ Chlf. gelöst u. auf eine 20 cm-Säule aus Kieselsäure–Celit (2 : 1) (vorher 24 Std. bei 170—200° aktiviert) gegeben. Nach der Adsorption der Chloroformlsg. gibt man 50 ml PAe. auf die Säule u. dann 250 cm³ Entwicklungs-Fl. (2% Ae. in PAe.). Sobald Zonentrennung eintritt, wird der Ae.-Geh. des PAe.-Ae.-Gemisches erhöht (bis zu 10%). Die getrennt aufgefangenen, den einzelnen Zonen entsprechenden Fraktionen werden eingedampft. Der Rückstand wird in Chlf. gelöst u. mit Chlf. zu einem solchen Vol. verd., daß die folgende Best. der Extinktion bei 356 mμ einen Wert von ca. 0,2—0,6 ergibt. Die Extinktionskoeffizienten der Dinitrophenylhydrazone obengenannter I u. II sind wiedergegeben. (Analytic. Chem. **23**. 1754—60. Dez. 1951. Wood River, Ill., Shell Oil Co., Inc., Res. Labors.)
K. F. MÜLLER. G 700

Sherman R. Dickman, *Photometrische Bestimmung von Aconitsäure mit Kaliumpermanganat.* Die Bldg. von MnO_2 bei der Oxydation von *Aconitsäure* (I) mit $KMnO_4$ wird durch Zusatz von HPO_3 vermieden, es ergibt sich eine klare rosa Lsg., in der sich die Entfärbung leicht colorimetr. verfolgen läßt. Da die Rk. keinen festen Endpunkt hat, wird die Best. mit 2 Standardlsgg. von I gleichzeitig durchgeführt, von denen auf die unbekannte Lsg. extrapoliert wird. Der zeitliche Verlauf der Entfärbung wird durch reproduzierbare Gerade dargestellt. Zur Best. wird eine Lsg. mit einem Geh. von 0,05 bis 0,2 Mikromol. I benötigt, ferner eine 10%ig. Lsg. von HPO_3 u. 0,004n $KMnO_4$. NaF verhindert die Bldg. von MnO_2, aber nicht die induzierte Oxydation von Citronensäure. $H_4P_2O_7$ verhält sich ähnlich wie HPO_3, beschleunigt aber die Entfärbung. Folgende Verbb. (bis zu 1 μMol) stören nicht bei Ggw. von HPO_3 bei einer Konz. von 0,1 μMol I: α-Ketoglutarsäure, Äpfelsäure, Weinsäure, Brenztraubensäure, Citronensäure, Isocitronensäure, Malonsäure, Oxalsäure, Fructose u. Glucose. Dagegen entfärben bei der gleichen Konz. sehr schnell: Ascorbinsäure u. Oxalessigsäure. Eiweiß wird vor der Best. mit HPO_3 gefällt u. abzentrifugiert. Nach der gleichen Meth. können andere ungesätt. Verbb., wie *Allylalkohol, Itaconsäure, Crotonsäure, Maleinsäure, Fumarsäure* u. a., bestimmt werden. (Analytic. Chem. **24**. 1064—66. Juni 1952. Salt Lake City, Utah, Univ. of Utah.)
H.-J. KOCH. G 830

L. M. Kulberg und **I. Ss. Musstafin**, *Spezifische Reaktionen und Methoden in der organischen Analyse.* 1. Mitt. *Nachweis und quantitative Bestimmung von Piperidinspuren in Gegenwart von Pyridin.* DILTEY u. WIZINGER fanden (Ber. dtsch. chem. Ges. **59**. [1926.] 1856), daß *Piperidin* (I) im Gegensatz zu *Pyridin* (II) mit einigen *Triphenylmethanfarbstoffen* (III) farblose Komplexverbb. bildet. Vff. stellten fest, daß außer I u. NH_3 (vgl. CERNĂLESCU u. PONI, C. **1942**. II. 1900) auch *Äthylendiamin* u. *Monoäthanolamin* mit III farblose Komplexe bilden. Weiterhin wurde festgestellt, daß eine Reihe anderer Amine u. organ. Basen, wie *Diisoamylamin, Diisobutylamin, Isobutylamin, Lutidin,*

Isobutylpiperidin, Tetramethylpyridin, Trimethylpyridin, Diäthanolamin, Triäthanolamin u. sein *Triacetat* sowie *Monoäthanolamindiacetat* u. *-N-monoacetat*, mit III nicht reagieren. So nimmt Vf. an, daß die Wechselwrkg. zwischen I u. III eine Entfärbung des Farbstoffes hervorruft, die als Grundlage für eine spezif. Nachweis- u. Bestimmungsmeth. des I in Ggw. von II u. seiner Homologen dienen kann. Die störende Wrkg. von NH_3 (techn. Prod.) bei der Rk. kann eliminiert werden. III, wie *Kristallviolett* u. *Fuchsin*, bilden mit I durch W. leicht zersetzliche Komplexe. *Malachitgrün* bildet mit I (nicht aber mit NH_3) eine wasserbeständige Komplexverb. vom Typ der Carbinolbasen. Bei der Rk. tritt Entfärbung des Malachitgrüns ein. Diese Meth. kann auch höchstwahrscheinlich zum Nachw. u. zur quantitativen Best. des Monoäthanolamins in Ggw. seiner Homologen u. seiner Derivv. sowie des Äthylendiamins in Ggw. aliphat. Amine angewendet werden. Die qualitative Analyse wird als Tüpfelanalyse durchgeführt. Bei Konzz. bis 0,1% I in II tritt völlige stabile Entfärbung ein, bei Konzz. unter 0,1% teilweise Entfärbung (Vgl. mit Kontrollfleck). I-Nachw. nicht unter 0,05%. In Konzz. von 0,05—0,1% kehrt die grüne Farbe nach einiger Zeit wieder. Der Nachw. ist noch bei 1 μg I bei einem Verhältnis von I : II = 1 : 2000 in 0,05%ig. Lsg. möglich. Die quantitative Best. geschieht photometrisch. (Журнал Аналитической Химии [J. analyt. Chem.] **7.** 84—88. März/April 1952. Saratow, Tschernyschewski-Univ.) Steinberg. G 3231

G. D. Greville und **D. H. Northcote**, *Reaktionen der 2.3.4.6-Tetramethyl-D-glucose, der Trimethyl-D-glucopyranosen und anderer Methoxyverbindungen mit Perjodat.* Durch Reaktionsgeschwindigkeitsbestimmungen stellen Vff. fest, daß *2.3.6-* (I) u. *2.4.6-Trimethylglucose* (II) mit $NaJO_4$ (p_H 5) nur sehr langsam reagiert u. in 200 Std. nur 0,05 Mol $NaJO_4$ (V) verbraucht, während *2.3.4-Trimethylglucose* (III) im gleichen Zeitraum 0,8 Mol u. *3.4.6-Trimethylglucose* (IV) in 90 Std. 1 Mol verbrauchen. Hierbei bildet letztere 1 Äquivalent flüchtiger Säure (wahrscheinlich Ameisensäure). Die *2.3.4.6-Tetramethylglucose* (VI) reagiert mit V wider Erwarten etwas schneller als I u. II. Auch *3.4-Dimethylglucose* (VII) erwies sich an ihrem $C_{(5)}$- u. $C_{(6)}$-Atom als immun gegen Angriffe von V. Dieses verschied. Verh. der vier Trimethylglucopyranosen bietet eine einfache u. genaue Bestimmungsmeth. für IV neben den drei anderen. Mit neutralem V (p_H 7,5, phosphatgepuffert) reagiert I langsam (1 Mol in 200 Std.). Der Verbrauch an Perjodat geht weiter, die Reaktionskurve zeigt keinen scharfen Knick. Es tritt wahrscheinlich ein Angriff an mehreren Punkten gleichzeitig ein. II reagiert etwas schneller. Dies ist bemerkenswert, da I eine mögliche α-Glykolstruktur aufweist. VI zeigt eine weitere Steigerung der Reaktionsgeschwindigkeit. Es besteht somit eine Abhängigkeit der Reaktionsgeschwindigkeit von der Anzahl der Methoxygruppen u. nicht der Zahl der wirklichen oder möglichen Hydroxylgruppen. (J. chem. Soc. [London] **1952.** 1945—52. Mai. Cambridge, Biochem. Labor.) Endrass. G 3400

c) Bestandteile von Pflanzen und Tieren.

Norman P. Marengo, *Formalin-Pyrogallol als Fixativ für pflanzliches Cytoplasma.* (Stain Technol. **27.** 209—11. Juli 1952. Hempstead, N. Y., Hofstra Coll., Dep. of Biol.) Krusen. 5661

J. Molnár, *Anwendung von Rhodizonat in der enzymatischen Histochemie.* (Stain Technol. **27.** 221—22. Juli 1952. Szombathely, Ungarn, Municipal Hosp.) Krusen. 5661

Kurt Heinze, *Polyvinylalkohol–Lactophenol-Gemisch als Einbettungsmittel für Blattläuse.* Vorschrift für die Vorbehandlung u. Einbettung von Blattläusen u. anderen Insekten in eine konz. Lsg. einer Mischung von Polyvinylalkohol, Milchsäure, Phenol, Glycerin u. Chloralhydrat (niedriger Brechungsindex) zur Beobachtung im Phasenkontrastmikroskop oder in grüner Dunkelfeldbeleuchtung. (Naturwissenschaften **39.** 285—86. Juni 1952. Berlin-Dahlem, Biol. Zentralanst. für Land- u. Forstwirtsch., Labor. zur Erforsch. der Virusüberträger.) Blumrich. 5661

Julian K. Wilson und **Edward K. Markell**, *Polyvinylalkoholzusätze bei Parasitendiagnose.* Angabe einer Meth., die es gestattet, durch Zusatz von *Polyvinylalkohol* (I) zu den Fäces, gegebenenfalls vorhandene Trophozoiten u. Cysten über Wochen unverändert zu erhalten; auf diese Weise lassen sich Präpp. herstellen, die selbst bei nur in geringer Anzahl vorhandenen Organismen für die Diagnose aufschlußreich sind. (J. Lab. clin. Med. **40.** 154—55. Juli 1952. Los Angeles, Calif., Univ. of California, School of Med., Dep. of Infect. Diseases.) Dossmann. 5661

d) Medizinische und toxikologische Analyse.

F. A. Taylor, *Bestimmung von Kalium.* Für die Best. des K als Ag-K-Cobaltinitrit nach Breh u. Gaebler (J. biol. Chemistry **87.** [1930.] 81) wurde eine App. entwickelt, in der einige Unterss. gleichzeitig durchgeführt werden können: durch Verwendung von Immersionsfiltern u. Reagensgläsern mit flachem Boden wird das Schwimmen des Nd. vermieden u. das Waschen ohne Verluste durchgeführt. Einen schnell absitzenden Nd. erhält man, wenn man die Ausfällung aus dem *Serum* bei 24—30° vornimmt. Die Farbe des Co–Thiocyanat-Komplexes entwickelt sich erst allmählich, sie nimmt bis zu 10% zu (Kurven mit Ablesungen nach 10, 15, 20 u. 25 Min.). — In Blindverss. wurde der maximale Fehler mit 2% ermittelt, im Durchschnitt betrug er etwas weniger als 1%. (Amer. J. clin. Pathol. **22.** 501—07. Mai 1952. Pittsburgh, Pa., Alleghany Gen. Hosp., W. H. Singer Mem. Res. Labor.) FRÜHWALD. 5728

E. Kaufmann, *Über eine neue Methode zur Bestimmung von Calcium und Magnesium im Serum und Plasma.* Die Best. wird nach einer etwas modifizierten Meth. von SOBEL u. HANOK (C. **1952.** 4037) vorgenommen. Erforderlich sind: 0,17 mol. wss. Lsg. von Diäthanolamin als Puffer, wss. Lsg. von 4,5 g Dinatriumsalz der Äthylendiamintetraessigsäure in 1000 cm^3 als Titriermittel, ammoniakal. Lsg. von Eriochromschwarz in Methanol als Indicator. Einstellung erfolgt gegen eine Ca-Standardlösung. Verwendet werden 2 cm^3 Serum u. die Mikrobürette der Ph. H. V. Ca u. Mg werden gemeinsam titriert, von der Summe wird ein konstanter Mg-Wert abgezogen. Differenz ist Ca. Schwierig ist die Erfassung des Umschlags von Blau nach Grünblau. Der Umschlagspunkt ist bei der Verwendung von Trockenserum leichter zu erkennen. (Schweiz. Apotheker-Ztg. **90.** 797—801. 1/11. 1952. Schweizer Rotes Kreuz, Blutspendedienst.) FRESENIUS. 5728

Otto Gossler, *Zur Bestimmung der Gesamtproteine im Serum.* 10 ml einer $CuSO_4$-Lsg. von der D. 1,100 werden in einem Meßzylinder zunächst mit 25 ml dest. W. versetzt u. so lange jeweils 2 ml W. zugegeben, bis ein aus 2 cm Höhe fallengelassener Serumtropfen schwebend bleibt. Die D. — berechnet sich dann aus 1/ml Gesamtvol. + 1, der Gesamtproteingeh. in % aus (D. 1,007)·360. Bei Verwendung einer beliebigen $CuSO_4$-Lsg. bekannter D. ergibt sich nach dem angegebenen Verf. die D. des Serums aus ml $CuSO_4$-Lsg.· den ersten 3 Dezimalen der D./ml Gesamtvol.·1000 + 1. Die Beobachtung muß in den ersten 10 Sek. nach Einfallen des Serumtropfens in die $CuSO_4$-Lsg. erfolgen. Vergleichsbestimmungen mit der KJELDAHL-Meth. ergaben eine durchschnittliche Differenz von + 0,15%. (Klin. Med. [Wien] **7.** 198—200. 1/5. 1952. St. Pölten, Allg. öffentl. Krankenhaus.) KRUSEN. 5728

E. Weinig und **G. Neugebauer,** *Bestimmung von Äthanol neben Methanol in Flüssigkeiten und Organen.* 5 g Blut, Harn oder Organbrei werden mit 25 ml W., 5 ml 10%ig. Na_2WO_4-Lsg. u. 10 ml 10%ig. $HgSO_4$-Lsg. in 2n H_2SO_4 versetzt u. auf 10 ml überdestilliert. Je 0,1 ml Destillat wird in WIDMARK-Kolben verbracht u. je 1 Tropfen heißgesätt. $HgCl_2$-Lsg. u. 10%ig. NaOH zugesetzt. Nach 2½ std. Erhitzen auf 70° wird in bekannter Weise nach WIDMARK verfahren u. der erhaltene $Na_2S_2O_3$-Verbrauch mit F = 1,13 auf A. berechnet. 2 mal je 0,1 ml Destillat werden mit je 0,1 ml in 5%ig. H_3PO_4 gesätt. $KMnO_4$-Lsg. versetzt, geschüttelt u. 20 Min. bei Raumtemp. verschlossen stehengelassen. Dann wird SO_2 bis zur Entfärbung eingeleitet u. 4 ml Chromotropsäurelsg. (100 mg 1.8-Dioxynaphthalin-3.6-disulfonsäure in 20 ml 72%ig. H_2SO_4) werden zugesetzt, verschlossen 30 Min. in sd. Wasserbad erhitzt u. nach Abkühlung colorimetriert. 3 in gleicher Weise behandelte Vergleichslsgg. mit einem *Methanol* (I)-Geh. von 0,3, 1 u. 1,5‰ werden ebenfalls colorimetriert. Ablesung erfolgt im HELLIGE-DUBOSCQ-Colorimeter unter Vorschaltung eines Rotfilters der Filterzusammenstellung Nr. 1683 RGB. Der I-Geh. des Destillates wird berechnet nach $c_2 = c_1 \cdot d_1/d_2$, wobei c_1 = bekannte, c_2 = unbekannte I-Konz. u. d_1 u. d_2 die entsprechenden Skalenwerte darstellen. Zur Berechnung des A.-Geh. wird der I-Geh. in einen Reduktionswert für A. umgerechnet u. von dem WIDMARK-Wert subtrahiert. Genauigkeit dieser Meth. entspricht dem WIDMARK-Verfahren. (Dtsch. Z. ges. gerichtl. Med. **41.** 30—35. 1952. Erlangen, Univ., Inst. für gerichtl. Med. u. Kriminalistik.) KRUSEN. 5764

Wilhelm Kämpf, *Die Differenzierung von Methyl- und Äthylalkohol in Gemischen mit Hilfe eines modifizierten Widmarkschen Verfahrens.* In orientierenden Verss. konnte gezeigt werden, daß *Methylalkohol* bei einer modifizierten WIDMARK-Oxydation, die bei 4° u. 72 Std. lang durchgeführt wird, einen Faktor von 1,1 gegenüber 0,56 bei der n. WIDMARK-Meth. aufweist. Da sich der Faktor für A. von 1,13 bei beiden Verff. nicht ändert, ist die Möglichkeit einer differenzierenden Best. gegeben. Allerdings werden zufriedenstellende Werte nur bei A.-Konzz. von 1—1,5‰ erhalten. (Dtsch. Z. ges. gerichtl. Med. **41.** 167—70. 1952. Würzburg, Univ., Inst. für gerichtl. u. soz. Med.) KRUSEN. 5762

Ricardo Montequi Diaz de Plaza, Análisis inorgánico cualitativo (teoria y práctica). 3. edición puesta al dia. Madrid: Impr. Sáez. 1952. (372 S.) ptas. 130,—.

Hans Siebeneck, Viskosimetrische Tabellen und Tafeln. 2. Aufl. Berlin-Nikolassee: Naturwiss. Verl. 1951. (95 S. m. 4 Taf. u. 6 Textabb.) DM 21,—.

H. Angewandte Chemie.

I. Allgemeine chemische Technologie.

Emil Kirschbaum, *Neues zum Wärmeübergang mit und ohne Änderung des Aggregatzustandes.* Mit neuer App., deren wesentlichster Bestandteil ein 1,5 m langes senkrechtes Rohr von 30 mm lichter Weite ist, werden Verss. bzgl. Film- u. Tropfkondensation, Verdampfen, Erwärmen, Kühlen mitgeteilt. Für lufthaltigen Dampf wird mit dem hydraul. Durchmesser gerechnet. Wärmeübergangszahlen werden bei auf- u. abwärtsströmendem W. gemessen. Erstmalig wird Einfl. des Schäumens auf den Wärmeübergang erfaßt. (Chemie-Ing.-Techn. **24.** 393—400. Juli 1952. Karlsruhe, TH, Inst. für Apparatebau.) MIETHING. 5814

G. Vassogne, *Mischungen und Lösungen.* Betrachtungen zur Erstarrung von Salzlsgg., bes. wss. $CaCl_2$-Lsgg., u. Darst. des Verh. bei progressiver Abkühlung bis zur Erreichung des Eutektikums. (Rev. prat. Froid **7.** Nr. 5. 13—14. Febr. 1952.) GERHARD GÜNTHER. 5822

R. von der Heide, *Bemerkungen zur Kieselgurfiltration.* Vf. bespricht die Aufbereitung von Kieselgur für techn. Filterzwecke. Die Ansprüche an p_H-Wert u. Freiheit von lösl. Bestandteilen werden erörtert. Die Wrkg. von Kieselgur ist keine Adsorption, sondern ein Filtereffekt. Zur Verdichtung der Porenöffnungen des Filterkuchens kann aufgeschlossener Asbest verwendet werden, der bis 0,003 μ gespalten werden kann. Kieselgur vermag das 5fache des Eigengewichts an Fl. festzuhalten. (Chemiker-Ztg. **75.** 516—19. 5/10. 1951.) KELLERMANN. 5830

D. R. Goddard, *Moderne Vakuumpumpen.* Ausführliche Beschreibung der heute zur Verfügung stehenden Typen von Vakuumpumpen, sowie der Arbeitsweise, der Leistung u. der mit ihnen zu erreichenden Enddrucke. (J. sci. Instruments, Suppl. Nr. 1. 1—7. 1951.) DIETL. 5842

H. Booy, *Molekulardestillation.* Übersicht über Theorie u. Praxis der Molekulardest., ihre Vorteile gegenüber der gewöhnlichen Dest. u. ihre Anwendungen. — 54 Literaturangaben. (Ingenieur ['s-Gravenhage] **63.** Ch. 71—80. 7/12. 1951. Ijmuiden, N. V. Mekog.) WESLY. 5864

Vereinigte Korkindustrie Akt.-Ges., Mannheim (Erfinder: **Karl Döhler,** Berlin, und **Wilhelm Dürhammer,** Mannheim), *Isolierungen mit Kunstharzschaummasse,* gek. durch die Verwendung von Schaumteilchen mit ausgefranster Oberfläche, bes. in Korngröße von 2,5—4 cm, wobei diese Teilchen in fest umgrenzte Hohlräume eingefüllt u. hierin bis zu einem Raumgewicht von mindestens 25 kg/m³ verdichtet werden. Die Teilchen müssen so verfilzt werden, daß Nachrutschen durch Erschütterung nicht möglich ist. Geeignet zur Isolierung im Bereich von —60 bis +60°, bes. für Tankbehälter für fl. O_2 oder andere Spezialgase. (**D. B. P. 857 061** Kl. 17g vom 23/6. 1943, ausg. 27/11. 1952.) SCHINDLER. 5857

Richard Schiel, Heidenheim, Brenz, *Kälteerzeugung,* bes. für Kühlschränke, mit Kreisprozeß, der aus isotherm. Verdichtung mit anschließender adiabat. Expansion u. anschließender isobarer Aufwärmung eines Kältemittels, z. B. Luft, besteht, dad. gek., daß die isotherm. Verdichtung in einem Strahlapp. mittels umlaufender u. dauernd gekühlter Fl. vorgenommen wird, die aus Öl oder aus Hg oder WOOD-Metall mit Hg besteht, daß die Entspannung in einer Turbine erfolgt u. die isobare Aufwärmung im Gegenstrom mit den abzukühlenden Mitteln vor sich geht. — Vorr., Zeichnung. (**D. B. P. 828 844** Kl. 17a vom 10/6. 1950, ausg. 21/1. 1952.) SCHINDLER. 5859

Metallgesellschaft Akt.-Ges., Frankfurt/M. (Erfinder: **Karl-Heinz Eisenlohr, Rudolf Jauernik,** Frankfurt/M., und **Hans-Ulrich Kohrt,** Bad Homburg), *Kontinuierliche Gegenstromextraktion von Flüssigkeiten mit Flüssigkeiten in mehreren Stufen.* Das Vermischen u. Fördern der Fll. erfolgt dabei durch Kreiselpumpen (I), die sich in den einzelnen, den Stufen (II) entsprechenden Kammern des Extrakteurs in abgeteilten Pumpenräumen befinden. Das von den I geförderte Gemisch gelangt in jeder II durch eine Verteilvorr. in die Abscheidekammer dieser Stufe. — Zeichnungen. (**D. B. P. 855 098** Kl. 12c vom 1/11. 1949, ausg. 10/11. 1952.) NEBELSIEK. 5863

Werner Kuhn, Basel, Schweiz, *Trennung von Substanzgemischen durch Destillation,* dad. gek., daß die Dest. in einer nach außen therm. isolierten Fraktioniervorr. mit einer Vielzahl von Elementen, in denen sowohl der Dampf aufsteigt als auch der Rücklauf herunterfließt, derart vorgenommen wird, daß der Rücklauf des aufsteigenden Dampfes in den Elementen selbst erzeugt wird. Hierbei kann mit künstlich verstärktem Schwerefeld, z. B. durch Zentrifugalkraft, u. im Vakuum gearbeitet werden. — Vorr., Zeichnung. (**Schwz. P. 278 573** vom 13/5. 1943, ausg. 16/2. 1952.) SCHINDLER. 5865

Metallgesellschaft Akt.-Ges., Frankfurt/M. (Erfinder: **Hans-Ulrich Kohrt**, Bad Homburg, und **Rudolf Jauernik**, Frankfurt/M.), *Betrieb von Destillations- oder Waschkolonnen*, bes. für Vakuumdest., mit rotierenden Verteiltellern, dad. gek., daß die Fl. auf diesen Verteilern möglichst über den ganzen Kolonnenquerschnitt als zusammenhängender Flüssigkeitsfilm ausgebreitet wird. Hierbei werden die Dämpfe vorwiegend in axialer Richtung durch Schrägstellung der Tellerschaufeln gefördert. — Vorr., Zeichnung. (**D. B. P. 851 633** Kl. 12a vom 2/10. 1948, ausg. 6/10. 1952.) SCHINDLER. 5865

N. V. de Bataafsche Petroleum Mij., Den Haag (Erfinder: **Willem Frederik Engel**, Amsterdam), Holland, *Herstellung geformter Katalysatormassen großer mechanischer Festigkeit* durch Verpressen von gepulverten Katalysatormassen aus porösem Trägermaterial, das mit einer Lsg. von Metallverbb., die sich beim Erhitzen zu oxyd. Verbb. zers., imprägniert u. so getrocknet wurde, daß sich diese Verbb. nicht zers., worauf das Material auf die erforderliche Härte verdichtet u. die Metallverbb. durch langsames Erhitzen zers. werden. Man imprägniert das Trägermaterial zunächst mit einer Lsg. der Metallverbb., hierauf werden diese zers., das erhaltene Material erneut imprägniert, getrocknet, zu Stückchen verpreßt u. dann erst die Metallverbb. zersetzt. 100 (Gewichtsteile) Träger werden mit 4—13 Metall in Form einer Lsg. imprägniert. (**D. B. P. 839 035** Kl. 12o vom 15/9. 1950, ausg. 15/5. 1952. Holl. Prior. 29/12. 1948.) STEIL. 5905

IV. Wasser. Abwasser.

R. J. Affleck, *Der Effekt galvanisierter Zinkrohre in einer Forellenzuchtanstalt.* Die Brut u. 2—4 Wochen alte Fische der Forellenzuchtanstalt bei Snob's Creek wurden durch Zn-haltiges W. vernichtet. Nachforschungen ergaben, daß der p_H-Geh. des W. nach starken Regenfällen von 6,8 auf 6,0 sinkt u. daß das saure W. Zn aus den im W. befindlichen galvanisierten Fe-Rohren herauslöste. (Austral. J. Sci. **14.** 131. Febr. 1952. Victoria, Snob's Creek Hatchery and Res. Stat.) BLUTH. 6010

K. Fricke, *Herkunft des Salz- und Kohlensäuregehaltes der Mineralwässer im weiteren Ruhrgebiet.* Am Beispiel der Bad Driburg-Hauptquelle (sulfat. Eisensäuerling) u. des Thermal-Sol-Bades Wanne-Eickel (reine Solquelle) werden die Vorteile der chem. Charakterisierung von Mineralwässern in Form des Kreisschaubildes nach UDLUFT erläutert, wobei der Flächeninhalt des Außenkreises der Gesamtmenge der gelösten Stoffe, des Innenkreises den nicht ionisierten Anteilen entspricht u. im Kreisring die Anionen u. Kationen in Millival-% dargestellt sind. Der Salzgeh. der meisten Solquellen des norddeutschen Raumes u. der Mineral- bzw. Grubenwässer des Ruhrgebietes entstammt nach der Menge des Salzes u. der chem. Zus. der Quellen, auch soweit die Quellen außerhalb der Zechsteinsalzverbreitung zutage treten, der Zechsteinformation, wobei zum Teil ein sehr weiter Wanderweg auf Spalten, Klüften u. Verwerfungen anzunehmen ist. Die CO_2 ist juvenil, auf die Entgasung eines erstarrenden Magmas des tert. Vulkanismus zurückzuführen, wobei für die Speicherung der CO_2 in klüftigen Kalken, Störungen im Bereich der positiven magnet. Anomalien, günstige Bedingungen vorhanden sind. (Bergbau Rdsch. **4.** 147—52. März 1952. Krefeld, Amt für Bodenforschung, Landesstelle Nord-Rhein-Westfalen.) MANZ. 6012

—, *Süßwasser aus dem Meer.* Als „*Permionic*"-Membran-Entsalzung wird ein neues Verf. der Wasserentsalzung der IONICS, INC. unter Verwendung mechan. haltbarer, $^1/_4$ bis 1,0 mm starker, aus Kohlenteer u. Petroleumchemikalien hergestellter, plast. Membranen beschrieben, die unter geeigneter Potentialdifferenz durch ihre selektive Durchlässigkeit für Ionen bestimmten Ladungssinnes aus Salzwasser ca. $^2/_3$ Süßwasser u. $^1/_3$ Salzlauge liefern. Bei tragbaren Stromaufwendungen wird zunächst die Gewinnung von Süßwasser aus Brackwasser angestrebt. — Nach dem Verf. der FREEPORT SULPHUR CO. wird das zur Ausbeutung unterird. S-Lager in Marschgegenden notwendige Heißwasser aus Brackwasser durch Entgasung, erst mittels Rauchgasen, dann mit Verbrennungsgasen von Naturgas, u. durch passende Einstellung des Bicarbonatgleichgewichtes zur Verhinderung von Steinabscheidungen bereitgestellt. (South African Mining Engng. J. **63.** Part I. 1043—45. 1049. 16/8. 1952.) MANZ. 6014

F. W. Kittrell, *Abführung radioaktiver Abwässer in öffentliche Entwässerungsleitungen.* Beispiele für die Berechnung der durch Isotopenverwendung für medizin. u. andere Zwecke bedingten, zumeist gefahrlosen Verschmutzungen der Abwässer mit radioakt. Stoffen. (Sewage ind. Wastes **24.** 985—93. Aug. 1952. Oak Ridge, Tenn., Atomic Energy Commission, Isotopes Div., Advisory Field Service Branch.) MANZ. 6036

John W. Harnly, *Gerbereien.* Überblick über die bisherigen Erfahrungen u. das Schrifttum über Reinigung von Gerbereiabwässern. Die Aufbereitung nach Mischung mit ausreichenden Mengen häuslichen Abwassers ist die zweckmäßigste Lösung. Durch die zunehmende Verwendung synthet. Gerbstoffe an Stelle der natürlichen, Verwendung von Dimethylamin zur Enthaarung, von p-Nitrophenol u. Na-Pentachlorphenolat als Fungicid, von Ca- u. Na-Formiat bei der Chromgerbung wird der BSB des Abwassers red., so daß nur noch beim Waschen der Häute größere Mengen organ. Stoffe in das Abwasser eingehen. (Ind. Engng. Chem. **44.** 520—24. März 1952. Chicago, Ill., A. H. Ross & Sons Co.) MANZ. 6036

George G. Bogren, *Reinigung von Baumwollappreturabwässern in den Sayles-Appreturanstalten, Inc.* Zufolge der Auflage, die anfallenden stärkeren Abwässer in einer eigenen Anlage zu reinigen, werden die NaOH-haltigen Abwässer gesondert abgeführt, durch saure Abwässer entkaustifiziert u. in einer durch ein großes Ausgleichsbecken, zwei Hochleistungstropfkörper mit Rücknahme 1 : 2, mehreren Nachklärbecken u. Schlammbeeten ergänzten Kläranlage mit einer erwarteten BSB-Abnahme von 75% u. Reduzierung der Schwebestoffe um 98% gereinigt. (Sewage ind. Wastes **24.** 994—1000. Aug. 1952. Boston, Mass., Weston & Sampson, Consult. Eng.) MANZ. 6040

Friedrich Hess und **Franz von Meer,** *Die Behandlung der Molkereiabwässer.* Das in der Molkerei Millingen bei 20000 Liter Milchverarbeitung einschließlich Kühlwasser anfallende Abwasser von 80 m^3/Tag im Sommer bzw. 40 m^3 im Winter wird über ein ausgekacheltes, rundes, durch Wasserbewegung u. Spülung mit Frischwasser sauber gehaltenes Sammelbecken von 25 m^3 Inhalt möglichst frisch auf die gut aufnahmefähigen Verwertungsflächen verregnet, wobei für die frostfreie Zeit 4,5 ha Grünlandfläche, die in Anteilen abwechselnd beweidet, geschnitten, mit N-Gabe u. 25 mm Abwasser beregnet wird, u. für die relativ kurze Frostperiode 7,5 ha Ackerland vorhanden sind. Neben der jährlichen Regengabe von 300 mm für das Grünland u. 100 mm für die Ackerflächen erfolgt zusätzliche Beregnung mit Klarwasser zu höchster Ertragsleistung. (Dtsch. Molkerei Ztg. **73.** 1071—73. 22/8. 1952. Düsseldorf, Wasserwirtschaftsamt I; Krefeld, Landbauaußenstelle Niederrhein.) MANZ. 6040

Willem Rudolfs und **H. Heukelekian,** *Biologische Reinigung gewerblicher Abwässer.* Überblick über Anwendung u. Erfolg biol. Methoden zur Reinigung gewerblicher Abwässer in Anlehnung an das einschlägige Schrifttum. (Chem. Engng. Progr. **48.** 449—54. Sept. 1952. New Brunswick, N. J., Rutgers Univ., Agricult. Exp. Stat.) MANZ. 6044

T. Waldmeyer, *Reinigung Formaldehyd-haltiger Abwässer durch Belebtschlammmethoden.* Die bei der Herst. von Harzklebestoffen anfallenden Abwässer mit 2,0 g/Liter CH_2O u. 8 g/Liter CH_3OH werden in einem sehr großen, zum Ausgleich dienenden Becken vorgeklärt, dann in einer Belüftungsanlage mit dem in einer besonderen Anlage aus häuslichem Abwasser gezüchteten Belebtschlamm behandelt, über Sandfilter nachgeklärt; es wird eine $KMnO_4$-Minderung bis zu 60% erzielt. (Surveyor munic. County Engr. **111.** 445—47. 12/7. 1952.) MANZ. 6048

Albert H. Halff, *Untersuchung der Arbeitsweise des rotierenden Vakuumfilters bei der Verwendung für Abwasserschlamm.* Vf. benutzt zur Klärung der Abwasserschlammentwässerung auf rotierenden Vakuumfiltern eine der FOURIERschen Meth. zur Lösung von Wärmeleitungsproblemen entsprechende Ableitung mit der Annahme, daß die auf die Flüssigkeitsteilchen wirkende Kraft mit Zeit u. Entfernung veränderlich ist, u. vergleicht das danach abgeleitete Verhältnis zwischen Zeit u. Filtratvol. mit den Versuchsergebnissen eines Nutschen- u. eines Tuchfiltertestes, die für Schlamm mit mehr als 5% W. Übereinstimmung ergeben. Für prakt. Anwendung wird abgeleitet, daß die Ausbeute, aber auch der Wassergeh. des Kuchens mit der Dauer der Tauchung steigt u. daß die höchste Ausbeute an möglichst trockenem Schlamm bei einer Umdrehung in 6—7 Min. u. einer Tauchung von 1 Min. erzielt wird. (Sewage ind. Wastes **24.** 962—84. Aug. 1952. Dallas, Tex.) MANZ. 6048

V. Anorganische Industrie.

F. J. Bartholomew, *Gewinnung von Schwefelsäure aus Abwässern.* Infolge von S-Verknappung wird die *Wiedergewinnung von H_2SO_4* aus Abwässern rentabel. Eingehend wird das Problem der Aufarbeitung von *$FeSO_4$–H_2SO_4-Lsgg.* aus Stahlwerken u. Titanfarben-Fabriken besprochen. Es wird eine Meth. angegeben, die Säure zu konzentrieren, das $FeSO_4$ durch Aussalzen zu entfernen u. es dann durch Zers. zur Erhöhung der Säureausbeute zu verwenden. — Schemat. Darst. der Anlage u. andere Abbildungen. (Ind. Engng. Chem. **44.** 541—45. März 1952. New York, N. Y., Chem. Construct. Corp.) ROTTER. H 253

Directie van de Staatsmijnen in Limburg, Heerlen, Holland, *Herstellung von konzentrierter Salpetersäure.* Die von der NH_3-Verbrennung kommenden Gase werden gekühlt, die abgeschiedene verd. HNO_3 wird abgetrennt, die gekühlten Gase werden komprimiert, erneut gekühlt, dann oxydiert u. in verd. HNO_3 absorbiert. Neu ist die Abkühlung der Gase vor der Oxydation in einem langgestreckten horizontalen Kühler (I), der senkrecht angeordnete Kühlflächen enthält, deren Höhe gering ist im Vgl. zur Gesamtlänge des I. Hierdurch wird der Verlust durch Abscheidung verd. HNO_3 verringert. — Zeichnungen. (**Schwz. P. 279 907** vom 16/6. 1948, ausg. 1/4. 1952. Holl. Prior. 5/7. 1947.) ZÜRN. H 243

Mathieson Chemical Co., New York, N. Y., V. St. A., übert. von: **Soc. d'Électro-Chimie, d'Électro-Metallurgie et des Acieries Électriques d'Ugine**, *Herstellung von ClO_2*, das nur wenig Cl_2 enthält. Man löst ein Metallchlorat (I) in einer konz. Mineralsäure, die unter den Reaktionsbedingungen weder oxydiert noch red., z. B. in H_2SO_4 mit 1200 g H_2SO_4/Liter, u. macht das ClO_2 durch Einleiten eines feinverteilten Stromes von Luft oder eines inerten Gases frei. Die Konz. des I soll nur ca. 6 g/Liter H_2SO_4 betragen. Erwärmung auf 60° beschleunigt die Reaktion. Keine Explosionsgefahr. (**E. P. 670 743** vom 4/8. 1949, ausg. 23/4. 1952. F. Prior. 7/8. 1948.) ZÜRN. H 247

Badische Anilin- & Soda-Fabrik (Erfinder: **Franz Drexler** und **Hans Herold**), Ludwigshafen/Rh., *Herstellung von $Al(OH)_3$-haltigen Gemischen*, bes. Gemischen aus $Al(OH)_3$ u. Hydroxyden des Ti, Zr oder Sn. Man läßt auf deren Salze in wss. Lsg. Alkalialuminat, bes. bei p_H ca. 6—7, einwirken. (**D. B. P. 852 985** Kl. 12m vom 21/8. 1943, ausg. 20/10. 1952.) NEBELSIEK. H 294

Badische Anilin- & Soda-Fabrik (Erfinder: **Fritz Stöwener**), Ludwigshafen/Rh., *Herstellung von reaktionsfähigem Aluminiumhydroxyd* durch Rk. von Alkalialuminatlsgg. mit CO_2 oder NH_4HCO_3 oder $(NH_4)_2CO_3$. Man hält bei der Rk. 20—40°, bes. 30°, aufrecht u. entzieht den entstandenen $Al(OH)_3$-Nd. schnell der Einw. der alkal. reagierenden Alkaliverbb., zweckmäßig durch Behandlung mit starken Säuren u. Nachbehandlung mit NH_3 oder $(NH_4)_2CO_3$, wäscht, trocknet u. glüht. (**D. B. P. 854 946** Kl. 12m vom 6/11. 1940, ausg. 10/11. 1952.) NEBELSIEK. H 294

National Zinc Co., New York, N. Y., übert. von: **James L. Hart**, Bartlesville, Okla., V. St. A., *Wiedergewinnung von Indiumverbindungen*. Das p_H einer In-Lsg., die daneben z. B. noch As-, Fe-, Cd-, Zn-, Pb-Ionen enthält, stellt man mit Hilfe von Na_2CO_3 in Ggw. eines lösl. Arsenats auf 2,5—3,7 ein, wodurch In als Indiumarsenat ausfällt. Die Verunreinigungen bleiben gelöst, den Nd. trennt man durch Filtrieren oder Zentrifugieren ab. (**A. P. 2 586 649** vom 4/2. 1948, ausg. 19/2. 1952.) NEBELSIEK. H 296

A. Johnson & Co., Stockholm (Erfinder: **Sven Christian Pyk**, Nynäsham), Schweden, *Reinigen von Zirkontetrahalogeniden*. Die unreinen Zr-Halogenide (I) werden sublimiert u. dabei der Einw. von reduzierenden Metallen (Zn, Cd, Mn) unterworfen, welche die Fähigkeit haben, die als Verunreinigungen vorhandenen Halogenide, z. B. Fe- oder Cr-Halogenide, zu weniger flüchtigen, niedrigeren Halogenverbb. zu reduzieren, ohne die I zu reduzieren. (**D. B. P. 854 947** Kl. 12m vom 15/2. 1950, ausg. 10/11. 1952. Schwed. Prior. 21/6. 1948.) NEBELSIEK. H 322

—, Salzseen. Methoden ihrer Untersuchung und Ausnutzung. Moskau-Leningrad: Gosschimisdat. 1952. (200 S. m. Abb.) 8 Rbl. [russ.]

VI. Silicatchemie. Baustoffe.

Takeshi Sato, *Physikalische Eigenschaften von Glas*. Übersicht mit besonderer Betonung der rheolog. Eigg. u. Abschnitten über Änderung der Zähigkeit, das Anlassen u. Kriechen, Bruchfestigkeit u. Wärmeleitung. — 14 Abbildungen. 34 Literaturangaben. (Science [Japan] **21**. 614—22. Dez. 1951. Tokyo, TH. [Orig.: japan.]) SCHULER. 6200

Gilbert C. Robinson, *Die Grenzen, welche durch die Rohstoffe bei der Aufstellung von Brenntabellen gesetzt werden*. Die Rohstoffeigg. sind die Hauptfaktoren bei der Begrenzung der Brenngeschwindigkeit. Sie variieren stark in der Trocknungsgeschwindigkeit, der Abgabe des gebundenen H_2O, der Oxydation u. den Schwindungsperioden. Durch Auswahl geeigneter Rohstoffe läßt sich die Brennzeit stark verringern für Normalsteine auf ca. $8^1/_4$ Stunde. Auch kann eine geeignete intensive Vortrocknung die Brennzeit verringern. (J. Amer. ceram. Soc. **35**. 1—5. 1/1. 1952. Clemson, S. C., Ceramic Engng. Dep., Clemson Agricult. Coll.) SCHÜTZ. 6206

Belliol und **Lucas**, *Über eine bessere Erkenntnis des Hoffmann-Ofens*. Theoret. Betrachtungen über den Wirkungsgrad des Ringofens. (Silicates ind. **17**. 113—20. April 1952.) SCHÜTZ. 6210

W. Heimsoeth und **F. R. Meyer**, *Fehlerhafte Bleche als Ursache von Emailschäden*. Mit Hilfe mkr. Unterss. wurden als Ursache vieler Emailfehler Defekte des verwendeten Stahlbleches nachgewiesen. Soweit es sich um Hohlräume oder Einschlüsse im Blech handelt, wurden Lokalschäden durch H_2-Entbindung beobachtet, wie Blasen, Durchschüsse, Wiederaufkochen des Grundemails, Ausspringer u. Fischschuppen. Als Folge von Oberflächenfehlern zeigten sich Übersättigung des Grundemails mit Fe-Verbb. oder störende Gasausbrüche mit den dadurch verursachten Fehlererscheinungen. — 35 Abbildungen. (Ber. dtsch. keram. Ges. e. V. Ver. dtsch. Emailfachleute e. V. **29.** 234—41. Juli 1952. Leverkusen, Farbenfabriken Bayer, Emaillabor.) MARKHOFF. 6212

W. N. Harrison und **J. C. Richmond,** *Untersuchung über das Haften von Email mittels radioaktiver Isotope.* Es wurden Musterbleche mit Emails, die radioakt. CoO enthielten, überzogen. Nach dem Einbrennen wurde festgestellt, daß sich zwischen Email u. Blechoberfläche eine metall. Co-Schicht bildet, die beim n. Einbrennen nicht in das Fe eindiffundiert. Die Ausführung der Verss. wird ausführlich beschrieben. — Abbildung. (Better Enameling **23.** Nr. 5. 16—17. Mai 1952. Nat. Bur. of Stand.) MARKHOFF. 6212

D. A. Holdridge, *Einfluß des Feuchtigkeitsgehaltes auf die Festigkeit ungebrannter keramischer Formlinge.* Zur Erhöhung der mechan. Festigkeit grüner Formlinge werden organ. Binder verwendet. Nach Betriebsbeobachtungen erfahren aber auch betrieblich auf 1—2% Wassergeh. getrocknete Formlinge durch Entfernen des letzten W. bei 110° eine erhebliche Verfestigung. Planmäßige Unterss. ergaben z. B. für Irdenware bei 10 u. 2% W. 7, bei 1% 11, bei 0,5% 19 u. bei 0% W. ca. 29 kg/cm². Wenn auch eine vollständige Trocknung unwirtschaftlich wäre, bleibt doch zu prüfen, ob im Hinblick auf das Brennverh. nicht auch schon eine Trocknung auf 3—4% W. ausreicht. (Trans. Brit. ceram. Soc. **51.** 401—08. Aug. 1952.) F. HEINRICH. 6216

N. Clarke Jones, *Eine Betrachtung über im Schmelzfluß stabilisiertes Zirkondioxyd: Ein neuer höchstfeuerfester Baustoff.* Im elektr. Schmelzofen wird ZrO_2 nach dem Blockverf. aus Zirkonerzen erschmolzen u. durch Zusatz von CaO stabilisiert. Die Blöcke werden dann geputzt, gebrochen, u. aus dem körnigen Material werden Steine gepreßt, die bei S.K. 35—42 (1770—2000°) gesintert werden. Die Eigg. sind: 1. F. ca. 2550—2600°, 2. Wärmeleitfähigkeit ist gering, 3. hohe Temperaturstoßfestigkeit, 4. beständig in oxydierender u. schwach reduzierender Ofenatmosphäre, 5. geringe Verdampfung selbst bei höchsten Tempp., 6. geringer elektr. Widerstand, 7. geringe chem. Reaktionsfähigkeit bei hohen Temperaturen. (J. Inst. Fuel **25.** 66—67. März 1952.) SCHÜTZ. 6218

Nathan C. Rockwood, *Fortschrittliche Chemie des Zements und Betons.* 1. Mitt. *Über einige Elemente der Zementchemie.* Neuere Anschauungen über den Bau der Atome. (Rock Products **55.** Nr. 7. 57—59. Juli 1952.) K. SEIDEL. 6222

—, *Hitzebeständiger Zement für Windkanäle.* Zur Erprobung von Strahltriebwerken, die sehr hohe Tempp. erzeugen, wurde ein Windkanal aus feuerfestem Beton hergestellt, der Tonerdezement als Bindemittel enthält u. sich gut bewährt hat. (Engng. News-Rec. **148.** Nr. 24. 48—49. 12/6. 1952.) K. SEIDEL. 6222

J. J. Shideler, *Calciumchlorid im Beton.* Ausführliche Beschreibung systemat. Unterss. über den Einfl. der Zementart, Alterung, Temp. u. des Mischungsverhältnisses auf die Festigkeit $CaCl_2$-haltigen Betons. Es wurde ferner die Einw. von $CaCl_2$ auf die Volumbeständigkeit, Wärmeentw., Abbindezeit, Verschleißfestigkeit, auf den Widerstand gegen Sulfate u. auf die Rk. der Alkalien des Zementes mit gewissen Zuschlagstoffen eingehend untersucht. $CaCl_2$-Zusätze von 1—2% des Zementgewichts sind häufig für den Beton günstig, während größere Mengen im allg. keine weiteren Verbesserungen ergeben, sondern oft schädlich sind. $CaCl_2$ bewirkt schnellen Festigkeitsanstieg u. mehrjähriges Anhalten des Festigkeitsvorsprunges. Da geringe $CaCl_2$-Zusätze die anfängliche Abbindewärme erhöhen, das Abbinden beschleunigen (die in der älteren Literatur erwähnte Abbindeverzögerung durch minimale $CaCl_2$-Mengen wurde nicht bestätigt) u. den Gefrierpunkt der Betonmischung etwas herabsetzen, sind sie wertvoll, wenn der Frischbeton niedrigen Tempp. ausgesetzt werden soll. Die Beständigkeit des Betons gegen abwechselndes Gefrieren u. Auftauen wird durch $CaCl_2$ zwar beim jungen Beton verbessert, jedoch gehen die Festigkeiten späterhin zurück. $CaCl_2$ vergrößert nicht nur die Schwindung des Betons, sondern auch seine Ausdehnung bei Feuchthaltung u. verringert die Feuchtigkeitsabgabe beim Austrocknen. Die Widerstandsfähigkeit des Betons gegen Sulfate wird durch $CaCl_2$-Zusatz verringert, die Verschleißfestigkeit jedoch erhöht. Bewehrungsstahl wird nicht angegriffen. Mehr als 4% $CaCl_2$ (auf das Zementgewicht gerechnet) verursachen häufig zu schnelles Abbinden (teilweise Löffelbinder) u. Festigkeitsabfall. — 1 Zahlen-, 25 Kurventafeln, 27 Literaturangaben. (J. Amer. Concrete Inst. **23.** 537—59. März 1952. Denver, Colo., U. S. Bur. of Reclamat.) MAUNE. 6224

Lewis H. Tuthill, *Dauerhafter Beton im Wasserbau.* Kurze Übersicht über die beim Wasserbau zu beachtenden wesentlichen Maßnahmen zur Erzielung der Wasserdichtigkeit, guter Oberflächenbeschaffenheit, Sulfatwiderstandsfähigkeit u. richtige Ausbldg. der Fugen. (J. Amer. Concrete Inst. **23.** 740—47. Mai 1952.) K. SEIDEL. 6224

American Optical Co., Southbridge, übert. von: **Alexis G. Pincus**, Worcester, Mass., V. St. A., *Infrarot- und ultraviolettabsorbierendes Glas.* Dieses ist auf der Basis SiO_2–Na_2O–K_2O–CaO mit überwiegendem SiO_2-Geh. aufgebaut u. enthält 1,5—6,5 (%) einer Mischung aus FeO u. Fe_2O_3 u. bis zu 1 V_2O_5 oder Cr_2O_3 oder eine Mischung beider Oxyde. Im Bereich des sichtbaren Lichtes werden durch das Glas hauptsächlich Strahlen im mittleren Wellenbereich hindurchgelassen. — Beispiel für eine Glaszus.: 70,3 SiO_2, 6,6 Na_2O, 10,7 K_2O, 7,0 CaO, 0,6 Cl_2, 0,6 SO_3, 0,4 As_2O_3, 3,6 Fe-Oxyde, ausgedrückt als Fe_2O_3 u. 0,2 V-Oxyde, ausgedrückt als V_2O_5. — Diagramm. (**A. P. 2 581 440** vom 3/7. 1948, ausg. 8/1. 1952.) HANS HOFFMANN. 6201

Battelle Development Corp., übert. von: **Jack M. Lepp**, Columbus, O., und **John A. Slygh**, Denver, Col., V. St. A., *Herstellen feuerfester Körper.* Fein verteiltes Al_2O_3 u. Al in Mengenverhältnissen von ca. 35—90 Al_2O_3 zu 65—10 Al werden unter Zusatz eines Bindemittels wie Cellulosegummi innig gemischt u. die M. geformt. Die Formlinge werden bei ca. 820—1700° in Graphit eingelagert gebrannt, wodurch der Zutritt schädlicher Gase, wie O_2, beim Sintern u. Abkühlen verhindert wird. Die feuerfesten Körper sind sehr temperaturwechselbeständig u. zum Auskleiden von Brennkammern u. als Katalysatorträger verwendbar. (**A. P. 2 568 157** vom 12/2. 1949, ausg. 18/9. 1951.) REINHART. 6219

Steatite & Porcelain Products Ltd., übert. von: **Jack Woodcock** und **John Kenneth Paridge**, Stourport-on-Severn, England, *Keramische Dielektriken.* Gemische aus TiO_2, 0,22—17% ThO_2 u. der ThO_2-Menge äquimol. Mengen MgO, gegebenenfalls mit Zusätzen von CaO, SrO u. BaO, werden fein zerkleinert, mit einem organ. Bindemittel versetzt, geformt u. bei ca. 1400° zweckmäßig reduzierend gebrannt. Es können auch Verbb. der Bestandteile, wie MgO, ThO_2 oder Erdalkalicarbonate für den Masseversatz verwendet werden. Durch die Ggw. von ThO_2 in der M. wird die Neigung des TiO_2, bei höheren Tempp. Halbleitereigg. anzunehmen, vermindert. (**A. P. 2 576 378** vom 20/7. 1948, ausg. 27/11. 1951. E. Prior. 6/8. 1947.) REINHART. 6221

N. V. Algemeene Kunstvezel Mij., Den Haag (Erfinder: **Johan Christiaan van Haersolte van Haerst**, Scheveningen), Holland, *Glaswollematte für* Wand- oder Deckenbekleidung, mit Versteifungen in, auf oder zwischen den Glaswolleschichten, die aus Beton, bes. Faserbeton, bestehen. Die Befestigung erfolgt mit nicht brennbaren Garnen oder Klebstoffen. Hohe Wärme- u. Schallisolierung. (**D. B. P. 856 799** Kl. 37b vom 23/7. 1944, ausg. 24/11. 1952.) SCHINDLER. 6229

Steinkohlenbergwerk Rheinpreußen, Homberg/Ndrh. (Erfinder: **Helmut Wiedmann**, Burgstall), *Herstellung eines besonders feinkörnigen und gleichteiligen Aluminiumhydroxyds* durch Umsatz von Al-Alkoholaten (I) mit Wasser. Dabei wird I mit W. im Gewichtsverhältnis 1 : 0,5—1 : 1,5, bes. 1 : 0,8, zers. u. von dem bei der Umsetzung entstandenen Alkohol befreit. — Wertvolle *Schleif-* u. *Poliermittel.* (**D. B. P. 853 440** Kl. 12m vom 4/1. 1944, ausg. 23/10. 1952.) NEBELSIEK. 6239

VII. Agrikulturchemie. Schädlingsbekämpfung.

Akio Fujiwara, *50 Jahre Bodenkunde, Pflanzenernährungs- und Düngerlehre.* Kurzer Überblick seit Beginn der wissenschaftlichen Landbaulehre. (Science [Japan] **21.** 74—80. Febr. 1951. [Orig.: japan.]) SCHULER. 6304

C. K. Johns, *Die germicide Wirksamkeit einer neuen Chlorverbindung.* Die germicide Wrkg. von Chlorverbb. nimmt mit steigender Alkalität ab, da vor allem die undissoziierte Hypochlorsäure als Wirkstoff in Frage kommt. Diesen Ansprüchen entspricht *Antibac 25*, ein beständiges, leicht in kaltem u. warmem W. lösl. Pulver auf Dichlordimethylhydantoin-Basis. (J. Milk Food Technol. **14.** 134—36. Juli/Aug. 1951. Ottawa, Ontario, Can.) GRIMME. 6312

J. H. Stoeckeler, *Kohlenwasserstoffgehalt und Lagerzeit beeinflussen die Giftigkeit von Mineralölen als selektive Herbicide in Rottannensaatbeeten.* Je höher der Geh. an aromat. KW-stoffen in Mineralölspritzmitteln ist, desto stärker sind die Schädigungen, die in Rottannensaatbeeten auftreten. Außerdem wurde festgestellt, daß die Schädigungen mit dem Alter des Spritzmittels merklich zunimmt. (J. Forestry **49.** 647—49. Sept. 1951. Rhinelander, Wis.) GRIMME. 6312

L. E. Chaiken, *Chemische Bekämpfung niederer Pflanzen bei der Fichtenaufzucht.* Bei vergleichenden Verss. ergab eine Ölemulsion von 2.4.5-T bessere Wrkg. als eine gleichstarke wss. Lsg. von 2.4-D. (J. Forestry **49.** 695—97. Okt. 1951.) GRIMME. 6312

O. Verona, *Über die Wirkung des Hexachlorcyclohexans auf die Bodenmikroflora.* Techn. Hexachlorcyclohexan („Geogamma") wirkte nicht schädigend auf die Bodenmikroflora bei Gaben von 50 kg/1 ha. Es konnte sogar im Nachjahre eine erhöhte Mikrobentätigkeit festgestellt werden. (Ann. Tecn. agrar. **17.** 7 Seiten. 1951. Portici, Neapel.) GRIMME. 6312

W. J. Hooker und **A. F. Sherf**, *Schorfempfindlichkeit und Schäden von Kartoffeln durch 2.4.5-Trichlorphenoxyacetate.* Die Beobachtungen von WOOD u. ENNIS, daß Spritzung mit 2.4.5-Trichlorphenoxyessigsäure die Entw. des Kartoffelschorfs begünstige, konnten widerlegt werden. (Amer. Potato J. **28.** 675—81. Aug. 1951. Ames, Iowa, Landw. Vers.-Stat.) GRIMME. 6312

L. T. Richardson und **D. S. MacLachlan**, *Die Bekämpfung des staubigen Hopfenmehltaus in Ost-Ontario.* Als Meth. zur Bekämpfung des Schädlings Spaerotheca humuli (DC.) Burr hat sich eine abwechselnde Bestäubung mit Schwefel u. Spritzung mit Bordeauxbrühe bewährt. (Sci. Agric. **31.** 345—48. Aug. 1951. Ottawa, Can.) GRIMME. 6312

A. Ciccarone und **A. Carilli**, *Feldversuche zur Bekämpfung von Alternaria Porri (Ell.) Saw. F. Sp. Solani (E. und M. Pro Sp.) Neerg. im Gebiete von Scafati (Salerno).* Beschreibung des Schädlings u. seines Schadbildes. Bei der Bekämpfung bewährten sich *Bordeauxbrühe* (1,5%ig), *Shirlan* (= Salicylanilid) (1%ig) u. *Thiram* (3,5‰). Verss. mit Beidüngung gewisser Spurenelemente (Mo, B, Mn, Zn, Fe, Mg) gaben keine aussichtsreichen Resultate. (Ann. Sperimentaz. agrar. **6.** [N. S.] 1077—92. 1952. Rom, Stat. für Pflanzenkrankheiten.) GRIMME. 6312

A. R. Penfold und **F. R. Morrison**, *Einige australische ätherische Öle in Insektenvernichtungs- und -vertreibungsmitteln.* Neben den äther. Ölen von Dacrydium franclini (Huon Pine), Backhousia myrtifolia, Zieria smithii ist das aus Melaleuca bracteata bes. geeignet gegen Moskitos u. Fliegen wegen des Geh. an Phenoläthern, wie Methyleugenol, Methylisoeugenol, Elemicin, Safrol. Sie reizen die menschliche Haut u. verursachen, auf das Gesicht gebracht, Übelkeit. Verwendung als Zusatz zu Pyrethrum-Sprühmitteln, deren Giftigkeit erhöht wird. Vff. führen die Wrkg. auf die $O \cdot CH_3$-Gruppe zurück, gesteigert durch Allyl- u. Propenyl-Seitenketten. (Soap, Perfum. Cosmet. **25.** 933—34. Sept. 1952. Sydney, N. S. W., Museum of Appl. Arts and Sci.) MÜHLMEISTER. 6312

F. Barlow und **A. B. Hadaway**, *Einige Faktoren mit Einfluß auf die Brauchbarkeit von Kontaktinsekticiden.* Verss. ergaben bes., daß *Insekticide* in Öllsgg. durch saugfähiges Material aufgesogen werden, so daß das Insekticid unwirksam wird. Bei anderen Stoffen mit nicht aufsaugender Oberfläche sind Öllsgg. höchst wirksam, solange der Belag ganz oder teilweise fl. ist. Verdunstung des Lösungsm. ergibt dagegen einen trockenen krist. Rückstand, der viel weniger wirksam ist als die Lösung. (Bull. entomol. Res. **43.** 91—100. März 1952. Porton, Colonial Insecticide Res. Unit.) LIEBNER. 6312

E. J. Martyn, *Die Wirkung von DDT auf den Wiesenglanzkäfer (Ciptodius pseudotasmaniae Given) in Tasmanien.* DDT wird am besten zusammen mit der Superphosphatherbstdüngung ausgebracht. Schon Gaben von 0,25 lbs./acre zeigten merkliche Wrkg. gegen den Schädling, bei einer Gabe von 1 lb. war die Wrkg. fast absol., bei 2 lbs. zeigte sich im zweiten Jahre noch eine starke Nachwirkung. (Tasmanian J. Agric. **22.** 356—60. Nov. 1951.) GRIMME. 6312

H. G. Andrewartha und **D. T. Kilpatrick**, *Apfelthrips.* Zweimalige Spritzung mit 0,1%ig. DDT-Lsg. in der Vorblütezeit vernichtete den Schädling. (J. Dep. Agric. South Australia **54.** 586—92. 595. Juli 1951.) GRIMME. 6312

W. Pfannenstiel, *Inwieweit bestehen hygienische Bedenken bei Entwesungen verkäferten Getreides mittels DDT- oder „Hexa"-Einstäubemitteln?* Vf. bespricht an Hand des Schrifttums die verschied. biol. Eigg. von *DDT* u. *Lindan*, welch letzteres als unbedenklich bezeichnet wird. Der Vorschlag von ZEUMER (C. **1952.** 6919), Präpp. für die Getreideentwesung zu schaffen, bei denen das Kontaktinsekticid an leicht u. vollständig mittels n. Windfege zu entfernenden Staubarten (Holz-, Strohmehl oder dgl.) haftet, wird befürwortet. (Prakt. Desinfektor **1.** [N. F. 46] 70—72. Aug. 1952. Marburg/Lahn.) HAEVECKER. 6312

Mario Tirelli, *Gegenwärtige Kenntnis der Insektenbekämpfung bei gelagerten Tabaken.* Bekämpfung von Insekten, bes. von Ephestia elutella Hb. u. Lasioderma serricorne F., durch therm. Behandlung (mindestens 1 Std. bei 70° bzw. mehrtägige Lagerung bei —5 bis —15°), Atmungsgifte (HCN, CH_3Br, Äthylenoxyd), Kontaktgifte (Pyrethrum, DDT). Resultate: Behandelte u. gepreßte Tabake werden mit Atmungsgiften oder durch Tiefkühlung behandelt. Gepreßte Rohtabake werden im Autoklaven mit HCN usw. behandelt. Nichtgepreßte Tabake lassen sich in gleicher Weise bei gewöhnlichem Druck behandeln. (Tabacco **56.** 178—89. Juni 1952.) SCHEIFELE. 6312

Albert A. Schreiber und **Donald B. McClellan**, *Bestimmung von Insekticidresten. Analyse von Mehl aus mit Pyrethrum behandelten Baumwollsäcken.* Bei der Best. kleiner Mengen von *Pyrethrin* (I)-Resten in Mehl u. anderem pflanzlichem Material, das ähnliche vergleichbare Anteile ungesätt. Fettsäuren (**II**) enthält, nach der Meth. von SCIL u. der ASS. OFFICIAL AGR. CHEMISTS werden zwecks Vermeidung von Störungen durch ungesätt. **II** diese zu gesätt. hydriert (45 Min., Pd-Oxyd/$BaSO_4$, ca. 28 pounds/sq.in.). Gleichzeitig sollen Blindwerte mit I-freiem Material bestimmt werden. Die Störung bei Ggw. von ungesätt. II hat ihre Ursache in einer größeren Löslichkeit der Ba-Salze derselben. (Analytic. Chem. **24.** 1194—95. Juli 1952. Minneapolis, Minn., McLaughlin Gormley King Co., Inc.) K. MAIER. 6328

A. R. B. E. D. Aciéries Réunies de Burbach-Eich-Dudelange Soc. An., Luxemburg, *Erhöhung der Citratlöslichkeit von Thomasschlacke.* Die den Konverter verlassende Thomasschlacke (I) wird mit der fl. oder festen Sodaschlacke (II) von der Entschwefelung des Roheisens in der Schlackenpfanne oder speziellen Reaktionspfannen vermischt. I kann auch granuliert oder gemahlen, mit II vermischt u. die Gemische können in Drehrohröfen oder dgl. erhitzt werden. Die Erhitzungstemp. hängt von der Menge der zugefügten II ab. Bei Zusatz von 4,7 (%) II wird die Citratlöslichkeit von I von 86,4 auf 94,9 erhöht. (**E. P. 651 384** vom 29/11. 1948, ausg. 14/3. 1951. Luxemb. Prior. 19/12. 1947.) KARST. 6283

Henkel & Cie. G. m. b. H., Düsseldorf-Holthausen, *Unkrautbekämpfung.* Bodenflächen werden mit Verbb. der allg. Formel $R[SO_2N(X)X_1]_n$ behandelt, in der R einen aliphat. Rest u. X u. X_1 beliebige Atome oder Atomgruppen bedeuten u. n eine ganze Zahl ist. — Beispiele: *n-Butan-1-sulfonsäureamid, n-Octan-1-sulfonsäureamid, Cyclohexansulfobenzoylimid, Dekahydronaphthalindisulfamid* u. dergleichen. Weitere Unkrautvertilgungs- oder fettlösende Mittel können zugesetzt werden. (**Schwz. P. 281 050** vom 29/3. 1949, ausg. 3/6. 1952. D. Prior. 22/11. 1948.) KARST. 6313

Soc. Elettrica ed Elettrochimica del Caffaro, Mailand, Italien, *Fungicide Mittel.* Halogenierte Chinone oder Oxychinone werden mit einem öllösl. Cu-Salz u. einem pflanzlichen, tier. oder Mineralöl oder Fett vermischt, worauf die M. nach Zusatz von organ. Lösungsmitteln emulgiert wird. An Stelle des Cu-Salzes können öllösl. Fe-, Co, Ni-, Zn-, Cd-, Hg- oder Ag-Salze oder deren Gemische verwendet werden. Fungistat. u. fungicide Wirkungen. (**E. P. 649 581** vom 8/8. 1947, ausg. 31/1. 1951. It. Prior. 10/8. 1946.) KARST. 6313

United States Rubber Co., New York, N. Y., V. St. A., *Bekämpfung von Parasiten.* Man verwendet zur Vernichtung von Saatgutschädlingen inerte Trägerstoffe, die als akt. Substanz ein halogensubstituiertes Naphthochinon, bes. *2.3-Dichlor-1.4-naphthochinon, Hexachlor-1.4-naphthochinon* oder dgl., enthalten. Die Mittel können auch zum Schutz von Leder, Pelzen, Kleidungsstücken, Leinen oder Baumwolle gegen Insekten- oder Pilzbefall dienen. (**Schwz. P. 280 757** vom 20/8. 1947, ausg. 16/5. 1952. A. Prior. 13/1. 1942.) KARST. 6313

Gebr. Borchers Akt.-Ges., Goslar/Harz, *Bekämpfung von Pflanzenschädlingen.* Blattlausarten u. Sägewespen werden mit Spritzmitteln, Lsgg. oder Stäuben bekämpft, die *Diäthoxy-(m-nitranilido)-phosphoniumsulfid* als akt. Wirkstoff enthalten. Dieser besitzt auch innertherapeut. Wirkungen. (**Schwz. P. 280 085** vom 23/8. 1949, ausg. 1/4. 1952.) KARST. 6313

Ciba Akt.-Ges., Basel (Erfinder: **Charles Graenacher**, Riehen, und **Max Matter**, Gümligen, Bern), Schweiz, *Herstellung von zur Schädlingsbekämpfung dienenden Spritzbrühen,* die insekticide u./oder fungicide Stoffe enthalten. Sie werden auf ein p_H von mindestens 5 gebracht u. mit Härtungsbeschleunigern (I), bes. NH_4-Salzen stärkerer Säuren, in Mengen von mindestens 4(%) sowie Aminoplasten (II) in Mengen von mindestens 8, bezogen auf die Gesamtmenge der nichtwss. Bestandteile der Spritzbrühen, versetzt. Als härtbare II werden Reaktionsprodd. aus Verbb. der allg. Formel $C-(NH_2)_2=X$ verwendet, worin X ein O- oder S-Atom bedeutet, bes. härtbare Melaminderivate. Die Haftfestigkeit von Spritzbelägen u. deren Wirkungsdauer werden verbessert. (**D. B. P. 844 688** Kl. 451 vom 25/12. 1948, ausg. 24/7. 1952. Schwz. Priorr. 15/5. 1945 u. 5/4. 1946.) KARST. 6313

Miles David Price, London, England, *Insekticide Mittel.* Lsgg. von insekticiden Stoffen, z. B. DDT u. γ-$C_6H_6Cl_6$, werden in Konzz. von ca. 25% mit feinzerkleinertem Kork oder Korkstaub innig vermischt. Aus dem Gemisch wird das Lösungsm. entfernt, die M. getrocknet, mit wss. Gummilsg. angefeuchtet, wieder getrocknet, granuliert, gesiebt u. zu Tabletten verpreßt. Diese dienen zur Bekämpfung von Insekten oder Larven, bes. *Moskitos,* auf Wasseroberflächen geringerer Ausdehnung. (**E. P. 650 132** vom 6/7. 1948, ausg. 1/42. 1951.) KARST. 6313

Michel Pijoan, U. S. Navy, Robert D. Englert, Henry I. Gerjovich und **Mortimer L. Hopwood**, Boulder, Col., V. St. A., *Insekticide Mittel.* Als akt. tox. Stoffe enthalten die Mittel *5.5'-Bis-(1.2.3.4-tetrahydronaphthyl)-trichlormethylmethan, 3.3'-Bis-(1-methoxynaphthyl)-trichlormethylmethan* oder *7.7'-Bis-(1.2.3.4-tetrahydro-2-methoxynaphthyl)-trichlormethylmethan,* gelöst in Insekten durchdringenden Lösungsmitteln oder vermischt mit festen oder fl. Trägerstoffen. *Kontaktinsekticide* mit schneller tox. Wrkg. bei niedriger Konzentration. (**A. P. 2 578 736** vom 29/5. 1946, ausg. 18/12. 1951.) KARST. 6313

Farbenfabriken Bayer, Leverkusen (Erfinder: **Gerhard Schrader**, Opladen-Bruchhausen), *N-substituierte Aminocyanphosphinsäure-* bzw. *-thiophosphinsäureester* der Formel **I**, worin R_1, R_2 u. R_3 Alkylreste, die im Falle von R_1 u. R_2 auch zu einem Ring vereinigt sein können, bedeuten, dienen als *Schädlingsbekämpfungsmittel*. Sie entstehen durch

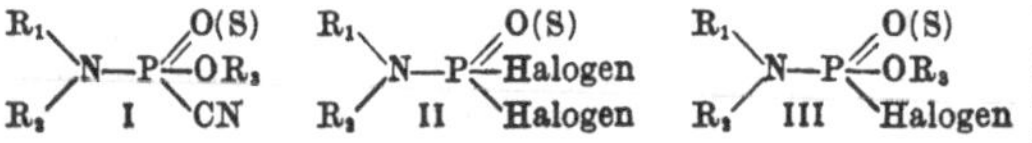

Rk. einer Verb. der Formel **II** mit Alkalicyanidin in Ggw. von Alkoholen oder einer Verb. der Formel **III** mit Alkalicyaniden bei Tempp. nicht über 50°. — *Dimethylaminocyanphosphinsäuremethylester*, Kp.$_{13}$ 89—91°. — *Äthylester*, Kp.$_{12}$ 111—113°. — *Propylester*, Kp.$_{15}$ 123°. — *n-Butylester*, Kp.$_{14}$ 130°. — *β-Methoxyäthylester*, Kp.$_{11}$ 155°. — *β-Chloräthylester*, Kp.$_{12}$ 160°. — *n-Amylester*, zers. sich bei Destillation. — *n-Hexylester*. — *Diäthylaminocyanphosphinsäureäthylester*, Kp.$_{17}$ 124°. — *Piperidinocyanphosphinsäureäthylester*, Kp.$_7$ 129°. — *Morpholinocyanphosphinsäureäthylester*, Kp.$_9$ 140°. — *Dimethylaminocyanthiophosphinsäureäthylester*, Kp.$_{12}$ 107—109°. — *Diäthylamino-* (Kp.$_{12}$ 125°), *Dipropylamino-* (Kp.$_{13}$ 137°), *Dibutylamino-* (Kp.$_{13}$ 146°), *Piperidino-* (Kp.$_{13}$ 152°), *Morpholinocyanthiophosphinsäureäthylester* (Kp.$_{12}$ 152°). (**D. R. P. 767 511** Kl. 12 q vom 22/7. 1937, ausg. 8/9. 1952.) LANGER. 6313

VIII. Metallurgie. Metallographie. Metallverarbeitung.

Aurelio Palazzi und **Roberto Sacerdote**, *Anwendung statistischer Methoden für den Vergleich von Eisenerzen.* (Metallurgia ital. **43.** 180—84. Mai 1951. Genova, Ist. Siderurg. Finsider.) RUMPF. 6354

W. Gilde und **H. Graf**, *Flammenmessungen am Thomaskonverter.* (Metallurgie u. Gießereitechn. **1.** 5—7. Jan. 1951. Unterwellenborn, Maxhütte.) PAHL. 6370

Roger Simonet, *Fortschritte in der thermischen Metallurgie.* Überblick. (Usine nouv. Sonderh. 21—25. Frühjahr 1952.) PAHL. 6380

M. Beilhack, *Neue Erfahrungen beim Zementsandformverfahren.* Die gefundenen Enddruckfestigkeitswerte u. Gasdurchlässigkeitszahlen von zwei verschied. Zementarten werden bei verschied. Mischungsmengen an Zement u. W. geprüft u. hierbei festgestellt, daß der Eisenportlandzement dem Portlandzement unterlegen ist. Jedoch weichen die für Eisenportlandzement erhaltenen Druckfestigkeitswerte aus, um ihn mit Erfolg für das Zementsandform- u. -kernverf. zu verwenden. Es wird das in der Formtechnik angewendete Arbeiten in vollsynthet., selbsthärtendem, plast. Sand untersucht. Es zeigt sich, daß hierbei die zugegebene geringe Menge an Zement nicht mehr allein als die Trägerin der Festigkeit zu gelten hat, sondern daß vielmehr der entwickelte Binder zusammen mit dem Verf. die Festigkeit gibt. (Giesserei **39.** 405—10. 21/8. 1952. Rosenheim.) HOCHSTEIN. 6382

Michael Apfelböck, *Ausschußursachen und ihre Bekämpfung in der Schwermetallgießerei.* (Metallurgie u. Gießereitechn. **1.** 105—10. April 1951. Dresden-Dölzschen.) PAHL. 6382

Werner Lott, *Ausschußursachen und ihre Bekämpfung in der Leichtmetallgießerei.* (Metallurgie u. Gießereitechn. **1.** 110—12. April 1951. Rackwitz.) PAHL. 6382

Otto Brandau, *Ausschußursachen und ihre Verhütung in der Stahlgießerei.* (Metallurgie u. Gießereitechn. **1.** 130—33. Mai 1951. Magdeburg.) PAHL. 6382

Ferdinand Barheine, *Einige Ausschußursachen bei Grauguß.* (Metallurgie u. Gießereitechn. **1.** 134—35. Mai 1951. Leipzig.) PAHL. 6382

Erich Boeckers, *Graphiteinsätze in Kokillenböden.* Durch Verwendung von durchgraphitisierten Graphiteinsätzen am Boden von Stahlwerkskokillen wird die Entstehung von feuerfesten Einschlüssen im Fuß gegossener Stahlblöcke vermieden. (Stahl u. Eisen **71.** 1314—16. 22/11. 1951. Duisburg.) HOCHSTEIN. 6382

Bernhard Weilandt, Helmut Maetz und **Willy Oelsen**, *Die Wirkung basischer Oxyde bei der Entschwefelung im Hochofen.* Für die Entschwefelung des Eisens mit fl. Silicatschlacken sind die Löslichkeitsverhältnisse der Sulfide in der Eisenschmelze u. der Schlacke u. die reduzierenden Bedingungen maßgebend. Mit zunehmender Reaktionszeit sinkt der S-Geh. u. steigt der Si-Geh. des Roheisens. Bei der gleichen Reduktionswrkg. liegt der S-Geh. des Roheisens um so höher, je schwächer die bas. Wrkg. der Metalloxyde ist. Wird in einer Ca-Metasilicatschlacke das CaO in steigendem Maße stöchiometr. durch MgO, SrO, BaO oder NaO_2 ersetzt, so wird die entschwefelnde Wrkg. durch MgO verringert, durch SrO, BaO u. bes. durch NaO_2 aber erhöht. Dies wird durch die Bldg. von in den fl. Schlacken beständigen Silicaten erklärt. (Arch. Eisenhüttenwes. **23.** 163—72. Mai/Juni 1952. Hagen-Haspe, Essen bzw. Clausthal.) HABBEL. 6400

Hans Schrader, *Über die Wirkung von hohen Tonerdegehalten in Hochofenschlacken.* Hohe Al_2O_3-Gehh. (25—30%), verursachen in sauren u. bas. Schlacken infolge der Mineralverb. *Anorthit* (im sauren Bereich) bzw. der Ausscheidung von *Gehlenit* (im bas. Bereich) eine beträchtlich verstärkte Zähflüssigkeit, die durch erhöhte Arbeitstempp. oder erhöhten MgO-Geh. bei niedrigeren Arbeitstempp. behoben werden kann. Der aus der Koksasche stammende Anteil der Schlacke enthält 17—19% Al_2O_3. Eine Steigerung des Al_2O_3-Geh. der Gesamtschlacke auf 26% kann durch eine starke Al_2O_3-Verunreinigung der Fe-Erze verursacht werden. Hohe Al_2O_3-Gehh. verschlechtern auch die Entschwefelung. Die Ausscheidung eines höher kalkhaltigen Bestandteiles, wie sie bei hoch-Al_2O_3-haltigen bas. Schlacken auftritt, beeinflußt Entschwefelung u. Si-Red. durch Änderung des Basengrades. Diese Änderungen überdecken den reinen Temperatureinfl. u. können Schwankungen im S-Geh. des Eisens hervorrufen. In einem Vorbereitungszustand kann eine merkliche Erhöhung der Entschwefelung als Folge örtlicher Anreicherungen mit erhöhter Basizität vorkommen. Zur Beseitigung der Schwankungen in der Entschwefelungswrkg. bei hohen Al_2O_3-Gehh. kann die Arbeitstemp. erhöht, der Al_2O_3-Geh. mit höchstens 24% begrenzt u. der Kalkstein in der Möllerung durch Dolomit zwecks Einstellung eines MgO-Geh. der Schlacke von wenigstens 10% ersetzt werden. (Arch. Eisenhüttenwes. **22.** 275—82. Sept./Okt. 1951. Bochum.) HABBEL. 6400

Knud E. Jensen, *Das Basset-Verfahren für die Roheisenerzeugung in Drehöfen.* Nach einem kurzen Überblick über die Entw. werden die Eigg. des Verf. genannt. Das kontinuierliche Verf. arbeitet mit Koksgrus u. Öl oder Kohlenstaub als Heizstoff; metallurg. Koks ist nicht erforderlich. S-haltige u. feinkörnige Erze können ohne Vorbehandlung verwendet werden. Das Roheisen ist ein Sondereisen, das außer in bas. SIEMENS-MARTIN-Öfen zur Herst. gewöhnlicher Stähle auch zur Herst. von Sondergußeisen u. Sonderstählen verwendet werden kann. Das Schlackenerzeugnis, der Klinker, ist wertvoller als n. Hochofenschlacke. Der Mn- u. P-Geh. des Roheisens kann leicht u. schnell geändert werden. (Stahl u. Eisen **72.** 1466—67. 6/11. 1952.) HABBEL. 6400

Wilhelm Dautzenberg, *Grundsätzliches zum Chlor–Stickstoff-Raffinationsverfahren.* In eine Al-Schmelze wird Cl_2 durch weite Düsen zur Erzeugung einer $AlCl_3$-Dampfwolke eingeblasen, die zusammen mit in der Schmelze bei Ggw. von Mg entstehendem fl. $MgCl_2$ durch die Al-Schmelze nach oben steigt u. die festen Verunreinigungen mitnimmt. Unbedingt notwendig ist, daß der Weg schnell u. ungehindert zurückgelegt werden kann. Aus diesem Grunde soll die Schmelze eine große freie Oberfläche besitzen. Ein Zumischen von N_2 zum Cl_2 von einem bestimmten Zeitpunkt an beeinflußt die $AlCl_3$-Rk. günstig. Ein Nachblasen mit N_2 entfernt den in der Schmelze verbliebenen Restchlorgehalt. (Z. Erzbergbau Metallhüttenwes. **5.** 308—10. Aug. 1952. Hamburg.) HOCHSTEIN. 6442

W. Rosenkranz, *Kristallisation und Blockseigerung in erstarrenden Al–Cu–Mg-Schmelzen.* Untersucht wurde die Entstehungsursache der in erstarrenden Al–Cu–Mg-Schmelzen vor sich gehenden Konzentrationsverschiebungen. Hierbei zeigte sich ein Zusammenhang zwischen dem Seigerungs- u. dem Kristallisationsvorgang. Die für das Auftreten von Zonenkristallen verantwortlich zu machende Diffusionsgeschwindigkeit der Legierungskomponente in das Grundmetall ist die Ursache für die über größere Bereiche erfolgenden Konzentrationsverschiebungen. Wesentlich ist, ob innerhalb der erstarrenden Schmelze größere Temperaturunterschiede auftreten oder ob die Erstarrungswärme die nach außen abfließende Wärmemenge zu decken vermag. Erfolgt die Erstarrung unter einem in einer Richtung ausgeprägten Temperaturgefälle, so entstehen Stengelkristalle u. die Legierungsbestandteile wandern innerhalb der fl. Schmelze zu den Bereichen niedrigerer Temperatur. Bei einer langsameren Abkühlung entsteht ein globulit. Gefüge. Auf Grund günstigerer Diffusionsmöglichkeiten entsteht eine reichere Primärkristallisation. Die Bldg. der Seigerungsborke bzw. der Schwitzperlen kann auf eine Wanderung der Legierungsbestandteile in Richtung des Temperaturgefälles zurückgeführt werden, die eine Anreicherung der Restschmelze zur Folge hat. (Metall **6.** 597—608. Okt. 1952. Meinerzhagen, Otto Fuchs Metallwerke.) HOCHSTEIN. 6442

J. F. G. Hérenguel, *Eine neue mittelstark verarbeitete Leichtlegierung der Aluminium-Zink-Magnesium-Reihe — T 35.* Die Al–Zn–Mg-Legierung *T 35* besteht aus 2,75—3,25 (%) Zn, 1,5—1,75 Mg, 0,1—0,3 *Cr*, 0,2—0,4 *Mn*, ca. 0,5 *Fe* + *Si*, Rest Al. Sie neigt nicht zur Sprödigkeit u. Spannungskorrosion. Die Wärmebehandlungstemp. liegt bei 325°. *T 35* härtet bei Raumtemp. langsam aus, über 80° tritt die Aushärtung erst nach Ablauf von 30 Std., dann sehr schnell ein. Die Weichglühtemp. liegt zwischen 275 u. 300°. *T 35* eignet sich zum Schmieden u. ist im warmbehandelten Zustand sehr biegsam. Der Korrosionswiderstand im Salzsprühregen ist befriedigend. Die Festigkeitswerte liegen zwischen denen der Al–Mg-Legierung mit 5% Mg u. der Duralumintypen. (Metal Treatment Drop Forging **18.** 33—36. Jan. 1951. Antony, France, Soc. des Tréfileries et Laminoirs du Havre, Res. Dep.) GERHARD SCHMIDT. 6442

George H. Found, *Erhöhung der Dauerfestigkeit von Magnesiumguß durch Oberflächenkalthärtung.* (Metal Progr. **60.** 51—54. Aug. 1951. Midland, Mich., Dow. Chemical Co.) PAHL. 6444

P. F. George und **H. A. Diehl**, *Feststellung von Brüchen in Magnesiumgußlegierungen.* Es werden Ermüdungs- u. Spannungs-Korrosions-Brüche makroskop. u. mkr. festgestellt u. gezeigt, daß transkristalline Risse flache Facetten u. interkristalline Risse gewellte Kristallitenflächen aufweisen. Es werden die unter verschied. Bedingungen entstandenen Risse nach ihrem Aussehen besprochen. (Metal Progr. **62.** 121—22. Okt. 1952. Midland, Mich., Dow Chemical Co.) HOCHSTEIN. 6444

—, *Eine neue Elektron-Magnesium-Zirkonium-Zink-Thorium-Gußlegierung.* Für Gasturbinen wurde von der MAGNESIUM ELEKTRON, LTD., Manchester, eine Mg-Gußlegierung entwickelt mit 3 (%) Th, 2,5 Zn u. 0,7 Zr. Die Festigkeit der 16 Std. bei 315° stabilisierten Proben beträgt bei Raumtemp. 19—22 u. bei 275—350° 8,5—6,9 kg/mm². Angaben über Dehngeschwindigkeit, Schwingungsfestigkeit bei n. u. erhöhter Temp. u. Korrosionsbeständigkeit. Die Gießbarkeit ist gut, die Wärmebehandlung besteht in einem einfachen stabilisierenden Glühen bei der vorgesehenen Betriebstemperatur. — Zahlentafeln, Schaubilder. (Metallurgia [Manchester] **46.** 145—46. Sept. 1952.) K. STEIN. 6444

H. Blumfeldt, *Beryllium.* Überblick über Vork., Herst. u. Verwendungsgebiete. (Metall **6.** 264—66. Mai 1952. Ahrensbök/Holstein.) HABBEL. 6446

Karl Wagenmann, *Rhenium, Herstellung und Möglichkeiten seiner Verwendung.* (Metallurgie u. Gießereitechn. **1.** 149—52. Mai 1951. Eisleben.) PAHL. 6448

W. Kleese, *Über den Stand der Anwendungsmöglichkeiten von Rheniummetall und seinen Legierungen.* (Metall **5.** 155—56. April 1951. Essen.) HOCHSTEIN. 6448

H. O. Nicolaus, *Fortschritte der Titanmetallurgie in den Vereinigten Staaten von Amerika.* 2. Mitt. (1. vgl. C. **1952.** 4367.) Überblick über die physikal. u. mechan. Eigg. des Ti, über einige techn. wichtige Ti-Legierungen u. deren Anwendungsgebiete. — Schrifttumsangaben. (Metall **6.** 250—56. Mai 1952. Göttingen.) HOCHSTEIN. 6448

O. A. Wheelon, *Verformbarkeit von Titan.* Handelsübliches Ti läßt sich allg. wie Mg verformen, bei der maschinellen Bearbeitung ist es rostsicherem Stahl ähnlich. Die Verformung muß bei ca. 800° F geschehen. (Iron Age **168.** Nr. 24. 140—43. 13/12. 1951. Santa Monica, Calif., Douglas Aircraft Co.) KÖHN. 6448

—, *Silicium desoxydiert, erhöht die Festigkeit und verbessert die elektrischen Eigenschaften der Metalle.* (Steel **128.** Nr. 19. 38. 7/5. 1951.) KATZ. 6448

Karl Pschera, *Die Sinterwerkstoffe der Technik, besonders die hochschmelzenden Metalle und Legierungen.* Stand der Technik der pulvermetallurg. Herstellungsarten von *W, Mo, Tl, Cr, Ti, V* u. deren Legierungen u. von Verbundwerkstoffen mit diesen Elementen als Basis. (Technik **7.** 299—303. Juni 1952. Berlin, Glühlampenwerk VEB.) FAHLENBRACH. 6474

H. W. Greenwood, *Vorausschau auf die Pulvermetallurgie.* (Vgl. C. **1951.** I. 2799.) Überblick über den Stand der Technik u. Erörterung weiterer Möglichkeiten. Große Bedeutung mißt Vf. der Entw. von Pulvern mit Überzügen (z. B. Stahl mit Cu), dem Einsatz von Ti u. der pulvermetallurg. Herst. von Turbinenschaufeln u. Dauermagneten zu (Machinery [London] **79.** 236—37. 9/8. 1951. London, Powder Metallurgy Ltd.) FAHLENBRACH. 6474

W. I. Lichtman und **P. A. Rebinder**, *Die Anwendung aktiver Schmiermittel in der metallkeramischen Technologie.* Gepulvertes *Fe, Cu* u. *Pb* wurden mit den akt. Schmiermitteln, Lsgg. von Ölsäure in Vaselin oder Bzl., vermengt, gepreßt u. gesintert. Die Menge der gelösten Ölsäure beträgt je nach der Dispersität des Pulvers für Korngrößen von 20—50 Mikron durchschnittlich 3—5 mg auf 1 g gepulvertes Metall. Die gut vermengte M. wird getrocknet, wobei das Bzl. verdampft u. die Metallkörner mit einer Adsorptionsschicht von Ölsäure umgeben werden. Diese Schicht verringert den erforderlichen Preßdruck, mit dem die plast. Verformung der Metallteilchen erhöht u. die mechan. u. chem. Eigg. nach dem Sintern verbessert werden. (Вестник Машиностроения [Nachr. Maschinenbau] **31.** Nr. 3. 56—62. März 1951.) VOLLENBRUCK. 6474

W. G. Filimonow, *Ergebnisse der Untersuchung des Preß- und Sintervorganges bei der eisenkeramischen Fertigung.* (Вестник Машиностроения [Nachr. Maschinenbau] **31.** Nr. 3. 63—67. März 1951.) VOLLENBRUCK. 6474

D. W. Lynch, T. J. Snodgrass und **T. T. Woodson**, *Pulvermetallurgische Zahnräder.* Die Zahnräder besitzen hohe Festigkeits- u. Dehnungswerte; sie bestehen aus 93% *Fe* u. 7% *Cu*, hergestellt aus einem Pulvergemisch oder durch Einseigern von Cu in Sinterlinge aus reinem Fe, wobei das letztere Verf. die besseren Werte ergibt. Die Pulver werden mit hohem Druck (3,5—10 t/cm²) gepreßt u. dicht unterhalb des F. gesintert. Zur Steigerung der mechan. Eigg. sind Nachpreß- u. Nachsinterarbeitsgänge zweckmäßig. (Machinist **95.** 1506—12. 6/10. 1951. Bridgeport, Conn.) FAHLENBRACH. 6474

A. Portevin, *Metallographische Analysenmethoden und ihre Anwendung auf die Mineralchemie.* Überblick. (J. chim. belge **16.** 157—66. 1951.) HOCHSTEIN. 6482

P. Gay und **P. B. Hirsch**, *Röntgentechnik für die Untersuchung von Unterstrukturen in Werkstoffen.* Röntgenograph. Verf., um die Grenzflächen zwischen Teilchen festzulegen, die zueinander kleine Winkel bilden. (Acta crystallogr. [London] **4.** 284—85. Mai 1951. Cambridge, Cavendish Labor., Crystallographic Labor.) GOTTFRIED. 6484

R. N. Parkins, *Die Spannungskorrosions-Rißbildung von niedriggekohlten Stählen in einer Nitratlösung.* Ermittelt wird die Ursache für die Bldg. von intergranularen Makrorissen in niedriggekohlten Stählen, die einer stat. Beanspruchung u. gleichzeitig dem korrosiven Angriff einer kochenden $Ca(NO_3)_2$–NH_4NO_3-Lsg. unterlagen. Hierbei wurde eine Beziehung zwischen der Carbidverteilung in den Stählen u. der Rißbldg. ermittelt. Es wird gezeigt, daß eine plast. Kaltverformung einen starken Einfl. auf den Anstieg in der Empfindlichkeit der Stähle gegenüber der Spannungskorrosions-Rißbldg. ergab. Auch bestand eine Beziehung zwischen der Gitterverformung der Körner u. der Neigung zur Spannungskorrosion. — Schrifttumsangaben. (J. Iron Steel Inst. **172.** 149—62. Okt. 1952. Newcastle-upon-Tyne, Univ. of Durham.) HOCHSTEIN. 6538

Robert Wüest & Co., Winterthur, Schweiz, *Anreicherung von eisenarmen Erzen.* Das Roherz, das unter 5 mm bis in der Regel auf höchstens 0,6 mm zerkleinert worden ist, wird mit einer körnigen, C-reichen Substanz, wie Braunkohlengrus, Torfmull oder dgl., mit einer Korngröße von höchstens 5 mm innig vermischt u. das Mischgut in kontinuierlicher Folge unter ständiger Umwälzung in einem Durchlaufofen von Feuergasen (600 bis 800°) entgegen der Bewegungsrichtung des Mischgutes durchflutet u. anschließend an der Luft abgekühlt. Hierdurch tritt eine Magnetisierung der eisenhaltigen Körner ein, die dann in einem Magnetscheider von der Gangart abgetrennt werden. Die Hitzbehandlung soll höchstens 3 Min. dauern. (**Schwz. P. 282 272** vom 9/11. 1949, ausg. 16/7. 1952.) W. HAUSWALD. 6361

Luossavaara-Kiirunavaara Aktiebolag, Stockholm, Schweden (Erfinder: **H. Blomquist**), *Magnetscheidung.* Um magnet. Gut von unmagnet. zu trennen, behandelt man es auf einer unmagnet. Unterlage, z. B. Kautschukband mit einem magnet. oder elektr. Kraftfeld, dessen Feldvektoren man derart rotieren läßt, daß die magnet. Teilchen quer zur Unterlage abgehoben werden u. so von nur schwach oder nichtmagnet. Teilchen getrennt werden, die dann durch Kraftfelder (Schwerefeld, Luft- oder Flüssigkeitsspülung) abgeführt werden. — Zeichnungen. (**Schwed. P. 131 804** vom 13/8. 1948, ausg. 5/6. 1951.) JÜRGEN SCHMIDT. 6361

American Cyanamid Co., New York, N. Y., V. St. A., *Trennung von Ferrosilicium und Magnetit aus einer Trennflüssigkeit.* Man behandelt das feinpulverige Konzentrat zunächst mit einem Sammler für oxyd. Fe-Erze u. einem saueren Stoff mit einer Dissoziationskonstante von mindestens 10^{-7}, bes. H_2SO_4, in solcher Menge vor, daß bei der Verdünnung auf Flotationskonz. sich ohne Zusatz von Alkali ein p_H-Wert von 2—6 einstellt. Als Sammler dienen öl- u. wasserlösl. Erdölsulfonate, sulfonierte Fettsäuren oder fette Öle. Man erhält bei der Flotation ein Konzentrat, das ca. 90—98% Magnetit enthält. (**N. P. 79 245** vom 13/9. 1948, ausg. 29/10. 1951. A. Prior. 3/10. 1947.) JÜRGEN SCHMIDT. 6363

Mij. voor Kolenbewerking Stannicarbon N. V. (Erfinder: **Freerk Jan Fontein**), Heerlen, Holland, *Trennung von Gemischen.* Bei der Trennung von Gemischen aus Teilen verschied. Korngröße u. D. mit Hilfe einer Scheidungssuspension, z. B. beim Erz- u. Kohlenwäschebetrieb, oder unter Benutzung von Zyklonen, wobei die Trennung der gröberen u. feineren Fraktionen über mehrere Stufen des Scheidevorganges verteilt ist, wird bei der Durchführung der Trennung der feineren Fraktionen des zu behandelnden Gemisches die mittlere Korngröße des Beschwerungsmittels kleiner gewählt als die zu der Trennung der gröberen Fraktion üblicherweise verwendete Korngröße. — Diagramm. (**D. B. P. 826 891** Kl. 1c vom 2/8. 1950, ausg. 7/1. 1952. Holl. Prior. 4/8. 1949.) HANS HOFFMANN. 6363

John J. Howard, Philadelphia, Pa., V. St. A., *Erzeugen von Roheisen.* Roheisen wird aus hochwertigem Eisenerz in einem oxydierend betriebenen SIEMENS-MARTIN-Ofen hergestellt, indem auf dem Ofenherd eine auf mindestens 1480° erhitzte Roheisenschmelze erzeugt u. mit einer Schlackendecke versehen wird. Ohne wesentliche Erhöhung des C-Geh. wird die Roheisenmenge kontinuierlich erhöht, indem dem Bad durch die Schlackendecke eine zusammengepreßte M. zugeführt wird, die aus einem feinkörnigen C-haltigen Reduktionsmaterial u. aus Eisenerz mit einem Fe-Geh. von mindestens 66% Fe besteht, wobei beide Bestandteile durch ein Bindemittel in inniger Vermischung gehalten werden. Durch die Badwärme wird das Eisenerz durch den zugemischten C reduziert. Das so erzeugte Roheisen wird kontinuierlich unter oxydierenden Bedingungen aus dem SIEMENS-MARTIN-Ofen abgegossen. (**A. P. 2 602 735** vom 9/11. 1950, ausg. 8/7. 1952. Can. Prior. 3/8. 1950.) HOCHSTEIN. 6401

Komarek-Greaves & Co., übert. von: **Gustav Komarek** und **Walter J. Chapman**, Chicago, Ill., V. St. A., *Gichtstaubbriketts.* Das Brikett besteht im wesentlichen aus Gichtstaub, 1,5—3,5% Al_2O_3 u. ca. 0,25—1% einer anorgan. Ammoniumverb., z. B. $(NH_4)_2CO_3$, NH_4Cl, NH_4OH oder bes. $(NH_4)_2SO_4$. Vorzugsweise besteht ein derartiges Brikett aus 90 bis 10% Gichtstaub, 10—90% Eisenerzklein, 1,5—3,5% Al_2O_3 u. 0,25—1,00% $(NH_4)_2SO_4$. Die Briketts werden wieder im Hochofen aufgegeben. (**A. P. 2 582 386** vom 4/8. 1950, ausg. 15/1. 1952.) HOCHSTEIN. 6401

Koppers Co., Inc., Pittsburgh, Pa., V. St. A., *Erzeugung von Eisen und Eisenlegierungen in einem Schachtofen.* Eisenerz wird in einem Schachtofen, in dessen Gestell ein staubförmiger, fester Brennstoff eingeführt wird, verhüttet, indem außerhalb des Gestelles ein Gemisch von einem mehr als 60 Vol.-% O_2 enthaltenden Gas u. feinverteiltem festem Brennstoff gebildet u. dieses Gemisch derart in das Gestell eingeleitet wird, daß die erste beim Eintritt des Gemisches einsetzende Rk. zwischen O_2 u. dem Brennstoff im wesentlichen beendet ist, ehe das Reaktionsgemisch mit der Füllung des Gestelles in Berührung kommt. Zweckmäßig ist das Mengenverhältnis O_2 zu C in dem einzuführenden Gemisch derart, daß bei der Rk. der Gemischanteile CO entsteht. Durch das Verf. wird die Verbrennung des in das Gestell eingeblasenen Kohlenstaubs gewährleistet, ohne daß dem Gestell Wärme entzogen wird. — Abbildungen. (**Schwz. P. 276 474** vom 5/2. 1949, ausg. 1/10. 1951.) HOCHSTEIN. 6401

Koppers Co., Inc., Pittsburgh, Pa., V. St. A., *Erzeugung von Eisen und Eisenlegierungen.* In einem Schachtofen wird unter Benutzung eines Windes mit einem O_2-Geh. von über 30%, der durch mehrere im Ofengestell angeordnete Windformen eingeblasen wird, Roheisen erzeugt, indem das Einblasen derart vorgenommen wird, daß die hinter jeder einzelnen Windform entstehenden Schmelzzonen eine zusammenhängende Schmelzzone im Ofengestell bilden. Zweckmäßig wird durch die Windformen CO mit dem Wind so eingeblasen, daß sich O_2 u. CO am Ausgang der Windformen vermischen. Auch kann das Einblasen so geführt werden, daß das mit dem Wind eingeleitete CO am Ausgang der Windformen mit dem O_2 des Windes reagiert. Außer CO können auch noch H_2 oder KW-stoffe eingeblasen werden, wobei die KW-stoffe entweder zusammen mit dem CO oder dem H_2 eingeleitet werden. — Abbildungen. (**Schwz. P. 279 005** vom 7/12. 1948, ausg. 1/3. 1952.) HOCHSTEIN. 6401

Inventa Akt.-Ges. für Forschung und Patentverwertung Luzern, Luzern, Schweiz, *Vorbereiten von Al-Legierungen für die Extraktion.* Zur Vorbereitung von Al-Legierungen für die Extraktion mit Hg wird die Form der Legierungen in Ggw. von Hg geändert, um sie dem Angriff des Hg zugänglich zu machen. Z. B. wird eine Legierung mit 34 (%) *Si*, 64 *Al*, 1,2 *Fe*, Rest *Oxyde* u. *Carbide*, die in Form von Bruch mit einer Stückgröße von 30—50 mm vorliegt, unter Hg mit Hilfe von Walzen gequetscht. (**Schwz. P. 279 968** vom 31/10. 1949, ausg. 1/4. 1952.) HANS HOFFMANN. 6443

Aluminium Laboratories Ltd., Montreal, Can., *Verbesserung der Korrosionsbeständigkeit von Aluminiumlegierungen* mit 3—10 (%) *Zn*, 0,75—4 *Mg*, 0,5—3 *Cu*, 0,1—1,5 *Mn*, Rest *Al*, die noch *Ti*, *V*, *Zr*, *Cr*, *Co*, *W*, *Nb* oder *Ta* enthalten können. Nach einer Lösungswärmebehandlung werden die Legierungen langsam abgekühlt, durch Erwärmen auf 100—175° künstlich gealtert u. darauf 15—120 Min. lang bei einer Temp. zwischen 175 u. 250° nochmals erwärmt. (**Oe. P. 171 148** vom 11/1. 1949, ausg. 25/4. 1952. A. Prior. 12/7. 1939.) GÖTZE. 6443

Comp. de Produits Chimiques et Électrométallurgiques Alais, Froges et Camargues, Frankreich, *Leichtmetallegierungen* bestehen aus bis 1 (%) *Fe*, bis 1 *Si*, 1—13 *Mg*, 0,1—3 *Ca*, Rest *Al*, die außerdem noch bis 1 *Mn* u. zur Verbesserung der mechan. Eigg. u. Kornverfeinerung *Cr*, *Ti*, *V*, *Zr*, *Ce* u. *Be* enthalten können. Die Legierungen lassen sich gut schmieden, walzen, pressen, sind korrosionsfest u. geben einen feinen Span, so daß sie in vielen Fällen Messing ersetzen können. (**F. P. 975 591** vom 3/3. 1942, ausg. 7/3. 1951.) GÖTZE. 6443

Comp. de Produits Chimiques et Électrométallurgiques Alais, Froges et Camargues, Frankreich, *Aluminiumlegierungen* bestehen aus <1 (%) *Fe*, 0,1 bis <5 *Si*, 0,1 bis <3 *Mg*, einem oder mehreren der Metalle *Pb*, *Bi*, *Sn*, *Cd*, *Tl* in Mengen von 0,3—4. Das Mg kann ganz oder teilweise durch *Li* ersetzt werden, außerdem können Raffinationsmittel wie *Ti*, *V*, *Mo*, *Mn*, *Cr*, *Zn*, *W* bis <2, sowie zur Erhöhung der Härte *Cu* bis 6, *Ni* bis 4 u. *Zn* bis 10 zugesetzt werden. Die Legierungen sind korrosionsbeständig, lassen sich prägen u. schmieden u. geben beim Bearbeiten einen feinen Span. (**F. P. 977 514** vom 30/7. 1942, ausg. 2/4. 1951.) GÖTZE. 6443

High Duty Alloys Ltd. (Erfinder: **William Michael Doyle**), Slough, Buckingham, England, *Einführung von Zirkonium in Magnesiumlegierungen.* Die Mg-Legierung wird mit einer geschmolzenen Mischung in Berührung gebracht, die aus $ZrCl_4$ u. KF in einem Gewichtsverhältnis zwischen 0,75 : 1 u. 4 : 1 besteht. Die Salzmischung kann zur Erhöhung des spezif. Gewichtes bis 30 (%) $BaCl_2$ enthalten, das bis $^2/_3$ durch BaF_2 ersetzt sein kann. Als Verdickungsmittel wird bis 20 MgF oder bis 6 AlF_3 u. bis 10 CaF_2 u./oder bis 25 ZrO zugesetzt. Außerdem kann die Mischung noch einen Zusatz an reduzierbaren Halogensalzen von Be bis 7 enthalten. (**D. B. P. 846 308** Kl. 40b vom 20/2. 1951, ausg. 11/8. 1952. E. Prior. 21/2. 1950.) GÖTZE. 6445

N. V. Philip's Gloeilampenfabrieken, Eindhoven, Holland, *Schweißen von Gußeisen.* Man schweißt Gußeisen mit mehr als 2,5% C im elektr. Lichtbogen mit einer Schweißelektrode aus Gußeisen u. einer schlackenbildenden Ummantelung, die 5—20% Alkali- oder Erdalkalifluorid, 15—50% Erdalkalicarbonat, 5—30% reduzierende Metallpulver u. 5—30% Kieselsäure, z. B. in Form von Silicaten, u. höchstens bis 2% Feuchtigkeit enthält. Z. B. besteht der Mantel des Schweißdrahtes, der vorteilhaft als negativer Pol geschaltet wird, aus 22,5 (%) CaF_2, 45 $CaCO_3$, 13,5 Ferrotitan (23% Ti), 4,5 Ferrosilicium (75% Si), 4,5 Ferromangan (80% Mn) u. 10 Wasserglas. (**N. P. 78 942** vom 7/10. 1943, ausg. 20/8. 1951. Holl. Prior. 10/10. 1942.) JÜRGEN SCHMIDT. 6507

Babcock & Wilcox Co., Rockleigh, N. J., übert. von: **Otis R. Carpenter,** Barberton, O., V. St. A., *Schweißen von korrosionsbeständigen, hochchromhaltigen Stählen.* Gegenstände aus einem Stahl aus 0,2 (%) C, 1,5 Mn, 0,025 S, 0,025 P, 0,75 Si, 1 Ni, 26—30 Cr, 0,12 bis 0,25 N u. Rest Fe werden zunächst mit einem Stahl gleicher Zus., aber mit 4% Ni geschweißt. Auf diese Schweißnaht bringt man dann eine Schicht mittels eines Schweißdrahtes aus höchstens 0,08 (%) C, 0,4—0,6 Mn, 0,4—0,6 Si, 6—8 Cr, 0,4—0,6 Mo, höchstens 0,025 S, höchstens 0,025 P u. Rest Fe. Das Verf. eignet sich zum Schweißen von Druckkesseln. — Abbildungen. (**A. P. 2 588 700** vom 26/7. 1945, ausg. 11/3. 1952.) MARKHOFF. 6507

Akt.-Ges. Brown, Boveri & Cie., Baden (Erfinder: **Ernst Kobel,** Ennstbaden), Schweiz, *Verschmelzen von Eisen und Eisenlegierungen mit Kohlenstoff, wie Graphit.* Der Metallteil wird mit dem zu verschmelzenden Kohlenstoffteil in Berührung gebracht u. auf eine unterhalb des F. des Metallteils liegende Temp. erwärmt. Hierbei findet eine Aufkohlung des Metallteils u. ein Verschmelzen mit dem Kohlenstoffteil statt. Gegebenenfalls erhitzt man die Teile im Vakuum oder in einem Schutzgas. Auf diese Weise wird der Übergangswiderstand zwischen Metall u. Kohle bei Verwendung als stromführende Elemente verringert. — Abbildungen (**D. B. P. 848 293** Kl. 49h vom 28/12. 1948, ausg. 1/9. 1952. Schwz. Prior. 4/12. 1945.) MARKHOFF. 6507

Siemens-Schuckertwerke Akt.-Ges., Berlin und Erlangen (Erfinder: **Kurt Eichler,** Rodach bei Coburg), *Ummantelte Schweißelektroden* werden zur Vermeidung des zeitraubenden Vortrockenprozesses unmittelbar nach dem Verlassen der Mantelpresse durch Tauchen oder Spritzen, bes. mittels einer Ringstrahldüse, mit einem Überzug aus Wasserglas versehen, der einen sofortigen Scharftrockenprozeß erlaubt. (**D. B. P. 817 777** Kl. 21h vom 26/11. 1948, ausg. 18/10. 1951.) KESSEL. 6507

Elektriska Svetsningsaktiebolaget, Göteborg, Schweden, *Umhüllte Schweißelektrode für die elektrische Lichtbogenschweißung* besteht aus einem Kern aus Eisen oder Stahl mit einer Umhüllung aus 8—30 (%) Ferromangan, 10—21,9 freier oder gebundener SiO_2, 15—40 Erdalkalicarbonat, 5—35 TiO_2 u. Kaliwasserglas als Bindemittel. Die Schweißstellen zeichnen sich durch geringe Rißanfälligkeit u. gute Kerbschlagzähigkeit aus. (**Schwz. P. 279 973** vom 25/2. 1949, ausg. 1/4. 1952. Schwed. Prior. 8/3. 1948.) MARKHOFF. 6507

Air Reduction Co., Inc., New York, N. Y., übert. von: **Francis T. Crego,** East Orange, N. J., V. St. A., *Vorbehandlung von Eisen-, besonders Stahlblechen, vor dem Verzinnen.* Die Fe_2C enthaltende Oberfläche wird bei einer Temp. von ca. 1200° F in einer Atmosphäre von 95—99% N_2 u. 0,1—5 H_2 erhitzt. Das Carbid wird in Ferrit umgewandelt. — Abbildung. (**A. P. 2 594 129** vom 10/4. 1948, ausg. 22/4. 1952.) MARKHOFF. 6525

Shell Development Co., San Francisco, Calif., übert. von: **George H. von Fuchs,** Wood River, Ill., V. St. A., *Nachbehandlung verzinnter Gegenstände.* Die aus dem schmelzfl. Sn-Bad kommenden Gegenstände werden durch ein heißes Ölbad gezogen, das aus einem Gemisch von fl., keine aromat. Bestandteile enthaltendem Wachs u. hydrierten, festen, fetten Ölen mit einer SZ. zwischen 3 u. 15 besteht. An Stelle der fetten Öle werden auch die Destillationsprodd. von teilweise hydrierten Fischölen verwendet. Außerdem wird dem Ölgemisch als Stabilisator ein organ. Amin, wie Phenyl-α-naphthylamin, zugesetzt. Die Ölbehandlung macht den Überzug gleichmäßig u. verhindert seine Oxydierung bei Abkühlen. Ein Zusatz von Dimethylsilicon erleichtert das Ablaufen des Überzugs. (**A. P. 2 573 940** vom 12/7. 1947, ausg. 6/11. 1951.) MARKHOFF. 6525

American Chemical Paint Co., Ambler (Erfinder: **Gerald Christian Romig**, Melrose Park, Pa.), V. St. A., *Erzeugen von Phosphatschichten auf Eisen oder Stahl.* Als Behandlungslsg. werden peroxydhaltige Zinkphosphatlsgg. mit 1—15 g/Liter Zn u. einem p_H-Wert der um ein geringes über dem p_H Wert des Gleichgewichtes liegt, verwendet. Die Lsgg sollen in bezug auf das Zinkphosphat übersättigt sein u. eine Superoxydmenge enthalten die als H_2O_2 berechnet $^1/_{30}$—$^1/_8$ des Zn-Geh. beträgt. Die Temp. soll 80° nicht übersteigen u. vorzugsweise 25—50° betragen. Die Phosphatlsg. liefert in wenig mehr als 1 Min. brauch bare Überzüge. — Abbildungen. (**D. R. P. 753 259** Kl. 48d vom 17/9. 1940, ausg. 14/7. 1952 A. Prior. 4/3. 1940.) MARKHOFF. 6533

James Harvey Gravell, Elkinspark (Erfinder: **Gerald Christian Romig**, Melrose Park, Pa.), V. St. A., *Erzeugen von Phosphatüberzügen auf Eisen und Eisenlegierungen.* Als Behandlungslsg. wird eine saure Lsg. von Zn- oder Mn-Phosphat verwendet, deren Geh an gelöstem Fe während des Verf. durch Zugabe solcher Stoffe, die das im Bad gelöste Fe ausfällen, unter 0,6%, bes. unter 0,3% gehalten wird. Vorzugsweise wird das gelöste Fe durch Überführung der Fe(II)- in Fe(III)-Ionen mittels Zusatz von HNO_2 als FePO ausgefällt. (**D. R. P. 764 758** Kl. 48d vom 4/4. 1937, ausg. 10/7. 1952. A. Prior. 12/5. 1936. **Zusatz zu D. R. P. 639 447; C. 1937. I. 5102.**) MARKHOFF. 6533

Soc. Française S. O. G. A. S. I., Frankreich, *Oberflächenschutz für Metalle.* Der gereinigte Gegenstand wird in ein sd. Phosphatierungsbad während 15 Min. getaucht u. in einem zweiten ätzalkal. Bad bei ca. 140° oxydiert, der Überzug ist gleichmäßig mattschwarz gefärbt. (**F. P. 976 274** vom 8/10. 1948, ausg. 15/3. 1951.) HOLM. 6533

Hermann Christen, Stahl als Werkstoff. Eigenschaften, Behandlung, Verwendung. Anhang: Magnetische Werkstoffe. 3. Aufl. Frauenfeld: Huber & Co. AG. 1952. (262 S. m. Abb. u. 9 Taf.) sfr. 10,80.

G. A. Kusnetzow, Schmelzen u. Gießen von Legierungen der Buntmetalle. Swerdlowsk-Moskau: Metallurgisdat. 1952. (280 S. m. Abb.) 7 Rbl. 65 Kop. [russ.]

IX. Organische Industrie.

Socony Vacuum Oil Co. Inc., New York, N. Y., V. St. A., *Polynitroparaffine* erhält man bei der Einw. von nitrierend wirkenden Stoffen (HNO_3 oder Stickoxyden) auf eine Mischung von aliphat. oder cycloaliphat. KW-stoffen u. Mononitro- oder Polynitroderivv. derselben, wobei die Anzahl der Nitrogruppen in den Ausgangsstoffen um mindestens eine niedriger ist als die der herzustellenden Verbindung. Die Reaktionstemp. soll zwischen 150 u. 250° liegen u. der Druck mindestens 200 lbs./sq.in. betragen. Die umzusetzende Nitroverb. soll mindestens 3 C-Atome im Mol. aufweisen, u. die Nitrogruppe, sowie das in Rk. tretende H-Atom, sollen an ein anderes als ein prim. C-Atom gebunden sein. Vorteilhaft ist die Anwendung von Verdünnungsmitteln, wie W., N_2, CO_2. Aus einer Mischung von Propan u. 2-Nitropropan u. HNO_3 oder Stickoxyden, außer NO, erhält man *2.2-Dinitropropan* u. *2-Nitropropan.* Letzteres wird in den Kreislauf zurückgeführt. (**E. P. 655 886** vom 18/3. 1948, ausg. 8/8. 1951. A. Prior. 20/3. 1947.) G. KÖNIG. H 510

Stalinovy Závody, Národní Podnik, Litvinov, Tschechoslowakei (Erfinder: **Z. Nerad** und **J. Klügl**), *Dehydrieren von gasförmigen Paraffinen.* Gasförmige Paraffine, bes. *Butan* oder *Propan*, werden bei 325—700° über Katalysatoren aus Al_2O_3 u. Cr_2O_3 mit 0,5—75 (%) Kieselgur u. vorteilhaft 0,1—5 Fe_2O_3 dehydriert. (**Schwed. P. 133 479** vom 26/7. 1949, ausg. 6/11. 1951. Tschech. Prior. 27/7. 1948.) JÜRGEN SCHMIDT. H 520

Phillips Petroleum Co., Del., übert. von: **John C. Hillger** und **James T. Edmonds jr.**, Bartlesville, Okla., V. St. A., *Ungesättigte und gesättigte Alkohole* mit 5 u. mehr C-Atomen entstehen durch Zers. der Additionsprodd. aus ungesätt. Epoxyverbb. der allg. Formel I

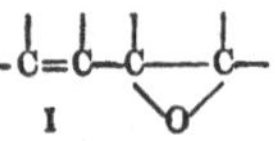

I

u. GRIGNARD-Verbb. RMgX, worin X Halogen u. R einen gegebenenfalls aromat. substituierten Alkylrest bedeuten, u. Hydrieren des zunächst entstandenen ungesätt. Alkohols. Aus Butadienoxyd (II) u. C_2H_5MgBr erhält man mit 57,5% Ausbeute *1-Oxy-2-hexen*, Kp. 306° F, n_D^{20} 1,4340, $D.^{25}_4$ 0,8417; aus II u. Isopropyl-MgCl mit 59,6% Ausbeute *1-Oxy-5-methyl-hexen*, Kp. 315° F, n_D^{20} 1,4371, $D.^{25}_4$ 0,8461; aus II u. CH_3MgBr mit 55% Ausbeute *1-Oxy-2-penten*, Kp. 277° F, n_D^{20} 1,4328, $D.^{25}_4$ 0,8417. Zu den entsprechenden gesätt. Alkoholen (mit Kpp. 313, 326 u. 277° F) gelangt man durch 1—2 std. Hydrieren der vorstehenden ungesätt. Verbb. bei 30 lbs./sq.in. mittels RANEY-Ni. (**A. P. 2 583 426** vom 19/4. 1948, ausg. 22/1. 1952.) GANZLIN. H 560

Deutsches Hydrierwerk Rodleben VEB. (Erfinder: **W. Hentrich** und **Erich Schirm**), Rodleben, *Herstellung von Disulfimiden bzw. deren Salzen* nach D. R. P. 757 603 der allg. Formel R—SO_2—N(Kat)—SO_2—R′, worin wenigstens einer der beiden Reste R u. R′ einen wenigstens eine lipophile Gruppe u. gegebenenfalls Heteroatome oder Heteroatomgruppen enthaltenden organ. Rest bedeutet, während der andere Rest ein beliebiger, gegebenenfalls

durch Heteroatome oder Heteroatomgruppen unterbrochener KW-stoffrest sein kann. Kat ist ein beliebiges Kation, das zur Bldg. wasserlösl. Salze befähigt ist. — Organ. Sulfonsäurehalogenide, die wenigstens eine lipophile Gruppe u. gegebenenfalls Heteroatome oder Heteroatomgruppen im Mol. enthalten, werden in Ggw. von Hydroxyden der Alkalien oder Erdalkalien bzw. deren in wss. Lsg. alkal. reagierenden Salzen auf NH_3 oder NH_4-Salz zur Einw. gebracht. Es werden auf 2 Mol Sulfonsäurehalogenid nicht mehr als 1 Mol NH_3 bzw. die äquivalente Menge NH_4-Salz verwendet. — Aus n-Octansulfochlorid entsteht dabei *Di-n-octandisulfimid* u. aus 4-sec.-Octylbenzolsulfochlorid das *4.4'-Di-(sec.-octylbenzol)-disulfimid.* — Die Prodd. geben in W. stark schäumende Lösungen. (**D. P. [DDR] 580** Kl. 12o vom 4/2. 1940, ausg. 19/4. 1952 [Wirtschaftspatent].)
M. F. MÜLLER. H 600

Shell Development Co., übert. von: **George W. Hearne** und **Merrill L. Adams,** San Francisco, Calif., V. St. A., *Herstellung von ungesättigten Carbonylverbindungen,* bes. ungesätt. Aldehyden u. Ketonen, aus einem olefinhaltigen Gasgemisch, welches Olefine mit wenigstens 3 C-Atomen u. Sauerstoff enthält, durch Überleiten über einen festen Cu_2O-haltigen Katalysator bei 150—450°. — Aus Isobutylen entsteht dabei *Methacrolein* u. aus Propylen *Acrolein.* (**Can. P. 477 102** vom 8/2. 1944, ausg. 18/9. 1951. A. Prior. 22/2. 1943.)
M. F. MÜLLER. H 670

Badische Anilin- & Soda-Fabrik, Ludwigshafen/Rh. (Erfinder: **Hans Eckoldt,** Leverkusen), *Herstellung von Methylglyoxal* durch Behandlung von Propylenglykol-(1.2) mit O oder O-haltigen Gasen in Ggw. von Katalysatoren, dad. gek., daß ca. 10—50% der theoret. erforderlichen O-Menge angewandt werden. (**D. B. P. 857 359** Kl. 12o vom 18/6. 1944, ausg. 27/11. 1952.) G. KÖNIG. H 680

Badische Anilin- & Soda-Fabrik, Ludwigshafen/Rh., *Gewinnung von reinem Aceton* aus wss., KW-stoffhaltigen Gemischen, dad. gek., daß man in einer Kolonne dest. u. hierbei einige Böden unterhalb des Kolonnenkopfes das Aceton fl. abzieht. Das Kopfdestillat wird mit W. verd., in der oberen Schicht befinden sich KW-stoffe; die untere, aus wss. Aceton bestehende Schicht, enthaltend geringe Mengen KW-stoffe, wird der Dest. zugeleitet. (**D. B. P. 855 250** Kl. 12o vom 13/10. 1942, ausg. 10/11. 1952.) G. KÖNIG. H 710

Imhausen & Co. G. m. b. H. und **Karl-Heinz Imhausen** (Erfinder: **Ewald Katzschmann** und **Karl-Heinz Imhausen**), Witten/Ruhr, *Abtrennung geradkettiger Fettsäuren* (I) aus Isosäuren (II) enthaltenden Gemischen durch Überführen in die Alkalisalze in wss. Lsg. u. Zugabe von so viel Erdalkali-, Al-, Mg- oder Schwermetallsalz, daß die Salze der geradkettigen I ausgefällt werden u. die Alkalisalze der II eben noch in Lsg. bleiben. — Z. B. werden 100 kg synthet. Fettsäuregemisch (C_{10}—C_{18}, VZ. 266) mit NaOH verseift u. mit 70% der theoret. Menge $BaCl_2$ versetzt. Ba-Seife der geradkettigen I wird abfiltriert. Weiteres Beispiel mit $CaCl_2$ u. I-Gemisch C_8—C_{22}. (**D. B. P. 829 296** Kl. 12o vom 14/10. 1948, ausg. 24/1. 1952.) HEINZE. H 800

Adolf Weihe, Kronberg/Taunus, *Gewinnung höhermolekularer organischer Säuren* (I) aus Baumrinde (II). Der zerkleinerten II werden die Gerbstoffe, Lignine u. Phlobaphene entzogen, u. dann wird sie mit wss. Alkalien behandelt. Die alkal. Extrakte werden angesäuert u. die ausgefallenen I abgetrennt. Diese können mit Alkoholen verestert werden. Die Entfernung der Inkrusten erfolgt nach den in der Papierindustrie üblichen Methoden. Alkalibehandlung mit NaOH in W. bei 60—80°, Ansäuern mit 10%ig. H_2SO_4 auf p_H 5,5. Abgeschiedene Säuren werden in Butanol u. Toluol gelöst u. im Vakuum destilliert. (**D. B. P. 829 447** Kl. 12o vom 21/11. 1948, ausg. 24/1. 1952.) HEINZE. H 800

Badische Anilin- & Soda-Fabrik, Ludwigshafen/Rh., *Aliphatische Dicarbonsäuren* durch Oxydation von alicycl. KW-stoffen mit O_2 oder O_2-haltigen Gasen in fl. Phase bei erhöhter Temp. erhält man unter Zusatz von fl. Wasser. Z. B. setzt man Cyclohexan mit Luft bei 150° u. 25 at um u. läßt allmählich W. zufließen. Aus dem Ablauf krist. bei ca. —3° Adipinsäure aus. (**D. B. P. 854 505** Kl. 12o vom 18/3. 1944, ausg. 4/11. 1952.)
SCHINDLER. H 820

Pan American Refining Corp., Texas City, übert. von: **Francis T. Wadsworth,** Dickinson, Tex., V. St. A., *Aliphatische Dicarbonsäuren,* bes. *Adipinsäure* (I), erhält man durch Oxydation von Cycloalkanen mit 4—6 Ring-C-Atomen, z. B. Cyclohexan (II), in 10—70% Aceton (III) enthaltender Lsg., in Ggw. dicarbonsaurer Mn- u./oder Co-Salze u. 0,1—1% Cyclohexanon (IV) als Reaktionsinitiator mit O_2. — Beispiel: 763 (g) II, 156 III, 159 CH_3COOH, 9,5 IV u. je 0,2 Co- u. Mn-Acetat werden 5½ Std. mit 200 lbs./sq.in. O_2-Druck auf 123—126° erhitzt; nach Abkühlen wird vom überstehenden II abgetrennt. Durch Dest. bei 110—121°/200 mm erhält man 11,1% I (**A. P. 2 589 648** vom 26/5. 1950, ausg. 18/3. 1952.) MÜLLER-MEININGEN. H 820

Badische Anilin- & Soda-Fabrik, Ludwigshafen/Rh. (Erfinder: **Fritz Kögler**, Uerdingen/Rhld.), *Herstellung von Alkyladipinsäuren* (**I**) durch Oxydation von Alkylcyclohexanolen oder -hexanonen mit HNO_3, dad. gek., daß die Lsg. der Oxydationsprodd. nach Wiederkonz. der HNO_3 zu weiteren Oxydationen mit oder ohne Abtrennung eines Teils der **I** durch Kühlung benutzt wird. Aus einem Teil der Reaktionslsg. werden die **I** zum Teil durch Kühlung, zum Teil durch Eindampfen gewonnen. Nach den Beispielen werden aus dem m- u. p-Methylcyclohexanolgemisch die Methyladipinsäure u. aus hydriertem Xylenol die Dimethyladipinsäure erhalten. (**D. B. P. 854 507** Kl. 12o vom 23/1. 1943, ausg. 4/11. 1952.) SCHINDLER. H 820

Badische Anilin- & Soda-Fabrik, Ludwigshafen/Rh. (Erfinder: **Hans Albert Offe**, Leverkusen), *Herstellung von Dicarbonsäureestern* durch Elektrolyse von Dicarbonsäurehalbestern im Gemisch mit ihren Salzen, dad. gek., daß man von solchen Gemischen ausgeht, die ganz oder weitgehend von den entsprechenden Dicarbonsäuren befreit worden sind. Z. B. wird der Adipinsäuremonomethylester mit Na-Methylat in Methanol bei 0,064 A/cm^3 u. 64^0 an Platinanoden elektrolysiert. Nach Extraktion mit Pentan erhält man Sebacinsäuredimethylester. (**D. B. P. 854 508** Kl. 12o vom 16/7. 1944, ausg. 4/11. 1952.) SCHINDLER. H 820

E. I. du Pont de Nemours & Co., übert. von: **William H. Calkins**, Wilmington, Del., V. St. A., *Entfernen von Kupferverbindungen aus 1.4-Dicyan-2-buten* (**I**). Die bei der Herst. von **I** aus 1.4-Dichlor-2-buten u. HCN in fl. Phase unter sauren Bedingungen in Ggw. eines gelösten anorgan. oder organ. Cu-Salzes, bes. $CuCl_2$, als Katalysator im Reaktionsgemisch enthaltenen Cu-Verbb. werden durch Extraktion mit einer 0,5—5,0%ig. wss. HCN-Lsg. bei 10—100^0 u. einem p_H von 4,0—7 entfernt. Zur Verdünnung von **I** kann dabei Bzl. zugesetzt werden. (**A. P. 2 557 258** vom 23/2. 1950, ausg. 19/6. 1951.) GANZLIN. H 820

Röhm & Haas Co., übert. von: **Willard I. Croxall**, Bryn Athyn, und **John O. Van Hook**, Philadelphia, Pa., V. St. A., *2-Acyloxymethylen-4-pentensäureester* der Zus. **I**

I 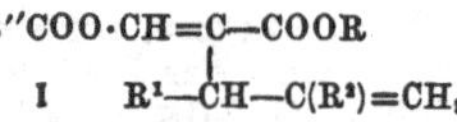 II 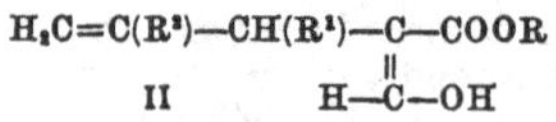

erhält man durch Rk. von Anhydriden von aliphat. Monocarbonsäuren (mit maximal 4 C) mit Estern der Zus. **II** unter Erhitzen bis auf 200^0 (R = nichttert. aliphat. KW-stoffrest mit maximal 8 C, R^1 = H, CH_3, C_6H_5; R^2 = H, Cl, CH_3; R = Alkylgruppe mit maximal 3 C). — Beispiel: Aus einer Mischung von 157 (g) 2-Oxymethylen-4-pentensäureäthylester u. 220 $(CH_3CO)_2O$ (**I**) wird *2-Acetoxymethylen-4-pentensäureäthylester*, **Kp.**$_2$ 100 bis 105^0, erhalten. — Weitere Derivv.: *2-Propionoxymethylen-4-pentensäureäthylester*, Kp.$_{0,5}$ 90—95^0. — *2-Butyroxymethylen-4-pentensäureäthylester*, Kp.$_{0,5}$ 100—105^0. — *2-Acetoxymethylen-3-methyl-4-pentensäureäthylester*, Kp.$_{0,5-1}$ 100—110^0. — *2-Acetoxymethylen-3-phenyl-Derivv.*, Kp.$_{0,6-8}$ 100—115^0. — Zwischenprodd. u. Weichmacher. (**A. P. 2 540 070** vom 21/1. 1949, ausg. 30/1. 1951.) MÜLLER-MEININGEN. H 850

Schering Akt.-Ges., Berlin (Erfinder: **Herbert Schotte** und **Herbert Schreiber**), Berlin, *Herstellung von α-Ketocarbonsäurenitrilen* durch Rk. von aliphat., alicycl. oder aromat. Acylhalogeniden mit CuCN (**I**) in Ggw. von Phosphorverbb., wie P_2O_5 oder PBr_3 (**II**) gegebenenfalls in indifferenten Lösungsmitteln, wie PAe., Bzl. oder Xylol. Z. B. werden 384 (g) **I**, 390 Propionylbromid u. 0,5 cm^3 **II** bei 100—110^0 umgesetzt. Ausbeute 218 g *Propionylnitril*, Kp. 108—110^0. Weitere Beispiele für die Herst. von n-Butyrylnitril, Acetylnitril, n-Valeryl-, Isovaleryl-, Nonyloyl-, Benzoyl-, Diäthylacetyl-, Dimethacryloylnitril. Die Nitrile können in die Säureamide u. diese in α-Ketocarbonsäuren übergeführt werden. (**D. B. P. 835 141** Kl. 12o vom 26/10. 1948, ausg. 27/3. 1952.) HEINZE. H 870

Bayerische Stickstoff-Werke Akt.-Ges., Berlin (Erfinder: **Rudolf Wendlandt** und **Franz Kaess**, Piesteritz), *Herstellung von Guanidinsalzen durch Zusammenschmelzen von Dicyandiamid mit Ammonsalzen*, dad. gek., daß man in die Schmelze einen NH_3-Strom leitet u. gegebenenfalls mittels dessen Stärke die Temp. der Schmelze regelt. Hierbei kann das entweichende NH_3 im Kreislauf geführt werden. Beispiele für *Guanidinrhodanid*, *-nitrat*, *-chlorid* u. *-sulfat*. (**D. R. P. 752 750** Kl. 12o vom 27/6. 1941, ausg. 15/9. 1952.) SCHINDLER. H 880

Farbenfabriken Bayer, Leverkusen, *Herstellung von Organohalogensilanen* aus Halogen-KW-stoffen u. Si. Die Rk. wird in einer Mehrzahl nebeneinander angeordneter Reaktionszonen durchgeführt, die im Wärmeaustausch mit einem wärmeaufnehmenden Mittel (**I**) stehen, das die Zonen voneinander trennt. **I** soll bes. bei der Reaktionstemp. sieden. — Beispiel: Rk. von CH_3Cl + Si bei 280—300^0; **I**-Gemisch aus Kresol u. Kresylorthosilicat, Kp. 300^0. — Zeichnung. (**Schwz. P. 280 469** vom 26/8. 1949, ausg. 1/5. 1952.) FABEL. H 980

Corning Glass Works, übert. von: **William H. Daudt**, Corning, N. Y., V. St. A., *Herstellung von Organodisiloxanen*, bes. von *Pentamethylphenyldisiloxan* (**I**), Kp.$_{760}$ 206^0,

F. unterhalb —80°, Viscosität bei 25° 1,3 Centistokes. — Die Verb. I wird erhalten aus Tetramethyldiphenyldisiloxan u. Hexamethyldisiloxan durch Sättigen mit HCl u. Stehenlassen mit anschließender Destillation. — Ebenso wird ein Gemisch von äquimol. Mengen Äthoxydimethylphenylsilan u. Äthoxytrimethylsilan oder der entsprechenden Chlorsilane an Stelle der Äthoxysilane mit wss. HCl hydrolysiert u. dabei I erhalten. (**A. P. 2 451 664** vom 9/8. 1945, ausg. 19/10. 1948. **Can. P. 474 397** vom 13/4. 1946, ausg. 12/6. 1951. A. Prior. 9/8. 1945.) M. F. MÜLLER. H 980

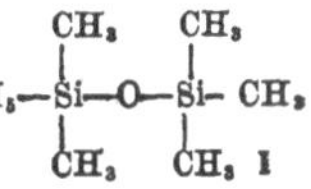
I

Badische Anilin- & Soda-Fabrik, Ludwigshafen/Rh. (Erfinder: **Ernst Donath,** Pittsburgh, Pa., V. St. A., und **Helmut Nonnenmacher,** Mannheim), *Herstellung niedrigsiedender aromatischer Kohlenwasserstoffe* (I), bes. von Toluol, aus höhersd. Phenolen oder phenolreichen Ölen, dad. gek., daß man die Ausgangsstoffe zuerst mit H_2 unter einem Gesamtdruck von 20—300 at u. einem H_2-Partialdruck (II) von 15—250 at bei 350—450° über einen aus Tonerde, Magnesia oder ZnO u. einer kleinen Menge einer Verb. von Mo, Cr, Vd u./oder W bestehenden Katalysator (III) u. das Erzeugnis dieser Behandlung oder Fraktionen daraus mit H_2 unter einem Gesamtdruck von ca. 10—200 at u. einem II, der 20—90% des Gesamtdrucks beträgt, aber unter ca. 50 at liegt, bei 480—580° über einen für die 1. Stufe vorgeschlagenen III leitet u. aus dem Erzeugnis die einheitlichen aromat. I abtrennt. (**D. B. P. 844 001** Kl. 12o vom 23/10. 1943, ausg. 14/7. 1952.) G. KÖNIG. H 1010

Troponwerke Dinklage & Co., Köln-Mülheim (Erfinder: **Irmgard Drishaus,** Freiburg), *Hydrierung von ungesättigten Ketonen,* bes. von Benzalaceton (I), Anisalaceton u. dgl. in organ. Lösungsmitteln bei n. Temp. u. gegebenenfalls Überdruck in Ggw. von sek. Aminen (II) wie Dimethylamin, Diäthylamin, Piperidin oder Methylanilin (III) mit einem Pt- oder Pd-Katalysator auf Träger, wobei das Mol.-Verhältnis von Keton zu II ca. 4 : 1 beträgt. Z. B. werden 20 (g) I u. 3,67 III in 120 cm^3 Methanol mit 0,3 PtO_2 2 Std. hydriert. Aufarbeitung ergibt 18,7 g *Benzylaceton,* $Kp._{12}$ 114°. Weitere Beispiele für die Herst. von Anisylaceton, Anisylmethyläthylketon, Methylisobutylketon. — Zwischenprodukte. (**D. B. P. 828 244** Kl. 12o vom 2/4. 1950, ausg. 17/1. 1952.) HEINZE. H 1180

George Walton, Cincinnati, O., V. St. A., *m-Phthalsäureanhydrid* erhält man durch Erhitzen eines Salzes der freien Säure mit einem 2wertigen Metall, z. B. Ca, Pb, Cu, auf 500—850° F u. Kondensieren der Reaktionsdämpfe. Die Verb. ist lichtbeständig, sublimiert oberhalb 361° F, ist sehr schwer lösl. in W., mäßig in A., leicht in Benzol. (**A. P. 2 570 890** vom 15/10. 1948, ausg. 9/10. 1951.) MÜLLER-MEININGEN. H 1220

California Research Corp., San Francisco, übert. von: **Robert I. Miller** und **Paul C. Condit,** Berkeley, Calif., V. St. A., *Ester aromatischer Dicarbonsäuren* erhält man durch Einleiten von dampfförmigem Alkohol C_1—C_4 bei 120—200° in eine Aufschlämmung der Carbonsäuren in einem hochsd. Medium, z. B. dem herzustellenden neutralen Ester. — Beispiel: Es werden 166,6 (g) Terephthalsäure in 666,6 Dimethyl-o-phthalat im Ölbad auf 149° erhitzt, 26 96%ig. H_2SO_4 zugegeben u. am Boden des Reaktionsgefäßes 9 cm^3/Min. CH_3OH-Dampf eingeleitet. Nach ca. 6 Std. in die Bldg. von *Terephthalsäuredimethylester* beendet. (**A. P. 2578312** vom 31/1. 1949, ausg. 11/12. 1951.) MÜLLER-MEININGEN. H 1220

Theodor H. Temmler, Hamburg (Erfinder: **Werner Dobke** und **Friedrich Keil,** Berlin), *Herstellung von Aminen* aus Estern von 1-Aryl-2-aminopropanolen u. deren N-Substitutionsprodd. durch katalyt. Hydrierung, dad. gek., daß man die halogenwasserstoffsauren Salze der Halogenwasserstoffsäureester der Aminoalkohole unter Druck in Abwesenheit von Pufferungsmitteln in nichtwss. Medium hydriert. Nach den Beispielen werden erhalten: *Hydrochlorid des (+)-1-Phenyl-2-methylaminopropan,* F. 172° aus A.; *rac. 1-Phenyl-2-aminopropan,* $Kp._{20}$ 93—95°; *Hydrochlorid des rac. 1-Phenyl-2-butylaminopropan,* F. 163—165°; *1-(p-Aminophenyl)-2-methylaminopropan,* $Kp._{15}$ 160°; *1.1-Diphenyl-2-methylaminopropan,* Kp. 182—184°; *Hydrochlorid des rac. 1-Phenyl-2-cycloaminopropan,* F. 229°; *Sulfat des rac. 1-Phenyl-2-phenylaminopropan,* F. 172°. (**D. R. P. 767 186** Kl. 12q vom 31/10. 1937, ausg. 31/1. 1952.) SCHINDLER. H 1310

Badische Anilin- & Soda-Fabrik (Erfinder: **Richard Schnabel** und **Heinrich Hopff**), Ludwigshafen/Rh., *Sekundäre aromatische Amine* entstehen aus prim. aromat. Aminen durch Rk. mit Phenolen in Ggw. von organ., bes. aromat. Sulfonsäuren. — *Phenyl-β-naphthylamin.* Beim Erhitzen von Anilin mit β-Naphthol u. p-Toluolsulfonsäure auf 190—250°. (**D. B. P. 848 196** Kl. 12q vom 21/7. 1944, ausg. 1/9. 1952.) LANGER. H 1310

American Viscose Corp., Wilmington, Del., übert. von: **Frank G. Pearson,** Bryn Mawr, Pa., V. St. A., *Fluorsubstituierte Amine* der allg. Formel: $R(R')N-C(CF_2X)=C(H)-C(X^1)(X^2)(X^3)$, wobei R u. R' = aliphat., alicycl. oder aromat. Reste u. gegebenenfalls einer von ihnen

H u. X, X^1, X^2, X^3 = H, Cl oder F darstellen, erhält man aus fluorierten Butinen u. prim. oder sek. aliphat., alicycl. oder aromat. Aminen bei n. Temp. u. Druck. Die Addukte sind farblose Fll., geeignet als Lösungs- u. Verdünnungsmittel sowie als Zwischenprodukte. — Hexafluorbutin mit Cyclohexylamin in äther. Lsg. bei 20° behandelt, ergibt *N-(1-Trifluormethyl-3.3.3-trifluorpropenyl)-cyclohexylamin*, $Kp._{10}$ 65—66°, n_D^{25} 1,3874, $D.^{25}_{25}$ 1,2461 ($C_{10}H_{13}NF_6$). (**A. P. 2 558 875** vom 24/3. 1947, ausg. 3/7. 1951.) G. KÖNIG. H 2110

B. F. Goodrich Co., New York, N. Y., übert. von: **Thomas L. Gresham** und **Forest W. Shaver**, Akron, O., V. St. A., *β-Arylaminocarbonsäuren* der Formel Ar—NH—CR_2—CR_2—COOH, worin Ar eine Arylgruppe u. R = H oder einen niederen Alkylrest bedeuten, entstehen durch Rk. von β-Lactonen mit Arylaminen in wss. Lösung. — *β-Anilinopropionsäure* aus β-Propiolacton u. Anilin in W. bei 20—50°. F. 61—62°; *Sulfat*, F. 174—175°. — *β-(o-Toluidino)-propionsäure.* — *β-Anilinobuttersäure.* (**A. P. 2 568 621** vom 1/6. 1950, ausg. 18/9. 1951.) LANGER. H 2150

Koppers Co., Inc., Pittsburgh, übert. von: **Robert Johnson**, Verona, Pa., V. St. A., *Tetrahydronaphthalinperoxyd* (**I**) erhält man durch Oxydation von Tetrahydronaphthalin (**II**) mit O_2-haltigen Gasen, z. B. in Ggw. von $CuCO_3$ bei ca. 90°. Die Reaktionsmischung wird auf unter 15° gekühlt u. mit ca. 8—10%ig. NaOH neutralisiert, wobei das **I**-Na ausfällt, das abfiltriert u. mit H_2SO_4 zum freien **I** zers. wird. Im Filtrat sind noch α-Tetralol u. α-Tetralon neben **II** enthalten, dieses kann nach Dest. wieder zur Oxydation verwendet werden. Die wss. Mutterlauge, die noch **I** enthält. wird mit NaOH auf 60—80° erhitzt, wodurch man ca. gleiche Teile α-Tetralol u. α-Tetralon erhält. — App., Zeichnungen. (**A. P. 2 568 639** vom 2/11. 1948, ausg. 18/9. 1951.) KRAUSS. H 2700

Merck & Co., Inc., Rahway, übert. von: **Max Tishler** und **Norman L. Wendler**, Cambridge, Mass., V. St. A., *Herstellung von 2-Methyl-3-phytyl-1.4-naphthochinon* aus einer Verb. der Formel I durch Erhitzen in einem organ. Lösungsm. gelöst in Anwesenheit von N_2. Das Chinon wird mit einer wss. Lsg. von Na-Hydrosulfit red. u. dabei in das 2-Methyl-3-phytyl-1.4-naphthohydrochinon übergeführt, welches leicht rein darzustellen ist u. bei der Zurückverwandlung das reine Naphthochinon liefert. (**Can. P. 478 019** vom 20/5. 1946, ausg. 23/10. 1951.) M. F. MÜLLER. H 2700

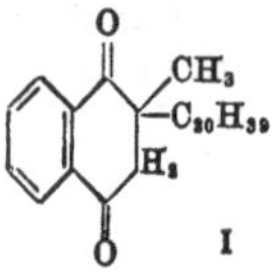

I

Imperial Chemical Industries Ltd., übert. von: **Norman Levy**, Norton-on-Tees, England, *Äthylenoxyd* erhält man bei der Oxydation von C_2H_4 mit O_2 oder Luft bei 150 bis 400° u. n. oder erhöhtem Druck in Ggw. von Ag_2O, gemischt oder aufgetragen auf SiO_2, Quarz oder andere Silicate, wobei die Teilchengröße $< 100\ \mu$ u. die Menge 0,5—50 Gew.-%, bezogen auf Ag_2O, betragen soll. C_2H_4 u. O_2 sollen mindestens im Verhältnis 1 : 1 Anwendung finden. (**A. P. 2 585 479** vom 28/12. 1949, ausg. 12/2. 1952. E. Prior. 13/1. 1949.) G. KÖNIG. H 3030

Sandoz Akt.-Ges. (Erfinder: **Arthur Stoll** und **Ernst Jucker**), Basel, Schweiz, *Herstellung von Furanderivaten* der Formel **I**. X = Halogen, R = Alkyl oder Acyl. Auf in 2,5-Stellung durch Alkoxy- oder Acyloxyreste substituierte 2.5-Dihydrofuran läßt man Verbb. wie C_4H_9OCl, HOCl, HOBr einwirken. — *2.5-Diäthoxy-3-oxy-4-chlortetrahydrofuran*, $Kp._{0,3}$ 94—96°. *2.5-Diacetoxy*-Verb., $Kp._{0,15}$ 132—134°. *2.5-Diisopropoxy*-Verb., $Kp._{0,2}$ 82 bis 86°. *2.5-Diäthoxy-3-oxy-4-bromtetrahydrofuran*, $Kp._{0,6}$ 84—88°. (**D. B. P. 837 700** Kl. 12q vom 26/11. 1950, ausg. 2/5. 1952. Schwz. Prior. 2/12. 1949.) FABEL. H 3061

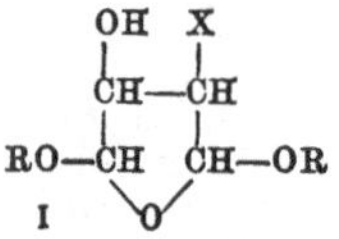

I

Kemisk Vaerk Køge A/S, Kopenhagen (Erfinder: **Niels Konrad Friedrich Wilhelm Clauson-Kaas**, Klampenborg), Dänemark, *Herstellung von 2.5-Diacyloxy-2.5-dihydrofuranen* der Formel I (R^1, R^2, R^3 u. R^4 = H, Alkyl, Aryl u. dgl., Ac = Acyl). Die entsprechenden Furane werden mit Halogen (Br_2), einer organ. Säure (CH_3COOH) u. einem säurebindenden Stoff (CH_3COOK) behandelt. — *2.5-Diacetoxy-2.5-dihydrofuran*, $Kp._{10}$ 130°. — Zwischenprodukte. (**D. B. P. 855 859** Kl. 12q vom 10/12. 1948, ausg. 17/11. 1952. Schwed. Prior. 29/4. 1947.) FABEL. H 3061

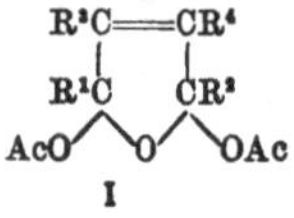

I

E. I. du Pont de Nemours & Co., übert. von: **George Lyman Evans**, Wilmington, Del., V. St. A., *Pyrrolidinderivate.* Durch Erhitzen von 1 (Mol) Hydrazin mit 2 β-Hydromuconsäure auf ca. 200° erhält man *1.1'-Bis-(5-oxo-2-pyrrolidinessigsäure)*, $C_{12}H_{16}O_6N_2$. Verwendet man Äthylendiamin statt Hydrazin, so erhält man analog *1.1'-Äthylen-bis-(5-oxo-2-pyrrolidinessigsäure)*, $C_{14}H_{20}O_6N_2$. — Zwischenprodukte. (**A. P. 2 578 526** vom 16/12. 1948, ausg. 11/12. 1951.) BRÖSAMLE H 3081

Directie van de Staatsmijnen in Limburg, Heerlen, übert. von: **Paulus H. de Bruijn**, Geleen, Holland, *Gewinnung von Carbazol.* Carbazolsulfat wird mit einem organ. Lösungsm., z. B. Bzl., bei 20° verrührt, mit so viel W. versetzt, daß sich eine 65—75%ig. wss. Lsg. von

H_2SO_4 bilden kann, u. auf 80—85° erhitzt. Die Benzollsg. wird abgetrennt, nach dem Waschen mit W. krist. aus ihr reines Carbazol aus. (**A. P. 2 575 314** vom 5/6. 1950, ausg. 13/11. 1951. Holl. Prior. 8/7. 1949.) DERSIN. H 3081

X. Färberei. Organische Farbstoffe.

—, *Farbstoffe und Textilhilfsmittel.* FARBENFABRIKEN BAYER, Leverkusen. *Benziminrubin F 3 BD* ist ein neuer Diazotierungsfarbstoff, der mit dem *Entwickler AN* klare Rubinfärbungen liefert, die sich neben einer guten Wasser-, Wasch- u. Schweißechtheit auch durch eine verhältnismäßig gute Lichtechtheit auszeichnen. — *Siriuslichtorange GLD* u. *Siriuslichtorange 3 RD,* beide Farbstoffe besitzen gute Ätzbarkeit der Färbungen. Ferner zeichnen sie sich durch gutes Egalisier- u. Ausgleichvermögen aus. — *Siriuslichtscharlach BN.* Der Farbstoff besitzt gute Lichtechtheit u. eine für substantive Farbstoffe beachtliche Wasser-, Wasch- u. Schweißechtheit. — FARBWERKE HOECHST VORMALS MEISTER LUCIUS & BRÜNING, Frankfurt/M., *Benzidingelb HG* Plv., Pigmentfarbstoff von großer Farbstärke u. guter Lösungsmittelechtheit bei ausgezeichneter Hitzebeständigkeit u. mittlerer Lichtechtheit. — *Halbwollechtblau HBL* zum Färben nach dem Halbwollmetachromverfahren. Er eignet sich für lichtechte Blautöne auf Halbwolle (Wolle/Zellwolle) u. Wolle-Zellwolle/Perlon. — *Permanentrot FGR extra* Plv. (Naphthol AS-Pigment) besitzt neben guter Lichtechtheit gute Lösungsmittelechtheit. — *Permanentgelb GG extra* Plv., transparenter, gut lichtechter Pigmentfarbstoff von sehr guter Hitzebeständigkeit u. großer Farbstärke. — *Hansarottoner R* Plv., Pigmentfarbstoff von leuchtender Nuance u. vorzüglicher Lichtechtheit. — *Anthrasoldruckscharlach IGG,* einheitlicher Anthrasolfarbstoff, der sich durch einen schönen, leuchtenden Scharlachton auszeichnet u. gute Echtheitseigg. besitzt. (Melliand Textilber. **33.** 988. Okt. 1952.) P. ECKERT. 7018

G. H. Lister, *Über das Egalisieren von Farbstoffen.* Allg. verständliche Darst. über die hauptsächlichsten Faktoren (Diffusionsgeschwindigkeit, Affinität u. Wanderungsvermögen) die das Egalisieren von sauren Farbstoffen beeinflussen. An Hand von 2 Abbildungen werden die einzelnen Gesichtspunkte näher erläutert. (Textile Recorder **70.** Nr. 835. 83—84. Okt. 1952.) H. G. FRÖHLICH. 7020

Richard Casty, *Von der Theorie zur Praxis des Färbens der Wolle mit sauren Chromkomplexfarbstoffen.* Zusammenfassender Überblick. In den Ausführungen werden ausschließlich die Färbeverff. der sulfogruppenhaltigen, wasserlösl. 1 : 1-Komplexe auf Wolle behandelt. Auf die Bedeutung des p_H-Wertes bei dem diskutierten Färbeverf. wird hingewiesen. Ferner werden prakt. Färbevorschriften gegeben. (Melliand Textilber. **33.** 950—54. Okt. 1952.) P. ECKERT. 7020

J. Boulton, *Die Verwendung von Direktfarbstoffen für Viscose-Reyon und Zellwolle.* Es wird zuerst ein Überblick über die geschichtliche Entw. des Färbeverf. mit Direktfarbstoffen gegeben u. dann werden die theoret. Grundlagen des Färbevorganges besprochen. Abschließend behandelt Vf. den Stand der heutigen Färbetechnik unter Anführung moderner Färbemethoden. (Canad. Textile J. **69.** Nr. 18. 50—52. 55—58. 29/8. 1952.) P. ECKERT. 7020

—, *Einige Bemerkungen über das Färben von Reyon-Textilien auf der Haspel.* Allg. gehaltene Ausführungen u. prakt. Hinweise über das Färben spezieller Gewebearten aus Reyon. (Textile Manufacturer **78.** Nr. 930. 312—13. Juni 1952.) P. ECKERT. 7020

A. J. Hall, *Verbesserung der Lichtechtheit von küpengefärbten Nylon.* Neuere Entwicklungen hinsichtlich der Anwendung von Indigofarbstoffen. (Textile Mercury Argus **127.** 249—50. 8/8. 1952.) P. ECKERT. 7020

F. Nestelberger, *Aus der Praxis des Filmdruckes.* 1. u. 2. Mitt. *Herstellung der Ware auf dem Drucktisch. Haltbare Filmdruckschablonen.* Prakt. Vorschläge zur Herst. u. zur Instandhaltung von Filmdruckschablonen. (Textil-Praxis **7.** 455—58. Juni. 538—41. Juli 1952.) P. ECKERT. 7022

W. Shaw, *Acetatseidefarbstoffe im Textildruck.* (Vgl. C. **1953. 773.**) Behandelt werden Fragen des Druckes von Celluloseacetat, Nylon u. anderen synthet. Fasern, u. zwar in Abhängigkeit von der Eig. des Farbstoffes. Geschildert werden ferner eine Reihe neuer Färbemethoden. (Canad. Textile J. **69.** Nr. 18. 59—61. 29/8. 1952.) P. ECKERT. 7022

—, *Richtlinien für die Bestimmung der Farbechtheit von Textilien.* 2. Mitt. (1. vgl. C. **1953. 448.**) Richtlinien für die Best. der Farbechtheit von Textilien: Best. der Lichtechtheit von Färbungen, Drucken u. Farbstoffen, der Wasserechtheit, der Wassertropfenechtheit, der Schweißechtheit sowie der Trockenreinigungsechtheit von Färbungen u. Drucken. (Textil-Praxis **7.** 216—19. März 1952.) P. ECKERT. 7028

F. Moosmann, *Die Nachbehandlung substantiver Färbungen.* (Vgl. C. **1953. 1403.**) Besprochen wird die Nachbehandlung der Färbungen mit CH_2O, wodurch die Wasser-,

Wasch- u. Schweißechtheit der Färbungen verbessert wird. Zur Erzielung der gleichen Effekte wird, allerdings nur beim Primulin, einem der ältesten Direktfarbstoffe, Chlorkalk verwendet. Auch durch die Herst. sogenannter Farblacke lassen sich die Echtheitseigg. substantiver Farbstoffe verbessern. In diesem Zusammenhang wird die Nachbehandlung mit Cu-, Cr- sowie mit Cu- u. Cr-Verbb. behandelt. Der Chemismus des Reaktionsverlaufes wird an Hand von Strukturformeln besprochen u. Hinweise bzgl. der prakt. Durchführung der Behandlung werden nebst Arbeitsvorschriften gegeben. (Dtsch. Textilgewerbe **54.** 918—22. 5/10. 1952.) P. Eckert. 7028

—, *Faktoren, welche die Echtheit der Färbungen auf Baumwolle beeinflussen.* Von Einfl- auf die Lichtechtheit gewisser Farbstoffe ist deren Konst., der p_H-Wert des zu färbenden baumwollenen Färbegutes sowie der Nachbehandlungs- u. Ausrüstungsprozeß. (Textile Manufacturer **78.** 255—56. Mai 1952.) P. Eckert. 7028

R. H. Ricketts, *Die Geschwindigkeiten des Ausbleichens derLichtechtheitsmaßstäbe der Society Dyers Colourists (B. S. 1006).* Die Ausbleichgeschwindigkeiten der Lichtechtheitsmaßstäbe der Soc. Dyers Colourists unter der Einw. einer Kelvin, Bottomley u. Baird-Lampe werden visuell u. spektrophotometr. bestimmt. Die visuelle Auswertung ergab Übereinstimmung mit den Forderungen bei Bezugnahme auf den geometr. Graumaßstab. Jede Standardfärbung ist in korrekter Weise doppelt so lichtecht wie die nächstniedere Färbung. Dagegen gibt die Messung der Farbunterschiede aus den Reflexionsmessungen größere Unterschiede. Die bisherigen opt. Formeln eignen sich demnach zun Berechnung der Veränderung der Standardfärbungen nicht. (J. Soc. Dyers Colourists **68.** 200—03. Juni 1952. Manchester, Hexagon House, Imp. Chem. Ind. Ltd.) Zahn. 7028

L. Roosens, *Chromatographie synthetischer Farbstoffe.* Chromatograph. Meth. zur Reinigung u. Trennung von Teerfarbstoffen. Verwendung der App. v. A. Schaeffer (Handbuch der Färberei Bd. **4.** 52 [1950]) u. verschied. Adsorbentien. Chromatographie der Azo-, Carbenium- u. Azenium- u. Carbonylfarbstoffe. Resultate: Je größer der Geh. an Azogruppen, um so stärker ist die Adsorption. Hydroxyl in β-Stellung beeinflußt den Naphthalinkern stärker als α-Hydroxyl. o-Oxyazofarbstoffe werden stärker adsorbiert als p-Oxyazofarbstoffe. Sulfo- u. Hydroxylgruppen verstärken die Adsorption. Farbstoffe aus Amino–Naphthol-Sulfosäuren mit einer β-Aminogruppe adsorbieren stärker als solche mit α-Aminogruppen. Je länger die adsorbierte Wellenlänge einer Verb. ist, um so höher liegt meist die Zone in der Adsorptionskolonne. Je größer das Mol.-Gew. eines Farbstoffes, um so stärker ist im allg. die Adhäsion. Halogenierte Farbstoffe werden gewöhnlich stärker adsorbiert als die entsprechenden halogenfreien. Bei nur im Sulfonierungsgrad verschied. Farbstoffen werden die geringstsulfonierten zuerst u. die höhersulfonierten zuletzt eluiert. Enthalten Farbstoffe H-Brücken, dann ergeben sich Abweichungen von obigen Regeln; Farbstoffe mit inneren H-Brücken scheinen rascher in der Adsorptionssäule zu wandern. Je höher der Geh. an Doppelbindungen, um so stärker wird das Farbstoffmol. adsorbiert. — 191 Literaturzitate. (Ind. chim. belge **17.** 211—16. 339—53. 1952. Mortsel-Antwerpen, N. V. Gevaert Photo-Producten, Analyt. Labor.) Scheifele. 7086

G. L. Buc, *Weitere Tabellen zur Messung kleiner Farbdifferenzen.* Eine Tabelle wird vorgelegt, deren erste Spalte die Differenzen für entweder ΔV_y, $\Delta(V_x - V_y)$ oder $\Delta(V_z - V_y)_v$ enthält. Die zweite Spalte gibt die Werte für: $[\Delta(V_x - V_y)]^2$ wieder. Die dritte Spalte bringt die $(0{,}23\ \Delta V_y)^2$-Werte u. die vierte: $[0{,}4\ \Delta(V_z - V_y)]^2$. (Amer. Dyestuff Reporter **41.** 353—55. 9/6. 1952. Bound Brook, N. J., Calco Chemical Div.) Zahn. 7086

Ciba Akt.-Ges. (Erfinder: **Max Staeuble**), Basel, Schweiz, *Schwefelalkali* (**I**) *enthaltendes Präparat für Färbe- und Druckverfahren.* Es weist eine trockene innige Mischung von I mit Stärke oder wasser- bzw. alkalilösl. Celluloseäthern auf. Geeignet zum Färben u. Bedrucken von solchen Fasern, die sich zum Färben mit Schwefelfarbstoffen eignen, z. B. Baumwolle u. Leinen, sowie auch Kunstseide u. Zellwolle aus regenerierter Cellulose. (**D. B. P. 848 789** Kl. 8m vom 28/12. 1948, ausg. 8/9. 1952. Schwz. Priorr. 19/2. 1946 u. 30/1. 1947.) v. Schiller. 7021

Ciba Akt.-Ges., Basel (Erfinder: **Otto Kaiser**, Dornach und **Ernst Reich**, Neue Welt) Schweiz, *Substantive o-Oxyazofarbstoffe.* Diazotierte o-Aminophenolcarbonsäureamide der allg. Zus. I werden mit 2-Amino-5-oxynaphthalin-7-sulfosäure (**II**) oder deren N-Derivv. gekuppelt. Hierbei bedeutet ein X ein H-Atom u. das andere die Gruppe CONHR; die kerngebundenen H-Atome können durch Halogenatome oder NO_2-Gruppen ersetzt sein, R bedeutet einen Alkyl-, Aryl-, Aralkyl-, Cycloalkyl- oder heterocycl. Rest. Als Säurekomponente für I kommen bes. folgende Carbonsäuren in Frage: 1-Oxy-2-nitrobenzol-4-, 1-Oxy-2-nitro-6-chlorbenzol-4-, 1-Oxy-2.4-dinitrobenzol-6- u. 1-Oxy-2-nitro-6-bromben-

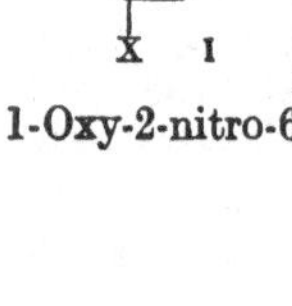

I

zol-4-carbonsäure; als **II** die N-Acylderivv., N-Alkyl-, N-Arylderivv., im Phenylrest substituierte N-Phenylderivv., Reaktionsprod. von **II** mit heterocycl. Verbb., die reaktionsfähige Cl-Atome enthalten, z. B. Cyanurchlorid, u. der symm. Harnstoff von **II**. Die Kupplungsprodd. haben gute Affinität zu Cellulose, können auf der Faser oder in Substanz nachgekupfert werden u. geben braun- u. blaustichige Rotfärbungen. — Beispiel: 22,8 (Teile) 1-Oxy-2-aminobenzol-4-carbonsäurephenylamid werden diazotiert u. mit 36,8 des tern. Kondensationsprod. aus 1 (Mol) Cyanurchlorid, 2 **II** u. 1 1-Aminobenzol gekuppelt. Färbt Baumwolle aus schwach alkal. Bad nachgekupfert rubinrot. (**D. B. P. 842 234** Kl. 22a vom 15/2. 1949, ausg. 26/6. 1952. Schwz. Priorr. 20/2. 1945 u. 18/1. 1946.) KALIX. 7055

Ciba Akt.-Ges., Basel (Erfinder: **Friedrich Felex** und **Rudolf Ruegg**), *Disazofarbstoffe.* 1-N-Alkylamino- oder 1-N-Arylaminonaphthalin-8-sulfonsäuren werden mit diazotierten Aminoazofarbstoffen der allg. Formel $R_1R_2N—O_2S—R_3—N_2—R_4—NH_2$ gekuppelt, wobei R_1 ein H-Atom, ein Alkyl- oder Cycloalkylrest, $R_2 = R_1$ oder ein Aralkylrest, R_3 ein gegebenenfalls durch Methyl-, Äthyl- oder Halogen substituierter Benzolrest u. R_4 ein Naphthalinrest ist u. N_2 u. NH_2 sich in p-Stellung zueinander befinden; $R_1R_2N—SO_2$ u. N_2 befinden sich ebenfalls in p- oder auch in m-Stellung. Die Endprodd. sollen nicht mehr als 2 SO_3H-Gruppen enthalten, sie färben tier. Fasern violett bis marineblau. — Beispiel: 6,8 (Teile) 1-Aminobenzol-3-sulfonsäure-N-methyl-N-(x-sulfophenyl)-amid → 3 1-Aminonaphthalin; der dabei entstehende rotviolette Farbstoff nochmals diazotiert u. mit 1-Phenylaminonaphthalin-8-sulfonsäure gekuppelt. Dunkelblaues wasserlösl. Pulver, das Wolle marineblau färbt. (**D. B. P. 842 984** Kl. 22a vom 15/2. 1949, ausg. 3/7. 1952. Schwz. Priorr. 31/1. u. 20/12. 1946.) KALIX. 7055

Ciba Akt.-Ges., Basel (Erfinder: **Hans Mayer**, Basel und **Willi Widmer**, Bottmingen), Schweiz, *Sulfonsäurefreie Disazofarbstoffe.* In Nachbarstellung zu OH kuppelnde Oxynaphthaline (**I**) werden in Ggw. von >25% Pyridin, bezogen auf das Kupplungsgemisch, mit tetrazotiertem 3.3'-Dioxy-4.4'-diaminodiphenyl (**II**) gekuppelt. Geeignete **I** sind: 2-**I**, 6-Methoxy-2-**I** u. solche **I**, die außer OH als einzigen weiteren Substituenten eine zweite OH-, eine Oxyalkoxy-, NH_2- oder $—SO_2—NH_2$-Gruppe, z. B. 1,5-, 1,8-, 2.4-, 2.5-, 2.6-, 2.7- u. 2.8-Dioxynaphthaline, 2.6- u. 2.7-Dioxynaphthalinmonoglycerinäther, 2.7-Amino-**I** u. 1.4-, 1.5-, 1.8-, 2.6- u. 2.7-**I**-Sulfonamid. — Beispiel: 21,6 **II** werden wie üblich tetrazotiert u. in Ggw. von 150 Pyridin mit 33 2.6-Dioxynaphthalin gekuppelt. Dunkelblaues Pulver, das Cellulose nach dem Ein- oder Zweibadverf. nachgekupfert lichtecht marineblau färbt. (**D. B. P. 842 986** Kl. 22a vom 22/2. 1949, ausg. 3/7. 1952. Schwz. Priorr. 11/4. 1946 u. 11/2. 1947.) KALIX. 7055

General Aniline & Film Corp., New York, N. Y., übert. von: **Saul R. Buc**, Easton, Pa., und **Edgar E. Renfrew**, Phillipsburg, N. J., V. St. A., *1-Oxy-4-(6'-benzodioxan-1'.3')-aminoanthrachinone.* Herst. durch Rk. von Chinizarin (**I**) mit 6-Amino-1.3-benzodioxin (**II**). 18 (Teile) **I**, 6 Leuko-**I**, 16,6 **II**, 12 Borsäure u. 180 absol. A. werden unter Rühren 16 Std. am Rückfluß erhitzt, gekühlt u. filtriert; der Rückstand wird in 500 cm^3 W. suspendiert, bei 80° mit 3,5 Na-Perborat versetzt, filtriert, in 500 NaOH (20%) verrührt, ½ Std. bei 80° gehalten u. filtriert, gewaschen u. getrocknet. — *Farbstoffe.* (**A. P. 2 546 121** vom 10/12. 1949, ausg. 20/3. 1951.) LANK. 7059

General Aniline & Film Corp., New York, N. Y., übert. von: **David I. Randall**, Easton, Pa., und **Edgar E. Renfrew**, Phillipsburg, N. J., V. St. A., *Anthrachinonfarbstoffe für Acetatkunstseide* (**E**) sind Farbstoffe der allg. Zus. **I**, worin R H oder CH_3, Z H oder Oxalkyl u. X H oder $CH_2OCH_2CH_2OZ$ bedeutet. Die Farbstoffe färben **E** in wertvollen blauen Tönen u. besitzen eine gute Echtheit gegen Verbrennungsgase. — 12 (Teile) des durch Umsetzen von 1-amino-4-bromanthrachinon-2-sulfonsaurem Na (**II**) mit 2-m-Aminobenzyloxyäthanol in üblicher Weise erhaltenen sulfonierten Farbstoffes fügt man zu einer Lsg. von 250 W. u. 7 28%ig. NH_4OH. Zu dieser Lsg. gibt man bei 70° eine kalte Lsg. von 5 $Na_2S_2O_4 \cdot 2H_2O$ in 100 W., rührt bei 70° bis der Farbstoff nicht mehr in Lsg. ist u. arbeitet in üblicher Weise auf. Der Farbstoff von der Zus. **I** (R = H, X = H) ergibt auf **E** kräftige klare Färbungen von sehr guter Wasch- u. Lichtechtheit u. sehr guter Echtheit gegen Verbrennungsgase. In ähnlicher Weise erhält man weitere **E**-Farbstoffe durch Desulfonierung der Farbstoffe aus **II** u. 2-(5'-Amino-6'-tolylmethoxy)-äthanol oder **II** u. 2-(2'-m-Aminobenzyloxyäthoxy)-äthanol. (**A. P. 2 560 887** vom 10/12. 1949, ausg. 17/7. 1951.) ROICK. 7059

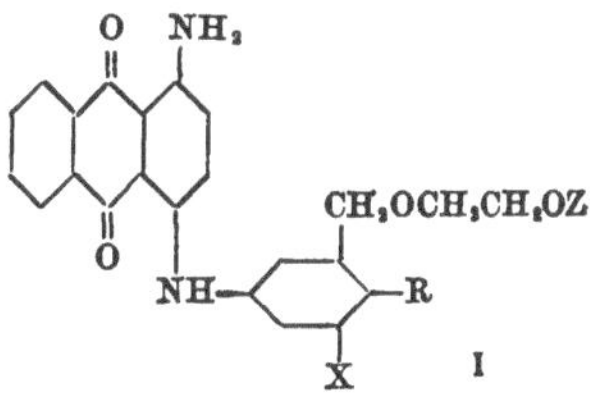

I

Imperial Chemical Industries Ltd., übert. von: **Harold France** und **Norman Hulton Haddock**, Blackley, England, *Farbstoffe* Behandelt man 3.6-Di-(2.6-dimethylanilino)-

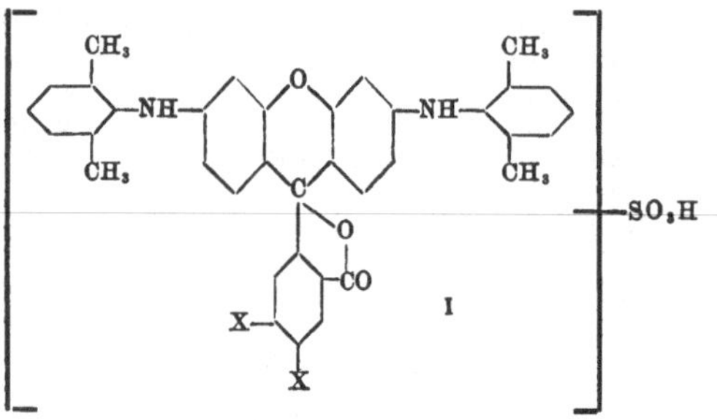

4'-oxy-5'-carboxy-fluoran u./oder 3.6-Di-(2.6-dimethylanilino)-5'-oxy-4'-carboxy-fluoran mit einem sulfonierendem Mittel, z. B. 100%ig. H_2SO_4, so erhält man Farbstoffe der Zus. I, worin das eine X OH u. das andere COOH bedeutet, oder Gemische dieser Farbstoffe, die Wolle nachchromiert in außerordentlich lichtechten klaren roten Tönen färben. (**A. P. 2 576 293** vom 11/7. 1949, ausg. 27/11. 1951. E. Prior. 26/7. 1948.) ROICK. 7063

Ciba Akt.-Ges., Basel, Schweiz, *Stilbenfarbstoff.* 43 (Teile) 4.4'-Dinitrostilben-2.2'-disulfonsäure u. 49 4-Aminozimtsäure werden in 800 W. u. 150 30%ig. NaOH 24 Std. am Rückflußkühler gekocht; dann wird mit HCl neutralisiert u. das Reaktionsprod. mit NaCl ausgefällt. Braunes Pulver, in W. gelb lösl., färbt Cellulosefasern orangegelb. (**Schwz. P. 272 479** vom 3/9. 1948, ausg. 1/3. 1951.) KALIX. 7065

XIa. Farben. Anstriche. Lacke. Naturharze.

J. K. Donohue, *Verbesserte Buntfarben.* Lichtechtes Mo-Orange besitzt gegenüber Cr-Orange höhere Brillanz, Farbstärke, Glanzbeständigkeit u. Deckkraft. Phthalocyaninblau, das mit aromat. KW-stoffen verträglich ist u. in Kunstharz- u. Nitrolacken nicht ausflockt, weist nicht mehr die Nachteile der älteren Phthalocyanine auf. Helle u. mittlere Cr-Gelbe wurden hinsichtlich Lichtechtheit, Färbevermögen, Anreibbarkeit beträchtlich verbessert; das gleiche gilt für Fe-Cyanblau, bes. für Miloriblau. Von organ. Rotpigmenten besitzen bes. die mit Mn gefällten erhöhte Lichtechtheit, Wetterbeständigkeit usw. Ferner werden noch genannt neuere Mo-Farblacke, den P-W-Farben nahe kommende P-Mo-Farben u. wss. Pigmentdispersionen für Latices. (Paint, Oil chem. Rev. **115.** Nr. 8. 20—21. 10/4. 1952. Imperial Paper & Color Corp.) SCHEIFELE. 7092

D. B. Killian, *Moderne Pigmente für Autolacke.* Übersicht über die Eigg. von Autolackpigmenten (Wetterbeständigkeit, Glanzbeständigkeit, Nichtbronzieren, Kreidefestigkeit, Transparenz, Bindemittelverträglichkeit). Metallisierte Lacke erzielt man durch Zusatz von Al-Bronze zu pigmentierten Lacksystemen; da bei Geh. von 5—10% Al starke Lichteinw. erfolgt, müssen die hier angewandten Buntfarben höchste Lichtechtheit u. hohes Färbevermögen aufweisen. Häufig werden solche metallisierten Lackfarben mit transparentem Eisenoxydhydrat als Grundpigment, einem oder mehreren Abtönpigmenten u. Al-Pulver hergestellt. Als neuzeitliche Pigmente werden weiter angeführt: nichtkreidendes Rutil-TiO_2, Indanthrenblau, Phthalocyaninblau, Phthalocyaningrün (für Pastelltöne), gelber Ni-Lack eines Azofarbstoffes, Thioindigorot, Mn-Bordeauxmarron, sulfoniertes Alizarinmarron. (Paint, Oil chem. Rev. **115.** Nr. 8. 14—18. 10/4. 1952. Du Pont Pigment Dep.) SCHEIFELE. 7092

C. P. A. Kappelmeier und **J. H. van der Neut** (unter experimenteller Mitarbeit von **W. R. van Goor**), *Maleinatöle.* Mit Maleinsäureanhydrid behandelte Öle, bes. Lein- u. Sojaöle, besitzen günstige lacktechn. Eigenschaften. Darst., Reaktionsverlauf, analyt. Prüfung, Kennzahlen u. Strukturveränderungen sowie technolog. Eigg. von Maleinatölen. — 27 Literaturzitate. (Verfkroniek **25.** 165—72. Juni 1952. Sassenheim, Kunstharsfabriek Synthese N. V.) SCHEIFELE. 7096

H.-B. de la Morandière, *Der Chlorkautschuk, ein Schutz für Beton, Metalle und Holz.* Überblick über die Verwendungsmöglichkeiten des Chlorkautschuks für Schutzanstrich. (Ind. Plast. mod. **4.** Nr. 7. 3—5. Juli/Aug. 1952.) WINIKER. 7106

Rees K. Powell, *Der Aufbau von Anstrichfarben nach Volumen.* Vf. bespricht die Zusammenhänge zwischen Pigmentvolumen-Konz. u. Deckfähigkeit sowie Färbevermögen. (Canad. Paint Varnish Mag. **26.** Nr. 5. 42—44. Mai 1952. Victoria, N. C., Haida Paint Co.) SCHEIFELE. 7106

Pierre Colomb, *Emulsionsfarben oder Silicatfarben.* Histor. u. Chemie der Silicat- (Wasserglas-) u. Emulsionsfarben; Erfahrungen mit diesen Farbtypen, Normierung u. Zukunftsaussichten der Emulsionsfarben. — 10 Literaturzitate. (Lack- u. Farben-Chem. [Däniken] **5.** 9—12. 1951.) SCHEIFELE. 7106

H. Peukert, *Oberflächenschutz mit Kunststoffen.* Überblick über einige bewährte Verfahren. — Abbildungen. (Metall **6.** 517—19. Sept. 1952. Aachen, TH, Inst. für Kunststoffverarbeitung.) MARKHOFF. 7106

—, *Massenlackierung von Metallartikeln.* Überblick über Reinigung, Grund- u. Decklackierung sowie Ofentrocknung von Massenartikeln. (Canad. Paint Varnish Mag. **26.** Nr. 5. 22—26. Mai 1952. Toronto, Can., John Inglis Co.) SCHEIFELE. 7107

Herbert Brintzinger, Eßlingen/Neckar, *Herstellung von Pigmentfarben.* BaO oder $Ba(OH)_2$ werden in Ggw. von W. oder nichtwss. Lösungsmitteln, wie Methanol, Aceton u. a., mit solchen Verbb. umgesetzt, die mit den genannten Ba-Verbb. eine schwerlösl. Ba-Verb. sowie ein schwerlösl. Hydroxyd oder Oxyd bilden. Als solche Verbb. eignen sich: $Al_2(SO_4)_3$, $MgSO_4$, $Cr(SO_4)_3$, $Fe_2(SO_4)_3$, $ZnSO_4$, $CuSO_4$ usw. (**D. B. P. 851 233** Kl. 22f vom 15/10. 1950, ausg. 2/10. 1952.) NEBELSIEK. 7093

Badische Anilin- & Soda-Fabrik, Ludwigshafen/Rh. (Erfinder: **Lisa Rössig,** Krefeld, und **Hermann Zorn,** Chur, Schweiz), *Herstellung von Dithiocarbaminsäureestern,* dad. gek., daß man Alkalisalze oder Dithiocarbaminsäure oder ihre N-substituierten Abkömmlinge mit organ. Verbb. umsetzt, die an C gebunden mindestens 2 Halogenatome enthalten. Durch Rk. von K-Diisohexyldithiocarbaminat mit Äthylenchlorid bei 85° erhält man *Äthylenglykol-bis-diisohexyldithiocarbaminsäureester* u. entsprechend *Äthylenglykol-bis-N-cyclohexyldithiocarbaminsäureester.* — *Weichmacher* in der *Lackindustrie.* (**D. B. P. 852 539** Kl. 12o vom 27/2. 1944, ausg. 16/10. 1952.) SCHINDLER. 7097

Rudolf Decker und Hellmuth Holz, München (Erfinder: **Siegfried Nitzsche,** Burghausen), *Erhöhung der Lagerfestigkeit von Siliconlacken,* dad. gek., daß diesen als säurebindende Stoffe Amide, Hydrazine, SCHIFFsche Basen oder heterocycl., im Ring N, gegebenenfalls auch O, enthaltende Verbb., die nicht weiter durch aromat. Reste substituiert sind, wie Pyrrol, Pyridin, Chinolin, Carbazol, Oxazol u. Imidazol, zugesetzt werden. Außerdem können auch in der Hitze säureabspaltende Stoffe zugesetzt werden. Bes. geeignet für Einbrennlacke. (**D. B. P. 852 425** Kl. 22h vom 26/5. 1949, ausg. 16/10. 1952.) SCHINDLER. 7107

Soc. An. Berger, Henri-Robert Cavallé und **Marcel-Maurice Gaudoz,** Seine, Frankreich, *Heiß verspritzbare Lacke.* Man verwendet keine Verdünnungsmittel enthaltende Cellulose-, Kunstharz- oder Kombinationslacke, denen ein den Kp. beeinflussendes Mittel, das gleichzeitig die Explosionsgefahr herabsetzt, wie z. B. Petroleum, zugesetzt wird, z. B. eine Mischung, bestehend aus: 10—12 (kg) Nitrocellulose, 7—10 Pigment, 4—5 Gummi, 6—7 Plastifizierungsmittel, z. B. Ricinusöl, 8—10 Äthylacetat, 20—25 Butylacetat, 20—25 eines KW-stoffs, z. B. Bzl. oder Toluol, u. 8—10 Petroleum. (**F. P. 980 747** vom 20/2. 1943, ausg. 17/5. 1951.) ASMUS. 7107

General Mills Inc., Del., übert. von: **Harold Wittcoff** und **John Robert Roach,** Minneapolis, Minn., V. St. A., *Alkydharze.* Pentaerythrit (bzw. Glycerin) wird mit etwa der doppelten Menge 50%ig. NaOH 30 Min. auf 90° erwärmt, mit Glycerindichlorhydrin versetzt u. 6 Std. bei 105° gerührt. Nach dem Verdünnen mit Methanol u. Neutralisieren erhält man einen Sirup (mit 29% OH), der mit Sojabohnenölsäuren u. Zn-Stearat (1,1%) 90 Min. auf 200° u. nach Zugabe von Phthalsäure auf 220° erhitzt wird. Man erhält ein dickes Prod. mit der JZ. 110,6, OH-Zahl 10,2, VZ. 263, das in Xylol lösl. ist. Die elast., harten, abreib- u. alkalifesten *Anstrichfilme* trocknen in 1 Stunde. (**A. P. 2 572 085** vom 8/5. 1947, ausg. 23/10. 1951.)] SALZMANN. 7107

Dow Corning Ltd., London, England, übert. von: **Arthur John Barry,** Midland, V. St. A., *Hydropolyalkoxysilyl-Additionsverbindung.* Kautschuk, Balata oder Butadien-Styrol-Mischpolymerisate u. z. B. Trichlorsilan werden in Bzl. 16 Std. auf 299—307° unter Druck (79 at) erhitzt. Das mit A. umgesetzte u. gereinigte Endprod., das Radikale der Formel $SiR_n(OR')_{3-n}$ (R = Methyl oder Phenyl, R_1 = Alkyl, n = 0 oder 1) aufweist, enthält z. B. 13,7 (%) Silicium u. 33,24 C_2H_5O u. dient als *Überzug* für Glas, Holz u. Stahl. (**E. P. 671 747** vom 22/3. 1950, ausg. 7/5. 1952. A. Prior. 21/4. 1949.) SALZMANN. 7107

Robert Forget, Frankreich, *Herstellung glänzender Überzüge auf Metallen.* Als Glänzmittel dient ein Gemisch eines nicht verseifbaren Öls (z. B. Fichtenharzöl) mit einem netzenden Dispergierungsmittel oder mit einer koll. Dispersion in wss. Lösung. Als Dispergierungsmittel dient z. B. *NH_4-Oleat* oder *-Stearat,* als Netzmittel *Äthanolamin* u. *sulfonierte Alkohole.* (**F. P. 980 308** vom 22/1. 1943, ausg. 10/5. 1951.) HOLM. 7107

S. C. Johnson & Son, Inc., übert. von: **Henry L. Vogl** und **Anna Mae Stieber,** Racine, Wis., V. St. A., *Schutzanstrich für Metalle,* bestehend aus einer Lsg. von polymerem Vinyläther mit 12—24 C-Atomen u. einem Harz mit Erweichungspunkt mindestens 85°, z. B. Terpenharz, modifiziertes Alkydharz im Verhältnis 1:3 bis 3:1 in fl. KW-stoffen u./oder chlorierten KW-stoffen. Nach einem Beispiel wird Pentaerythritharzester mit polymerem Octadecylvinyläther zusammengeschmolzen u. nach Abkühlen auf 21° in Bzl. gelöst. Getauchte Metallteile korrodieren nicht. (**A. P. 2 580 488** vom 5/1. 1949, ausg. 1/1. 1952.) SCHINDLER. 7107

Industrial Metal Protectives, Inc., Wilmington, Del., übert. von: **Peter Nordon**, Sydney, Australien, *Rostschutzanstrichmittel* aus Zinkstaub–Alkalisilicat-Lsgg.; Zn-Staub (I) wird zuvor mit Ricinusöl in Aceton, mit Paraffinwachs in Bzl., mit Alkydharz in Butanol, mit Carnaubawachs in Bzl., mit Na_2S-Lsg. oder mit $(NH_4)_2S$-Lsg. behandelt. Die Grundformeln sind: behandelter I 100 g, Wasserglas (II) (D. 1,3) 31 cm^3, oder behandelter I 98 g, Mennige 2 g, II 31 cm^3. Mehrere Rezepte. (**A. P. 2 576 307** vom 10/8. 1948, ausg. 27/11. 1951.) SCHINDLER. 7107

Industrial Metal Protectives, Inc., Wilmington, Del., übert. von: **Peter Nordon**, Bondi Junction, Australien, *Rostschutzüberzug*, bestehend aus Zinkstaub u. Wasserglas (D. 1,3) mit einem Zusatz von Mennige, Ba-Peroxyd, $NaBO_3$, $Na_2S_2O_4$, $KClO_3$, KJO_4, MnO_2 oder H_2O_2 in Mengen von 0,05—10% des Zn-Gewichtes. Verminderung der Absetzgeschwindigkeit u. längere Haltbarkeit. (**A. P. 2 576 308** vom 30/9. 1948, ausg. 27/11. 1951. Austr. Prior. 2/10. 1947.) SCHINDLER. 7107

Standard Oil Development Co., übert. von: **August Holmes**, Cranford, N. J., V. St. A., *Nichtfaulender Rostschutzanstrich*, bes. zur Verwendung in den Tropen, bestehend aus 40—70% Bitumen, z. B. luftverblasenen Asphalt mit Erweichungspunkt 60—100° F, u. 0,5—5% Antimonoxyd neben einem Füllstoff, Schlackenmehl, Glimmer u. dergleichen. (**A. P. 2 580 025** vom 4/9. 1948, ausg. 25/12. 1951.) SCHINDLER. 7107

XIb. Plaste (Kunstharze. Plastische Massen).

Hans Gastrow, *Bemessung und Gestaltung von Kanälen und Anschnitten bei Spritzgußformen.* (Kunststoffe **42.** 139—41. Mai 1952. Berlin.) SCHÄFF. 7170

Albert M. Stover, *Strangpreßblasen von Vinylfilmen.* Vf. gibt einen Überblick über das Verf. nebst prakt. Hinweisen zur Herst. der dazu geeigneten Mischungen. Die physikal. Eigg. der so erhaltenen Filme entsprechen denen auf andere Weise hergestellten. (India Rubber Wld. **126.** 509—11. Juli 1952. Nangatuck, Conn., United States Rubber Co., Nangatuck Chem. Div.) WINIKER. 7172

P. Platzek, *Hilfsstoffe zur Verarbeitung von Polyvinylchlorid.* 2. Mitt. *Stabilisatoren.* (1. vgl. C. **1952.** 7264.) Hervorhebung der großen Bedeutung der Stabilisatoren (I) für *Polyvinylchlorid*-Prodd. sowie Definition des noch nicht bekannten „idealen" Stabilisators. Er soll zu Doppelbindungen Affinität besitzen, auch dienophil sein, auf die Aufnahme von O_2, die Bindung von HCl u. die Absorption von UV-Strahlung wirken. Die anderen Komponenten darf er nicht beeinflussen. Übersicht über einige als I empfohlene Substanzen. (Chem. pharmac. Techniek **7.** 293—94. 15/7. 1952.) FREYTAG. 7172

A. A. J. Sigtermans, *Anilinformaldehydharz.* Vf. macht nähere Angaben über die Herst. aus salzsaurem Anilin u. Formaldehyd (1:1, saure Lsg.) durch Kondensation u. Polymerisation u. Ausfällung mit 10%ig. Na(OH). Die Rk. führt über Methylolanilin u. über das je Mol eine Doppelbindung enthaltende Methylenanilin zum polymerisierten dunkelfarbigen Harz, das bei niedrigen Drucken preßbar ist u. bei Wärmezufuhr weiterpolymerisiert. Es ist bes. gegen Alkalien u. organ. Lösungsmittel beständig, wird jedoch durch starke Säuren angegriffen. Das Harz ist als Thermoplast für Isoliermittel in Radio- u. Fernsehgeräteindustrie sehr gut brauchbar (niedriger Verlustfaktor u. hohe DK.) sowie für die Herst. imprägnierter Papiere u. gepreßter Schichtmaterialien verwendbar. Bei größeren Formaldehydmengen als 1:1 entstehen härtere Harze. (Plastica [Delft] **4.** 14—16. Jan. 1951.) WINGCHEN. 7180

Adolf Barenschee, *Färben von Artikeln aus Kunsthorn.* Beschreibung des Verfahrens. (Kunststoffe **42.** P25—P26. März 1952. Hamburg-Harburg, Int. Galalith-Ges., Entwicklungsabt.) SCHÄFF. 7180

H. Brintzinger, H. Ellwanger und **H. Schmahl**, *Neue Wege zur Darstellung makromolekularer Verbindungen.* Vff. berichten über eine neue Klasse von Kunststoffen durch Verwendung des *Chlormethylschwefelchlorids.* Dieses reagiert mit Verbb., die zwei oder mehr bewegliche H-Atome besitzen (Phenol, Cyclohexanon), mit oder ohne Zugabe von FRIEDEL-CRAFTS-Katalysatoren unter Bldg. von linearen oder dreidimensionalen Polykondensaten mit $-CH_2-S$-Brücken. Zur Darst. dieser Kondensationspolymeren war auch *α-Chloräthylschwefelchlorid* (I) brauchbar. I vermag auch die Polymerisation derart zu bewirken, daß es sich an eine Doppelbindung addiert oder unter HCl-Abspaltung mit einem beweglichen H-Atom reagiert. Die entstehende $-S-CHCl-CH_3$-Gruppe spaltet HCl unter Bldg. der Vinylthioäthergruppe $-S-CH=CH_2$ ab, über die die Polymerisation erfolgt. Wird eine solche Gruppe in das Mol. eingeführt, so entstehen linearpolymere, thermoplast.

u. in organ. Lösungsmitteln lösl. Kunststoffe; zwei oder mehr Gruppen geben unlösl., nicht mehr thermoplast. Produkte. (Angew. Chem. **64.** 398. 21/7. 1952. Stuttgart, Forschungsinst. für Pigmente u. Lacke.) RUSKE. 7184

S. R. Hawkins, *Hochfrequenzvorheizung.* Allg. Ausführungen über das Vorheizen von hitzehärtbaren Preßpulvern, die zur Herst. von Formkörpern dienen, nebst Angaben über die günstigste Bauweise u. die Benutzung der Hochfrequenzöfen. (Plastics **17.** 295—98. Okt. 1952. Radio Heaters Ltd.) DALL'ASTA. 7204

E. E. Halls, *Formbeständigkeit von Aminoplastpreßkörpern.* Unter verschied. atmosphär. Bedingungen, die denen bei ihrer prakt. Verwendung entsprechen, wird die Formbeständigkeit von vier Typen von Aminoplastpreßkörpern untersucht: Preßkörper aus n. Harnstoffharz (a), aus durch Zusätze modifiziertem Harnstoffharz mit „geringer Nachschrumpfung" (b), aus papiergefüllter Melaminpreßmasse (c), aus Melaminpreßmasse mit Gesteinsmehlfüllung (d). Bei feuchtwarmer, trockenwarmer Atmosphäre sowie bei längerem Eintauchen in W. zeigten d große Gewichts- u. Formbeständigkeit. Gute Formbeständigkeit zeigten die c in feuchter Atmosphäre, die b nur bei trockner Hitze. Die a zeigten in feuchter Atmosphäre merkliche Quellung u. bei trockner Hitze nicht unerhebliche Schrumpfungen. (Plastics **17.** 287—89. Okt. 1952.) DALL'ASTA. 7204

—, *Niederdruckschichtstoffe aus Siliconen und Glasfasern.* Kurzer Überblick über Herst. u. Eigenschaften. (Ind. Plast. mod. **4.** Nr. 9. 30—31. Nov. 1952.) WINIKER. 7204

Eugene F. Anderson, *Verbesserung des Polierens plastischer Formkörper durch das Naßblasverfahren.* Überblick über Bedeutung, Vorteile, Technik u. Leistungsfähigkeit des Naßblasverf. zur Vorpolierung von Oberflächen plast. Kunststoff-Formstücke. Beschreibung der nach zahlreichen Verbesserungen heute üblichen Ausführungsform. (Plastics Ind. **10.** 24—26. Sept. 1952. American Wheelabrator & Equipment Corp.) DALL'ASTA. 7204

E. I. du Pont de Nemours & Co., Wilmington, Del., V. St. A., *Plastifiziertes Polytetrafluoräthylen* (I) bzw. Polychlortrifluoräthylen oder ihre Mischpolymerisate. Als Weichmacher verwendet man fluorierte KW-stofföle (II; Kp. 130—300°, 150—170° oder 190 bis 210°) in Mengen von 0,25—9 (Teilen) auf 1 I. — Polymerisate in Bandform werden mit II getränkt (Erhöhung der Biegsamkeit); aus Gemischen werden Filme für elektr. Isolierungen gepreßt u. gewalzt; zum Auskleiden von Stahlbehältern werden Folien von I mit II verklebt; durch einen geringen Zusatz von I (0,5—20%) zu II erhält man Schmiermittel für Ventile u. Hähne, durch Besprühen eines Ni-Tiegels mit einer wss. 58%ig. Emulsion von I u. II u. Erwärmen auf 330° säurefeste Überzüge. Die Emulsion gibt auch ohne Erwärmen wasserfeste Überzüge auf Glas u. Metall u. kann nach Abpressen des W. u. Erhitzen zu einer knetbaren M. verarbeitet werden. (**E. P. 664 546** vom 13/4. 1949, ausg. 9/1. 1952. A. Prior. 8/7. u. 25/9. 1948.) SALZMANN. 7173

Soc. An. des Manufactures des Glaces et Produits Chimiques de St.-Gobain, Chauny & Cirey (Erfinder: **Paul Ehrmann**), Paris, Frankreich, *Stabilisierung von Kunstharzen* aus halogeniertem Äthylen. Dem Polymerisat werden außer kleinen Mengen K- oder Mg-Hyposulfit 0,5—2% eines Alkydharzes aus Maleinsäure (welche aus organ. Säuren in der Wärme in situ entstanden sein kann) u. Mono-, Di- oder Triäthanolamin bzw. Thiodiglykol zugesetzt. Ein Teil der Säure kann durch andere organ. Säuren oder deren Anhydride ersetzt werden; freie Säurereste werden nach der Kondensation durch Pb oder Mg gebunden. Das Alkydharz wird als wss. Emulsion oder in gelöstem Zustand am Ende der Polymerisation oder dem emulgierten bzw. pulverisierten Polymerisat zugegeben. (**D. B. P. 850 230** Kl. 39b vom 4/3. 1950, ausg. 22/9. 1952. F. Prior. 7/6. 1947.) SALZMANN. 7173

Badische Anilin- & Soda-Fabrik, Ludwigshafen/Rh. (Erfinder: **Wilhelm Scriba,** Frankfurt/M., und **Wilhelm Klein,** Marl), *Herstellung von chloriertem Polyvinylchlorid.* Die Chlorierung wird in Chloroformsuspension kontinuierlich ausgeführt; für das Reaktionsgefäß werden Metalle verwendet (Fe u. Cu sind z. B. ausgeschlossen), deren Chloride in Chlf. unlösl. sind; der Feuchtigkeitsgeh. des Reaktionsgemisches wird unter 0,025% gehalten. — Beispiel. (**D. B. P. 854 704** Kl. 39c vom 25/5. 1943, ausg. 6/11. 1952.) DONLE. 7173

Hans Eberle, Schönau/Schwarzwald, *Herstellung weichgummiartiger Kunststofferzeugnisse* aus Vinylderivv., bes. aus Polyvinylchlorid (I) oder seinen Mischpolymerisaten, gegebenenfalls mit einem Geh. an Weichmachern oder Füllstoffen, dad. gek., daß man das Fertigerzeugnis mit S_2Cl_2 (II) oder einer Lsg. von II in organ. Lösungsmitteln behandelt u. anschließend erwärmt. Die so erhaltenen Erzeugnisse haben einen vollständig trockenen Griff, ihre Elastizität sowie Wärme- u. Kältefestigkeit sind weitgehend verbessert. — Z. B. wird eine Folie aus 60 (Gewichtsteilen) I, 40 Trikresylphosphat u. 20 Bronzepulver (als Neutralisationsmittel) 15 Min. in eine 5%ig. Lsg. von **II** in Trichloräthylen getaucht u. anschließend 15 Min. auf 80° erwärmt. (**D. B. P. 818 423** Kl. 39b vom 18/10. 1949, ausg. 25/10. 1951.) SARRE. 7173

Röhm & Haas G. m. b. H. (Erfinder: **Carl T. Kautter**), Darmstadt, *Herstellung von verzerrungsfrei durchsichtigen Platten aus Kunstharzen* durch Wärmepolymerisation von Verbb., die die Vinylgruppe enthalten, wie *Methacrylsäuremethylester*, in liegenden Flachkammerformen, dad. gek., 1. daß der nutzbare Teil der Form bis zur völligen Auspolymerisation in solchem Abstand von Wärme aufnehmenden bzw. Wärme abgebenden bzw. von Druck erzeugenden Elementen gehalten wird, daß ungleichmäßiger Wärmeaustausch bzw. ungleichmäßige Druckverhältnisse vermieden werden, 2. daß die Form nur an den Rändern u./oder Ecken abgestützt oder aufgehängt wird. (**D. R. P. 767 430** K. 39c vom 16/3. 1940, ausg. 10/7. 1952.) HERBST. 7173

General Electric Co., N. Y., übert. von: **Glennard R. Lucas**, Pittsfield, Mass., und **Richard C. Bryan**, Whathorne, N. Y., V. St. A., *Dehnbare, plastische Verschlußmassen* sind die Mischungen aus 1 (Teil) Polyvinylchloridharz (**I**) u. 0,7—1 Weichmachungsmittel, das 1 Teil Lösungsm. für das Harz, wie *Isophoron* (**II**), u. 2—3 Teile eines nicht lösenden Mittels, wie *Chlortoluol* (**III**), enthält. Das Gemisch wird auf 40—80° erhitzt, bis es ein Gel bildet. Füllmittel können zugesetzt werden. — Geeignet ist z. B. ein Ansatz aus 800 (Teilen) **I**, 800 ZnO, 16 Bleiglätte, 533 **III** u. 267 **II**. — Verwendung an Tuben, Rohren, Flaschen usw. (**A. PP. 2 565 316** u. **2 565 317** vom 17/8. 1946, ausg. 21/8. 1951.) MÖLLERING. 7173

Farbwerke Hoechst, vormals Meister Lucius & Brüning, Frankfurt/M.-Höchst (Erfinder: **Werner Langbein**, Lorsbach), *Herstellung von Polyvinylacetalen in feinpulvriger Form* durch Rk. von Polyvinylalkoholen mit aliphat. Aldehyden in Ggw. von Säuren, dad. gek., daß man die Rk. in wss. Lsg. in Ggw. eines Emulgators durchführt. — Beispiele für die Herst. eines Acetaldehyd- u. eines Butyraldehydacetals in Ggw. von Oxäthylierungsprodd. (aus durch höhermol. Alkylrest substituierten Phenolen u. überschüssigem Äthylenoxyd). (**D. B. P. 855 002** Kl. 39c vom 2/10. 1948, ausg. 10/11. 1952.) DONLE. 7173

Farbwerke Hoechst, vormals Meister Lucius & Brüning (Erfinder: **Otto Horn** und **Hans-Joachim Hahn**), Frankfurt/M.-Höchst, *Stabilisierung von Polyvinylacetalen*. Man gibt vor, während oder nach ihrer Kondensation organ. Sulfide oder Disulfide der allg. Formel $R_1—S—R_2$ oder $R_1—S—S—R_2$ zu, worin R_1 u. R_2 beliebige organ. Reste sein können, z. B. 4.4'-Dinitrodiphenylsulfid, 3.3'-Dimethoxydiphenyldisulfid oder Dibenzothiazyldisulfid. Ausgenommen sind Verbb., welche Thiuram- oder Xanthogengruppen enthalten. (**D. B. P. 849 484** Kl. 39b vom 21/5. 1950, ausg. 15/9. 1952.) SALZMANN. 7173

Imperial Chemical Industries Ltd., London (Erfinder: **John Patrick Cavanagh**, Hertfordshire), England, *Kontinuierliche Herstellung von Polymerisationsprodukten*. Methylmethacrylat oder andere Ester der Methacrylsäure oder Ester von Acryl- bzw. α-Chloracrylsäure sowie Vinylacetat u. Styrol werden auf einem laufenden Stahlband nach einer Wärmevorpolymerisation bis zu einer gewissen Viscosität unter Fernhaltung von O_2 u. unter Bestrahlung mit Licht von 1800—7000 Å unter Zufügung eines Schutzmittels gegen Entpolymerisierung, wie Monothioäthylenglykol, u. eines Aktivators, wie Dimethylazoisobutyrat im Block polymerisiert. Zur Temperaturregelung wird das Band schwimmend über eine Wasserfläche geführt. Die Polymerisationstempp. können auf 80—160° ansteigen. Das fertige Polymerisat läuft am Ende des Bandes durch eine Schneidevorr., wo es zerkleinert wird. (**D. B. P. 842 269** Kl. 39c vom 21/10. 1949, ausg. 26/6. 1952. E. Prior. 22/10. 1948.) HERBST. 7173

Badische Anilin- & Soda-Fabrik, Ludwigshafen/Rh. (Erfinder: **Konrad Jost**, Lützelsachsen), *Herstellung siliciumhaltiger Polykondensationsprodukte*, dad. gek., daß Umsetzungsprodd. von Alkylenoxyden u. Si-Halogeniden, die 2 an Si gebundene Halogenatome enthalten, mit ca. äquimol. Mengen eines Diols umgesetzt werden. — Z. B. werden 90 (Gewichtsteile) Butandiol-(1.4) zu 256 *Di-(β-chloräthoxy)-dichlorsilan* [aus 2 (Mol) Äthylenoxyd u. 1 $SiCl_4$] in 500 Ae. beim Kp. des letzteren gegeben u. 4 Std. gekocht. Es entweicht HCl. Nach Abdest. des Ae. verbleibt wasserklare Substanz sirupartiger Konsistenz, die an der Luft härtet. (**D. B. P. 840 763** Kl. 39c vom 2/10. 1948, ausg. 9/6. 1952. F. Prior. 11/12. 1946.) HERBST. 7189

Dow Corning Corp. (Erfinder: **Howard N. Fenn** und **Lawrence A. Rauner**), Midland, Mich., V. St. A., *Herstellung von Siloxanharzen*. Man setzt ein Gemisch von Organosilanen, das weniger als 95 (Mol.-%), bes. 40—90% CH_3SiCl_3, bezogen auf die Gesamtmenge hydrolysierbarer Organosilane, enthält u. wobei die restlichen Silane beliebige Silane anderer Struktur sein können, in Ggw. eines niedrigen aliphat. Alkohols (höchstens 3 C-Atome) mit W. zu harzartigen Mischpolymerisaten um. Die Hydrolyse kann in Ggw. eines aromat.

Lösungsm. für das Hydrolysat ausgeführt werden. — Z. B. wird ein Gemisch aus 4,4 (Teilen) $(CH_3)_3SiOC_2H_5$, 101,5 $C_6H_5Si(Cl)H_2$ u. 146,5 $(CH_3)_3SiCl$ in 48 W., 240 Toluol u. 38 Isopropylalkohol bei 25—50 mm Unterdruck u. 25° hydrolysiert, das Prod. auf ein Harz von hoher Biegefestigkeit aufgearbeitet. — Die Prodd. eignen sich zur Herst. von Verbundplatten aus Faserglas oder Asbestgeweben, Bremsblöcken usw. (**D. B. P. 854 708** Kl. 39c vom 3/10. 1950, ausg. 6/11. 1952. A. Prior. 21/6. 1946.) DONLE. 7189

Imperial Chemical Industries Ltd., London, England, *Herstellung von Polykondensationsprodukten aus Phosphorsäuredichloridphenylester* (I) *und Hydrochinon* (II). Z. B. werden äquimol. Mengen von I u. II unter Rühren zunächst auf 120—130°, dann allmählich auf 205—215° erhitzt. Nach 20—26 Std. ist die HCl-Entw. beendet. Das erhaltene *Kunstharz* ist strohfarben u. durchsichtig u. von guter Adhäsion auf Glas u. Metall; es besitzt gute Kaltfließeigenschaften. Als Kondensationsmittel können bei der Rk. verwendet werden: $CaCl_2$, BF_3, $ZnCl_2$, $AlCl_3$, als Lösungsmittel Bzl., Chlf. u. Pyridin. (**Schwz. P. 277 666** vom 31/12. 1948, ausg. 3/1. 1952. E. Prior. 2/1. 1948.) HERBST. 7199

Dodge Cork Co. Inc., übert. von: **Arthur Byron Dodge**, Lancaster, Pa., V. St. A., *Schichtkörper aus Vinylchloridharz.* Man mischt Vinylchloridharz mit geringeren Mengen zerkleinertem Korkfüllstoff u. Plastiziermittel (auch Stearinsäure, $PbCO_3$, Farbstoff) u. zieht auf dem Kalander zu einer Platte. Ferner mischt man die gleichen Bestandteile, jedoch mit überwiegenden Korkmengen, formt, preßt u. schneidet zu Platten. Die zuerst genannte Platte, die verschleißfest ist, wird als Deckplatte mit der zweiten, elast. als Basisplatte heiß verpreßt. (**Can. P. 479 094** vom 6/9. 1949, ausg. 4/12. 1951. A. Prior. 20/9. 1948.) PANKOW. 7205

Morgan Crucible Co. Ltd. (Erfinder: **Francis Kenneth Earp** und **Albert Ernest Wiggs**), London, England, *Werkstoff für chemische Anlagen* (Auskleidungen, Verbindungen u. dgl.), bestehend aus dem Polymerisat von Acajounußschalensaft, einem Aldehyd u. 10% (des Harzes) eines flüchtigen Lösungsm., wie A., Bzl., Toluol, Xylol oder Aceton; geeignete Füllstoffe sind: amorpher Kohlenstoff, Graphit, Kieselerde, Schwerspat u. Asbest. Das Material erhärtet an der Luft. (**D. B. P. 841 360** Kl. 39b vom 3/5. 1950, ausg. 16/6. 1952. E. Prior. 5/5. 1948.) SALZMANN. 7205

Kurt Thinius, Analytische Chemie der Plaste (Kunststoff-Analyse). Berlin, Göttingen, Heidelberg: Springer. 1952. (VIII + 480 S. m. 30 Abb.) 8° = Chemie und Technologie der Kunststoffe in Einzeldarstellungen. 3. DM 58,50.

XII. Kautschuk. Guttapercha. Balata.

L. A. Kosstoglodow, *Bedingungen zur Erhöhung des Kautschukgehaltes in den Wurzeln des zweijährigen Kok-Saghyz bei der Ernte.* Höhere Erträge an *Kautschuk* (I) lassen sich aus Kok-Saghyz-Wurzeln bei Durchführung der Ernte (Pflugtiefe über 25 cm) bei Ende des Fruchttragens der Pflanzen u. bei ihrem Übergang zur Ruhe erhalten. Zu diesem Zeitpunkt ist auch noch die vorjährige, I enthaltende Wurzelhülle vorhanden. Wird die Ernte nicht schnell (in 4—5 Tagen) durchgeführt, so treten I-Verluste von 3—4% auf. Weiterhin empfiehlt sich die Entfernung der Blattrosetten 2—3 Tage vor der Wurzelernte unter Freilegung der Milchröhren am Wurzelhals, wodurch sich die I-Ausbeute um 2—4% steigern läßt. (Советская Агрономия [Sowjet. Landwirtschaftskunde] **10.** Nr. 7. 37—41. Juli 1952. Kursk, Meliorations-Versuchsstation.) ULMANN. 7222

Minoru Imoto, *Untersuchungen über den Mastizierungsmechanismus von Kautschuk.* 3. Mitt. *Die wechselseitigen Einflüsse organischer Basen und Weichmacher auf die Viscositätserniedrigung von Kautschuklösungen.* Aus den Verss. ergab sich, daß Amine (z. B. Furfurylamin), wenn sie in 1—10facher Menge des verwendeten Weichmachers (z. B. Furfuranthiol, Thiophenol, β-Naphthylmercaptan oder Benzoylperoxyd) zugesetzt werden, die durch den Weichmacher bedingte Viscositätserniedrigung der Kautschuklsgg. verstärken. In mehr als 10facher Menge angewandt, wirken die Amine dieser Viscositätserniedrigung entgegen. Vf. entwickelte eine Hypothese zur Deutung dieses Befundes. (J. Inst. Polytechn. **1.** Nr. 2. 73—79. Okt. 1952. Referiert nach Rubber Chem. Technol. **25.** 234—40. April/Juni 1952. Osaka, Municipal Univ., Dep. of Chem.) WINIKER. 7222

J. R. Scott, *Verstärkerfüllstoffe und Verstärkung.* Vf. gibt einen umfassenden Überblick über Theorie u. Praxis der Verstärkerfüllstoffe in den USA. — 41 Literaturhinweise. (India Rubber J. **121.** 344. 346—50. 1/9. 384. 387—89. 8/9. 424. 427—30. 15/9. 478. 480. 483. 22/9. 513—15. 29/9. 1951. Res. Assoc. of British Rubber Manufacturers.) WINIKER. 7226

Rachel J. Fanning und **Norman Bekkedahl**, *Quantitative Bestimmung von Naturkautschuk-Kohlenwasserstoff durch Brechungsindexmessungen.* Der KW-stoffgeh. der Kautschukarten schwankt beträchtlich (zwischen ca. 70 u. ca. 95%) u. gibt ein Maß der Güte ab. Vff. bestimmten den KW-stoffgeh. quantitativ durch Berechnung aus Messung der D. u. der Brechungsindices des Lösungsm. (1-Bromnaphthalin) u. der Lsg. (Lösungstemp. 140°) einer bekannten getrockneten Menge des mit Aceton zur Harzentfernung extrahierten Naturkautschuks (I) in einer bekannten Menge 1-Bromnaphthalin. Die Meth. soll nicht nur bei I, sondern auch bei synthet. Polyisoprenen verwendbar sein, gute Ergebnisse liefern, einfach sein u. wenig Zeit verbrauchen; Resultate nach der Chromsäure- u. ASTM-Meth. werden zum Vgl. herangezogen. Einzelheiten des Verf. u. von Verss. sowie Analysedaten werden angegeben. Der Einfl. von Ablesungsfehlern (beim Brechungsindex), die Beachtung der Reinheit des Lösungsm. u. die Lösungskonzz. werden näher besprochen. Das Verf. ist nicht auf vulkanisierten Kautschuk anwendbar. (Analytic. Chem. **23**. 1653—56. Nov. 1951. Washington, D. C., National Bureau of Standard.) WINGCHEN. 7248

Julius Bekk, *Anschmiegsamkeit von Kautschuk und ähnlichen Werkstoffen.* Zur Messung der „Anschmiegsamkeit" (hierunter ist die Fähigkeit, sich beim Anpressen an starre Oberflächen an diese anzuschmiegen, zu verstehen) wurde eine Vorr., die im wesentlichen aus einem Druckstempel (Auflagenfläche 3 cm²) mit darin eingefrästem V-förmigen Kanal (Länge 20 mm; Basisbreite 1,3 mm; Scheiteltiefe 0,6 mm) besteht, entwickelt. Das Prüfstück (beiderseits glatte Platte oder Folie) wird auf eine starre Unterlage gelegt, der Druckstempel aufgesetzt, mit Gewichten beschwert u. angesaugt. Als Maß der Anschmiegsamkeit dient die Zeit, in der ein Unterdruck von 10 cm Wassersäule 5 cm³ Luft durch den Kanal des Druckstempels saugt. (Kautschuk u. Gummi **4**. 250—53. Juli **1951**. Amsterdam.) WINIKER. 7248

N. S. Grace und G. Winter, *Der Einfluß synthetischer Kautschuke auf das Autofahren im Winter.* Vff. beschreiben eine Meth. zur Erprobung von Autoreifen im Straßenvers. im Winter. Gegenüber Reifen aus Naturkautschuk erwiesen sich solche aus künstlichen Kautschuken (gewöhnlicher u. Tieftemperatur-GR-S) auf verschneiten u. vereisten Straßen als unterlegen. Bis zu 40% des Naturkautschuks können durch GR-S ersetzt werden, ohne die Reifeneigg. nachteilig zu beeinflussen. (India Rubber Wld. **126**. 633—35. Aug. 1952. Toronto, Can., Dunlop Tire & Rubber Goods Co. Ltd.) WINIKER. 7258

E. Hughes, *Radiographie des Gewebes in Reifen.* Zur besseren Sichtbarmachung des Gewebes in Reifen bei der radiograph. Unters. empfiehlt Vf. Injektion von Hg. (J. sci. Instruments **29**. 98. März 1952. Birmingham, Dunlop Rubber Co. Ltd.) GOTTFRIED. 7258

Standard Oil Development Co., Del., übert. von: **Arthur Donald Green**, Cranford, N. J., V. St. A., *Gewinnung von pulverigen Isoolefinpolymeren* oder Mischpolymerisaten. Bei der kontinuierlichen Tieftemperaturpolymerisation (—40 bis —160°) von fl. Isobutylen oder Butadien unter Zuhilfenahme von fl. C_2H_4 als Kühlmittel in Ggw. von CH_3Cl u. $AlCl_3$ kommt es darauf an, daß alle Ventile u. Rohrverbb. ganz dicht sind, damit keine Verluste an Gas u. Verdünnungsmittel auftreten. Reaktionsgefäß u. Abführungsleitungen für das Polymerisat sind mit Kühlschlangen umgeben. Das Reaktionsgemisch gelangt in einen geschlossenen Warmwasserbehälter, der mit Dampfablaß u. Flüssigkeitsdichtungen versehen ist. Wasch- u. Trockeneinrichtungen schließen sich an. — Zeichnungen. (**A. P. 2 557 910** vom 25/11. 1943, ausg. 19/6. 1951.) SALZMANN. 7225

Carter Carburetor Corp., übert. von: **Irven E. Coffey**, St. Louis, Mo., V. St. A., *Pudermittel* für zu vulkanisierende Kautschukwaren, bestehend aus pulverförmigem Cetylacetamid mit einem F. etwas unter 150°, bes. unterhalb der Vulkanisationstemperatur. (**A. P. 2 569 151** vom 30/10. 1947, ausg. 25/9. 1951.) OVERBECK. 7229

Dunlop Rubber Co. Ltd., London (Erfinder: **Albert Edward Toney Neale** und **Willfrid Cooper**, Erdington), England, *Formenstreichmittel* für die Herst. von Kautschukformartikeln, bestehend aus Estern, bes. Glycerin- oder Äthylenglykolestern v. aliphat. Acetyloxycarbonsäuren der Formel $R[OOC\cdot C_nH_m(OOC\cdot R')_p]_q$. — $n \geqq 17$, $p = 1$ oder 2, $m + p = 2n \pm 1$, R = gesätt. aliphat. geradkettiger KW-stoffrest der Wertigkeit q, R' = Alkylrest mit 1—3 C-Atomen. (**D. B. P. 810 809** Kl. 39b vom 6/10. 1949, ausg. 13/8. 1951. E. Prior. 25/6. 1948.) OVERBECK. 7229

Eastern Rubber Specialties, South Norwalk, übert. von: **Rebecca O. Teston**, Glenbrook, Conn., V. St. A., *Tauchverfahren.* Eine Tauchform wird mittels einer Carnaubawachsemulsion gasdicht überzogen u. dann in üblicher Weise mit einem Koagulator vorbehandelt u. in eine Kautschukmilchmischung zwecks Herst. von Tauchartikeln getaucht. (**A. P. 2 550 206** vom 18/11. 1947, ausg. 24/4. 1951.) OVERBECK. 7231

American Anode Inc., Akron, übert. von: **Merrill E. Hansen**, Silver Lake Village, O., V. St. A., *Herstellung von Tauchartikeln.* Durch ein- oder mehrmaliges Tauchen einer mit einem Koagulator überzogenen Form in eine Kautschukmilchmischung hergestellte Gegenstände werden noch auf der Form bei 40—120°, bes. bei 60—80°, einige Zeit dem Strom eines mit Wasserdampf gesätt. Gases, bes. Luft, ausgesetzt, wodurch der Koagulator ausgelaugt wird. (**A. P. 2 548 974** vom 13/2. 1948, ausg. 17/4. 1951.) OVERBECK. 7231

United States Rubber Co., New York, N. Y., übert. von: **Robert J. Meyer**, South Bend, Ind., V. St. A., *Herstellung von Schaumkautschukschwamm.* Zur Kontrolle der gleichmäßigen Verteilung des als Gelatinierungsmittel verwendeten Na-Silicofluorids (I) wird dessen wss.-alkal. Dispersion vor dem Einmischen in den Kautschukmilchschaum mit p-Nitrophenol vermischt, das im sauren Bereich farblos, im alkal. aber gelb ist, mit fortschreitender Hydrolyse des I bei der Koagulation u. Vulkanisation also entfärbt wird, u. dessen Reste zum Schluß ausgewaschen werden. (**A. P. 2 568 457** vom 29/9. 1949, ausg. 18/9. 1951.) OVERBECK. 7231

Commonwealth Engineering Co. of Ohio, übert. von: **Harry A. Toulmin jr.**, Dayton, O., V. St. A., *Herstellung von Schaumkautschuk.* Eine Kautschukmilchmischung mit einem Geh. von 2,25% Na-Silicat wird mit N_2O gesätt. u. kontinuierlich auf eine Unterlage zur Schicht gegossen, wobei N_2O die Verschäumung bewirkt. Der Schaum wird durch Erwärmen, bes. durch Infrarotstrahlung, zu Bahnen verfestigt, die sich zu *Boden-* u. *Wandbelägen* eignen. — 5 Abbildungen. (**A. P. 2 549 864** vom 12/6. 1948, ausg. 24/4. 1951.) OVERBECK. 7231

United States Rubber Co., New York, N. Y., übert. von: **Irving H. Porth**, Paterson, N. J., V. St. A., *Webstuhlpicker*, bestehend aus einer Mischung von 30—70 (%) eines kautschukartigen Mischpolymerisates aus Butadien u. Acrylsäurenitril, 70—30 eines harten unelast. harzartigen thermoplast. Mischpolymerisats aus 65—80 Styrol u. 20—25 Acrylsäurenitril u. 5—25 Polyamidfasern. (**A. P. 2 573 273** vom 3/1. 1948, ausg. 30/10. 1951.) OVERBECK. 7231

B. F. Goodrich Co., New York, N. Y., übert. von: **Richard K. Carr**, Wadsworth, und **Earl B. Busenburg**, Akron, O., V. St. A., *Aufbereitung von gewebehaltigem Altkautschuk*, bes. von *Autoreifen.* Das feingemahlene Material wird in einer rotierenden Trommel bei 70—250° maximal 5 Min. Mineralsäuredämpfen [15 (%) H_2O u. 0,5 HCl] ausgesetzt u. bei 12 at in einem Kessel mit einem 3 Xylylmercaptan enthaltenden Wasserbad (bzw. in verd. NaOH oder $ZnCl_2$-Lsg.) behandelt. Nach 3—4 Std. haben sich 98 der Cellulose vom Kautschuk gelöst. (**A. P. 2 567 802** vom 21/1. 1949, ausg. 11/9. 1951.) SALZMANN. 7233

XIII. Ätherische Öle. Parfümerie. Kosmetik.

Paul Z. Bedoukian, *Rohstoffentwicklung in den Jahren 1950—1951.* Vf. berichtet zusammenfassend über die neuesten Veröffentlichungen auf dem Gebiet der äther. Öle u. Riechstoffe unter besonderer Berücksichtigung verschied. Arbeiten über Eigg. u. Verwendungsmöglichkeiten der Parfümöle u. Riechstoffe, der analyt. Methoden u. der Unterss. über Iron, Jonon u. der Terpene, sowie der Verff. zur Herst. synthet. Riechstoffe, bes. der Sesquiterpene. (Amer. Perfumer essent. Oil Rev. **57.** 113—14. Febr. 203—04. März 1951.) FIEDLER. 7260

D. R. Dhingra, G. N. Gupta und **J. N. Mehrotra**, *Pfefferminzöl und die Möglichkeit seiner Gewinnung in Uttar Pradesh.* Vff. beschreiben Kultur, Gewinnung u. Eigg. des Pfefferminzöls aus 9 Ländern, sowie eigene Verss. mit Mentha Piperita L. (black English mint). Ertrag 4,5—7,5 trockenes Kraut je ha, Ausbeute ca. 1%, Eigg. bei Ernte Juli/August (bzw. Febr./März) $d_{20} = 0{,}9113$ (0,9052); $[\alpha]_D^{20}$ $-18^0\,34'$ ($-16^0\,51'$), n_D^{20} 1,4780 (1,46—52), SZ. 2,361 (1,65), VZ. 63,89 (32,36), AZ. 99,32 (72,78), Gesamtalkohol als Menthol 26,47% (33,48%) beim Ausfrieren scheidet sich kein Menthol ab. (Indian Soap J. **17.** 43—51. Aug. 1951. Kampur, H. B. Technol. Inst.) MÜHLMEISTER. 7262

P. A. Laurent, *Über die Konstitution des May Nhang-Öls.* Das *May Nhang-Öl*, ein durch Anzapfen des Baumes *Dipterocarpus Alatus Roxb.* erhaltenes braunes, viscoses Oleoresin ($D.^{20}_4$ 0,941, n_D^{20} 1,510), erhärtet an der Luft. A. fällte daraus einen gelben Nd., $C_{48}H_{75}O_2$, Zers. 200° unter Aufblähen, Mol.-Gew. 700—800, mit Polymerisationsneigung. Dampfdest. des Rückstands lieferte 42% eines grünen äther. Öls, das auch analog zu 48% aus dem genuinen Öl entsteht. Vakuumdest. beider Öle lieferte zu 75% ein gelbgrünes Öl, $C_{15}H_{24}$, $Kp._{30}$ 145°; $D.^{20}_4$ 0,905; n_D^{20} 1,4970; $[\alpha]_D^{20}$ +12,5 (Bzl.), +14,8 (CCl_4); Mol.-Refr. 66,6; mit Br- u. J-haltigen organ. Lösungsmitteln starke Violett-, mit HCl, H_2SO_4, H_3PO_4 u. Essigsäure intensive Rotfärbung. Diese Befunde u. das RAMAN-Spektr. sprechen für einen KW-stoff aus der Familie des *Selinens* mit der möglichen nebenst. Formel. Der Rückstand der Vakuumdest., eine schwammige pechartige M., zers. sich, trocken dest., unter Abspaltung von W.; isoliert wurden eine grüne Fraktion ($Kp._{30}$ 300°) u. ein Sublimat, unlösl. in W. u. CCl_4, lösl. in absol. A. u. Aceton. (Bull. Soc. chim. France, Mém. [5] **19.** 615—17. Mai/Juni 1952. Hanoi-Univ., Labor. für organ. Chem.) SCHULENBURG. 7262

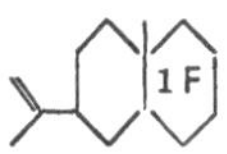

Amaryllis, *Oxycitronellal, der Zauberstab des Parfümerie-Chemikers.* 5 Rezepte, um die Eig. des Oxycitronellals zu zeigen, in Kompositionen natürliche Duftstoffe zu sparen. (Indian Soap J. **17.** 116—17. Nov. 1951.) MÜHLMEISTER. 7276

Amaryllis, *Aufbau einer Riechstoff-Komposition.* Beispiel für die Arbeitsweise eines Parfümeurs. (Indian Soap J. **17.** 55—56. Aug. 1951.) MÜHLMEISTER. 7276

P. C. Guha und **Sukh Dev,** *Synthetische Riechstoffe in der Parfümerie.* Übersicht wichtiger synthet. Riechstoffe mit Duftnoten, zum Teil mit Formeln u. Gewinnungsmethoden. — 36 Literaturzitate. (Indian Soap J. **17.** 181—86. Febr. 1952. Bangalore, Indian Inst. of Sci.) MÜHLMEISTER. 7276

H. Heilingötter, *Über die Wirkungsweise einiger Thioverbindungen bei der Umformung des Haares auf kaltem Wege.* Die krausende Wrkg. der untersuchten Thioverbb. ist von der vorhergehenden Quellung des Haares abhängig, diese wiederum von dem p_H-Wert der Lsg., wie am Beispiel des Thioglykolats gezeigt wird. Letzteres verhält sich in bezug auf das Quellungsvermögen wie das Thiolactat. Die von dem Vf. angewandte Meth. zur Unters. wie auch der Vorgang der Quellung selbst werden ausführlich beschrieben. (Parfümerie u. Kosmet. **32.** 282—83. Sept. 1951.) FIEDLER. 7284

F. G. Lamberg, *Herstellung von Enthaarungsmitteln.* Allg. Ausführungen. (Äther. Öle, Riechstoffe, Parfümerien, Essenzen Aromen **2.** 248—49. Okt. 1952.) WINIKER. 7284

XIV. Zucker. Kohlenhydrate. Stärke.

Luciano Tombesi, Silvio Fortini, Tommaso Cervigni, Aldo Baroccio, Maria Elisa Venezian und **Matilde Tarantola,** *Beitrag zur Entwicklung von Beta vulgaris var. saccharifera bei Düngung mit Nitrat und Ammonsalzen.* Die Zuckerrübe spricht schlecht auf eine Nitratdüngung an, da ihr die wichtige NO_3-Reduktase fehlt. (Ann. Sperimentaz. agrar. **6.** [N. S.] 1055—64. 1952. Rom.) GRIMME. 7406

E. Boon, J. J. Brammeijer, F. A. Doorman, M. L. A. Verhaart, G. S. van der Vlies und **H. I. Waterman,** *Reinigung des durch Diffusion erhaltenen Rübensaftes mit Hilfe schwefliger Säure bei niedriger Temperatur.* Vff. studieren mit Hilfe einer halbtechn. Batterie von 10 Diffuseuren zu je 18 Litern den Diffusionsvorgang bei Rübenschnitzeln. Die n. Diffusion bei 75° wird einer solchen bei 40° in Ggw. von 0,4% SO_2 gegenübergestellt. Mit letzterem Verf. wird vollständige Extraktion erzielt; in den ausgelaugten Schnitzeln u. im Preßwasser wird wesentlich weniger Zucker gefunden. Anschließend werden die Diffusionssäfte mit Kalk behandelt, wobei sich p_H 11,0—11,2 einstellt. Zu dem Dünnsaft wird so viel 7%ig. SO_2-Lsg. zugegeben, daß sich p_H 10,0—10,8 ergibt. Die anschließende Filtration gestaltet sich bei dem mit SO_2 behandelten Saft leichter. Die Säfte werden dann über Ionenaustauscher geleitet. Nach dieser Behandlung zeigt der mit SO_2 behandelte Saft einen Geh. von 0,13% Invertzucker gegenüber 0,32% beim n. Verfahren. Weitere ausführliche Verss. wurden angestellt, um die optimale SO_2-Konz. u. die zweckmäßigste Stelle für die Zugabe des SO_2 im Fabrikationsgang festzustellen. Es wird empfohlen, im 2. Diffuseur der jeweiligen Kette das SO_2 einzuführen, u. zwar 0,3% des Schnitzelgewichtes. Die Berührungsdauer soll 80 Minuten sein. (Chim. et Ind. **65.** 488—95. April 1951.) KELLERMANN. 7412

J. A. Radley, *Die Herstellung von Maisstärke.* An Hand der Literatur (51 Hinweise) wurden Lagerung u. Zus. des Maiskorns sowie der Mahlvorgang für seine Umwandlung in Stärke zusammenfassend beschrieben. — Zahlreiche Abbildungen. (Food Manufact. **26.** 429—33. 1/11. 488—92. 1/12. 1951. **27.** 20—22. 1/1. 1952.) LIEBNER. 7448

W. Hoensch, *Konzentrierung und Reinigung von Stärkemilch.* Übersicht. (Stärke **4.** 189—92. Juli 1952. Tamworth, N. S. W.) ULMANN. 7448

H. Rüggeberg, *Untersuchungen über die Zusammensetzung von Röstdextrinen.* Mit Hilfe von Salpetersäureestern verschied. *Dextrine* (**I**) erhielt Vf. nach der Meth. von BARGER für deren Polymerisationsgrad Werte, die zwischen 12—30 Glucoseeinheiten lagen. Für die Ausbldg. neuer Glucosid- u. Ätherbindungen im Verlaufe der Röstung spricht die Abnahme des N-Geh. der Nitrate mit fortschreitender Röstung, die Abnahme des Reduktionswertes nach Erreichen eines Maximums im Verlaufe der Röstung u. eine häufig zu beobachtende Zunahme der Viscosität gegen Ende des Röstprozesses. Charakterist. für **I** ist auch die Menge der durch A. ausfällbaren Substanz. Beim graph. Auftragen von g gefällte Substanz in Abhängigkeit von der zugesetzten Menge A. erhält man für bestimmte **I** typ. Kurven. Röstzeit, Verdünnungsgrad oder Alterung von Lsgg. spiegeln sich deutlich in den Fällungskurven wider. Werden gealterte Dextrinlsgg. kurze Zeit auf 50° erwärmt, so bildet sich ihr früherer Zustand zurück, man erhält die ursprüngliche Fällungskurve. (Stärke **4.** 78—83. April 1952. Düsseldorf, Klebstoffwerk der Fa. Henkel u. Cie.) ULMANN. 7448

Horst Otto, *Methode zur Identifizierung von Dextrinen.* Vf. schlägt vor, *Röstdextrine* (**I**) durch Trübungsbilder zu charakterisieren, die man nach Lösen der **I** in W. u. nachfolgende Zugabe von A. erhält. 5 g **I** (mit 10% W.) werden bei 80° in 100 cm^3 dest.

W. gelöst, die Lsg. auf 20° abgekühlt, filtriert u. in Reagensgläsern in Mengen von 9 bis 1 cm^3 abfallend eingefüllt u. in diese von 1—9 cm^3 ansteigende Mengen von A. hinzugefügt. Nach Umschütteln u. 10 Min. Stehen werden die Fällungsbilder ausgewertet. (Stärke **4.** 201—03. Juli 1952. Hamburg.) ULMANN. 7490

Refined Syrups & Sugars, Inc., übert. von: **Medford A. McCalip** und **Norman Rosenberg**, Yonkers, **Howard S. Paine**, Dobbs Ferry, N. Y., und **Mary F. Hughes**, Jersey City, N. J., V. St. A., *Herstellung von Saccharose und Invertzucker enthaltendem Sirup.* Eine rohe Zuckerlsg. wird zunächst mechan. bei 220° F geklärt, dann bei 180° F über Knochenkohle u. anschließend bei 165° F über Pflanzenkohle geleitet. Nach dem Abkühlen auf 130—135° F läuft die Lsg. über einen Kationenaustauscher, wird erhitzt u./oder gekühlt u. dann bei 105—115° F über einen Anionenaustauscher geleitet. Nach Feinfiltration u. Eindampfen wird ein klarer, heller u. haltbarer Sirup erhalten. — Schema, Kurven. (**A. P. 2 594 440** vom 3/3. 1949, ausg. 29/4. 1952.) SCHINDLER. 7443

Corn Products Refining Co., New York, N. Y., V. St. A., *Herstellung dextrosehaltiger Produkte* durch Hydrolyse von Dextrosepolymeren (Stärke, Cellulose), wobei man die säurehaltige Konvertierungslsg. mit einer gegen Dextrose inerten Substanz (I), die mit der Säure ein unlösl. Salz bildet, behandelt. Bes. geeignet als I sind Kondensationsprodd. von CH_2O mit einem Amin, z. B. m-Phenylendiamin. — Vorrichtung. (**Schwz. P. 279 272** vom 29/5. 1947, ausg. 1/3. 1952. A. Prior. 20/3. 1940.) HEINSEN. 7443

Starcosa Ges. zur Errichtung von Stärkegewinnungs- und Stärkeveredelungsanlagen m. b. H., Wunstorf (Erfinder: **Ottomar Wolff** und **Hans Wegner**, Berlin), *Reinigung von Stärke,* dad. gek., daß die Stärke in wss. Suspension mit eiweiß- u./oder fettspaltenden Enzymen neben- oder nacheinander behandelt wird. Vorbehandlung mit Alkalien u. Nachbehandlung mit NaOCl ist vorgesehen. Temperatur- u. p_H-Bereich sollen optimal für die Enzyme, z. B. Trypsin, Pankreasprotease, Lipase, eingehalten werden. Geeignet für Kleberstärken oder z. B. ranzige Maisstärke. (**D. B. P. 855 830** Kl. 89k vom 25/3. 1951, ausg. 17/11. 1952.) SCHINDLER. 7449

XV. Gärungsindustrie.

H. Burmeister, *Der Einfluß des Ultraschalls auf die Reifung von Spirituosen.* Durch die Anwendung von Ultraschall können bei der Alterung von Spirituosen gute Erfolge erzielt werden, wenn man für jede Spirituosenart eine bestimmte Beschallungszeit u. Intensität wählt. Für bestimmte Arten, z. B. Weinbrand, Weinbrandverschnitt u. Korn, ist wegen weitgehender negativer Aromabeeinflussung eine Ultraschallbehandlung nicht zu empfehlen. (Äther. Öle, Riechstoffe, Parfümerien, Essenzen Aromen **2.** 60—61. März 1952. Westberlin, Hermann Meyer & Co. A. G.) WINIKER. 7536

Georg Feydt, *Grundstoffe für Weinpunschessenzen und zugehörige Ausmischungsrezepte.* (Äther. Öle, Riechstoffe, Parfümerien, Essenzen Aromen **2.** 29—32. Febr. 1952.) WINIKER. 7536

Georg Feydt, *Grundstoffe für Fruchtaroma- und Fruchtsaft-Liköre.* Vf. versucht, einen Weg zur Herst. naturreiner Grundstoffe für Fruchtsaft- u. Fruchtaromaliköre aufzuzeigen. — Zahlreiche Rahmenrezepte. (Äther. Öle, Riechstoffe, Parfümerien, Essenzen Aromen **1.** 185—86. Okt. 209—10. Nov. 234—37. Dez. 1951.) WINIKER. 7536

A. Ruppert, *Untersuchungsergebnisse von Malzen und Gersten der Ernte 1951.* (Vgl. C. **1952.** 1585. 2936.) Bericht über Untersuchungsergebnisse von 488 Malzproben (465 Pilsener, 16 Wiener u. 7 Münchner Typ) nach Hektolitergewicht, Wassergeh., Auflsg. auf Grund der Schnittprobe, Ausbeutedifferenz, Verzuckerungsgrad, Eiweißgeh. u. Eiweißdifferenz nach LUNDIN. Vgl. mit Proben aus den Jahren 1949 u. 1950. (Brauwelt, Ausg. B **1951.** 1083—84. 22/11. Nürnberg, Landesgewerbeanst., Versuchsanst. für Bierbrauerei.) GRAU. 7540

G. Krauß und **A. Rebmann**, *Einige Analysen von Gersten des Jahrgangs 1951.* Analysenergebnisse (W., Eiweiß, Sortierung, Keimenergie u. -fähigkeit) von Gersten aus verschied. deutschen Anbaugebieten. (Brauwelt, Ausg. B **1951.** 1082. 22/11. Stuttgart-Vaihingen, Brauerei Rob. Leicht AG.) GRAU. 7540

Walter Deckenbrock, *Zur Frage der Wertbestimmung von Diastasepräparaten für brennereitechnische Zwecke.* 1. Mitt. Da die bekannten, rein chem. Methoden zur Best. des Wertes von Diastasepräpp. für brennereitechn. Zwecke nicht geeignet sind u. keine genauen Aussagen über die Eigg. der Präpp. als Verzuckerungsmittel u. über die optimal erforderlichen Gaben zur maximalen A.-Ausbeute aus stärkehaltigen Rohstoffen machen, wird von Vf. als einzig brauchbare Meth. die sogenannte Gärmeth. empfohlen. Das von REESE, FULMER u. UNDERKOFLER (C. **1948.** II. 546) angegebene Verf. läßt sich durch Best. des gebildeten CO_2 an Stelle des A. wesentlich vereinfachen. Schon nach 24 Std. kann der Wert eines Diastasepräp. angegeben werden. (Stärke **4**. 47—50. März 1952. Lüdingshausen/Westf., Fachlabor. für die Spiritusind.) ULMANN. 7594

J. Fairweather Walker, *Färbung im Bier.* Die möglichen Ursachen für die Färbung des Bieres während des Brauprozesses sowie die Methoden zur Messung der Bierfarben werden besprochen. (Brewers' Guild J. **38**. 230—42. Juni 1952.) RUTKOWSKI. 7600

G. Barini-Banchi, *Direkte Bestimmung von Eisen in Rotweinen mittels colorimetrischer Methoden.* Zwei colorimetr. Verff. mittels K-Ferrocyanid: 1. Gesamt-Fe, Fe^{3+}, Komplex-Fe bestimmt durch Messung der Extinktion der Weine vor u. nach Zugabe von K-Ferrocyanid; 2. colorimetr. Titration mittels K-Ferrocyanid. (Chim. e Ind. [Milano] **33**. 559—63. Sept. 1951. Florenz, Ist. tranico G. Galilei, Labor. für Agrarchem.) SCHEIFELE. 7606

XVI. Nahrungs-, Genuß- und Futtermittel.

Herm. Serger, *Die Zuverlässigkeit von Sterilitätsprüfungen bei Dosenkonserven.* Vf. bespricht kurz die Ursachen der Bombagen u. weist darauf hin, daß die gewöhnlich ausgeführte Sterilitätsprüfung im Brutschrank nur einen bedingten Schluß auf die Haltbarkeit zuläßt. (Ind. Obst- u. Gemüseverwert. **37**. 322—25. 38/10. 1952. Braunschweig.) WINIKER. 7634

F. Mihelič, *Über die Vitaminisierung von Lebensmitteln.* Kurze Übersicht über die Vitaminisierung von Lebensmitteln in Amerika, England, Holland, Skandinavien u. der Sowjetunion, mit bes. Berücksichtigung der Ascorbinsäure. — Durch die antioxydative Wrkg. der Vitamine C u. D wird auch die Haltbarkeit der Lebensmittel erhöht. (Farmac. Glasnik **8**. 229—32. Juni 1952.) BECKMANN. 7642

Raffaele Marinelli, *Gliadin und Amidstickstoff in amerikanischen Hartweizenmehlen und einheimischen Weizenmehlen.* Vergleichende Analysen von amerikan. Hartweizen u. italien. Landweizen ergaben nur geringe Unterschiede im Geh. an Gliadin u. Amidstickstoff, so daß kein Grund vorliegt, die ersteren vorzuziehen. (Ann. Sperimentaz. agrar. **6**. [N. S.] 1005—10. 1952. Rom.) GRIMME. 7670

Winifred R. Vinacke, *Die Einwirkung von Lagerung, Waschen und Kochen auf den Thiamingehalt von Reis.* An Proben von geschältem braunem, von abgeschliffenem u. weißem u. von zum Vermahlen zubereitetem Reis in den verschied. Stadien der Lagerung u. Verarbeitung wurden Bestimmungen des Thiamin (I)-Geh. vorgenommen. Es zeigte sich, daß die lediglich durch ein Dach geschützten Lagerhäuser gegenüber den geschlossenen Vorteile besitzen. Neben geringerem Insektenbefall erfolgte das Absinken des I-Geh. in den ersteren viel langsamer. So waren in den offenen Lagerhäusern auch bei weißem Reis nach 16 Wochen noch 73% des ursprünglichen I vorhanden gegenüber 58% bei Lagerung im geschlossenen Haus. Beim Waschen des weißen Reises erfolgte hoher bis zu 65% gehender Abfall des I-Gehaltes. Bei den beiden anderen Reisarten erreichte der Verlust bei siebenmaligem Waschen 22%. Das Kochen in viel Wasser führte beim braunen u. bei dem zum Vermahlen vorbereiteten Reis durch Auslaugen des Pericarps u. der Aleuronschicht zu hohen I-Verlusten. (J. Home Econ. **43**. 641—43. Okt. 1951.) ZOPFF. 7686

Mary L. Greenwood, Martha Potgieter und **C. I. Bliss,** *Die Wirkung bestimmter Behandlungen vor dem Gefrieren auf die Qualität von acht Sorten kultivierter hochwüchsiger Heidelbeeren.* Die Heidelbeeren wurden ungesüßt, mit Sucrose u. mit Sucrosesirup, in jedem Falle gebrüht u. ungebrüht, gefroren. Der Geschmack litt nicht gegenüber frischen Beeren. (Food Res. **16**. 154—60. März/April 1951. Storrs, Conn., School of Home Econom., Storrs Agricult. Exp. Stat., Univ. of Connecticut, u. New Haven, Conn., Connecticut Agricult. Exp. Stat.) LIEBNER. 7688

Lal Singh, Girdhari Lal, T. S. Sadasivan und **Nagina Lal Jain,** *Einige Untersuchungen über die Konservierung von Früchten und Gemüsen.* Vff. berichten über Unterss. über die Entwässerung von Früchten u. Gemüsen u. ihre Konservierung sowie über Maßnahmen zur Verhütung von Schimmelbldg. auf Marmeladen u. Säften, die Herst. von Fruchtsäften ohne chem. Konservierungsmittel, die Bereitung von Fruchtsaftkonzentraten, Essigfrüchten, die Standardisierung von Zutaten zum Gebrauch in CURRY-Pulvern u. das Rösten von Erdnüssen. (Indian J. agric. Sci. **21**. 137—53. Juni 1951.) WALCKER. 7690

J. Gutschmidt, *Über den Einfluß des Dosenmaterials auf den Vitamin-C-Gehalt von Obst und Gemüse.* Vf. bestimmte den Vitamin-C-Geh. von Brechbohnen (**I**), passiertem Spinat (**II**), Karotten (**III**), Zwetschen (**IV**), Birnen (**V**) u. Apfelmus vor der Verarbeitung u. während eines 2½ jährigen Lagerns in Glasbehältern, Schwarzblech- u. Weißblechdosen. Während des Sterilisierens u. anschließender 14tägiger Lagerung verlor das Gemüse ca. 20% u. die **IV** prakt. kein Vitamin C. Ein hoher Verlust bei **V** wurde auf die Verarbeitung zurückgeführt. Bei Gemüse war während des ersten Teils der 2½ jährigen

Lagerung der prozentuale Vitamin-C-Verlust am höchsten u. nahm dann langsam ab. Bei **IV** wurde ein gleichmäßiger Abfall beobachtet. Am Ende der Lagerzeit waren bei **II** noch ca. 60%, bei **I** noch ca. 70%, bei **III** u. **IV** nur noch ca. 20% der nach Sterilisieren u. 14tägiger Lagerung festgestellten Menge Vitamin C vorhanden. Bei **I** u. **II** war die Erhaltung des Vitamins C in Dosen etwas besser als in Gläsern, außerdem erwiesen sich Schwarzblechdosen als den Weißblechdosen überlegen. Bei allen anderen Füllgütern konnte kein wesentlicher Einfl. des Behältermaterials beobachtet werden. (Ind. Obst- u. Gemüseverwert. **37.** 325—26. 328. 330. 332. 18/10. 1952. Karlsruhe, Bundesforschungsanst. für Lebensmittelfrischhaltung.) WINIKER. 7690

—, *Das Abkühlen von Bonbonmasse.* Kochverss. von Mischungen von *Saccharose* u. *Stärkesirup* bei gleichmäßigem Anstieg der Temp. bis 160° zeigten, daß sich der Farbton der M. bei Haltung der Temp. bei 160° nach 5,5 Min. nach Kochbeendigung um das Doppelte verstärkt hatte, nach 8,5 Min. verdreifacht u. nach 20 Min. 15mal stärker geworden war. Bei einer Temperaturkonstanz von 150° waren die Verhältnisse ähnlich, bei 140 u. 130° sehr viel besser, erst nach 20 Min. hatte sich der Farbton um das Doppelte verstärkt. Best. der Invertzuckermenge bei den einzelnen Kochungen ergab entsprechende Hinweise auf eingetretene Veränderungen. Es wird daher empfohlen, die Bonbonmasse nach Erreichen der erforderlichen Kochtemp. sehr schnell abzukühlen, um unerwünschte Farbbldg. u. Inversion der Saccharose zu vermeiden. (Stärke **4.** 98—99. April 1952. Haubourdin, Soc. des Prod. du Mais.) ULMANN. 7704

H. Schanderl, Staudenmayer und **Marlies Rössler,** *Studien über die Desinfektion mittels H_2SO_3 und Chlor, mit Mucor racemosus als Test.* Verss. zur Desinfektion mittels H_2SO_3 u. Chlor in der Süßmosterei zeigten, daß der Mucor racemosus (**I**) eine erstaunliche SO_2- u. Cl-Resistenz aufweist. **I** konnte eine Konz. von 2500 mg SO_2/Liter 24 Std. bei Zimmertemp. ertragen. 2200 mg Cl/Liter führten bei 12std. Einwirkungsdauer (Zimmertemp.) zur völligen Abtötung. In sauren Lsgg. (p_H 2—3) läßt sich diese schon nach 30 Min. mit 1000 mg Cl/Liter erzielen. (Ind. Obst- u. Gemüseverwert. **37.** 338—41. 18/10. 1952. Geisenheim/Rh., Lehr- u. Forschungsanst., Inst. für Botanik, Gärungsphysiologie u. Hefereinzucht.) WINIKER. 7706

Julius Koch, *Zur Beurteilung naturreiner Fruchtsäfte (Süßmoste).* Angabe eines Schemas der Süßmostbereitung [1. Sinnenprüfung (Farbe, Klarheit, Geruch, Geschmack), 2. chem. Prüfung (Best. der Gärfähigkeit, des Alkoholgeh., der flüchtigen Säuren, der Milchsäure, der gesamten schwefligen Säure)], das für alle Süßmoste gilt u. für eine einheitliche Qualitätsbeurteilung geeignet ist. (Ind. Obst- u. Gemüseverwert. **37.** 334—36. 18/10. 1952. Geisenheim/Rh., Inst. für Obst- u. Gemüseverwertung.) WINIKER. 7706

F. Emanuele, *Gewinnung und Konservierung von Frucht- und Gemüsesäften.* Besprochen werden: Auswahl u. Klassifizierung der Ausgangsstoffe, Saftextraktion, Entlüftung, Wärmekonservierung, Konservierungsmittel, sterile Filtration, Konzentrierung der Säfte, Behälter, neuzeitliche Konservierungsmethoden (Ultrafiltration u. Schnellpasteurisierung). Konservierungsmittel sollten nicht verwendet werden. Zur Pasteurisierung werden die Säfte einige Sek. auf 120° gebracht, wobei Geruch u. Geschmack weniger beeinflußt werden als durch Erhitzen auf 80° während einiger Minuten. (Ind. ital. Conserve **27.** 83—89. Mai/Juni 1952. Parma.) SCHEIFELE. 7706

E. O. Seitz, *Quecksilberlampen im Molkereibetrieb.* Kurzer Überblick über die Möglichkeiten der Anwendung der UV-Strahlung in der Molkerei, z. B. zur Vitaminisierung der Milch u. zur Abtötung schädlicher Mikroorganismen. (Dtsch. Molkerei-Ztg. **73.** 1306 bis 1307. 10/10. 1952. Hanau.) WINIKER. 7756

Walter V. Price, *Einfluß von Grassilage auf die Qualität der Milch und Milchprodukte.* Allg. Ausführungen. — 18 Literaturhinweise. (Butter, Cheese Milk Products J. **43.** Nr. 9. 48—49. 52—55. Sept. 1952. Madison, Wis., Univ. of Wisconsin.) WINIKER. 7756

Demeter, *Neues über die Reifung von Blauschimmel-Labkäse.* Überblick an Hand der Literatur (9 Hinweise). (Dtsch. Molkerei-Ztg. **73.** 1342—43. 17/10. 1952.) WINIKER. 7760

T. L. Parkinson, *Die Anwendung der Papierchromatographie zum Nachweis der Benzoesäure und ihrer Derivate in Lebensmitteln.* 50 g des Materials wurden entweder mit Chlf. in einem Extraktionsapp. extrahiert oder, wenn es sich um festes Material handelt, einer Wasserdampfdest. unterworfen u. das Destillat wurde extrahiert. Der Extrakt wird zur Trockne eingedampft u. in 1 ml Ae. aufgenommen. Es wurde auf WHATMAN Nr. 3 mit n-Butanol (40 Voll.), A. (11 Voll.) u. NH_4OH-$(NH_4)_2CO_3$-Puffer (19 Voll.) als Lösungsm. chromatographiert. Das Lösungsm. wurde bei 150° 5 Min. getrocknet u. mit einer Mischung von Methylrot, Bromphenolblau u. Phosphatpuffer nach FEWSTER u. HALL oder mit einer 0,025%ig. Lsg. von 2.6-Dichlorphenolindophenol in Phosphatpuffer (p_H 7,2) besprüht. Beide ergaben rosa Flecken. Folgende R_F-Werte wurden ermittelt: *p-Chlor-*

benzoesäure 0,59; *Salicylsäure* 0,59; Benzoesäure 0,50; *p-Oxybenzoesäure* 0,34. Es sind noch 0,25 mg Säure sichtbar. (Analyst **77**. 438—39. Aug. 1952. London, Metal Box Comp. Ltd. Acton.) KAISER. 7790

W. Mohr und **K. Koenen**, *Feststellung der Qualität von Milchpulver, insbesondere für den Export.* Vff. diskutieren an Hand von Tabellen die Anforderungen, die in Amerika u. in Deutschland an Milchpulver gestellt werden. Vff. halten es für notwendig, für Exportware die Keimzahl in 1 g Pulver zu bestimmen u. bei der Prüfung von Milchpulver die Schmutzbest. einzuführen (für Zerstäubungspulver in der direkten Auflsg. in W., für Walzenpulver in tert. Na-Citratlsg.), die entsprechenden Vorschriften zur Durchführung dieser Best. werden angegeben. (Dtsch. Molkerei-Ztg. **73**. 1301—06. 10/10. 1952. Kiel, Bundesversuchs- u. Forschungsanst. für Milchwirtschaft, Physikal. Inst.) WINIKER. 7856

H. Ballczo und **O. Kaufmann** (unter Mitarbeit von **L. Bittner**), *Die Bestimmung des Fluorgehaltes von Heuproben aus rauchgasgeschädigtem Gebiet.* 20—50 g der bei 100—120° bis zur Gewichtskonstanz getrockneten Probe werden in einer Ni-Schale mit n. Ca-Acetatlsg. (1 cm^3 pro g Heu) durchfeuchtet, wieder getrocknet, verascht u. geglüht. Die noch alkal. reagierende Asche wird in einer Pt-Schale noch 15 Min. vor dem Gebläse geglüht. Zur Zerstörung der die Dest. des Fluors störenden Carbonate u. Phosphate wird sodann ein gewogener Anteil der Asche zusammen mit der halben Gewichtsmenge Mg-Pulver in einem V 2 A-Tiegel vorsichtig geglüht. Die so vorbereitete Aschenprobe wird der Dest. mit $HClO_4$ in Ggw. von Ferrosilicium unterworfen u. das Destillat mit 0,001n $Th \cdot (NO_3)_4$-Lsg. gegen einen Mischindicator aus Na-Alizarinsulfonat u. Methylenblau titriert; App. u. Beschreibung des Verf. vgl. C. **1953**. 904. Die Werte sind innerhalb 10% reproduzierbar. (Mikrochem. verein. Mikrochim. Acta **39**. 9—12. 1952. Wien, Univ., II. Chem. Labor.) FORCHE. 7866

Karl Hüni, *Vorschlag zur Verbesserung der Rohfaserbestimmung.* Durch Änderung der WUNDER-Analysenmeth. zur Rohfaserbest. in Futtermitteln erhält man auch bei Mischfutter, dem Mineralstoffe beigemischt sind, gute Analysenwerte. Zur Filtration der Rohfaser von der Aufschluß-Fl. werden Glasfiltertiegel „1 G" benutzt, die mit einer Schicht Quarzsand belegt sind. (Landwirtsch. Jb. Schweiz [N. S.] **1**. 5 Seiten. 1951. Liebefeld, Eidg. Agrikulturchem. Anst.) SCHOENMANN. 7868

Sereno G. Norton, Brunswick, Ga., V. St. A., *Veredelung von Tabak.* Durch Zusatz von 0,05—2,0% Terpinhydrat. (**A. P. 2 586 701** vom 5/2. 1949, ausg. 19/2. 1952.) KRANZ. 7735

Lloyd T. Winger, Trinidad, Colo., V. St. A., *Sterilisieren und Stabilisieren* süßer *Vollmilch* (**I**), indem man **I** mit 1—2 Gew.-% chem. reinem H_2O_2 (**II**) mischt, einen Überschuß an **II** mit 1—2 g gepulvertem Katalaseenzym pro 1000 lbs. **I** zers., **I** bei hohem Druck homogenisiert u. sterilisiert. (**A. P. 2 596 753** vom 14/9. 1951, ausg. 13/5. 1952.) MAASS. 7757

Karl Vogt, Kiel, *Erhöhung der Löslichkeit von milchhaltigen Trockenerzeugnissen* durch Zusatz von Zucker oder Zucker enthaltenden Stoffen zur Milch vor der Trocknung. (**D. B. P. 856 096** Kl. 53e vom 13/10. 1948, ausg. 20/11. 1952.) MAASS. 7757

Dehydrating Process Co., Boston, übert. von: **John Ryan**, Brookline, und **William C. Wilson**, Beverly, Mass., V. St. A., *Futtermittel aus Fischen* (I). Unzerkleinerte oder zuvor von eßbaren Fleischteilen befreite **I** werden nach Zugabe von Säuren, wie H_2SO_4, HCl oder H_3PO_4, bei p_H 2,8—3,7 so lange mit Dampf unter Druck gekocht, bis die gesamte M. verflüssigt ist. Die M. wird im Vakuum konz. u. anderen Futtermitteln beigemischt oder in Trockenform übergeführt. Der Kochaufschluß kann auch ohne Säurezugabe bei p_H 6,5—8 erfolgen. — Vorrichtungen. (**A. PP. 2 589 287** u. **2 589 288** vom 2/1. 1947 u. 10/8. 1948, beide ausg. 18/3. 1952.) KRANZ. 7787

Daniel B. Vincent, Tampa, Fla., V. St. A., *Futtermittel.* Rückstände der Citrusfruchtsaftgewinnung, wie Schalen usw., werden fein gemahlen, mit einer Alkalilsg. u. einem Konservierungsmittel (Salicylsäure) versetzt u. auf einen Trockensubstanzgeh. von z. B. 50% gepreßt. (**A. P. 2 595 181** vom 5/10. 1949, ausg. 29/4. 1952.) KRANZ. 7787

Harvel Research Corp., übert. von: **Mortimer T. Harvey**, South Orange, N. J., V. St. A., *Beifuttermittel*, bestehend aus dem Reaktionsprod. von Harnstoff mit Aceton, Diacetonalkohol oder Mesityloxyd, das n. Futter in Mengen von 1—10% beigegeben wird. (**A. P. 2 592 565** vom 15/2. 1951, ausg. 15/4. 1952.) KRANZ. 7787

XVII. Fette. Seifen. Wasch- u. Reinigungsmittel. Wachse. Bohnermassen usw.

M. Igual Baseda, *Hydrierung.* Vf. erörtert die katalyt. Aktivität verschied. Metalle bei der Hydrierung von Doppelbindungen, die bei denen der Fe- u. Pt-Gruppe am stärksten ist; Hydrierung von ungesätt. Fetten u. Ölen, Verh. der Vitamine bei der Hydrierung;

techn. Verff., Einfl. von Druck u. Temp., Reinheit der Ausgangsstoffe u. des H_2, der Katalysatorbeschaffenheit. (Ion [Madrid] **12.** 245—54. Mai 1952.) ALTPETER. 7880

J. A. R. MacLean, *Ölhaltige Samen von möglicher wirtschaftlicher Bedeutung für Westafrika.* Die von Jan. 1950 bis Juli 1951 geernteten Samen von *Herrania balaensis* (**I**), *Herrania marioe sp. „A"* (**II**) u. *Herrania sp. „B"* (**III**) wurden 15 Std. bei 100° getrocknet u. analysiert. Es wurde gefunden bei **I**: 30,8% Feuchtigkeit, 64,4 Öl, 265 Gesamt-N, 1,95 Protein-N (bezogen auf Trockensubstanz), 0,13 *Theobromin* u. 0,69 *Coffein* (bezogen auf fettfreie Substanz); bei **II** (in gleicher Reihenfolge): 29,1, 64,1, 2,42, 1,94, 0,10, 0,77; bei **III**: 28,6, 63,3, 2,40, 1,90, 0,13, 0,63. Das aus allen drei Sorten extrahierte Öl ist hellgelb, bei 25—29° fl. u. besitzt leinsamenähnlichen Geruch. Spezif. Gewicht (bei 30°) 0,93—0,94. n_D^{30} 1,4652—1,4670. Unverseifbares unter 1%. Die Kennzahlen sind bei **I**: VZ. 205, JZ. 41—43 (ROSENMUND-KUHNHENN) u. 41—42 (WIJS), RhZ. 22—23, freie Fettsäuren in % 2,7—2,8, Zus. der Säuren: a) 22% Linolsäure, b) 2% Ölsäure, c) 76% gesätt. Säuren; bei **II**: 203, 46—47 u. 46—47, 24—25, 2,4, a) 26, b) 0,0, c) 74; **III**: 206, 39—40 u. 39—39,5, 23,5—24,5, 2,3—2,4, a) 18, b) 7, c) 75. (Nature [London] **169.** 589—90. 5/4. 1952. Tafo, Gold-Küste, West-Afrikan. Kakaoforschungs-Inst.) FREYTAG. 7894

Fr. Tegeder, *Die modernen Waschmittel.* Es wird in großen Zügen berichtet über die Seife, ihre Vor- u. Nachteile, über Wasserenthärtungsmittel, synthet. Reinigungsmittel, über Koch- u. Feinwaschmittel, deren einzelne Bestandteile sowie ihre Wirkung. (Seifen-Oele-Fette-Wachse **78.** 316—18. 18/6. 1952.) BOYE. 7910

A. Pollack, *Waschaktive Rohstoffe in der Industriereinigung.* Zunächst wird kurz über die üblichen alkal. Reinigungsmittel u. über reinigende organ. Lösungsmittel berichtet. Es wird dann der Begriff „Industriereiniger" definiert u. vorgeschlagen, die sehr viele Prodd. umfassenden Definitionen nach der chem. Zus. aufzuteilen, vor allem nach dem p_H-Wert der Reinigungslsg. in gebrauchsfertigem Zustande. Es werden unterschieden: Stark alkal. (p_H > 12), schwach alkal. (p_H 7—12), neutrale (p_H ca. 7), schwach saure (p_H 4—7) u. stark saure Reiniger (p_H < 4), sowie elektrolyt. Entfettungsmittel, die allg. zur ersten Gruppe gehören. Zur ersten Gruppe zählen die meisten Abkochentfettungsmittel, alkal. Spritzentfettungsmittel u. Kaltreiniger. Die Abkochentfettungsmittel enthalten vorwiegend waschakt. Stoffe (Mersolate, Fettalkoholsulfonate, Arylalkylsulfonate, Fettsäurekondensationsprodd.). Auch Kombination mit Seifen hat sich als zweckmäßig erwiesen, ebenso Zusätze von Phosphaten, Silicaten. Bei Spritzentfettungsmitteln ist es vorteilhaft, nichtionogene Emulgatoren zur Lsg. zu geben, deren p_H < 12 ist, wodurch die Zers. des Emulgators verhindert wird. Die Kaltreinigungsmittel sind Seifen in stark alkal. Medium. Die modernsten Industriereiniger sind neutrale Substanzen auf einer Emulsionsgrundlage. Die schwach sauren Reiniger enthalten ebenfalls waschakt. Substanzen. Mit solchen Lsgg. u. sauren Salzen, Emulgatoren u. Netzmitteln lassen sich Gegenstände entfetten u. werden außerdem noch passiviert, wenn das Netzmittel auf Phosphatbasis aufgebaut ist. Von großer Bedeutung sind die elektrolyt. Entfettungsmittel für galvan. Betriebe. Moderne Reiniger enthalten fast immer Zusätze von waschakt. Substanzen, vor allem von nichtionogenen Prodd., die durch den Strom nicht verändert werden u. keine Rückstände auf den Metalloberflächen zulassen. Silicate u. Phosphate verstärken noch die Wirkung. (Seifen-Oele-Fette-Wachse **78.** 318—20. 18/6. 1952. Schönbach/Dillkreis.) BOYE. 7912

—, *Waschen und Waschmittel.* Behandelt wird das Verh. der Waschmittel gegen die Härtebildner des W. u. gegen mögliche Begleitsubstanzen, wie Elektrolyte u. wasserlösl. Schmutz. Weiter wird das chem. Verh. des Waschmittels in der Waschflotte, die Netzwrkg. sowie die Tragfähigkeit besprochen. Die Theorie des Waschvorganges wird kurz erwähnt u. prakt. Waschvorschriften, bes. auch für die Wollwäsche, werden gegeben. Schließlich finden sich Hinweise bzgl. der Abwasserfrage bei Wäschereien, bes. hinsichtlich synthet. Waschmittel enthaltende Abwässer. (Dtsch. Textilgewerbe **54.** 751—53. 20/8. 816. 819. 5/9. 1952.) P. ECKERT. 7912

Heinz Zilske, *Die Waschpulverherstellung und ihre Schwierigkeiten.* Es wird über einige Verff. der Herst. berichtet, weiter über die zu beachtenden Schwierigkeiten u. ihre Verhinderung. (Seifen-Oele-Fette-Wachse **78.** 320—23. 18/6. 1952.) BOYE. 7912

N. Drosdow und **L. Starikowa,** *Über einige Methoden zur Beurteilung der Qualität von Speisefetten.* Vff. haben Verss. mit Speisefetten, in der Hauptsache mit Schweineschmalz, ausgeführt, um die Eignung der organolept. Probe, SZ., Peroxydzahl, Peroxydaseprobe u. Neutralrotprobe zur Beurteilung der Fettqualität zu prüfen. Die Neutralprobe ist allg. unbefriedigend u. eignet sich nur als orientierende Probe. Verderben durch Oxydation ist durch die qualitative Peroxydaseprobe bei einer Peroxydzahl nicht unter 0,24, der organolept. Verderb nicht unter 0,7—0,9 feststellbar. Eine Beziehung zwischen der SZ. des Fettes u. seiner Lagerfähigkeit besteht nicht. Für die Lagerfähigkeit ist daher die Peroxydzahl neben der qualitativen Peroxydaseprobe die geeignetste Probe. (Мясная Индустрия СССР [Fleisch-Ind. UdSSR] **23**. Nr. 1. 81—83. Jan./Febr. 1952.) KRAFT. 7932

Aldo Accinelli, *Beitrag zur absoluten Bestimmung der freien Alkalien in geharzten Reinseifen mit einem Gehalt an Unverseifbarem.* Inhaltlich ident. mit der in C. **1952**. 8061 referierten Arbeit. (Oléagineux **7**. 403—09. Juli 1952. Mailand, Staz. Sperimentale per l'Industria degli Olii e dei Grassi.) SCHEIFELE. 7938

Hördur Jönsson, Reykjavik, Island, *Gewinnung von Tran aus Fischleber.* Man verarbeitet Fischleber mechan. zu einer ölhaltigen Dispersion u. trennt dann das Öl durch Zentrifugieren ab. Bei der Herst. der Dispersion soll die Temp. so gewählt werden, daß der Zellschleim nicht koaguliert, wohl aber das Eiweiß der Zellwände, so daß man eine labile Dispersion von Zellenschleim in einer zusammenhängenden Phase des Trans erhält; falls notwendig, setzt man noch etwas Tran oder tranreiche Prodd. zu. Die Herst. der Dispersion wird bei ca. 45—50° durchgeführt. Die anschließende Abscheidung des Öles kann auch durch Koagulieren des Zellschleimes in der Wärme auf ca. 70° erfolgen. (**N. P. 78 735** vom 9/12. 1948, ausg. 2/7. 1951. Dän. Prior. 13/12. 1947.) JÜRGEN SCHMIDT. 7899

Lever Brothers & Unilever Ltd., Port Sunlight, Chester, England, *Herstellung von Margarine,* bestehend im Mischen eines Stromes fl. Fettes mit wss. Ingredientien u. gleichmäßigem u. kontinuierlichem schnellem Kühlen u. Emulgieren, wobei die Abtrennung der höherschm. Glyceride der Mischung in Form von krist. Teilchen erfolgt. — Vorrichtung. (**E. P. 650 481** vom 1/4. 1948, ausg. 28/2. 1951.) MAASS. 7901

Procter & Gamble Co., Cincinnati, übert. von: **Victor Mills**, Springfield Township, O., V. St. A., *Kontinuierliches Verseifungsverfahren.* Fettsäuren u. Lauge (I) werden in Ggw. von zurückgeleiteter, schon gebildeter Seife (II) verseift, wobei Temp. u. Wassergeh. der I so geregelt werden, daß II einen Wassergeh. von 12—27% hat u. in pumpbarer Form vorliegt. — Zeichnung. (**A. P. 2 578 366** vom 23/2. 1945, ausg. 11/12. 1951.) LÜTTGEN. 7907

Imhausen & Co. G. m. b. H. und **Karl-Heinz Imhausen** (Erfinder: **Werner Prosch** und **Karl-Heinz Imhausen**), Witten/Ruhr, *Stabilisieren von Sauerstoff abspaltende Verbindungen enthaltenden Waschmitteln.* Man benutzt Mg-Salze polymerisierter Acryl- oder Methacrylsäure in Mischung mit Mg-Silicaten als Stabilisator. (**D. B. P. 848 071** Kl. 23e vom 31/3. 1951, ausg. 1/9. 1952.) LÜTTGEN. 7913

Procter & Gamble Co., übert. von: **Ronald A. Henry**, China Lake, Calif., V. St. A., *Netz-, Wasch- und Dispergiermittel,* bestehend aus Sulfonierungsprodd. von Verbb. der Formel $RCOXC_nH_{2n}COX'Y$, worin RCO einen hauptsächlich gesätt. Fettsäurerest mit 8—22 C-Atomen, X u. X' O oder NZ_2 (Z = H oder Alkyl mit bis zu 3 C-Atomen) u. Y einen niedermol. Alkenylrest bedeuten, z. B. Allyllauroylglykolat oder das Methallylamid der Lauroylglykolsäure. (**A. P. 2 584 701** vom 8/9. 1949, ausg. 5/2. 1952.) LÜTTGEN. 7913

Badische Anilin- & Soda-Fabrik, Ludwigshafen/Rh. (Erfinder: **Hans Eckoldt**, Leverkusen), *N-Alkylamidsäuren aliphatischer Dicarbonsäuren* erhält man durch Rk. von höhermol. prim. oder sek. aliphat., cycloaliphat. oder araliphat. Aminen mit aliphat. Dicarbonsäureanhydriden. Z. B. wird Bernsteinsäureanhydrid mit n-Octadecylamin-(1) zum *N-Octadecylsuccinimid*, F. 64°, VZ. 150, umgesetzt u. letzteres mit methanol. NaOH zum Na-Salz der N-Octadecylbernsteinsäureamidsäure aufgespalten. Als weitere Reaktionskomponenten sind n-Hexadecylamin u. n-Dodecylamin einerseits u. Glutarsäureanhydrid andererseits genannt. *Wasch-, Netz-* u. *Dispergiermittel.* (**D. B. P. 859 304** Kl. 12o vom 7/6. 1944, ausg. 11/12. 1952.) SCHINDLER. 7913

Mathieson Chemical Corp., übert. von: **Edward C. Soule** und **William H. Sheltmire**, Niagara Falls, N. Y., V. St. A., *Desinfizierende Reinigungsmittel.* Bis 95 (%) Harnstoff (I), 3—45 (bezogen auf I) eines wasserlösl. oberflächenakt. quaternären NH_4-Salzes, in dem alle 4 H-Atome durch organ. Radikale (mindestens 1 mit 8—16 C-Atomen) ersetzt sind, u. 2—12 Eisessig, sirupöse H_3PO_4 oder konz. H_2SO_4 werden bei 110—150° unter Druck zusammengeschmolzen. (**A. P. 2 584 057** vom 4/3. 1948, ausg. 29/1. 1952.) LÜTTGEN. 7917

Fritz Laier, Wien, Österreich, *Reinigungsmittel* nach Patent 169 096, bestehend aus einem kurzfaserigen alkal. Behandlungsprod. von Zinnkraut in mit W. zu einer Fl. oder zu einer pastösen M. verd. Form, welche gegebenenfalls noch Zusätze, wie Emulgatoren, Alkalien, Seifen oder fl. organ. Reinigungsmittel, enthält. — 50 g einer Teigmasse von vermahlenen Schachtelhalmen mit Sodalsg. werden mit der 3—4fachen Gewichtsmenge W. verrührt. Man erhält eine gelb bis bräunlich gefärbte Reinigungslsg., welche eine bessere Reinigungswrkg. besitzt als die übliche Seifenlsg. oder eine NH_3-Lösung. (**Oe. P. 171 736** vom 3/7. 1951, ausg. 25/6. 1952. **Zus. zu Oe. P. 169 096; C. 1952. 3267.**) M. F. MÜLLER. 7917

A/S Goma Fabrikker, Kristiansund., Norwegen, *Herstellung von präparierter Stahlwolle.* Stahlwolle, die gemeinsam mit Seifen, Schaum u. Reinigungsmitteln verwendet werden soll, wird mit Hilfe von Alkalinitriten oder Alkaliphosphaten rostfrei gemacht. Ein Zusatz von Alkalihydroxyden u. Carbonaten wird vermieden. Bes. eignet sich die Stahlwolle für die Verwendung mit sulfonierten Fettalkoholen als *Reinigungsmittel.* (**N. P. 78 762** vom 14/11. 1947, ausg. 9/7. 1951.) JÜRGEN SCHMIDT. 7917

XVIIIa. Holz. Cellulose. Zellstoff. Papier. Papierdruck. Celluloid. Linoleum.

Ateliers de Bigorre, S. à R. L. (Erfinder: **Charles-Pierre Ledoux**), Frankreich, *Mischimprägnierung von Holz.* Die Hölzer werden einer therm. oder mechan. Tiefenbehandlung unterworfen. — Z. B. werden Risse u. Löcher künstlich erzeugt, damit das Imprägniermittel gut in den Kern eindringen kann. Durch eine zweite therm. oder mechan. Behandlung werden auf der Oberfläche Rillen u. Höhlungen erzeugt, die dem Oberflächenschutzmittel eine festere Haftung ermöglichen. Für die Tiefenimprägnierung verwendet man Kreosot, für die Oberflächenimprägnierung Bitumen oder Asphalt. Als Zwischenschicht wird $CaCO_3$ empfohlen, das gegebenenfalls durch Stoffe mit hoher DK. ersetzt werden kann. (**F. P. 974 818** vom 9/11. 1948, ausg. 26/2. 1951.) WITTHOLZ. 7953

Deutsche Gold- und Silber-Scheideanstalt vormals Roessler, Frankfurt/M., Deutschland (Erfinder: **E. Scheller**), *Herstellung von gebleichtem Zellstoff.* Man bleicht die Rohcellulose in bekannter Weise mit Cl_2 u. dann ohne alkal. Zwischenbehandlung u. ohne Auswaschen mit Perverbb., bes. in schwach alkal. Medium, u. anschließend wieder ohne Zwischenwäsche mit Hypochlorit im alkal. Medium. Schließlich kann eine Entsäuerung nachgeschaltet sein. Die Konz. der Peroxydflotte wird so bemessen, daß sie sich bei 60° in 1—2 Std. verbraucht. (**Schwed. P. 133 569** vom 30/5. 1940, ausg. 6/11. 1951. D. Prior. 2/6. 1939.) JÜRGEN SCHMIDT. 7965

Eastman Kodak Co., übert. von: **Carl J. Malm** und **Leo J. Tanghe**, Rochester, N. Y., V. St. A., *Erniedrigung der Viscosität von acetonlöslichen Celluloseestern*, bes. Celluloseacetaten. Man behandelt sie mit einer wss. Lsg. eines sauren Alkaliphosphats ($NaH_2 \cdot PO_4$), p_H 4—6, am besten in der letzten Waschstufe, so daß in dem getrockneten Ester 0,05—0,1% Phosphat enthalten sind. (**A. P. 2 592 305** vom 30/4. 1949, ausg. 8/4. 1952.) FABEL. 7971

Courtaulds Ltd., London, übert. von: **Eric P. Sharman** und **Donald L. Wilson**, Coventry, England, *Sekundäre Celluloseester.* Man verestert Cellulose in Ggw. von CH_2Cl_2 (I) u. erhält eine Triacetatlsg. mit 50—60% I, dest. I ab bis zu einem Geh. von 30—45% u. hydrolysiert gleichzeitig in kürzerer Zeit als sonst üblich. (**A. P. 2 588 051** vom 10/7. 1950, ausg. 4/3. 1952. E. Prior. 9/8. 1949.) FABEL. 7971

Courtaulds Ltd., London (Erfinder: **James Hutchinson Macgregor**, Bocking), England, *Cyanäthyläther der Cellulose.* Man läßt auf Viscose bei >40° mindestens 0,5 Mol Acrylnitril pro Anhydroglucoseeinheit in der Cellulose einwirken. (**D. B. P. 851 947** Kl. 12o vom 31/12. 1948, ausg. 9/10. 1952. E. Priorr. 9/3. 1945, 23/11. 1945 u. 8/3. 1946.) FABEL. 7971

Hermann Winzer, Düren, *Herstellung transparenter Papiere durch Imprägnieren mit Harzlösungen.* Undurchsichtiges Papier, geleimt oder nicht geleimt, wird mit einer z. B. 50%ig. Lsg. eines nicht vergilbenden Polystyrol-, Cyclohexanon-, Chlordiphenyl-, Harnstoff-CH_2O-, Alkydharzes usw. ohne Zusatz trocknender Öle in einem organ. Lösungsm. im Überschuß imprägniert u. nach dem Verdunsten des Lösungsm. über den F. des Harzes, z. B. bis 100° oder wenig höher, erhitzt. (**D. B. P. 847 546** Kl. 55f vom 2/10. 1948, ausg. 4/11. 1952.) VOGEL. 7987

Badische Bau- und Kunststoff G. m. b. H., Mannheim-Freudenheim, *Herstellung lithographischer Platten.* Eine Mischung aus gemahlenem natürlichem oder synthet. Anhydrit, W. u. einem Abbindebeschleuniger, wie Kalk, wird so lange zur Platte gerüttelt, bis keine Luftblasen mehr aufsteigen. Die Platte wird langsam an der Luft getrocknet; durch Regelung der Mahlfeinheit u. des Wasserzusatzes kann die gewünschte Saugfähigkeit erhalten werden. (**D. B. P. 856 000** Kl. 15 l vom 27/5. 1950, ausg. 17/11. 1952.) LAASS. 7989

Licentia Patent-Verwaltungs-G. m. b. H., Hamburg (Erfinder: **Erich Rickling** und **Paul Nowak**, Kassel), *Herstellung von Schriftplatten für Fahrkartendrucker.* Die Schriftplatte wird aus warmhärtbaren Kunststoffmassen, z. B. aus 60 (%) Phenolharz u. 40 Füllstoff gepreßt oder aus Siliconharzen, Polyisocyanaten, Polystyrolen oder Polyvinylchlorid, hergestellt. — Weiterhin werden zur Herst. hartvulkanisierende Kunstkautschukmischungen verwendet, wie z. B. Butadien–Styrol- oder Butadien–Acrylsäurenitril-Mischpolymerisate, gegebenenfalls mit Füllstoffen, wie Kieselkreide oder Magnesia. (**D. B. PP. 853 456** u. **853 457** Kl. 15 l vom 30/7. 1949 u. 5/8. 1949, beide ausg. 23/10. 1952.) LAASS. 7989

Farbwerke Hoechst, vormals Meister Lucius & Brüning, Frankfurt/M. (Erfinder: **Erich Kein**, Lörrach, und **Franz Wilhelm Hoffmann**, Glashütten), *Farbe für den Flach- oder Buchdruck.* An Stelle des Leinölfirnis der Druckfarben werden die langkettigen aliphat. KW-stoffe (I) vom Siedebereich ca. 200—700°, wie sie z. B. nach dem FISCHER-TROPSCH-Verf. erhältlich sind, u. deren Halogenverbb. (II) verwendet. Zu den I u. II können Stabilisatoren, wie z. B. N-Octadecyl-N'.N'-äthylenharnstoff hinzugefügt werden. (**D. B. P. 853 291** Kl. 151 vom 20/2. 1944, ausg. 23/10. 1952.) LAASS. 7989

XVIIIb. Textilfasern.

—, *Betrachtungen über die Verwendung von Ölen bei der Verarbeitung von Textilien.* Überblick an Hand des Schrifttums über die Verwendung von Gleitmitteln bei der Verarbeitung von Textilien u. die sich hierbei ergebenden Probleme. In diesem Zusammenhang werden besprochen: Die Ölemulsionen, die Behandlung von Reyon mit Gleitmitteln, auftretende Fehler beim Schmälzen der Wolle, das Degummieren u. Ausrüsten der Seide, Ölflecken auf Baumwollgarn sowie die Verarbeitung der Jutefaser. (Textile Manufacturer **78.** Nr. 930. 308—11. Juni 1952.) P. ECKERT. 8028

Werner Starck, *Polyvinylacetat und seine Derivate als Basis für Textilhilfsmittel.* Vf. bespricht im einzelnen die Herst. des Vinylacetates bzw. dessen Polymeren. Im Anschluß wird auf die Verwendung von Mischpolymerisaten aus Vinylchlorid u. -acetat für Ausrüstungszwecke eingegangen. Behandelt wird ferner die Überführung verschied. Polyvinylalkohole in cycl. Verbb. durch Einw. von CH_2O oder anderen Aldehyden sowie die Verwendung der entsprechenden Reaktionsprodd. in der Textilausrüstung. An Hand eines zahlreichen Kurvenmaterials werden die physikal. Eigg. der Polymere besprochen. (Melliand Textilber. **33.** 944—46. Okt. 1952.) P. ECKERT. 8028

K. Dithmar, *Hochdisperse Kieselsäuren — Erzeugnisse für Spinnereien und Ausrüstungsbetriebe. Soltex 14* ist die wss. Suspension einer hochdispersen Kieselsäure von völlig neutraler Reaktion. Hergestellt wird das Prod. von der DEGUSSA. Die speziellen Anwendungsgebiete u. die Anwendungsmethoden sind vielseitig u. einfach. *Soltex* wird bes. als Zusatzmittel zu Schlichten, Schmälzmitteln u. a. verwendet. Die Vorteile des Prod. werden im einzelnen besprochen. (Melliand Textilber. **33.** 957—59. Okt. 1952. Frankfurt/M., Degusa, Textilchem. Labor.) P. ECKERT. 8028

John J. Singer und **Frederick C. Bersworth**, *Organische Komplexbildner in der Textilausrüstung.* Ein kurzer Überblick über die Chemie der Rk. zwischen organ. Komplexbildnern vom Typ der *Äthylendiamintetraessigsäure* (*Versene, Versene Fe-4, Versene T*) mit Metallionen. Hierauf werden die Anwendungsgebiete der Komplexbildner in der Textilindustrie beschrieben (Wollwäsche, Verhütung von Fe-Flecken auf Baumwolle beim Mercerisieren u. der Beuche, Stabilisierung von Peroxydbleichlaugen, Inaktivierung von Metallverunreinigungen in Farbstoffflotten. (Amer. Dyestuff Reporter **41.** P 365—70. 9/6. 1952. Framingham, Mass., Bersworth Chem. Comp.) ZAHN. 8032

R. A. Denis, *Die Ramie.* Allg. gehaltene Ausführungen über die Ramie. Bes. behandelt werden der Aufbau der Faser, ihre Eigg. u. ihre Verarbeitung. (Melliand Textilber. **33.** 909—10. Okt. 1952.) P. ECKERT. 8050

Richard Klar, *Ramieanbau und Ramiegewinnung.* (Melliand Textilber. **33.** 911. Okt. 1952.) P. ECKERT. 8050

B. Luniak, *Die Festigkeit der Ramie.* Vergleichende Betrachtungen an Hand der Literatur (23 Zitate) über die Festigkeit der Ramie. In einer Tabelle wird die Substanzfestigkeit der Ramie, des Flachses u. der Baumwolle nach der Fachliteratur gebracht. (Melliand Textilber. **33.** 910—11. Okt. 1952.) P. ECKERT. 8050

E. H. Mercer, *Die Wollfaser.* Stellungnahme zu der Arbeit von MONCRIEFF (vgl. C. **1952.** 7916). (Textile Manufacturer **78.** 381. Juli 1952.) P. ECKERT. 8060

Robert Schwab, *Untersuchung über physikalische Eigenschaften der Wolle.* Vf. behandelt die verschied. Wollen u. deren Qualitäten unter folgenden Gesichtspunkten: Feinheit, Kräuselung, Faserfestigkeit u. Dehnung sowie Stapellänge. (Melliand Textilber. **33.** 962—64. Okt. 1952.) P. ECKERT. 8060

Wilfred H. Ward, *Die Molekulargröße von Proteinen einiger in wässerigem Harnstoff löslich gemachten Wollen.* Die lösl. Proteine, wie sie aus n. Wollen (I) geograph. verschied. Herkunft, Feinheit u. Zucht isoliert wurden, verhielten sich bei der Ultrazentrifugierung u. Diffusion gleich. Zur Auflsg. von I diente eine Lsg. aus 10 Mol Harnstoff, 0,5 Mol Mercaptoäthanol u. 0,2 Mol LiCl. 2 g I wurden z. B. mit 40 cm^3 Lsg. bei 26 oder 50° 18 Std. bei p_H 8 zu 50—75% gelöst. Die Sedimentationskonstante nähert sich bei der Konz. 0 (bezogen auf W. bei 20°) einem Wert von 1,25. In Ggw. von 0,2n LiCl beträgt die Grenz-

Sedimentationskonstante 1,65. Mit abnehmender Konz. des Proteins oder Harnstoffs nimmt die Sedimentationskonstante zu. Ähnliche Werte wurden auch bei nach anderen Bedingungen aufgelösten I-Fraktionen erhalten. Z. B. $NaHSO_3$ als Reduktionsmittel, Variation von p_H, Temp., Zeit, Ersatz von Harnstoff durch Na_2S, Kochen mit 2%ig. Na_2CO_3-Lösung. In keinem Falle wurden rascher als 1,6 S sedimentierende Komponenten gefunden. Die Diffusionskonstante 2—3%ig. Lsgg. beträgt $4{,}9 \cdot 10^{-7}$ cm^2/sec^{-1} (bezogen auf W. bei 20°). Entsprechende Sedimentations- u. Diffusionsmessungen ergeben 14000 als durchschnittliches Mol.-Gew. u. das anomal hohe mol. Reibungsverhältnis 2,8, was starke Asymmetrie oder hohe Solvatation oder eine Kombination beider Faktoren bedeutet. Vf. setzt sich krit. mit früheren Mol.-Gew.-Messungen an I-Fraktionen auseinander, die höhere Werte geliefert hatten. (Textile Res. J. **22.** 405—15. Juni 1952. Albany, Calif., Western Reg. Res. Labor.) ZAHN. 8060

Fritjoff Hirsch, *Über die Einwirkung salpetriger Säure auf Wolle.* Es wird eine Meth. zur Best. des Schädigungsfaktors der Keratinfaser entwickelt. Unter Zuhilfenahme einer mathemat. Berechnungsweise wurde gefunden, daß HNO_2 (**I**) unter gewissen Bedingungen gleichfalls in der Lage ist, mit dem S der Wolle zu reagieren. Das Reaktionsprod. wurde als Nitrosokeratin bezeichnet. **I** greift red. Wolle stärker an als unbehandelte. Vf. behandelt kurz die Kennzeichnung des Schädigungsfaktors Hi′ sowie dessen Ermittlungsmethode. Weiter wird auf die Feststellung des Unterschiedes bzgl. der struktur-chem. Unterschiede zwischen Wolle u. Menschenhaar eingegangen. (Melliand Textilber. **33.** 941—43. Okt. 1952.) P. ECKERT. 8060

E. V. Burnthall, *Die mikrobiologische Zersetzung der Wolle.* Wolle ist im allg. für Mikroorganismen nur angreifbar, wenn die äußerste Cuticulaschicht (Epicuticula) entfernt ist, u. wenn die äußeren Bedingungen, wie Feuchtigkeit, p_H u. a., für das Wachstum der Kleinlebewesen günstig sind. Bei Feuchtigkeitsgeh. unter 24% ist Wolle für Schimmel u. unter 40% für Bakterien kaum angreifbar. Bakterienschäden können häufig durch abweichende Schattierungen beim Färben, Schimmeleinw. durch Nachw. der Pilzhyphen erkannt werden. Auch Fluorescenz bei UV-Bestrahlung kann ein Anzeichen für Bakterienschäden sein. Die biol. Wollschädigung ist noch weitgehend ungeklärt. (Canad. Text. J. **69.** Nr. 10. 62—67. 9/5. 1952. Ciba Comp. Ltd.) O. ENGEL. 8060

Roger Conant, *Milzbrand in der Wolltextilindustrie.* Die Gefahr der Milzbrandinfektion ist am größten in dem Teil der Betriebe, der mit dem Öffnen u. der ersten Reinigung der Wollballen befaßt ist. Zur Desinfektion der Wolle wird in dem Betrieb des Vf. mit NaOH von p_H 10—11 bei 49—55° gewaschen, dann folgen zwei Spülungen bei 43—49° $1^1/_4$ Min. lang u. $1^1/_4$ Min. mit Wasser. Mit Heißluft wird $3^1/_4$ Min. von 28—120° getrocknet, u. zwar 1 Min. zwischen 90—120°. 1945 sind im Iran 1000000 Schafe an Milzbrand eingegangen. Als prophylakt. Maßnahmen gegen Milzbrandinfektion werden empfohlen: Sterilisierung aller Verpackungssäcke, gute Absaugevorr. bei allen staubentwickelnden Arbeitsgängen, Verhinderung von örtlichen Bakterienanreicherungen, Sterilisierung von Staub u. Abfällen usw. aus den Arbeitsgängen vor der Wollwäsche, Sicherstellung der persönlichen Hygiene der Arbeiter, bes. bei vorkommenden Verletzungen. (Canad. Text. J. **69.** Nr. 10. 67—68. 9/5. 1952. Amsterdam, N. Y., Mohawk Carpet Mills, Inc.) O. ENGEL. 8060

W. Fuhrmann, *Dehnungsmechanik von Haaren.* Behandelt werden Belastungs–Dehnungs-Kurven von Haaren u. Wolle. Das Verh. dieser Kurven wird ausgewertet u. die Ergebnisse werden diskutiert. — 14 Kurvenbilder. (Melliand Textilber. **33.** 911—15. Okt. 1952.) P. ECKERT. 8066

Rowland Hill, *Synthetische Fasern, in Vor- und Rückschau.* Vf. behandelt die Geschichte von Reyon u. der synthet. Fasern, die Voraussetzungen für faserbildende Polymere, den Einfl. von Methylgruppen auf die faserbildenden Eigg. von Polyamiden u. Polyestern, Beziehungen zwischen faserbildenden u. gummielast. Polymeren, Einfl. der Symmetrie auf die faserbildenden Eigg. von Glykolestern aromat. zweibas. Säuren u. wirtschaftliche Aussichten der Fasern. (J. Soc. Dyers Colourists **68.** 158—68. Mai 1952. ICI, Ltd.) ZAHN. 8080

W. Brennecke, *Vollsynthetische Fasern unter besonderer Berücksichtigung ihrer Waschbarkeit.* Nach einem schemat. Überblick über die heutigen synthet. Fasern geht Vf. auf die Herst. des Perlons, Nylons u. Terylenes (Dacrons) u. deren physikal. u. chem. Eigg. ein. Bes. berücksichtigt wird hierbei das Verh. der Fasern bei der Naß- u. Trockenreinigung. In 2 Tabellen werden die Versuchsergebnisse über die Waschbeständigkeit von Nefa-Perlon wiedergegeben. An Hand einer Kurve wird der Verlauf der Feuchtigkeitsaufnahme von Nefa-Perlon gezeigt. (Melliand Textilber. **33.** 946—50. Okt. 1952.) P. ECKERT. 8080

—, *„Terylene" Polyesterfaser.* Kurze Wiedergabe der physikal., chem. u. technolog. Eigg. der Faser (Textile Weekly **50.** 840. 26/9. 1952.) P. ECKERT. 8080

H. Zahn und **U. Winter,** *Über die Langperiodenreflexe im Röntgenogramm von Polyurethanfäden.* Borsten aus dem Polyurethan aus 1.6-Hexandiisocyanat u. 1.4-Butylenglykol wurden an der Luft u. in W. auf Temp. bis 170 bzw. 145° erhitzt, ferner in 5%ig. wss. Phenollsg. bei Zimmertemp. behandelt. Gemessen wurden Längenänderung, Bruchdehnung, Weit- u. Kleinwinkelröntgenogramm u. Quellung in 5%ig. Phenollösung. Erhitzen auf 170° bewirkt eine Zunahme der röntgenograph. Langperiode auf dem Meridian von 75 auf 125 Å. Die Aufweitung der Langperiode durch Quellung in Phenol ist teilweise reversibel. Die Modellvorstellungen zur Deutung des Auftretens von Langperiodenreflexen auf Röntgenogrammen synthet. Hochpolymerer werden krit. diskutiert. (Kolloid-Z. **128.** 142—53. Okt. 1952. Heidelberg, Univ., Chem. Inst.) ZAHN. 8080

Robert Mulsow, *Direkte Messung des Dampf-Luft-Gehaltes in Trockenkammern.* Es wird ein Gerät beschrieben zur direkten Messung des Dampf–Luft-Geh. in Trockenkammern von großer Genauigkeit, welches sich zum Eichen von Hygrometern eignet. Ferner wird eine Beziehung abgeleitet, welche die Zeit bestimmt, nach welcher in Trockenkammern (für textile Zwecke) der Beharrungszustand in bezug auf den Feuchtigkeitsgeh. erreicht wird. (Melliand Textilber. **33.** 967—69. Okt. 1952.) P. ECKERT. 8096

Lars A. Welo, Hilda M. Ziifle und **Leopold Loeb,** *Quellungskapazitäten von Fasern in Wasser.* 1. Mitt. *Messungen der Trocknungsgeschwindigkeit.* Um eine Schnellmeth. zur Best. der Quellung von Textilfasern zu finden, wurde die Trocknungsgeschwindigkeit einer mit Feuchtigkeit gesätt. Probe durch sorgfältige Wägungen ermittelt. Die Trocknungsgeschwindigkeit ist nahezu konstant, bis das äußere, nichtquellende W. verdunstet ist, so daß sich das eigentliche Quellungswasser aus dem Knickpunkt der Trocknungs-Zeit-Kurve ergibt. Die Meth. ist einfach u. direkt u. rascher als mkr. Methoden, eignet sich aber wegen der langen Trocknungszeiten (bis 4000 Min.) nur für die Forschung. (Textile Res. J. **22.** 254—61. April 1952. New Orleans, La., Southern Reg. Res. Labor.) ZAHN. 8096

Lars A. Welo, Hilda M. Ziifle und **Allan W. McDonald,** *Quellungskapazitäten von Fasern in Wasser.* 2. Mitt. *Untersuchungen mit der Zentrifuge.* (1. vgl. vorst. Ref.) Eine eingehende Unters. der Zentrifugenmeth. zur Best. der Quellung ergab eine lineare Beziehung zwischen Feuchtigkeitsgeh. einer Probe u. den Quadraten der Rotationsgeschwindigkeiten. Der Schnittpunkt dieser Geraden auf der Feuchtigkeitsachse (Geschwindigkeit Null) erwies sich für die jeweilige Faser als charakteristisch. Diese Werte liegen jedoch höher als die wahren Quellwerte. Eine Red. gelingt, wenn die Achsen der Garne parallel zur Richtung der Zentrifugalkraft verlaufen. Der Einfl. der Mercerisierung sowie einer Behandlung mit Äthylamin auf die Quellung von Baumwolle wurde in die Unters. mit einbezogen. (Textile Res. J. **22.** 261—73. April 1952. New Orleans, La., Southern Reg. Res. Labor.) ZAHN. 8096

M. C. Shaw, *Abradoflex — ein Abriebfestigkeitsprüfer.* Beschreibung eines Gerätes zur Prüfung des Abriebes von Asbestgeweben u. anderen schweren Materialien. Der Bau u. die Arbeitsweise des Prüfgerätes werden genau behandelt u. Prüfergebnisse an verschied. Textilien, unter Hinweis auf die Vorteile des App., werden eingehend besprochen. (Textile Manufacturer **78.** 252—55. Mai 1952.) P. ECKERT. 8096

I. G. Farbenindustrie Akt.-Ges., Frankfurt/M., *Schmälzmittel,* bestehend aus Polyglykoläthern aromat. oder hydroaromat. Oxyverbb., die im Kern durch mindestens einen KW-stoffrest oder Acylrest mit mindestens 4 C-Atomen substituiert sind, z. B. Polyglykoläther von p-tert.-Butylphenol, Octadecylphenol, Isooctylresorcin, p-Oxybutyrophenon, Isohexylcyclohexanol u. a. Die Äther oxydieren nicht u. lassen sich mit Seife herauswaschen. (**D. R. P. 752 892** Kl. 29b vom 20/11. 1935, ausg. 10/11. 1952.) SALZMANN. 8029

Böhme Fettchemie G. m. b. H. (Erfinder: **Gustav Lietz**), Düsseldorf, *Schmälzmittel.* In weiterer Ausbildung des des Hauptpatents, betreffend Verwendung von Gemischen aus milchsauren Alkalisalzen (I) u. ligninsulfonsauren I in wss. Lsg., wird der Spinnschmälze *Harnstoff* zugesetzt. (**D B. P. 855 892** Kl. 29b vom 6/11. 1942, ausg. 17/11. 1952. **Zusatz zu D. B. P. 848 849; C. 1953. 629.**) SALZMANN. 8029

General Aniline & Film Corp., New York, N. Y., übert. von: **John William Copenhaver,** Short Hills, N. J., V. St. A., *Δ^3-Pyrrolinylderivate.* Durch Rk. von Δ^3-Pyrrolin mit Äthylendichlorid (I) in wss.-alkal. Lsg. bei 80—100° erhält man *1.2-Bis-(N-Δ^3-pyrrolinyl)-äthan* (II). Verwendet man statt I Äthylenchlorhydrin, so erhält man *2-(N-Δ^3-Pyrrolinyl)-äthanol* (III); nimmt man das Ba-Salz der Monochloressigsäure, so entsteht unter gleichen Bedingungen *N-Δ^3-Pyrrolinylessigsäure* (IV). Durch Oxydation von II mit kräftigen Oxydationsmitteln, z. B. $KMnO_4$, Chromsäure, $O_3 + H_2O_2$, entsteht *Äthylenbisiminodiessigsäure.* **III** u. **IV** liefern bei der Oxydation *Nitrilotriessigsäure.* Die Alkalisalze der Oxydationsprodd. sind wertvolle *Textilhilfsmittel.* (**A. P. 2 593 853** vom 18/10. 1949, ausg. 22/4. 1952.) BRÖSAMLE. 8029

Farbenfabriken Bayer (Erfinder: **Mathieu Quaedvlieg** und **Herbert Hempel**), Leverkusen, *Nachbehandlung von höhermolekularen Kondensationsprodukten aus Fettsäuren und Polyaminen* mit Aldehyden in Mengen von 0,5—2% bei 20—80° zur Beseitigung des Amingeruchs u. des Nachgilbens von mit den Kondensationsprodd. präparierten Textilfasern. Nach den Beispielen werden CH_2O, Paraformaldehyd, Acetaldehyd, Propionaldehyd u. Glyoxal angewendet. (**D. B. P. 859 148** Kl. 12o vom 5/12. 1950, ausg. 11/12. 1952.) SCHINDLER. 8029

Hermann Schubert, Zittau (Erfinder: **Heinz Pierer**, Zittau, **Ernst Schubert**, Jonsdorf über Zittau, und **Karl Richter**, Grottau, Kr. Reichenberg), *Verfahren zum Schlichten.* Man verwendet wss. Lsgg. von eingedickter, mit Alkali neutralisierter *Sulfitablauge*, denen noch bekannte Schlichtemittel bzw. Schlichtemittelzusätze, geringe Mengen CH_2O sowie Dispergiermittel zugesetzt sein können. (**D. R. P. 766 144** Kl. 8k vom 30/5. 1942, ausg. 29/9. 1952.) v. SCHILLER. 8031

Monsanto Chemical Co., St. Louis, Mo., übert. von: **Justin J. McCarthy** und **William J. Harrison**, Reading, Mass., V. St. A., *Schlichten von Textilgarnen.* Man behandelt die Garne mit einer wss. Lsg. von Stärke, zu welcher man so viel einer koll. Lsg. von SiO_2 (**I**) in W. zugefügt hat, daß der Geh. an **I** 0,1—1% der Gesamtlsg. beträgt, u. trocknet anschließend. (**A. P. 2 570 830** vom 2/8. 1945, ausg. 9/10. 1951.) v. SCHILLER. 8031

Monsanto Chemical Co., St. Louis, Mo., übert. von: **Milton Kosmin**, Dayton, O., V. St. A., *Derivate von Methylolmelaminen.* Man erhitzt ein Methylolmelamin (**I**) mit Äthylenoxyd (**II**) in wss.-alkal. Medium in Ggw. von 0,001—1,0 (Mol) einer wasserlösl. Borverb. je 1 **I**; dabei werden wasserlösl. farblose *Addukte* erhalten. Beispiele, in denen 6, 6½ u. 7½ **II** an 1 Tri- bzw. Tetramethololmelamin addiert werden. Als B-Verbb. sind genannt: Borsäure, deren Anhydrid, Alkali- u. Erdalkaliborate, sowie Tributylborat. — Verwendung zum *Zurichten* von *Textilfasern.* (**A. P. 2 594 452** vom 24/11. 1948, ausg. 29/4. 1952.) BRÖSAMLE. 8033

Max R. Wirth, Basel, Schweiz, *Veredeln von Fasern*, bes. Cellulosefasern, durch Einlagern von Kunstharzvorkondensaten u. deren Weiterkondensaten bzw. -polymerisaten. Es wird ein wss., fl. bis teigförmiges Gemisch verwendet, das ein wasserlösl. Copolymerisat aus Dicyandiamid, Harnstoff u. CH_2O neben vernetzend wirkenden Zusätzen enthält, z. B. ein NH_4-Salz einer schwachen organ. Säure, die befähigt ist, beim Erhitzen der imprägnierten Faser unter Vernetzung in das Kunstharz mit einkondensiert zu werden. (**Schwz. P. 278 901** vom 9/7. 1948, ausg. 16/2. 1952.) v. SCHILLER. 8033

Reichhold Chemicals, Inc., Detroit, Mich. (Erfinder: **James Francis Maguire**, South Orange, N. J.), V. St. A., *Imprägniermasse zum Wasserabstoßendmachen* besteht aus einem Gemisch eines wachsartigen Stoffes mit einem gummiartigen Ester aus einem mehrwertigen Alkohol u. polymerisiertem u./oder hydriertem Kolophonium (**I**), z. B. aus 80% Glycerinester von polymerisiertem **I** u. 20% Paraffinwachs. Sie kann auch einen Weichmacher, bes. einen Olefin-KW-stoff mit verzweigter Kette (5%), enthalten. (**D. B. P. 849 990** Kl. 8k vom 28/9. 1950, ausg. 22/9. 1952. A. Prior. 30/12. 1940.) v. SCHILLER. 8037

Deutsche Hydrierwerke Akt.-Ges., Düsseldorf (Erfinder: **Ernst Götte**, Dessau), *Hydrophobieren von Textilgut* (**I**). Man tränkt **I** mit Bädern, die Isocyanate, Isothiocyanate oder Carbodiimide, die wenigstens einen Alkylrest mit mindestens 8 C-Atomen im Mol aufweisen, sowie höhermol. aliphat., cycloaliphat. oder solche aromat. KW-stoffe, die wenigstens einen höhermol. aliphat. oder cycloaliphat. Rest im Mol. aufweisen, enthalten, trocknet danach u. behandelt mit Wärme. Es werden z. B. Paraffin, Perhydroanthracen, Isooctylnaphthalin, Cyclohexylnaphthalin u. auch Wollfett-KW-stoffe verwendet. (**D. R. P. 754 534** Kl. 8k vom 15/11. 1939, ausg. 20/9. 1952.) v. SCHILLER. 8037

United States of America, übert. von: **George C. Daul** und **John D. Reid**, New Orleans, La., V. St. A., *Pentaerythritphosphorsäureester der Cellulose* durch Behandlung mit einer Mischung aus Harnstoff u. Pentaerythritpolyphosphorsäure (**I**) bzw. deren NH_4-Salz bei 130—160°. **I** wird z. B. aus H_3PO_4 u. Pentaerythrit hergestellt. Als Cellulose kann *Baumwollgewebe* verwendet werden. Das Reaktionsprod. hat ionenaustauschende Eigenschaften. (**A. P. 2 592 544** vom 25/4. 1950, ausg. 15/4. 1952.) FABEL. 8045

Vereinigte Glanzstoff-Fabriken Akt.-Ges., Wuppertal-Elberfeld (Erfinder: **Willy Jancke**, Randerath), *Hochfeste Viscosekunstseide von weichem, gleichmäßigem Griff* unter Benutzung von konz. H_2SO_4 als Fällbad. Die unter starker Verstreckung gesponnenen Fäden werden in der vorliegenden Wickelform in einem Raum mit hoher relativer Luftfeuchtigkeit so lange ausgehängt, bis der Feuchtigkeitsgeh. 20% beträgt, die Wickel bei hoher Raumfeuchtigkeit auf Kreuzspulen umgespult u. unter gleichen Feuchtigkeitsbedingungen zu Strängen abgehaspelt. (**D. B. P. 850 055** Kl. 29a vom 21/7. 1944, ausg. 22/9. 1952.) SALZMANN. 8075

Friedrich Lichtenberger, Falkenstein/Taunus, *Trocknen von dünnen Einzelfäden*, bes. von *Kunstseide*, dad. gek., daß 1. Infrarotstrahlung u. Ultraschallbestrahlung (I) kombiniert angewendet werden; 2., daß die Ultraschallstrahlen ungefähr senkrecht zu den Infrarotstrahlen verlaufen; 3. daß ein Teil des durch die II vernebelten Lösungsm. abgesaugt wird; 4. daß für die Beschallung eine Frequenz angewendet wird, bei der das Lösungsm. vorzugsweise zerstäubt u. nicht koaguliert wird; 5. daß um die Glühfäden halbzylindr. Spiegel angeordnet sind, die einen Teil der Strahlung auf die größeren fokussierenden Spiegel zurückwerfen. — Vorrichtung. (**D. B. P. 856 196** Kl. 29a vom 23/3. 1950, ausg. 20/11. 1952.) SALZMANN. 8075

Badische Anilin- & Soda-Fabrik, Ludwigshafen/Rh. (Erfinder: **Erich Nebe**, Mannheim), *Avivieren von spinnbaren Fasern*, bes. von Zellwolle u. Kunstseide. Man verwendet hierfür die Destillationsrückstände der durch Oxydation von höhermol., nicht aromat. KW-stoffen entstehenden Fettsäuren oder deren Neutralisationsprodukte. (**D. B. P. 849 471** Kl. 29b vom 21/7. 1944, ausg. 15/9. 1952.) SALZMANN. 8075

I. G. Farbenindustrie Akt.-Ges., Frankfurt/M. (Erfinder: **Herbert Rein**, Leipzig), *Fäden aus Filmen von Kunststoffen*. Filme aus Lsgg. von Polymeren des Acrylnitrils oder des $CH_2{=}CCl_2$ oder ihren Mischpolymerisaten, gegebenenfalls mit andern ungesätt. Verbb., werden im fortlaufenden Arbeitsprozeß gegossen, nach dem Verstrecken in schmale Streifen geschnitten, die Streifen durch Nitscheln in endlose Fibrillen zerlegt u. diese mittels eines Flügelspinners zu Fäden gedreht. — Herst. von *Tauwerk*. (**D. R. P. 763 277** Kl. 29a vom 10/6. 1942, ausg. 10/11. 1952.) SALZMANN. 8081

Henry C. Speel, Textile chemicals and auxiliaries. New York: Reinhold. 1952. (498 S. m. Abb. u. Diagr). $ 10,—.

XIX. Brennstoffe. Erdöl. Mineralöle.

Ernst Beier, *Koksvergasung in Generatoren*. Eine Darst. der Erzeugung von Schwachgas, n. Wassergas u. FISCHER-TROPSCH-Synthesegas in Drehrostgeneratoren gewöhnlicher Bauart mit Zündkammer, Abhitzekessel, Wäscher u. Steuerorganen wird gegeben. Durch gleichzeitiges Cracken von Koksgas läßt sich Synthesegas mit richtigem CO/H_2-Verhältnis gewinnen. (Bergbau-Rdsch. **4**. 345—50. Juli 1952.) SCHMELING. 8148

J. E. Davis, *Abgegrenzte Möglichkeiten der Gaserzeugung*. Um dem gesteigerten Gasbedarf gerecht zu werden, erscheint es aussichtsreich zu sein, fl. KW-stoffe therm. zu spalten, wofür auch höhersd. Erdölfraktionen geeignet sind. Als ergiebigere Quelle muß aber das beim Abbau von Kohlenflözen heute noch größtenteils ungenutzt entweichende Methan betrachtet werden, dessen Kalorienwert auf 1—2,5% desjenigen der geförderten Kohle geschätzt wird. Trotz der vorhandenen Hilfsquellen muß jedoch getrachtet werden, die Ausbeute an gasförmigen KW-stoffen bei der Entgasung so hoch als möglich zu treiben. (Gas J. **271**. (**104**.) 468—81. 27/8. 522—31. 3/9. 1952.) H. SCHÖBERL. 8156

Erminio Giovannini, *Über den Einfluß von Brom auf die aromatische Cyclisierung von Naturgas*. In einer im einzelnen beschriebenen App. untersuchte Vf. den Einfl. von Br auf die Bldg. von Bzl. aus Naturgas mit 86,4% Methan bei optimal 1150°. Br bewirkt einerseits eine wesentliche Steigerung der Ausbeute an Bzl., erhöht aber andererseits auch die Menge der anfallenden Crackprodukte. Die Ergebnisse werden mittels mehrerer Tabellen u. Kurven eingehend beschrieben. (Chim. e Ind. [Milano] **34**. 139—43. März 1952. Milano, Ist. di chim. gen. dell' Univ. Statale.) W. J. PETTERS. 8186

W. G. Benkowski und **N. D. Saworochin**, *Zur Frage des Mechanismus der Bildung von Erdölemulsionen*. Untersucht wurde die Emulsionsbldg. von Bohr- u. dest. W. in harzhaltigen, harz–paraffin-haltigen u. paraffinreichen Erdölen, von dest. W. in gereinigtem Transformatorenöl ohne Emulgator sowie in Ggw. eines natürlichen Emulgators. Mit allen Erdölarten entstand zunächst die Emulsion Öl/W. u. W./Öl, später nur W./Öl. Die selektive Benetzung war von Einfl. auf die Emulsionsdauer, nicht jedoch auf den Emulsionstyp. Dieser wurde vom Emulgator bestimmt. Bei der Emulgierung reiner Fll. ohne Emulgator bildete sich unabhängig von der selektiven Benetzung zunächst die Emulsion Öl/W., später die Emulsion W./Öl, Öl/Wasser. Die Entstehungszeit der Emulsion W./Öl nahm mit steigender Elektrolytkonz., Temp. u. Menge der wss. Phase zu. Die Ionen von Ca u. Mg verminderten die Emulgierungsdauer. Wurden zur Ausschaltung des Einfl.

der selektiven Benetzung W. u. Erdöl abwechselnd mittels eines Zerstäubers emulgiert, dann entstand mit W. die Emulsion W./Öl, mit Erdöl die Emulsion Öl/Wasser. Hierin wird eine Bestätigung des von REHBINDER (Коллоидный Журнал [Kolloid-J.] **8.** 1946.] 3. 157) vorgeschlagenen Mechanismus der Emulsionsbldg. gesehen. (Коллоидный Журнал [Kolloid-J.] **14.** 15—19. Jan./Febr. 1952. Wiss. Ural-Emba-Forschungsstation der Akad. der Wiss. der KasachSSR.) LEBTAG. 8188

W. G. Benkowski, *Die Leitfähigkeit von konzentrierten Erdölemulsionen.* An den Emulsionen von harzreichem (a), paraffinreichem (b) sowie harz- u. paraffinarmem Erdöl (c) mit unverd. u. verd. (1:3 u. 1:1) Bohrwasser untersuchte Vf. die Abhängigkeit der spezif. elektr. Leitfähigkeit $\varkappa$ von der Konz. der dispersen Phase, der Elektrolytkonz. im W., der Art des Erdöls u. dem Alter der Emulsion. In allen Fällen nahm $\varkappa$ mit steigendem Wassergeh. der Emulsion zu u. war abhängig von der Elektrolytkonz. in der wss. Phase. Bei a wird $\varkappa$ von 0—22% Erdölgeh. durch den Wert des W. bestimmt u. nimmt ständig ab. Bei 90—100% Erdölgeh. wird $\varkappa$ der Emulsion vom Wert für Erdöl bestimmt u. nimmt ebenfalls ab. Oberhalb 75% Wassergeh. steigt $\varkappa$ steil an. Bei b ist $\varkappa$ bei 67% u. mehr Wassergeh. von der Größenordnung des Wertes für W., bei 10% W. u. weniger von der Größenordnung des Erdöls. Bei c wird $\varkappa$ der Emulsion beim Wassergeh. 60—0% vom Wert für W. bestimmt. Der Temperaturkoeff. der Erdölemulsionen ist von der Größenordnung $4 \cdot 10^{-9}\ \Omega^{-1}$/Grad. Bei der gealterten Erdölemulsion ist $\varkappa$ prakt. unabhängig von der Konz. des Wassers. (Коллоидный Журнал [Kolloid-J.] **14.** 10—14. Jan./Febr. 1952. Wiss. Ural-Emba-Forschungsstation der Akad. der Wiss. der KasachSSR.) LEBTAG. 8188

P. V. Keyser jr., *Schmiermittel von heute und morgen.* Allg. Überblick über die verschied. Schmieröle aus natürlichen Ölen u. aus Syntheseölen. (Mitt. chem. Forsch.-Inst. Wirtsch. Oesterreichs **6.** 23—27. April 1952. Socony Vac. Oil Co.) ROSENDAHL. 8220

F. P. Bowden, *Über den Einfluß von Oberflächenfilmen auf die Reibung fester Stoffe.* Übersicht über Arbeiten bzgl. der Bedeutung von Oberflächenfilmen für Reibung u. Adhäsion. Folgende wesentliche Ergebnisse: 1. Reibung reiner Metalle nach Erhitzen im Hochvakuum sehr hoch, 100mal größer als an Luft; zum Teil Verschweißung. Sauerstoff vermindert die Reibung allmählich, ebenso Wasserdampf u. Fettsäure. Cl_2 bewirkt schnelle, irreversible Abnahme der Reibung, ähnlich H_2S. 2. Metall. Verschweißung beim Aufeinandergleiten zweier Metalle tritt schon bei geringsten Belastungen auf. Die Art der Verformung hängt von den mechan. Eigg. der Oxydschichten ab. 3. Auch bei Grenzschmierung treten durch den Schmierfilm hindurch Verformungen der Metalle u. Metallaustausch ein. Für die Höhe der Grenzreibung ist daher nicht nur die Scherfestigkeit des Schmiermittels maßgeblich. 4. Unterss. des Einfl. der Temp. auf die Reibung, Elektronenbeugung u. Verss. mit radioakt. Material zeigen, daß eine lose Adsorption der Schmiermittelmoll. nicht ausreicht, sondern daß sich Metallseifen bilden müssen, soll die Schmierung wirksam sein. 5. Der Metallaustausch wurde quantitativ bestimmt ohne u. mit Schmiermitteln. Bei einer für jedes Schmiermittel charakterist. Temp. nimmt Reibung u. Metallaustausch stark zu. 6. Reibung von Kunststoffen mit Seitenketten ist erheblich höher als ohne. Sehr kleine Reibung bei Polytetrafluoräthylen. Dies wird in gesintertes Kupfer eingelagert. Eine andere Oberfläche sehr kleiner Reibung wurde mit gesintertem Molybdänsulfid erhalten. (Schweiz. Arch. angew. Wiss. Techn. **18.** 116—27. April 1952. Cambridge, Res. Labor. Phys. and Chem. of Surfaces.) K. L. WOLF. 8220

Allen F. Brewer, *Für einwandfreien Betrieb benötigt ein Kompressor Spezialöle.* Beschreibung von Unterss. über das Kälteverh. von Ölen mit besonderer Berücksichtigung des Einfl. von flockenden Substanzen, W., Emulsionsbildnern, korrosiven u. chem. unbeständigen (bes. oxydablen) Bestandteilen. (Rev. prat. Froid **7.** Nr. 5. 15—17. 19. Febr. 1952.) GERHARD GÜNTHER. 8220

E. W. J. Mardles und **I. E. Puddington,** *Festkörperstrukturen bei Schmiermitteln.* Damit ein Syst. die für ein Schmierfett erwünschten Eigg. besitzt, müssen die Primärteilchen der festen Phase weitgehend anisodiametr. Gestalt besitzen. Wichtig ist ferner, daß die Oberfläche der festen Phase die Aggregatbldg. der einzelnen Teilchen unter Auftreten einer für einen hohen Fließwert geeigneten Struktur begünstigt. Eine solche Struktur muß unter Scherbelastung einen reversiblen Abbau ermöglichen u. bei der Rückkehr nur eine geringe Hysterese zeigen. (Discuss. Faraday Soc. **1951.** Nr. 11. 43—47. Farnborough, Royal Aircraft Establ., u. Ottawa, Nat. Res. Council.) HENTSCHEL. 8222

Eiichi Funahisabo, *Trennung von Teerbestandteilen durch Chromatographie.* Überblick über die neueren Ergebnisse auf Grund von 41 Literaturangaben. (Chem. and chem. Ind. [Kagaku to Kogyo] **5.** 167—72. April 1952. Osaka. [Orig.: jap.]) SCHULER. 8248

Maxey Brooke, *Die Bestimmung von Salz in sulfidhaltigem Rohöl.* Da S^{2-} die Cl^--Best. nach MOHR stört, werden 100 ml Rohöl mit 100 ml Bzl. u. 25 ml Aceton u. 100 ml.

heißem W. versetzt, geschüttelt u. von der wss. Phase getrennt. Nach nochmaligem Acetonzusatz wird noch 2mal mit heißem W. durchgeschüttelt, die wss. Phasen werden vereint, in schwach alkal. Gebiet mit 10 bis 20 ml 30%ig. H_2O_2 versetzt, neutralisiert u. wie üblich mit $AgNO_3$ bei K_2CrO_4-Zusatz das Cl^- titriert. (Chemist-Analyst **41.** 9. März 1952. Old Ocean, Tex., P. O. Box 379.) MOSLÉ. 8252

L. Robert, *Eine neue Methode zur Bestimmung der Aromaten in Ölen.* Durch die Refraktionszahl n_D^{20}, D^{20} u. Anilinpunkt kann mit Hilfe der Formel % $C_A = 1039{,}4$ $n^{20}{}_D - 470{,}4$ $D.^{20} - 0{,}315$ A. P. $- 1094{,}3$ der %-Geh. an Aromaten in Ölen, z. B. Gasölen, ermittelt werden. Ableitung u. Berechnungsbeispiele. (Rev. Inst. franç. Pétrole Ann. Combustibles liquides **7.** 55—61. März 1952. Inst. Franç. du Petrol, Groupe de Physique appliquée.) K. O. MÜLLER. 8256

Standard Oil Development Co., Elizabeth, N. J., V. St. A., *Bohröle* (I). Wasserlösl. I erhalten zur Verhinderung des Schäumens einen Zusatz von 0,01—0,1(%) Siliconen (**II**) u. 0,005—0,2 aliphat. oder cycl. Aminen oder Alkylphenolen, die die Dispersion von **II** in I unterstützen. (**E. P. 666 239** vom 16/11. 1948, ausg. 6/2. 1952. A. Prior. 6/3. 1948.) LÜTTGEN. 8191

Cities Service Oil Co., Bartlesville, Okla., übert. von: **Melvin I. Moyer,** Lawrence Kans., und **Joseph M. Hersh,** Forest Hills, N. Y., V. St. A., *Verhinderung der Korrosion von Ölbohrwellen und -pumpen.* Man setzt der H_2S-haltigen Salzlauge geringe Mengen des Reaktionsprod. (I) von 1 (Mol) Äthylendiamin u. 2 CH_2O zu, indem man eine wss. Lsg. von I z. B. in der hohlen Welle herunterlaufen läßt. In analoger Weise kann man auch das Reaktionsprod. von 1 Monoäthanolamin u. 1 CH_2O verwenden. (**A. PP. 2 596 273** u. **2 596 425** vom 11/9. 1947, ausg. 13/5. 1952.) DERSIN. 8191

Cities Service Refining Corp., übert. von: **Ralph H. Cool,** Lake Charles, La., V. St. A., *Entfernung von Mercaptanen aus Kohlenwasserstoffen.* Man führt in den Strom der sauren Öle Methanol (I) ein u. behandelt diese Mischung im Gegenstrom mit wss. Alkalihydroxydlsg., wobei durch die I-Alkalilsg. Mercaptane aus dem Öl aufgenommen werden. Man trennt diese Mercaptanlsg., die auch KW-stoffe enthält, von den KW-stoffölen ab, zieht I, Mercaptane u. Leichtbenzin von der Alkalilsg. ab, trennt die Mercaptane u. KW-stoffe vom I u. führt 50—90% der Mercaptan-KW-stoffmischung dem KW-stoffstrom vor der Behandlung mit I u. Alkalihydroxyd zu. Hierdurch werden die KW-stoffverluste vermindert. — Zeichnung. (**A. P. 2 593 851** vom 20/3. 1948, ausg. 22/4. 1952.) UNGER. 8195

Pure Oil Co., Chicago, Ill., übert. von: **Donald C. Bond,** Northbrook, Ill., V. St. A., *Entfernung von Mercaptanen aus Kohlenwasserstoffen.* Man extrahiert ein Öl mit einem hohen Geh. an leichten u. einem geringen Geh. an schweren Mercaptanen (Extrakt I) u. man extrahiert aus einem zweiten Öl schwere Mercaptane mit einem hohen Geh. an schweren u. einem geringen Geh. an leichten Mercaptanen (Extrakt II). Die Extraktionsmittel sind wss. Alkalihydroxydlsgg. mit einem geringen Geh. eines Oxydationsförderers (Gerbsäure, Pyrogallussäure, Holzteer). Man gibt genügend leichte Mercaptane von I zu der verschmutzten Lsg. von II u. regeneriert die gebrauchte Lsg. mit einem sauerstoffhaltigen Gas, bis die schweren Mercaptane vollständig zu Disulfiden oxydiert sind, während genügend leichte Mercaptane zum Schutze des Oxydationsförderers zurückgehalten werden. Die leichten Mercaptane aus I werden mit Dampf abgetrieben. (**A. P. 2 589 663** vom 4/3. 1944, ausg. 18/3. 1952.) UNGER. 8195

Universal Oil Products Co., Chicago, übert. von: **Warren W. Johnstone,** Riverside, Ill., V. St. A., *Entfernung von Mercaptanen aus Erdöldestillaten mit Peroxyden.* Man behandelt die sauren Destillate bei 20—350° F, gegebenenfalls in Ggw. eines Katalysators (Cu-, Co-, Ni-, Cr-, Mn- oder Fe-Salzen von organ. Säuren) mit organ. Peroxyden (z. B. Butylperoxyd oder Cumolperoxyd). Um die überschüssigen Peroxyde zu entfernen, behandelt man mit einer wss. Alkalihydroxydlsg. (48° Bé) nach. (**A. P. 2 593 761** vom 21/2. 1950, ausg. 22/4. 1952.) UNGER. 8195

Karl A. Fischer, College Park, Md., V. St. A., *Entasphaltieren von Ölen.* Um Asphalte u. harzige Bestandteile von Erdölen u. Erdölrückständen zu entfernen, mischt man diese mit Hexafluorxylol, erhitzt die Mischung auf 60—120° u. scheidet die asphaltigen u. harzigen Bestandteile ab, kühlt die fl. Phase u. trennt das Lösungsm. vom Öl. Man kann das Behandlungsgut u. das Hexafluorxylol auch getrennt erhitzen u. heiß mischen. — Zeichnung. (**A. P. 2 591 690** vom 15/11. 1949, ausg. 8/4. 1952.) UNGER. 8195

Socony Vacuum Oil Co., New York, N. Y., übert. von: **James P. Thompson,** Beaumont, Tex., V. St. A., *Entparaffinieren von Öl auf einem Drehfilter.* Man entfernt das Paraffin aus einem Paraffin-Öl-Fällungsmittel (z. B. fl. Propan)-Gemisch mittels eines kontinuierlichen Drehfilters. Auf der bewegten Oberfläche des Filters bildet sich ein

Filterkuchen, der nach dem Auftauchen der Trommeloberfläche aus dem Gemisch getrocknet u. mit einer Wasch-Fl. (z. B. fl. Propan oder Butan) besprüht wird, was man mit einer frisch dest. Wasch-Fl. wiederholt; man gibt das Filtrat dieser 2. Waschung als Wasch-Fl. für die 1. Waschung zurück u. dest. das ölhaltige Filtrat von der 1. Waschung, kühlt es u. gibt es zur 2. Waschung des Paraffinkuchens auf. Anschließend wird der gewaschene Kuchen getrocknet, durch Blasen mit Gas gelockert u. von der Filteroberfläche abgenommen. — Zeichnung. (**A. P. 2 592 490** vom 29/11. 1949, ausg. 8/4. 1952.) UNGER. 8195

Giorgio Kaftal und **Giulio Ballabio**, Mailand, Italien, *Bleichen von Mineralölen und Paraffinen.* Die KW-stofföle oder Paraffine werden in fl. Phase bei hoher Temp. u. unter hohem Druck mit H_2 in Ggw. eines Hydrierungskatalysators (ohne vorherige Entfernung der Katalysatorgifte), bestehend aus einem Metall der 8. Gruppe des Period. Syst., oder seinem Oxyd, allein oder zusammen mit Al_2O_3, behandelt. Der Druck soll mindestens 200 at u. nicht mehr als 300 at betragen, die Temp. 80—450°. Eine merkliche Zers. der Öle unter Gasbldg. soll vermieden werden. Anschließend kann eine Reinigung mit H_2SO_4, Oleum, Bleicherde oder Aktivkohle folgen. (**E. P. 669 981** vom 31/12. 1947, ausg. 8/4. 1952. It. Prior. 27/8. 1946.) UNGER. 8195

Ruhrchemie Akt.-Ges., Oberhausen-Holten (Erfinder: **Franz Schaub**, Duisburg-Hamborn, **August Hagemann**, Duisburg-Meiderich, und **Walter Brötz**, Oberhausen-Sterkrade), *Kühlung von CO-Hydrieröfen* durch Fll., gek. durch die Verwendung von Fll. (I), deren verdampfender Anteil aus einem einheitlichen Stoff besteht oder einen einheitlichen Kp. aufweist u. deren Kp. durch verhältnismäßig geringe hydrostat. oder osmot. Druckunterschiede so weit abgeändert werden kann, daß er in den unteren Schichten der im Kühlmantel befindlichen Fl. ausreichend, z. B. 5—20°, höher liegt als in den oberen Flüssigkeitsschichten. Als I eignen sich KW-stoffe u. organ. Verbb., soweit der Kp. bei n. Druck im Bereich der Ofenbetriebstemp. liegt, z. B. Diphenyloxyd, Kp. 259°, aber auch Lsgg. fester Stoffe, wie $CaCl_2$, $MgCl_2$, NaOH. Wss. Lsgg. erhalten korrosionsverhindernde Zusätze. (**D. B. P. 845 039** Kl. 12o vom 15/3. 1949, ausg. 28/7. 1952.) G. KÖNIG. 8201

Badische Anilin- & Soda-Fabrik, Ludwigshafen/Rh. (Erfinder: **Arnold Elbel**, Duisburg), *Wiederbelebung eines für die Umwandlung von Kohlenwasserstoffen durch Erhitzen verwendeten, im Reaktionsraum fest angeordneten Katalysators durch Behandeln mit sauerstoffhaltigen Gasen bei erhöhter Temperatur mit mittelbarer Wärmeabfuhr durch ein flüssiges Kühlmittel.* Als Kühlmittel wird ein Stoff verwendet, der bei dem angewandten Druck über der für die Umsetzung der KW-stoffe, aber unter der für die Wiederbelebung des Katalysators notwendigen Temp. sd., z. B. Antimonjodid, Arsenjodid, P_4S_3, $TeBr_4$ oder $BiCl_3$. (**D. R. P. 767 237** Kl. 23b vom 21/1. 1940, ausg. 6/3. 1952.) v. HUHN. 8201

Badische Anilin- & Soda-Fabrik, Ludwigshafen/Rh. (Erfinder: **Mathias Pier**, Heidelberg, **Willi Oettinger**, Ludwigshafen/Rh., und **Helmut Nonnenmacher**, Mannheim), *Dehydrierung naphthenischer Kohlenwasserstoffe und gegebenenfalls Cyclisierung, Spaltung und/oder Isomerisierung* etwa vorhandener paraffin. KW-stoffe durch katalyt. Behandlung von naphthen. u. gegebenenfalls paraffin. KW-stoffe enthaltenden KW-stoffgemischen mit H_2 unter Druck bei Tempp. $>400°$, dad. gek., daß man die Ausgangsstoffe in dampfförmigem Zustand zusammen mit H_2, zweckmäßig unter Drücken von 5—100 at, über Träger, bes. akt. Tonerde, leitet, die mit einer kleinen Menge Ru oder dessen Verbb. u. gegebenenfalls Verbb. der Metalle der 5.—7. Gruppe des Period. Syst. versehen sind, u. die den Reaktionsraum verlassenden H_2-haltigen Gase mindestens teilweise wieder in diesen zurückführt. Die Tonerde kann man teilweise durch akt. Kieselsäure, Bleicherden oder künstlich hergestellte Silicate ersetzen. Will man neben einer Dehydrierung noch eine erhebliche Spaltung u. Isomerisierung etwa noch vorhandener paraffin. KW-stoffe erzielen, so werden die Träger mit Mineralsäuren, wie HCl, HNO_3, HF, behandelt. — Beispiel für Gewinnung von Benzin. (**D. B. P. 852 989** Kl. 12o vom 2/9. 1950, ausg. 20/10. 1952.) G. KÖNIG. 8201

Sinclair Refining Co., New York, N. Y., übert. von: **Robert A. Sanford**, Park Forest, und **Bernard S. Friedmann**, Chicago, Ill., V. St. A., *Reformieren von Benzin.* Das Behandlungsgut wird bei 950—1150° F mit einem hochakt. Kohlekatalysator, der 1—10% einer Alkaliverb. (z. B. Na-Silicat, Na-Carbonat, Na-Phosphat) enthält, behandelt. Raumgeschwindigkeit der fl. KW-stoffe 0,5—3,0. Arbeitsdruck 0,1—1 at. Man gewinnt so KW-stoffe vom Benzinsiedebereich mit guter Oktanzahl, mit einem beträchtlichen Geh. an Aromaten u. Olefinen. (**A. P. 2 592 603** vom 1/11. 1950, ausg. 15/4. 1952.) UNGER. 8201

Alcippe Bègue, La Plaine des Palmistes, Ile de la Reunion, *Motortreibstoff*, der zu 80(%) aus A. oder CH_3OH u. zu 20 aus Bzn. besteht, wird zwecks Verhinderung der Entmischung mit einer geringen Menge Tauro- oder Glykocholsäure, deren Alkalisalzen oder tier. Galle versetzt. (**A. P. 2 596 198** vom 20/7. 1949, ausg. 13/5. 1952. F. Prior. 8/7. 1949.) DERSIN. 8205

„Shell" Refining and Marketing Co., Ltd. (Erfinder: **Robert Graham** und **Alun Lewis**), London, England, *Treibstoff für Verbrennungskraftmaschinen*, dad. gek., daß er aus KW-stoffen mit dem Kp. des Bzn. besteht u. eine kleine Menge eines Bleitetraalkyls sowie eine kleine Menge eines organ. Esters einer O-haltigen Säure des P oder As enthält, welcher mindestens einen carbocycl. Rest im Mol. enthält. — Man verwendet z. B. Trikresyl- oder Trixylenylorthophosphat, ferner als zusätzliches Säuberungsmittel Halogen-KW-stoffe, wie $C_2H_2Br_2$ oder $C_2H_2Cl_2$. (**D. B. P. 855 480** Kl. 46a[6] vom 12/1. 1951, ausg. 13/11. 1952. E. Priorr. 13/1. u. 1/11. 1950.) DERSIN. 8205

Ruhrchemie Akt.-Ges., Oberhausen (Erfinder: **Wolfgang Schubert**, Nienburg/Weser, **Hermann Velde**, Oberhausen, und **Gerhard Wilke**, Potsdam), *Verbesserung der Klopffestigkeit bei synthetischen Benzinen.* Die durch Adsorption von Aktivkohle gewonnenen Benzine aus der CO-Hydrierung werden bei ca. 150—250° mit Bleicherde behandelt, die mit Säure aktiviert u. gegebenenfalls mit $AlCl_3$ imprägniert ist. (**D. R. P. 749 424** Kl. 23b vom 3/7. 1938, ausg. 4/11. 1952.) UNGER. 8207

Sol Shappiro, Washington, D. C., V. St. A., *Antiklopf- und Antioxydationsmittel für Kohlenwasserstoffdestillate*, bestehend aus Sulfonhydraziden der allg. Formel: $R \cdot NH \cdot NH \cdot SO_2 \cdot R'$, in der R u. R' Alkyl- oder Arylreste darstellen. Die Verbb. werden durch Einw. von SO_2 auf in Bzn. gelöste Diazoniumsalze, z. B. Phenyldiazoniumchlorid, unterhalb ihrer Zersetzungstemp., z. B. 5°, erhalten. (**A. P. 2 587 581** vom 10/5. 1948, ausg. 4/3. 1952.) DERSIN. 8209

Standard Oil Co., Cleveland, O., V. St. A., *Veredelung von Schmierölen.* Durch Behandlung mit einem Gemisch von 60—90% fl. SO_2 u. 40—10% Methylen- oder Äthylendichlorid kann man das Schmieröl in eine wasserstoffreiche u. eine wasserstoffarme Fraktion zerlegen. Das erhaltene Raffinat (mit hohem Wasserstoffgeh.) wird dann mit einem Gemisch von 15—40% fl. SO_2 u. 85—60% Methylen- oder Äthylendichlorid entparaffiniert. (**D. R. P. 764 508** vom 2/8. 1934, ausg. 6/10. 1952. A. Prior. 21/3. 1934.) UNGER. 8221

Standard Oil Co., Cleveland, übert. von: **John M. Musselman**, South Euclid, und **Herman P. Lankelma**, Shaker Heights, O., V. St. A., *Stabilisierungsmittel für Mineralöle* werden erhalten, indem man Fettsäuren mit C_{12}—C_{18}, z. B. Öl-, Stearin-, Palmitin- oder Laurinsäure oder deren Gemische, mit 35 Gew.-% P_2S_5 auf 300° F erhitzt. Die Reaktionsprodd. sind öllösl. u. haben einen höheren P- u. S-Geh. als Thiophosphate. (**A. P. 2 587 642** vom 3/2. 1948, ausg. 4/3. 1952.) DERSIN. 8221

Carl Krug, Frankfurt/M., *Herstellung einer Flüssigkeit für die Schneid-, besonders Schleifbearbeitung von Metallen*, dad. gek., daß eine Trockenmischung aus $NaNO_2$, Na_2CO_3, dem Gemisch eines polymeren Metaphosphats, dem Na-Naphthalinsulfonat, Seifenpulvern oder Mitteln gleicher Wrkg. in W. gelöst bzw. suspendiert wird. Rezept. Gute Kühlfähigkeit. Vgl. D. B. P. 801 281; C. **1951**. II. 1532. (**D. B. P. 853 481** Kl. 22g vom 26/7. 1950, ausg. 23/10. 1952.) SCHINDLER. 8221

Dow Corning Ltd., London, England, *Schmiermittel für extreme Lagerdrücke*, bestehend aus durch Mischpolymerisation erhaltenen Siloxanen, von denen jedes Si-Atom >2 u. <3 organ. Reste (**II**) enthält u. bei denen mindestens 5% der Si-Atome mindestens einen, mit 1—2 Halogenatomen substituierten Phenylrest enthalten. In dem Polymerisat sollen mindestens 37% **II** CH_3-Reste sein. — 270 (g) $ClC_6H_4(CH_3)SiCl_2$, 1238 $(CH_3)_2SiCl_2$ u. 204,6 $C_6H_5(CH_3)_2SiCl$ werden in Toluol (**I**) gelöst u. mit 500 % Wasserüberschuß 2 Std. u. 25 Min. bei 10—15% unter Rühren hydrolysiert. Nach Zusatz von 1086 **I** wäscht man mit W., filtriert u. erhitzt zur Entfernung von **I** u. W. von 160—280° bei 2 mm Hg. (**E. P. 667 179** vom 7/2. 1949, ausg. 27/2. 1952.) MÖLLERING. 8223

Lubri-Zol Corp., Wickliffe, O., V. St. A., *Schmiermittel* für OTTO-Motoren, bestehend aus einem Mineralöl mit einem geringeren Geh. metallaromat. Verbb. der Formel MS—R—C(:X)—XR' oder R—C(:X)—XR'—SM (M = Metall, X = O oder S, R u. R' = organ. Rest, davon mindestens ein R aromat. Natur). — Geeignet sind z. B. das *Mg-Mercaptid* des *p-Mercaptophenylthioloieats* oder das *Ca-Mercaptid* (**II**) des *p-Mercaptobenzyloleats* (**I**). — Zur Herst. wird z. B. Nitrobenzyloleat zum Amin red., diazotiert u. mit K-Xanthogenat umgesetzt zu **I**, das mit $Ca(OCH_3)_2$ unter Bldg. des **II** von **I** reagiert. (**E. P. 665 091** vom 23/7. 1943, ausg. 16/1. 1952.) MÖLLERING. 8223

—, Technologie des Erdöls. Moskau-Leningrad: Gosstoptechisdat. 1952. (336 S. m. Abb.) 9 Rbl. 35 Kop. [russ.].

XXI. Leder. Gerbstoffe.

A. W. Goetz, *Ziele der verschiedenen Wasserwerkstattsarbeiten und praktische Mittel, um sie zu erreichen.* Es wird empfohlen, die Rohhäute nicht nach dem Gewicht, sondern nach der Dicke zu sortieren, weil hierdurch gleichmäßigere Partien zu erzielen sind. Durch Verwendung wirksamer Desinfektionsmittel könnte das Waschen vor der Weiche erspart u. die Weiche selbst bei höheren Tempp. ausgeführt werden, wodurch sie abgekürzt werden könnte. Außerdem würde dann der Kochsalzgeh. der Häute besser zur Entfernung der Albumine u. Globuline ausgenützt. — Um im Äscher die Haare zu gewinnen, wird empfohlen, die Haut erst mit 2% ig. Na_2S-Lsg. zu behandeln u. dann nach 6 Std. in Kalk zu bringen. — Es wird auf die Wichtigkeit der alkal. Hydrolyse während des Äschers u. der Beize hingewiesen. Auch die Art der Bewegung der Häute oder der Behandlungs-Fl. kann einen Einfl. auf den Charakter des fertigen Leders haben. (Rev. techn. Ind. Cuir **43.** 66—69. April 1951. Brooklyn, USA, École Techn. Cuir et Tannage du Pratt-Inst.) O. ENGEL. 8334

H. G. Wollenberg, *Die Benetzungswärmen von Hautsubstanz zwischen 0—60°.* Es werden die Benetzungswärmen von gekälktem, isoelektr. u. entfettetem Kollagen, von frischen u. gesalzenen Fellen sowie von Gelatinepulver in geschrumpftem u. ungeschrumpftem Zustand bei Tempp. von 0, 20, 40 u. 60° calorimetr. ermittelt. Hierbei wurde gefunden, daß die Benetzungswärmen der nicht geschrumpften Hautsubstanz (Felle u. Kollagen) eine stärkere Temperaturabhängigkeit zeigen als im geschrumpften Zustand. Weiterhin werden die theoret. Grundlagen der Adsorption u. der Benetzung, sowie verschied. Methoden zur Best. der Benetzungswärmen diskutiert. Der experimentelle Teil, die mathemat. Formulierungen u. die Ergebnisse werden ausführlich behandelt. (J. Soc. Leather Trades' Chemists **36.** 172—81. Juni 1952. Beverlyc, E. Yorks, Res. Dep., Richard Hodgson & Sons Ltd.) H. G. FRÖHLICH. 8334

Fritz Stather, *Stark wirkende freie Säuren in Leder, ein ausgesprochener Lederfehler.* Allg. Ausführungen. (Dtsch. Schuh- u. Leder-Z. **1.** 337—39. Dez. 1952. Freiberg/Sa., Deutsches Lederinst.) WINIKER. 8340

Karl Härtewig, *Harzgerbung mit Methylverbindungen stickstoffhaltiger Basen.* Die Eigg. der durch Gerbung mit Formaldehyd-Harnstoffharzen hergestellten Leder werden besprochen. Die Leder sind weiß, lichtecht, von gutem Griff u. geschmeidig u. gut widerstandsfähig gegen Säuren u. Alkalien. Die Schrumpfungstemp. liegt bei ca. 80°. Die Wasseraufnahmefähigkeit ist noch zu hoch. Kombination mit Chrom- oder pflanzlicher Gerbung ist möglich. (Dtsch. Schuh- u. Leder-Z. **1.** 99—101. April 1952. Neustadt-Glewe.) O. ENGEL. 8340

Thomas A. Dickinson, *Decken von Leder mit Siliconen.* Die Anwendungsmöglichkeiten der Silicone in der Lederindustrie als Klebstoffe, Schmiermittel, als Mittel zur Verminderung der Wasseraufnahmefähigkeit u. als Deckfilme werden kurz besprochen. Die Bedeutung der Silicone liegt hauptsächlich in der Verbesserung der Widerstandsfähigkeit des Leders gegen hohe u. tiefe Tempp. u. gegen chem. Einwirkungen. (Leather and Shoes **124.** 10. 11. 31. 30/8. 1952.) O. ENGEL. 8340

Georg Königfeld, *Perwolit als Lederaustauschwerkstoff in Verarbeitung und Gebrauch.* Überblick über die Eigg. des Lederaustauschmaterials *Perwolit* (Werkstoff, der aus einem Trikotstoff u. einer darauf kaschierten Kunststoffolie auf Polyamidbasis als Deckschicht besteht) nebst prakt. Hinweisen für seine Verarbeitung. (Dtsch. Schuh- u. Leder-Z. **1.** 354—57. Dez. 1952. Freiberg/Sa., Deutsches Lederinst.) WINIKER. 8352

G. Forsyth, *Analytisches Komitee für vegetabilisch gegerbte Leder.* 3. Fortschrittsbericht. (2. vgl. C. **1952.** 628.) Der kurze Bericht behandelt die Best. der wasserlösl. Substanz im Leder (90 Min. mit W. bei 45° behandeln, dann das W. abdampfen u. wiegen) u. die Vorsichtsmaßnahmen bei der Best. der lösl. Salze als Sulfate. (J. Soc. Leather Trades' Chemists **36.** 170—171. Juni 1952.) H. G. FRÖHLICH. 8368

Joachim Gollong, Frankreich, *Herstellung von metallisiertem Leder.* Das gegerbte Leder wird mit einem Überzug, der als Trägersubstanz Eiweiß oder ein Cellulosederiv., Weichmacher, Metallpigmente u. Lösungsm. enthält, überzogen. — Z. B. 100 (Teile) Goldstaub, 100 Celluloseacetat, 50 Amylacetat, 50 Aceton, 5 Trikresylphosphat, 5 Ricinusöl, 100 Gelbocker, 100 Titandioxyd, gelöst in 5000 Alkohol. Das so behandelte Leder bleibt sehr weich u. geschmeidig. (**F. P. 985 725** vom 26/4. 1949, ausg. 23/7. 1951.) WITTHOLZ. 8341

Union Chimiques Industrielle, Frankreich, *Wasch-, Einweich- und antiseptische Mittel für die Lederindustrie.* Als solche werden cycl. chlorierte KW-stoffe mit synthet. organ. Emulgatoren, die anionen- oder nicht ionenakt. sind, verwendet, z. B. 90 (Teile) α-Monochlornaphthalin u. 10 Emulgator im Verhältnis 2 auf 100 W. für die Behandlung von 100 Leder. Als Emulgatoren können die höher acylierten Verbb. der Aminoalkyl-

sulfonsäuren, aromat. alkylierter Sulfonsäuren, Salze des Triäthanolamins mit höheren Fettsäuren verwendet werden. (**F. P. 980 944** vom 15/2. 1949, ausg. 21/5. 1951.)
WITTHOLZ. 8341

Joseph M. L. Roux, Frankreich, *Lederersatzstoff*. Auf eine Unterlage aus Pappe oder plast. Gewebe wird eine dünne Schicht reibfesten Papiers mit einer Zwischenschicht aus Stärkeleim aufgepreßt. Noch feucht erfolgt Narben- u. Kornpressung, worauf kalt getrocknet wird. Zusätzlich kann noch Färben, Pigmentieren, Gerben, Lackieren oder Polieren, d. h. Pressen zwischen heißen Platten, erfolgen. (**F. P. 975 085** vom 24/1. 1942, ausg. 1/3. 1951.)
WITTHOLZ. 8353

Usines Chimiques de Duclair, Frankreich, *Lederersatz*. Auf den Trägerstoff (**I**), z. B. Gewebe, werden eine oder mehrere Schichten eines Polyamids, das ein Plastifizierungsmittel, wie Butyltartrat oder Resorcinphosphat, u. gegebenenfalls Pigmente enthält, aufgebracht. Das Polyamid wird in einem Alkohol, der 1—5 C-Atome im Mol. enthält, gegebenenfalls in einer Mischung von Alkoholen u. 10—25% W. unter Kneten u. Erhitzen bis nahe an den Kp. des Alkohols gelöst. Hierbei wird das Plastifizierungsmittel u. Pigmente zugesetzt. Die M. wird in der Hitze unmittelbar auf **I** aufgetragen, wobei gleichzeitig das Lösungsm. verdampft. (**F. P. 992 213** vom 26/5. 1944, ausg. 16/10. 1951.)
WITTHOLZ. 8353

Central Adamas, Soc. An., Italien, *Lederimitation*. Als Ausgangsmaterial dienen Faserstoffe, wie Lumpenfasern, Cellulose aus Holz oder Stroh, dem mehr oder weniger Leder- u. Häuteabfälle beigemischt sein können. Diese werden mit Leim, z. B. Natur- oder Kunstharzen, Eiweißstoffen, synthet. Kunstharzemulsionen, auch mit Zusatz an Plastifizierungsmitteln, verarbeitet u. verpreßt. Danach wird mit einer Gerbsäure, Al-Sulfat, K-Bichromat u. CH_2O enthaltenden Lsg. behandelt u. getrocknet. (**F. P. 975 291** vom 19/11. 1948, ausg. 2/3. 1951. It. Prior. 18/1. 1941.)
WITTHOLZ. 8353

Léon S. M. Lejeune, Frankreich, *Behandlung von Kunstleder*. Um die Poren der Lederfelle zu schließen, werden die trocknen Felle in einer wss. Vinylacetatemulsion, die Wachs u. gegebenenfalls Bentonit, der mit Anthracenöl behandelt ist, enthält, getaucht u. bei 60—70° behandelt u. dann kalandriert. (**F. P. 982 503** vom 5/7. 1943, ausg. 12/6. 1951.)
WITTHOLZ. 8353

XXIV. Photographie.

G. C. Farnell, *Die Abhängigkeit der photographischen Empfindlichkeit von der Temperatur*. Nach einer ausführlichen Darlegung der Vorstellungen von älteren Autoren (TOY u. HARRISON [1930], GURNEY u. MOTT [1938], BERG [1939], MEIDINGER [1939], BILTZ [1949]) über die Abhängigkeit der photograph. Empfindlichkeit berichtet Vf. über eigene Verss. zu diesem Problem. Die Sensitometerstreifen wurden in einem mit fl. N_2 gefüllten DEWAR-Gefäß aus Pyrexglas belichtet. Als Versuchsmaterialien dienten sowohl reine Bromsilberemulsionen als auch solche mit 5 Mol-% AgJ. Sie wurden nicht opt. sensibilisiert u. unterschieden sich in der physikal. (15 u. 45 Min. Vordigestion) u. in der chem. Reifung (35 bzw. 55 Min. Nachdigestion). Abgesehen von einer Emulsion, die in Ggw. eines Schwefelsensibilisators nachgereift wurde, waren die Versuchsemulsionen bes. zur Ausbildung eines inneren latenten Bildes befähigt. Die Prüflinge wurden in KODAK D 19b entwickelt, die aus reinem AgBr 5—6 Min., die aus Bromjodsilber 16 Min. lang. — Es zeigte sich, daß die Abkühlung auf die Temp. des fl. N_2 keinen Schleier ergibt u. daß der Empfindlichkeitsverlust nach Wiedererwärmung nicht weiterbesteht. Eine Emulsion die während der Belichtung auf die Temp. des fl. N_2 gebracht wurde, ist wesentlich unempfindlicher als das gleiche bei Zimmertemp. belichtete photograph. Material. Der Empfindlichkeitsverlust zwischen den beiden Tempp. ist wesentlich geringer, wenn mit UV-Licht belichtet wird (Hg 3650 Å). Emulsionen des gleichen Typs unterscheiden sich im Empfindlichkeitsverlust bei den verschied. Tempp. im allg. wenig. Die Unterschiede sind bei den reinen Bromsilberemulsionen größer als bei den Bromjodsilberemulsionen (Kurven vgl. Original). Die benutzte App. erlaubte die Beobachtung der Versuchsemulsionen während der Bldg. des latenten Bildes bei tiefen Tempp.: reine Bromsilberemulsionen zeigen eine schwach bläuliche Fluorescenz, die der Gelatine zugeschrieben wird. Die Bromjodsilberemulsionen geben eine charakterist. grüne Fluorescenz. Intensitätsunterschiede in der Fluorescenz treten bei gleichartigen Emulsionstypen nicht auf, jedoch sind solche bei den mit Schwefelsensibilisatoren nachgereiften Emulsionen zu beobachten. Abschließend diskutiert Vf. seine Versuchsergebnisse zusammen mit Arbeiten von MEIDINGER, BERG, WEBB u. EVANS, EGGERT u. KLEINSCHROD u. anderen Autoren. (Philos. Mag. [7] **43**. 289—305. März 1952. Wealdstone, Harrow, Middlesex, Kodak Ltd. Res. Labor.)
W. GÜNTHER. 8598

P. W. Meikljar, *Über die Form der Isoopakkurve der photographischen Schicht.* Vf. leitet theoret. für die Abhängigkeit des Logarithmus der zur Erzielung einer bestimmten Schwärzung der photograph. Schicht notwendigen Beleuchtungsstärke vom Logarithmus der Zeit (Isoopakkurve) in guter Übereinstimmung mit den Meßwerten eine Gleichung ab u. berechnet hieraus die Zahl der Atome im „Zentrum" des latenten Bildes u. die Abhängigkeit dieser Zahl von der Entwicklungsdauer. (Журнал Экспериментальной и Теоретической Физики [J. exp. theoret. Physik] **23.** 217—21. Aug. 1952.) Amberger. 8598

Hans Ammann-Brass, *Untersuchungen über die physikalische Reifung von Chlorsilbergelatineemulsionen mit Hilfe der Nephelometrie und der Elektronenmikroskopie.* Elektronenmkr. Aufnahmen von AgCl-Emulsionen bestätigen die Annahme, daß das Halogensilberkorn während der physikal. Reifung auf zwei grundlegend verschied. Arten wächst: durch die Ostwald-Reifung, indem sich kleine Körner zugunsten der großen Körner auflösen, u. durch Kontaktkoagulation nach v. Weimarn, d. h. durch gegenseitige Anlagerung von Körnern. Die Ostwald-Reifung ist an einem Kornbild mit ausschließlich mittelgroßen Körnern erkenntlich. Sind gleichzeitig sehr große u. sehr feine Körner vorhanden bei ausgesprochenem Fehlen der mittleren Kornklasse, so ist das Kornwachstum über die Koagulation erfolgt. Durch Verwendung verschied. Gelatinekonzz. bei der Emulsionierung bzw. durch Auswahl von Gelatinen verschied. Reifvermögens kann der eine oder der andere Vorgang gesteuert werden. Ostwald-Reifung tritt ein bei niederen Konzz. (0,5%) mit akt. Gelatinen bzw. bei hohen Konzz. (7,0%) mit inerten Gelatinen, Kornwachstum durch Anlagerung dagegen bei hohen Konzz. (7,0%) bei Verwendung akt. Gelatinen. Ferner wird gezeigt, wie AgCl durch Elektronenbombardement während der Belichtung zerstört wird. (Sci. Ind. photogr. [2] **23.** 249—53. Juli 1952. Fribourg, Schweiz, Labor. für Photograph.-Chem. Industrie.) W. Günther. 8600

D. W. Jopling, *Untersuchungen über das Quellvermögen photographischer Emulsionsschichten während ihrer Verarbeitung.* Es wird eine App. (Schemaskizze vgl. Original) beschrieben, mit deren Hilfe die Quellung von photograph. Emulsionsschichten gemessen werden kann. Die Quellung kann entsprechend dem Entwicklungsvorgang kontinuierlich beobachtet bzw. registriert werden. Beim Übergang von einem Bad ins andere treten in der Quellkurve eigentümliche Sprünge auf. Vorherige Behandlung der Gelatineschicht durch ein Härtungsbad verringert ihr Quellvermögen. (Sci. Ind. photogr. [2] **23.** 253—56. Juli 1952. Harrow, Kodak Ltd., Labor. de Recherches, Mitt. 1433-H.) W. Günther. 8600

W. F. Berg, *Photographische Empfindlichkeit und chemische Sensibilisierung.* Definierung der photograph. Empfindlichkeit, spezielle Methoden zur chem. Sensibilisierung photograph. Emulsionen, Sensibilisierungstheorien. (Photographic J., Sect. A **92 A.** 187—88. Juli 1952. Harrow, Middlesex, Wealdstone, Kodak Ltd., Res. Labor.) W. Günther. 8604

A. J. Herz, *Die Entwicklung der Ilford G5-Emulsion mit Entwickler ID 19.* Vf. untersucht das Verh. von Ilford-G5-Kernspurplatten in ID 19-Entwickler unter Variierung von Entwicklungszeit u. -temperatur. Der ID 19-Entwickler wird für die Verss. auf den dritten Teil der Originalkonz. verdünnt. Die Platten werden zunächst durch 60 Min. langes Verweilen in dest. W. von 5° zum Quellen gebracht, dann 60 Min. in der Entwickler-lsg. von 5° vorgebadet u. bei 14, 16, 18, 20 bzw. 22° 0, 10, 20, 30, 40 bzw. 50 Min. lang entwickelt. Anschließend werden sie mit einer 5%ig. $K_2S_2O_5$-Lsg. 60 Min. lang behandelt, wobei die Temp. von 18 auf 5° zurückgehen soll, fixiert, gewaschen u. getrocknet. Die Forderung, Kernvorgänge mit genügender Genauigkeit zu erfassen, wird gewährleistet, wenn im untersten Teil der Emulsionsschicht die Korndichte unter 1,3 Körnern pro 100 μ^3 liegt u. die minimale Korndichte größer als 20 Körner pro 100 μ beträgt. Vf. zeigt, daß diese Forderung bei Kernspuremulsionen bis zu einer Dicke von 200 μ mit ID 19-Entwickler erfüllt werden können, wenn die Entwicklungszeit bei 22° 15—20 Min. beträgt. Die Korndichte nimmt nahezu linear mit der Entwicklungstemp. zu (Kurven vgl. Original). Der mittlere Temperaturkoeff. zwischen 14 u. 22° beträgt ungefähr 5% pro Grad. Die Verss. werden auf Schichten von 1000 μ Dicke ausgedehnt u. an Schnitten die Eindringtiefe des Entwicklers nach Vorbehandlung der Schicht mit u. ohne Vorquellung in 5° warmem W. in Abhängigkeit von der Entwicklungszeit untersucht. Dabei zeigt sich, daß ID 19 in der angewandten Konz. bei Emulsionen über 200 μ Dicke nicht mehr genügt. (J. sci. Instruments **29.** 15—18. Jan. 1952. London, Imp. Coll. of Sci. and Technol.) W. Günther. 8618

G. I. P. Levenson und **Joan H. Tabor,** *Die Form der Silberteilchen in photographischen Bildern.* Einleitend geben Vff. eine zusammenfassende Darst. der Kenntnisse über die Abscheidung des *Silbers* während des Entwicklungsvorganges von photograph. Materialien (18 Literaturangaben). Man kann drei Strukturtypen entwickelten Silbers unterscheiden, fadenförmige Gebilde, körnige Agglomerate u. lamellenartige Abscheidungen, letztere bes. bei physikal. Entwicklung. Die durch chem. Entw. entstandenen Formen hängen von den Entwicklungsbedingungen ab, bes. von der Geschwindigkeit, mit der der Reduktionsvorgang abläuft. Dabei kommt es auf die Beweglichkeit der Silberatome an. Es wurde versucht, durch Verminderung der Entwicklungsgeschwindigkeit die Silberabscheidungsform zu beeinflussen. Verwendung eines *Eisenoxalat*-Entwicklers ohne Zugabe von Halogensilberlösungsmitteln bewirkt jedoch nur eine Verdickung der Silberfäden. Dagegen ist es möglich, in einem *Eisencitrat*-Entwickler von bestimmtem Redoxpotential [0,1 Mol Fe(II)-sulfat, 0,1 Mol Fe(III)-sulfat, 0,001 Mol KBr u. 0,129 Mol Na-Citrat] Silber lamellenförmig abzuscheiden (elektronenmkr. Aufnahmen vgl. Original). Der Vers., der über eine Entwicklungszeit von 80 Std. ausgedehnt wurde, zeigt am Anfang der Entw. während der Induktionsperiode die Entstehung kleinster Lamellen, die sich mit Erreichen der maximalen D. in fädchenhaltige Gebilde auflösen. Das Wachstum der Silberfäden wird als eine Rk. angesehen, die von den Silberkeimen des latenten Bildes katalysiert wird. Bei einer nichtkatalyt. Rk. nämlich, wie sie z. B. in der Einw. von *Natriumstannit* auf AgBr vorliegt, wird das Silber nicht in Fadenform abgeschieden. Die schleiernde Wrkg. von Entwicklern ist auf die spontane Bldg. von katalysierenden Entwicklungskeimen zurückzuführen. Die Anwesenheit von Gelatine ist für die Ausbildung von Silberfäden nicht notwendig, da sie auch aus Bromsilbersolen ohne Bindungsmittel erhalten werden können. (Sci. Ind. photogr. [2] **23.** 295—301. Aug. 1952. Harrow, Middl., Wealdstone, Kodak Ltd., Labor. de Recherches.) W. GÜNTHER. 8618

F. E. Flannery, *Über den Mangel an Chemikalien und ihre wirtschaftliche Ausnutzung. 2. Mitt. Die Regenerierung von Bleichbädern aus Ferricyanid und Bromid.* (1. vgl. JOHN, C. **1952.** 8078.) Bei der Regenerierung von Bleichbädern muß das beim Bleichprozeß anfallende Kaliumferrocyanid in Ferricyanid zurückverwandelt werden. Das geschieht zweckmäßigerweise mit Hilfe von Brom nach folgender Gleichung: $2K_4Fe\cdot(CN)_6 + Br_2 \rightarrow 2K_3Fe(CN)_6 + 2KBr$. Es wird darauf hingewiesen, daß Kaliumferricyanid in saurer Lsg. unbeständig ist. (Photographic. J., Sect. B **91 B.** 121—22. Nov./Dez. 1951. Ilford, Ltd., Res. Labor.) W. GÜNTHER. 8620

W. T. Hanson jr., *Die neuen Eastmancolor-Filme.* Angaben über einen neuen, Farbnegativfilm u. den dazugehörigen Farbpositivfilm: Eastman Color negative Safety film, type 5247 u. Eastman Color Print Safety film, type 5381. Schwärzungs- u. Spektralkurven. — 10 Literaturhinweise. (Techn. cinématogr. **23.** 187—94. Juli 1952.)
W. GÜNTHER. 8630

General Aniline & Film Corp., New York, N. Y., übert. von: **Donald E. Sargent,** Easton, Pa., V. St. A., *Gelatineersatz für photographische Emulsionen.* Reversible Gele erhält man aus Polyvinylalkohol, W. u. als Gelierungsmittel 4.5-Diphenylimidazolon-(2)-x.x'-disulfonsäure (I) bzw. deren Alkalisalze. — Zu 100 cm^3 einer 10%ig. Polyvinylalkoholemulsion werden 4 g I zugesetzt sowie die üblichen Mengen $AgNO_3$, NaCl usw. (**A. P. 2 571 706** vom 10/2. 1949, ausg. 16/10. 1951.) MÖLLERING. 8603

I. G. Farbenindustrie Akt.-Ges., Frankfurt/M. (Erfinder: **Emil Bier,** Bitterfeld), *Mittel zur schleierfreien Entwicklung von Halogensilberemulsionen* stellen mit bas. Gruppen substituierte Mercaptotetrazole dar. Einem Papierentwickler üblicher Zus. werden z. B. 20 mg *1-[p-Dimethylaminophenyl]-5-mercaptotetrazol* auf 1 Liter zugesetzt. (**D. R. P. 763 389** Kl. 57b vom 27/8. 1942, ausg. 17/11. 1952.) KALIX. 8619

I. G. Farbenindustrie Akt.-Ges., Frankfurt/M. (Erfinder: **Wilhelm Schneider,** Dessau), *Subtraktive Mehrfarbenbilder.* Das Aufnahmematerial besitzt eine rotempfindliche Schicht, deren Sensibilisierungsbereich (I) sich von 500—670 mμ mit einem Maximum zwischen 580—630 mμ erstreckt. Zweckmäßig wird damit eine grünempfindliche Schicht mit einem I von 460—610 mμ u. einem Maximum bei 540—555 mμ verbunden u. bei der Aufnahme mit einem UV-Filter gearbeitet, dessen Absorptionsbereich zwischen 400 u. 480 mμ mit einem Maximum bei 430—460 mμ liegt. (**D. R. P. 763 534** Kl. 57b vom 28/4. 1937, ausg. 17/11. 1952.) KALIX. 8631

General Aniline & Film Corp., New York, N. Y., übert. von: **Willy A. Schmidt,** Easton, Pa., und **Vsevolod Tulagin,** Phillipsburg, N. J., V. St. A., *N-substituierte 4.6-Diaminometanilsäuren* der Formel I, worin R = H oder Alkyl, R_1 einen aliphat. oder aromat. Rest u. R_2 einen Sulfoalkyl- oder Carboxyalkylrest bedeuten, finden Verwendung bei der Entw. *farbenphotograph.* Bilder. Sie entstehen durch nacheinanderfolgende Einw. der entsprechenden Amine auf 2.4-dichlor-5-nitrobenzolsulfonsaures Na (**II**) u. anschließende Red. der Nitrogruppe. — *2-chlor-4-[carboxymethylamino]-5-nitrobenzolsulfonsaures Na* (**III**). Beim Kochen von **II** mit Aminoessigsäure, Na_2CO_3 u. Wasser. — *2-[4'-Methoxyphenylamino]-4-[carboxymethylamino]-*

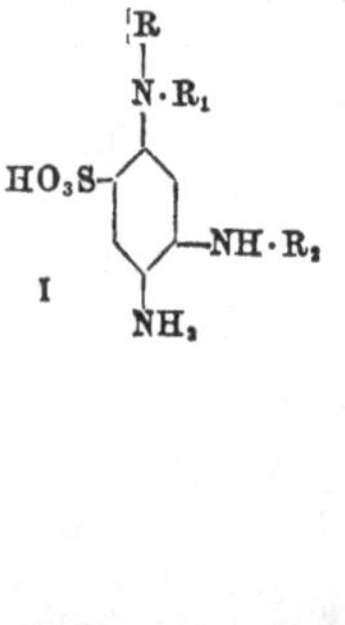

I

5-nitrobenzolsulfonsäure (**IV**). Aus **III**, 4-Methoxyanilin, Na_2CO_3 in W. im Autoklaven bei 140°. — *4-[Carboxymethylamino]-6-[4'-methoxyphenylamino]-metanilsäure*. Beim Kochen von **IV** mit $NaHSO_3$ in NaOH. — Analog: *4-[β-Sulfoäthylamino]-6-phenylaminometanilsäure*. — *4-[β-Sulfoäthylamino]-6-methylaminometanilsäure*. — *4-[β-Methyl-β-sulfoäthylamino]-6-dimethylaminometanilsäure*. — *4.6-Di-[carboxymethylamino]-metanilsäure*. (**A. P. 2 575 027** vom 29/10. 1949, ausg. 13/11. 1951.) LANGER. 8631

Niels Ludvigsen, Paris, Frankreich, *Klischeeherstellung*. Zur Gewinnung gut leserlicher Abdrücke von Buchdrucksatz in Matern (I) aus Maternpappe, Kunststoff usw. verwendet man für die I ein Material, das eine dünne gefärbte Oberflächenschicht besitzt, die beim Einpressen des Originals durchbrochen wird, so daß die vertieften Teile eine andere Farbe als die hochstehenden besitzen. Die gleiche Wrkg. wird durch Ausfüllen der vertieften Teile des Originals mit einem farbigen Pulver erreicht, das beim Abpressen auf den I haften bleibt. (**Schwz. P. 275 817** vom 15/1. 1948, ausg. 1/9. 1951. F. Prior. 17/1. 1947.) KALIX. 8645

Rochester Institute of Technology, übert. von: **Charles W. Bennet**, Rochester, N. Y., und **William F. Alexander**, Cleveland, O., V. St. A., *Druckform*. Die Vorlage wird auf eine Halogensilber-Kolloidschicht kopiert, diese härtend entwickelt, schwach getrocknet, auf eine Metalloberfläche aufgequetscht, der Schichtträger abgezogen u. in der üblichen Weise ein Auswaschrelief erzeugt. Dieses wird mit einer gesätt. NaCl-Lsg. entwässert, mit 40%ig. Formaldehyd + Gerbsäure gehärtet, mit der wss. Lsg. eines wärmehärtenden Vinylharzes imprägniert u. schließlich durch Wärme vollständig getrocknet u. gehärtet. Es kann dann sowohl als Druckform als auch zum Pressen von Matern für Zeitungsdruck benutzt werden. (**A. P. 2 532 390** vom 28/5. 1945, ausg. 5/12. 1950.) KALIX. 8645

General Aniline & Film Corp., New York, N. Y., übert. von: **Fred W. Neumann**, *Nazareth*, Pa., V. St. A., *Aliphatische Nitroverbindungen als Kupplungskomponenten*. Die in einer lichtempfindlichen Schicht nach Belichtung verbleibende Diazoverb. wird mit einer aliphat. Nitroverb. (I) gekuppelt, in der das die NO_2-Gruppe tragende C-Atom mit mindestens 1 akt. H-Atom verbunden ist. Die Entw. erfolgt entweder durch Einw. von Dämpfen von I zusammen mit den Dämpfen einer flüchtigen, nicht kuppelnden N-Base (II) oder in einer wss. Lsg. von I u. II. Als I kommen flüchtige Nitroparaffine mit 1—3 C-Atomen, als II NH_3, Butylamin, Äthylendiamin in Betracht. (**A. P. 2 541 886** vom 20/12. 1947, ausg. 13/2. 1951.) HARDER. 8647

General Aniline & Film Corp., New York, übert. von: **Sam C. Slifkin**, Binghamton, N. Y., V. St. A., *Azokomponenten für die Diazotypie* stellen Pyrazolonderivv. der allg. Formel I dar, in der R eine Aryl-, bes. eine Phenyl-, Tolyl- oder Naphthylgruppe bedeutet. Sie kuppeln im Ein- oder Zweikomponentenverf. mit den in der Diazotypie üblichen Diazoverbb. zu tiefroten Farbstoffen. Beispiel: Eine Lsg. von 1 (g) *1-Phenylpyrazolin-3-carbonsäure*, 6 Monoäthylamino-4-diazobenzol. $ZnCl_2$ u. 10 Citronensäure in 50 (cm^3) W., 25 A. u. 10 HCOOH wird zur Herst. einer lichtempfindlichen Schicht auf einer Celluloseacetatfolie verwendet. (**A. P. 2 536 398** vom 10/10. 1947, ausg. 2/1. 1951.) KALIX. 8647

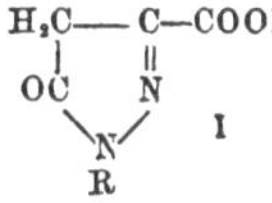

I

General Aniline & Film Corp., New York, übert. von: **Wilhelm Henry von Glahn** und **Lester Nelson Stanley**, Loudonville, N. Y., V. St. A., *Azokomponenten für die Diazotypie* stellen *Resorcinkohlensäureester* (I) dar, wobei n = 1, 2 oder 3 ist. (Herst. nach EINHORN, Liebigs Ann. Chem. **300.** [1900.] 153 aus Resorcin u. $COCl_2$ in Ggw. eines HCl-Acceptors). Da die I selbst nicht kupplungsfähig sind, sondern nur ihre Lichtzersetzungsprodd., eignen sie sich bes. zur Herst. von sehr stabilen Zweikomponentenschichten mit den üblichen Diazokomponenten. Mit diesen entstehen nach Belichtung u. Entw. der Schicht dunkle Sepiatöne von hoher visueller u. Kopierdichte. (**E. P. 656 364** vom 7/1. 1949, ausg. 22/8. 1951. A. Prior. 20/1. 1948.) KALIX. 8647

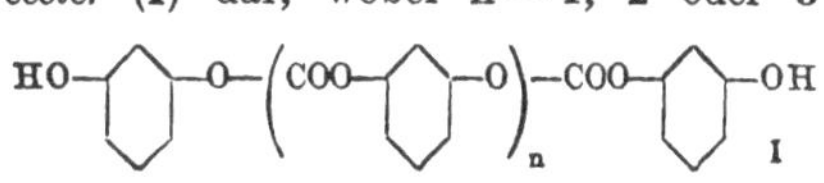

I

General Aniline & Film Corp., New York, N. Y., übert. von: **Fred W. Neumann**, Nazareth, Pa., V. St. A., *Azokomponenten für Diazotypie-Zwischenkopien*. *5.5'-Diresorcin (3.3'.5.5'-Tetraoxybiphenyl)* (I) kuppelt mit p-Phenylendiamindiazoverbb. zur Farbstoffen von hoher visueller u. Kopierdichte. Es neigt ferner nicht zur Vorkupplung in Zweikomponentenschichten u. ist ziemlich diffusionsfest in den für Diazotypien verwendeten durchsichtigen Folien, z. B. aus Celluloseestern. Beispiel: Zur Sensibilisierung einer Celluloseacetatfolie verwendet man eine Lsg. aus 3 g **I**, 4,5 g p-Diäthylaminobenzoldiazoniumchlorid·HCl, 5 g HCOOH, 5 g Sulfosalicylsäure, 2 g Citronensäure, 2 g Thioharnstoff u. 1 g $ZnCl_2$ in 50 cm^3 W. + 40 cm^3 Isopropanol + 10 cm^3 γ-Valerolacton. (**A. P. 2542560** vom 10/11. 1949, ausg. 20/2. 1951.) KALIX. 8647

General Aniline & Film Corp., New York, übert. von: **William H. von Glahn**, Loudonville, und **Lester N. Stanley**, Delmar, N. Y., V. St. A., *Azokomponenten für die Diazotypie.* 4-Oxychinolone-(2) u. ihre N-substituierten Derivv. kuppeln mit den in der Diazotypie gebräuchlichen Diazokomponenten im Ein- oder Zweikomponentenverf. zu blauen bis violetten, wasserfesten Farbstoffen. Bes. geeignet sind: *4-Oxychinolon-(2)* (I), *N-Methyl*-I, *N-[2'-Methoxyphenyl]*-I, *N-[Oxyäthyl]*-I u. *5-Methyl*-I in Verbindung mit diazotiertem p-Phenylendiamin, N-Oxyäthyl-N-methylanilin oder N-Äthyl-N-oxyäthyl-m-toluidin. (**A. P. 2 542 850** vom 6/11. 1948, ausg. 20/2. 1951.) KALIX. 8647

General Aniline & Film Corp., übert. von: **Willard D. Peterson**, New York, N. Y. V. St. A., *Diazotypiematerial*, bestehend aus einer unlösl. Unterlage u. einem nichtkoll. Überzug, der als lichtempfindliches Material eine Diazoverb. eines p-Phenylendiamins mit einer Aminogruppe $R_1R'N-$ oder R_2N- enthält u. das außerdem einen Carbon- oder Sulfonsäurerest enthalten kann. R bedeutet H, Alkyl oder substituiertes Alkyl, R_1 = aromat. oder heterocycl. Rest von Verbb., wie Naphthalin, Anthracen, Chinolin, Carbazol oder Indol u. R_2 = heterocycl. Ringsyst., welches N als Heteroatom enthält u. sich von der Gruppe der Indole oder Carbazole ableitet. (**Can. P. 476 273** vom 4/10. 1948, ausg. 21/8. 1951. A. Prior. 28/11. 1947.) WITTHOLZ. 8647

Generale Aniline & Film Corp., New York, übert. von: **Sam Charles Slifkin**, Binghampton, N. Y., V. St. A., *Azokomponenten für die Diazotypie*, die eine hohe Beständigkeit gegen vorzeitiges Kuppeln besitzen, stellen *Acetonitrile* der allg. Formel $R-CH_2-CN$ dar, in der R eine stark negative Gruppe bedeutet, z. B. eine aliphat. Acyl- oder eine Nitroarylgruppe. Die Verbb. werden mit den üblichen Diazoverbb. u. Hilfsstoffen zur Herst. von Zweikomponenten- oder Einkomponentenschichten verwendet, z. B. mit Hilfe einer Lsg. von: 4 g p-Diazo-N.N-diäthylphenetidin·$ZnCl_2$ + 1 g p-Nitrobenzylcyanid, + 3 g Sulfosalicylsäure, + 1 g $ZnCl_2$ + 2 g Thioharnstoff + 25 cm^3 Isopropylalkohol in 50 cm^3 Wasser. (**A. P. 2 531 004** vom 26/11. 1947, ausg. 21/11. 1950.) KALIX. 8647

General Aniline & Film Corp., New York, N. Y., übert. von: **James M. Straley**, Easton, Pa., V. St. A., *Azokomponenten für die Diazotypie* stellen quaternäre Salze von heterocycl. Verbb. (I) dar, die im Ring die Gruppe $C(CH_3)=N-$ enthalten, z. B. Salze eines 2-Methylthiazols, -benzothiazols, -oxazols, -pyridins, -pyrimidins, -benzoxazols usw. Bes. geeignet ist *2-Methyl-6-methoxybenzoselenazol.* Als Diazokomponenten werden dazu Phenylendiamine mit einer substituierten NH_2-Gruppe, o-Aminophenole oder 3-Aminocarbazole verwendet. Mit den I werden Ein- u. Zweikomponentenschichten unter Zusatz der üblichen Hilfsstoffe hergestellt, mit denen sich Diazotypien in beliebigen Farbtönen erzeugen lassen. (**A. P. 2 532 744** vom 4/7. 1945, ausg. 5/12. 1950.) KALIX. 8647

General Aniline & Film Corp., New York, N. Y., übert. von: **William H. von Glahn**, Loudonville, **Lester N. Stanley**, Delmar, und **Margret A. Hand**, Albany, N. Y., V. St. A., *Wasserfestmachen von Diazotypien mit SO_3H-haltigen Azokomponenten.* Den Diazotypieschichten, die NH_2-freie Naphthole oder Phenole mit mindestens einer SO_3H-Gruppe als Azokomponenten enthalten, werden nichtkuppelnde Amine, z. B. Alkyl- oder Cycloalkylamine zugesetzt, wodurch wahrscheinlich Salzbldg. mit der SO_3H-Gruppe eintritt. Bes. geeignet sind: Äthyl-, Amyl-, Cyclohexyl-, Dicyclohexyl- (I) u. Diphenylamin, ferner Äthylendiamin u. heterocycl. Amine, wie Chinolin. Eine Sensibilisierungslsg. enthält z. B. in 100 cm^3: 1,8 g Dioxynaphthalin-6-sulfonsäure, 2,1 g Diäthylaminobenzoldiazoniumchlorid-$ZnCl_2$, 5 g H_3BO_3, 4 g Thioharnstoff, 5 g Methylolthioharnstoff u. 6 g **I.** (**A. P. 2 531 485** vom 2/4. 1947, ausg. 28/11. 1950.) KALIX. 8647

General Aniline & Film Corp., New York, N. Y., V. St. A. (Erfinder: **W. H. von Glahn** und **L. N. Stanley**), *Diazotypiekopiermaterial.* Man verwendet bei der Sensibilisierung des Trägers mit lichtempfindlicher Diazoverb. eine Lsg., die ca. 3—10 g SiO_2 als koll. Kieselsäure je 100 cm^3 enthält. Man erhält beim Kopieren leuchtende Farbtöne neben einem klaren weißen Grund. Auch sind die Farben licht- u. waschechter als ohne den Zusatz der koll. Kieselsäure. (**Schwed. P. 131 862** vom 20/10. 1948, ausg. 29/5. 1951. A. Prior. 30/10. 1947.) JÜRGEN SCHMIDT. 8647

Herausgeber u. verantwortlich für den Inhalt: Prof. Dr. Maximilian Pflücke, Berlin W 8, Jägerstraße 22/23, Fernsprecher: 200481, 201464. Redaktion: Chefredakteure Dr. Eugen Klever und Prof. Dr. Maximilian Pflücke. Verlag: Akademie-Verlag GmbH, Berlin NW 7, Schiffbauerdamm 19 (Fernsprecher 425571, Postscheckkonto Berlin 35021) u. Verlag Chemie, GmbH, Weinheim/Bergstraße (Postscheckkonto Frankfurt/M. 145314 u. Berlin [West] 7430, Fernsprecher: Weinheim 2017). Bestell- u. Verlags-Nr. dieses Heftes: 1007/124/13. Das Chemische Zentralblatt erscheint wöchentlich.
Satz u. Druck: VEB Leipziger Druckhaus, Leipzig, III/18/203. III. 53.
Veröffentlicht unter der Lizenznummer 1212 des Amtes für Literatur und Verlagswesen der Deutschen Demokratischen Republik.
Printed in Germany.

FSC
www.fsc.org
MIX
Papier | Fördert gute Waldnutzung
FSC® C083411

Kolibri 360 GmbH
Ferdinand-Jühlke-Straße 7
99095 Erfurt, Deutschland
produktsicherheit@kolibri360.de